AF535909

Günther Dietz / Dirk Winkler

VERBRENNUNGSTRIEBWAGEN DER DEUTSCHEN REICHSBAHN

sowie zugehörige Bei- und Steuerwagen

ENTWICKLUNG, NUMMERIERUNG, TECHNIK
BAUARTEN DER DEUTSCHEN STAATSBAHNEN BIS 1918
SCHWERE BAUARTEN DER DEUTSCHEN REICHSBAHN BIS 1930

Impressum

Verantwortlich: Korbinian Fleischer
Redaktion: Dirk Winkler
Lektorat: Dr. Karlheinz Haucke
Layout: ModelGRAPH Kurt Heidbreder
Repro/Bildbearbeitung: ModelGRAPH Kurt Heidbreder
Printed in Slovenia by DZS Grafik

Unser komplettes Programm finden Sie unter 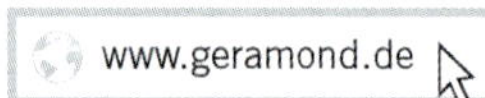

Sind Sie mit diesem Titel zufrieden? Dann würden wir uns über Ihre Weiterempfehlung freuen.
Erzählen Sie es im Freundeskreis, berichten Sie Ihrem Buchhändler oder bewerten Sie bei Ihrem nächsten Onlinekauf.
Und wenn Sie Kritik, Korrekturen oder Aktualisierungen haben, freuen wir uns über Ihre Nachricht an GeraMond Media Verlag, Postfach 40 02 09, D-80702 München oder per E-Mail an lektorat@verlagshaus.de.

In diesem Buch wird aus Gründen der besseren Lesbarkeit das generische Maskulinum verwendet. Weibliche und anderweitige Geschlechteridentitäten werden dabei ausdrücklich mitgemeint, soweit es für die Aussage erforderlich ist.

Die Deutsche Nationalbibliothek verzeichnet diese Publikation in der Deutschen Nationalbibliografie; detaillierte bibliografische Daten sind im Internet über http://dnb.d-nb.de abrufbar.

ISBN 978-396453-288-6

Vorwort

Knapp 135 Jahre liegt es zurück, dass eine deutsche Staatseisenbahnverwaltung einen ersten Triebwagen mit Verbrennungsmotorantrieb einsetzte. Seitdem nahm die Entwicklung einen raschen Aufschwung, der Anfang der 1930er-Jahre in einem umfänglichen Programm zur Verdieselung des Nah- und Fernverkehrs der Deutschen Reichsbahn-Gesellschaft gipfelte. Der Zweite Weltkrieg unterbrach die Entwicklung nachhaltig.
In der reichhaltigen Eisenbahn-Fachliteratur nehmen die Verbrennungstriebwagen eher eine Nebenrolle ein. Nur wenige Werke setzen sich mit den einzelnen Bauarten auseinander. Nach ihrer äußerlichen Einteilung wurden bis 1941 von der Reichsbahn 621 Triebwagen mit Verbrennungsmotoren in 67 zum Teil recht unterschiedlichen Bauarten, 407 Beiwagen in 16 Bauarten und 395 Steuerwagen in 13 Bauarten in Dienst gestellt. Unter Einbeziehung der zahlreichen maschinentechnischen Abweichungen bei den Triebwagen sind es noch weitaus mehr Bauarten. Mit dieser mehrbändigen Buchreihe soll der Versuch unternommen werden, einen Überblick über alle Fahrzeuge zu geben, die seitens der Reichsbahn in Auftrag gegeben und gebaut wurden, sowie über Bauarten, die vor wie auch nach 1945 von Klein- und Privatbahnen in den Bestand der Reichsbahn überführt wurden. Zudem wird ein Überblick über die Bauarten gegeben, die in den Jahren vor Gründung der Reichsbahn von den deutschen Staatsbahnen beschafft und eingesetzt wurden.
Trotz aller Bemühungen und 60-jähriger Forschung sind nach 80 Jahren und z.T. länger nicht alle Einzelheiten, teilweise auch wegen widersprüchlicher Angaben, zu klären. Der uns zur Verfügung stehende Umfang zwang zu einer gewissen Beschränkung. Beschreibungen der unterschiedlichen Motor-, Getriebe- oder Steuerungsformen konnten nur angerissen, spezielle Konstruktionsmerkmale nur erwähnt werden. Ausführlichere Informationen zum Waggonbau, zu der Innenausrüstung und den Drehgestellen findet der Leser in den hervorragenden Monographien von Joachim Deppmeyer über die Einheits-Personen- und -Gepäckwagen der Deutschen Reichsbahn. Auch ist es in diesem Umfang nicht möglich, jeden Fahrzeuglebenslauf bis ins Detail aufzuzeigen. Die Beheimatungsangaben der DB richten sich nach deren unregelmäßig erschienenen Jahresbeheimatungsangaben. Die Fahrzeuge können jeweils aber auch etwas früher als angegeben bei der jeweiligen Dienststelle eingesetzt gewesen sein. Die Angaben zur DR stellte freundlicherweise Andreas Stange zur Verfügung.
Im Laufe der Jahrzehnte haben sich fachliche Termini und gültige Maßeinheiten verändert. Die Autoren waren darauf bedacht, einerseits den sprachlichen Eigenheiten damaliger Beschreibungen zu folgen, andererseits auch Fachbegriffe an die heutige Schreibweise anzugleichen. Zudem wurde Anfang der 1970er-Jahre das Internationale Einheitensystem (SI) für physikalische Größen im deutschen Sprachraum eingeführt, durch das bisher gebräuchliche Einheiten und Benennungen durch neue ersetzt wurden. Auch wenn das PS als Einheit durch kW abgelöst wurde, hält sich das PS bis heute hartnäckig bei der Angabe der Leistung von Motoren. Da die Reichsbahn immer von den ...-PS-Triebwagen sprach, haben wir diese Terminologie beibehalten, aber trotzdem bei der Angabe der Motor-/Getriebeleistungen eine Umrechnung in kW vorgenommen.
Auch wenn über die Jahre zahlreiche Quellen gesichtet wurden, harren in den Landesarchiven sowie im Bundesarchiv noch zahlreiche Unterlagen der Erschließung. Gedankt sei den Mitarbeitern im Verkehrsarchiv Nürnberg, besonders Wolfgang Illenseer und Hermann Träger, dem Landesarchiv Berlin sowie dem Berliner Bundesarchiv für ihre Unterstützung.
Der hier vorliegende Band wäre nicht zustandegekommen ohne die Mithilfe zahlreicher Eisenbahnfreunde. Gedankt sei an dieser Stelle Dr. Rolf Löttgers, der bereitwillig Unterlagen aus seinem Archiv zur Verfügung stellte und für einen fachlichen Austausch jederzeit offen war, ebenso wie Volkmar Kubitzki, Ingo Hütter, Olaf Wanka und Dr. Walter Haberling. Weiterhin unterstützten uns Robin Garn, Wolfgang Theurich und Werner Willhaus, die mit Fotografien aus ihren Archiven zur reichen Illustration dieses Bandes beigetragen haben.

Günther Dietz, Flöha
Dirk Winkler, Fürth

Autor Günther Dietz im August 1963 auf seinem 137 253.

Inhalt

1. Entwicklung der Verbrennungs-Triebwagen in Deutschland

Von den ersten Verbrennungsmotoren zur Nutzung bei der Eisenbahn

Für die Cannstatter Ausstellungsbahn baute Daimler 1887 einen ersten funktionstüchtigen Triebwagen mit Verbrennungsmotor.
Mercedes-Benz-Archiv. Sammlung Dirk Winkler

Seit der Mitte des 19. Jahrhunderts erschienen erste Verbrennungsmotoren, deren Entwicklung bis zum Ende des Jahrhunderts rasante Fortschritte erleben sollte. Angeregt durch einen von Ettienne Lenoir (1822–1900) in Frankreich 1860 gebauten Verbrennungsmotor und die bereits seit Jahren als Antriebskraft eingesetzten Heißluftmaschinen entwickelte der Kaufmann und Handlungsreisende Nicolaus August Otto (1832–1891) 1862/63 die Atmosphärische Gaskraftmaschine. Weiterentwickelt wird dieser erste Viertakt-Verbrennungsmotor 1867 von Otto und Eugen Langen (1833–1895), die ihn auf der Weltausstellung in Paris der Öffentlichkeit vorstellten. Gottlieb Daimler (1834–1900), der um diese Zeit in der Karlsruher Maschinenbaugesellschaft als Vorstand sämtlicher Werkstätten fungierte, wird Otto die Leitung der Gasmotorenfabrik Deutz übertragen. Zusammen mit Wilhelm Maybach (1846–1929) konstruierten sie den Otto-Motor so, dass er zur Serienreife gelangte. Nach Differenzen mit Otto verließen Daimler und Maybach 1882 die Firma und gründeten in Cannstadt eine Versuchswerkstatt, um benzingetriebene Motoren zu entwickeln. Sie erhalten 1883 das Patent für einen kleinen und leichten Einzylinder-Zweitaktmotor mit Glührohrzündung. 1885 stellten sie mit dem Reitwagen eine Art Motorrad mit einem 0,5-PS-Motor vor. Nahezu zeitgleich konstruierte Karl Benz (1844–1929) 1885 einen liegenden Einzylinder-Viertakt-Benzinmotor. Bereits ein Jahr später, 1886, stellte er ein dreirädriges Automobil vor. Im selben Jahr baute Daimler ein erstes vierrädriges Automobil. Wilhelm Maybach konstruierte 1890 den ersten Vierzylinder-Viertaktmotor, Rudolf Diesel (1858–1913) gelang es 1897, den ersten brauchbaren Verbrennungsmotor ohne Fremdzündung zu entwickeln. Bis aus den anfänglichen Diesel-Großmotoren brauchbare kleinere Maschinen abgeleitet werden können, vergehen jedoch noch einige Jahre. Der Siegeszug der Verbrennungskraftmaschinen ist jedoch nicht mehr aufzuhalten[1].

Die anfänglich verfügbaren Gasmotoren waren nur für den stationären Betrieb geeignet, da das Gas ausschließlich aus städtischen oder werkseigenen Anlagen verfügbar war. Das Mitführen von Gas auf dem Fahrzeug bildete noch ein technisches Problem.

Zwar erlaubte der Viertaktmotor das Verbrennen von Petroleum, Spiritus oder anderen leichtflüchtigen Kraftstoffen, die man relativ problemlos in Tanks flüssig mitführen und als Kraftstoff-Luft-Gemisch dem Motor zuführen konnte, doch eignete sich die bisher gebräuchliche Gasflammenzündung nicht für flüssige Kraftstoffe. Deshalb entwickelt Otto 1885 die Niederspannungszündung, eine magnetische Abreißzündung. Nun stand erstmals ein mit Benzin betreibbarer Motor zur Verfügung[2].

Carl Benz, der Sohn eines Lokomotivführers war, hatte zwar damals den Wunsch *„die Lokomotive aus ihrer Zwangsläufigkeit zu befreien und auf die Straße zu stellen“*. Trotzdem beschäftigte er sich auch mit der Motorisierung der Lokomotive. 1888 führte er eine Verbrennungslokomotive der Öffentlichkeit vor[3]. Einen funktionstüchtigen Triebwagen mit Verbrennungsmotor lieferte dann Daimler 1887 für eine Ausstellungsbahn, eine Motordraisine und ein Motortriebwagen für die württembergischen Staatsbahnen folgten[4]. Vermerkt sind vier Triebwagen, die bereits 1888 bei Daimler im Bau waren[5].

Die Gasmotoren-Fabrik Deutz AG, die aus der alten Firma Ottos hervorgegangen war, lieferte die erste normalspurige Rangierlok mit 8-PS-Petroleummotor 1892. 1893 und 1895 folgen Versuchsfahrzeuge mit unterschiedlicher Leistungsübertragung, die jedoch für den Betrieb noch ungeeignet sind. Die weltweit erste Motor-Grubenlok wird 1897 geliefert, 1898 folgen weitere vier, 1899 und 1900 je elf Motorlokomotiven. Ein erster Triebwagen entstand 1894 für die Straßenbahnbetriebe der Stadt Dessau[6-7].

Erst Jahrzehnte später begann sich der bereits 1897 durch Rudolf Diesel (1858–1913) entwickelte Verbrennungsmotor ohne Fremdzündung im Eisenbahnbetrieb durchzusetzen. Herausforderung für die Ingenieure war der Bau kleinerer Dieselmotoren, die erst Mitte der 20er-Jahre in brauchbarer Form vorlagen.

Bereits ein Jahr später wurde für die Stuttgarter Pferdeeisenbahn ein Motorwagen gebaut, der konstruktiv den damals gängigen Pferdobahnwagen folgte. *Mercedes-Benz-Archiv. Sammlung Dirk Winkler*

Erste Triebwagen mit Verbrennungsmotoren bei den Staatseisenbahnen

Württemberg als Vorreiter

Die Bestrebungen, Motorwagen, wie sie seinerzeit noch genannt wurden, auf Eisenbahnen einzusetzen, reichen im Deutschen Reich bis zum Ende des 19. Jahrhunderts zurück, wobei hier vor allem Dampfmotorwagen erprobt und eingesetzt wurden. Erste Benzin-Motorwagen gelangten 1890 zum Einsatz, nachdem Daimler begonnen hatte, motorisierte Draisinen und kleine Lokomotiven zu bauen. Der 1888 für Krupp in Essen gebaute Motorwagen stellte neben bereits zuvor gebauten Straßenbahn-Benzin-Motorwagen den ersten für den Vollbahnbereich gefertigten Verbrennungs-Triebwagen dar. Er musste mehrfach umgebaut werden (erstmals 1890), da sich die Ursprungskonstruktion noch nicht bewährte. Immerhin war der Motorwagen dann noch mindestens bis 1937 im Einsatz[8-9-10].

Als erste deutsche Staatsbahnverwaltung erhielten die Königlich-Württembergischen Staatseisenbahnen 1893 einen Motorwagen, der seitens Daimlers für Betriebsversuche zur Verfügung gestellt wurde[11]. Die Staatsbahn war auf Daimler zugegangen und bereit, die Strecke Saulgau – Herbertingen – Riedlingen für einen Probebetrieb zur Verfügung zu stellen. Der Zweizylinder-V-Motor leistete 5,5 PS (4 kW), der Achsstand betrug 1400 mm. Ihm folgte im Dezember 1894 ein zweiter Triebwagen mit einem 10-PS-(7,4-kW)-Motor, der bereits einen Achsstand von 4000 mm besaß. Er wurde mindestens bis zum Frühjahr 1895 erprobt[12-13]. Den beiden ersten Verbrennungs-Triebwagen von Daimler aus den Jahren 1887 und 1894 folgten 1895, 1898 und 1903 fünf weitere Triebwagen, die bei den württembergischen Staatsbahnen dann im Bestand geführt wurden, sowie einer, der nach Sachsen ging.

Andere Länderbahnen ziehen nach

Die Entwicklung der Motorwagen auf Schienen nahm eine rasante Entwicklung, wobei in Europa besonders die im Königreich Ungarn gelegene Arad-Csanader Eisenbahn hervorsticht, die bis 1906 bereits 22 benzin-elektrische Triebwagen im Verkehr hatte. Zudem setzten auch die Kgl.-Ungarischen Staatseisenbahnen bereits vier benzin-elektrische Triebwagen ein. In den folgenden Jahren experimentierte man auch in Preußen

Typisch für die in Preußen erprobten Triebwagen waren die Motorvorbauten vor dem Wagenkasten. Das Bild des V.T.2 161, des späteren V.T. 10, entstand 1909 auf dem Gelände der Waggonfabrik Rastatt. *Werkfoto. Sammlung Joachim Deppmeyer*

und Oldenburg mit Triebwagen, die durch Benzol- oder Dieselmotoren angetrieben wurden. Vornehmlich Gustav Wittfeld (1855–1923) ebnete in Preußen dieser Entwicklung den Weg. Einen ersten vierachsigen, benzol-elektrischen Triebwagen, der noch eher einem umgebauten vierachsigen Abteilwagen glich, lieferte die AEG bereits 1907. Drei Jahre später, 1910, lieferte die AEG die ersten neu konstruierten vierachsigen, benzolelektrischen Triebwagen. 1911 folgten weitere drei Triebwagen von den Bergmann-Elektrizitäts-Werken. Sie dienten im Wesentlichen der Erprobung des Konzeptes, vor allem aber der zu verwendenden Motoren, Leistungsübertragungsanlagen und geeigneten Steuerungen. Der Erfolg mit den ersten Fahrzeugen veranlasste die preußische Staatseisenbahnverwaltung dazu, weitere benzol-elektrische Triebwagen zu beschaffen, die ab 1913 geliefert wurden. Aufbauend auf den preußischen Erfahrungen orderte auch die oldenburgische Staatsbahn einen Triebwagen bei der AEG, der ebenfalls 1910/11 geliefert wurde. Die ersten, durch Sulzer und BBC gebauten diesel-elektrischen Triebwagen nahm man in Sachsen und Preußen 1914 in Betrieb. In allen Fällen bewährte sich die elektrische Leistungsübertragung gut. Hier konnte man auf zuverlässige Baugruppen aus dem elektrotechnischen Bereich zurückgreifen[14-15].

Für die Kgl.-Preußischen Staatseisenbahnen galt es, wie sie bereits 1911 verlauten ließen, *„mit Personenwagen mit eigener Triebkraft“* den *„Personenverkehr zwischen benachbarten Ortschaften und auf Nebenbahnen ... verbessern und Anschlüsse von Seitenstationen an Schnellzüge ... vermehren“*[16] zu wollen. Das hieß, Ersatz der unrentablen mit Dampflokomotiven bespannten Personenzüge durch Akkumulator- und Verbrennungs-Triebwagen. Auch einige Kleinbahnen bestellten bereits vor dem Ersten Weltkrieg erste Verbrennungs-Triebwagen. Die Lokalbahn Gotteszell – Viechtach, Vorgängerin der Regentalbahn AG, nahm 1902 einen ersten Kleintriebwagen mit zehn Sitzplätzen in Betrieb, der mit einem 25 PS (18 kW) leistenden Zweizylinder-Benzinmotor angetrieben wurde. Ihm folgte 1908 ein größerer, von Rathgeber in München gebauter zweiachsiger Verbrennungs-Triebwagen, der mit 65 PS (48 kW) Antriebsleistung und 35 Sitzplätzen sowie eigenem Gepäckabteil ausgestattet war[17]. Die Ostdeutsche Eisenbahngesellschaft in Königsberg beschaffte 1909 einen ersten Verbrennungs-Triebwagen mit elektrischer Leistungsübertragung[18-19]. Ein weiterer Triebwagen von AEG/NAG folgte 1914 nach Ostpreußen[20].

Ein erstes Aus nach dem Ersten Weltkrieg

Mit dem Ende des Ersten Weltkrieges standen den Staatsbahnen in Oldenburg, Sachsen und Preußen keine oder nur wenige betriebsfähige Verbrennungs-Triebwagen zur Verfügung. Die in Sachsen und Preußen vorhandenen Dieseltriebwagen waren im Krieg abgestellt und zum Teil ihrer Motoranlagen beraubt worden und wurden nicht mehr in Betrieb genommen. Die Benzoltriebwagen hatten sich als störanfällig erwiesen und warteten zum Teil mit Motorschäden auf ihre Ausbesserung. Nur in Preußen erwog das Eisenbahn-Zentralamt, einige wenige Fahrzeuge wieder in Betrieb zu nehmen, was man aufgrund der hohen Kosten, nicht zuletzt für den Treibstoff, wieder verwarf. Alles in allem blieben die Fahrzeuge abgestellt und wurden im Laufe der folgenden Jahre zum Teil anderen Verwendungszwecken als Bahndienstfahrzeuge wieder einer sinnvollen Nutzung zugeführt.

Entwicklung der Verbrennungs-Triebwagen bei der Reichsbahn

Die Industrie als Wegbereiter

Die Staatsbahnen, wie auch ab 1920 die jungen Reichseisenbahnen, suchten in den ersten Jahren nach dem Weltkrieg ihren Betrieb wieder in geordnete Bahnen zu lenken und den unterschiedlichen Arbeitsbeschaffungsprogrammen der Regierungen Rechnung zu tragen. Neben Großaufträgen für die Lokomotiv- und Waggonbaufirmen standen auch Vorhaben zur Elektrifizierung der Eisenbahn auf dem Programm. Die Weiterentwicklung des vor dem Krieg begonnenen Baus von Triebwagen mit Verbrennungsmotoren wurde maßgeblich von der Industrie getragen, das Eisenbahn-Zentralamt in Berlin beobachtete die Entwicklung vorerst.

Erste nach dem Krieg angebotene Verbrennungs-Triebwagen zeigten deutlich die Fortschritte, die aufgrund der Weiterentwicklung des Motoren- und Getriebebaus im Deutschen Reich während des Ersten Weltkrieges erzielt worden waren. Besonders der Bau von mechanischen Getrieben hatte deutliche Fortschritte gemacht, die einen Einsatz auch bei der Eisenbahn möglich werden ließen.

Zu den Anfang der 1920er-Jahre aktivsten Anbietern für Verbrennungsmotortriebwagen gehörten die Deutschen Werke. Nach dem Ersten Weltkrieg im Zuge der auferlegten Rüstungsbeschränkungen wurden unter diesem Namen 13 ehemalige Heeres- und Marinewerkstätten zusammengefasst[21]. Zu den Unternehmen, die auf eine zivile Produktion umstellen mussten, gehörte auch die Kaiserliche Werft in Kiel. Die inzwischen zur Reichswerft Kiel umbenannte Werft wandelte der Reichstag am 1. Februar 1925 in eine Aktiengesellschaft um, die den Namen Deutsche Werke Kiel AG (DWK) erhielt. Der Verwaltungssitz der Deutsche Werke AG war Berlin, wie man auch zeitgenössischen Anzeigen entnehmen kann. Mit Beginn der 1920er-Jahre begann die DWK, die durch den Marinebau große Erfahrungen im Bereich der Verbrennungsmotoren besaß, in den Bau von Triebwagen und Lokomotiven einzutreten. Ersten eigenen Entwicklungen folgte 1926 gemeinsam mit der AEG die Gründung der Triebwagenbau AG (TAG). Nach nicht einmal zehn Jahren stieg die AEG 1933 aus dem Gemeinschaftsunternehmen wieder aus, die TAG wurde 1937 aufgelöst.

Der 1924 in Seddin ausgestellte EVA-Vorführwagen auf einer Probefahrt zwischen Ulm und Friedrichshafen 1924. Die DRG übernahm das Fahrzeug und ordnete es als 851 ein. *Sammlung Günther Dietz*

Neben den DWK gehörte die AEG mit ihrer zu Rathenaus AEG-Konzern gehörenden Nationalen Automobil-Gesellschaft (NAG) recht bald nach Ende des Ersten Weltkrieges zu den engagiertesten Triebwagenbauern in Deutschland. Die AEG suchte sich hierfür unterschiedliche Partner auf der Waggonbauseite, u.a. auch die Linke-Hofmann-Werke in Breslau, die ab 1922 nach Übernahme eines Stahl-und Hüttenwerkes als Linke-Hofmann-Lauchhammer AG (LHL) firmieren. In Zusammenarbeit mit LHL entwickelte die AEG ein Typenprogramm für Triebwagen mit benzol-mechanischem Antrieb.

Neu in diesem Betätigungsgebiet war die Eisenbahn-Verkehrsmittel A.G. (EVA) mit ihrer Fabrik in Wismar, die 1917 aus der Waggonfabrik Wismar und der Deutschen Waggonleihanstalt AG hervorging. Bereits ab 1936 firmierte die Triebwagen- und Waggonfabrik Wismar AG wieder eigenständig. Die Waggonfabrik Wismar war bereits 1893 gegründet worden und über die Jahrzehnte zu einem der bedeutendsten Unternehmen Mecklenburgs herangewachsen. Die Wismarer nahmen früh Kontakt zur Motorenfabrik Maybach in Friedrichshafen auf, mit der sie zusammen als erste Firma nach dem Ersten Weltkrieg einen Diesel-Triebwagen anboten[22].

Als vom 21. September bis zum 5. Oktober 1924 die Eisenbahntechnische Ausstellung in Seddin stattfand, waren insgesamt sieben Vollbahn-Verbrennungs-Triebwagen auf dem Freigelände in Seddin zu sehen. Vornehmlich waren es Waggonbaufirmen, die hier auftraten und präsentierten, was sie in Zusammenarbeit mit bekannten und weniger bekannten Motorenbauern entwickelt hatten[23]:

- AEG: Vierachsiger Benzin-Doppeltriebwagen mit zwei 75-PS-(55-kW)-Motoren.
- AEG/LHL: Zweiachsiger Benzoltriebwagen, Typ Schleswig.
- DWK: Vierachsiger Benzoltriebwagen vom Typ IV.
- DWK: Vierachsiger Sauggas-Triebwagen vom Typ IV.
- EVA Wismar: Vierachsiger 150-PS-(110-kW)-Triebwagen, sp. DRG 85.
- Sächsische Waggonfabrik Werdau: Zweiachsiger 60-PS-(44-kW)-Benzoltriebwagen.
- Waggonfabrik Gotha: Zweiachsiger 80-PS-(59-kW)-Benzoltriebwagen.

Die ausgestellten Wagen spiegelten die Möglichkeiten der deutschen Industrie wider. Dabei wurde auch deutlich, welche Entwicklung die mechanische Leistungsübertragung inzwischen genommen hatte. Eine weitere Präsentation der durch die Industrie entwickelten Fahrzeuge fand auf der Deutschen Verkehrsausstellung in München 1925 statt. Dort zeigte die Waggonfabrik Gotha zusammen mit den Bayerischen Waggon- und Flugzeugwerken aus Fürth einen 75-PS-(55-kW)-Triebwagen, die DWK stellten einen DWK-Triebwagen vom Typ V (85/1925) für die MÁV vor[24].

Suchen und Finden der richtigen Technik

Die junge Reichsbahn übernahm einige der in Seddin ausgestellten Fahrzeuge zeitweise oder erwarb sie und unterzog die Triebwagen einer ausführlichen Erprobung. Zu diesen Fahrzeugen gehörten ein zweiachsiger Triebwagen aus Gotha

Die von der DRG in den ersten Jahren beschafften zwei- und vierachsigen Verbrennungs-Triebwagen folgten konstruktiv den damaligen Vorgaben des Waggonbaus. Der hier abgebildete, von der Eva in Wismar gebaute 853 ist ein gutes Beispiel für die schwere Bauart dieser Fahrzeuge.
Foto: DRG-Pressestelle. Sammlung Dirk Winkler

(Nummer 717), ein vierachsiger DWK-Triebwagen sowie der Dieseltriebwagen der EVA (851)[25]. Zudem gab die Reichsbahn 1924 bei weiteren Firmen unter dem Eindruck der in Seddin ausgestellten Fahrzeuge einige Triebwagen in Auftrag, um Erfahrungen mit den Bauarten im Betrieb sammeln zu können. Dazu gehörten Benzoltriebwagen von AEG (Nummernreihen 701-704, 713/714, 715/716, 755, 756) oder ein vierachsiger Dieseltriebwagen der EVA (Nummer 852).

Basierend auf den getesteten Fahrzeugen sowie weiteren Entwürfen der Industrie gab die DRG bis Mitte der 1920er-Jahre eine Reihe von Verbrennungs-Triebwagen in Auftrag, um die unterschiedlichen angebotenen Antriebsvarianten, ihre Betriebssicherheit sowie die zweckmäßige Gestaltung der Fahrgasträume untersuchen zu können. Dafür wurden weitere zwei- und vierachsige Einzeltriebwagen sowie Doppeltriebwagen aus zwei kurzgekuppelten, zweiachsigen Fahrzeugen bestellt, die mit Benzol- oder Dieselmotoren und unterschiedlichen Leistungsübertragungsanlagen ausgerüstet wurden[26-27].

Zwischen 1925 und 1929 wurden 14 zweiachsige und 15 vierachsige Triebwagen mit Benzolmotoren und mechanischen Getrieben beschafft. Dazu kamen weitere 17 vierachsige EVA-Maybach-Triebwagen mit Dieselmotoren, drei vierachsige Gütertriebwagen mit gleicher Antriebsanlage sowie zweiachsige Dieseltriebwagen der MAN mit 75 PS (55 kW) Leistung und Sodengetriebe der ZF Friedrichshafen[28-29]. Außerdem hatte man bei der EVA vierachsige Dieseltriebwagen in Auftrag gegeben. Mit dem Kauf dieser Fahrzeuge wollte die Reichsbahn geeignete Bauformen finden und die Zuverlässigkeit der angebotenen Technik untersuchen[30].

Zudem beauftragte die Gruppenverwaltung Bayern 1927/28 die MAN mit dem Umbau eines vierachsigen bayerischen Dampftriebwagens zu einem Dieseltriebwagen (865), um unabhängig von den preußisch dominierten Ansätzen des Berliner Reichsbahn-Zentralamts (RZA) Erfahrungen sammeln zu können[31].

Die konstruktive Betreuung der Triebwagen lag von 1921 bis 1929 bei der für den Waggonbau zuständigen Abteilung

Alle in den 1920er-Jahren bestellten Verbrennungs-Triebwagen stellten in gewisser Weise Versuchsbauarten dar. Neben der Erprobung von geeigneten Benzol- und Dieselmotoren wollte die DRG auch ein Fahrzeug mit Sauggasgenerator der Firma Pintsch einsetzen. Doch die Versuche mit der Sauggasanlage befriedigten nicht, so dass der Wagen ebenfalls einen Büssing-Benzolmotor erhielt. Die amtliche Inbetriebnahme des als 762 eingereihten Triebwagens verzögerte sich damit bis Ende 1929.
Sammlung Dirk Winkler

V des Dezernats 35 im RZA Berlin. Hier wirkten Max Breuer (1881–1966) als Dezernent und seit 1929 Friedrich Mölbert (1899–1969) als Hilfsarbeiter, beides Persönlichkeiten, die auch in den folgenden Jahren dem Triebwagenbau in Deutschland maßgeblich ihre Handschrift verleihen sollten[32].

Als sich gegen Ende der 1920er-Jahre zunehmend die Konkurrenz des Kraftverkehrs bemerkbar machte und aufgrund der wachsenden wirtschaftlichen Probleme in Deutschland die Beförderungszahlen im Personen- und Güterverkehr rückläufig waren, zeichnete sich für das RZA immer klarer ab, dass eine größere Zahl an Verbrennungs-Triebwagen beschafft werden müsste, um flexibler und wirtschaftlicher auf diese Situation reagieren zu können. Doch die Weltwirtschaftskrise und die damit verbundenen finanziellen Probleme der DRG machten dieses Vorhaben zunichte. Im Frühjahr 1929 stand fest, dass in jenem Jahr keine Verbrennungs-Triebwagen beschafft werden konnten[33]. Immerhin gelang es, für das Beschaffungsjahr 1930 ganze sechs Fahrzeuge bewilligt zu bekommen. Diesen Abschluss der Entwicklung der 1920er-Jahre sollten drei Eiltriebwagen nach alten Konstruktionsgrundsätzen mit schwerem Wagenkasten nebst Steuerwagen bilden, deren Beschaffung Ende 1929 genehmigt wurde (872 - 874)[34]. Ausschlaggebend war hierfür, dass es der Firma Maybach gelungen war, einen Zwölf-Zylinder-Dieselmotor zu entwerfen, der 410 PS (302 kW) leistete und damit die geforderte Höchstgeschwindigkeit von 90 km/h möglich wurde[35]. Zudem wurden mit der gleichen 150-PS-(110-kW)-Antriebsausrüstung, wie sie die EVA-Maybach-Dieseltriebwagen besaßen, Ende 1929 drei Gütertriebwagen (10 001 - 003) in Auftrag gegeben. Ursprünglich vorgesehen war die Beschaffung von 14 solcher Gütertriebwagen sowie zweier Güter-Doppeltriebwagen[36-37-38].

Bis 1930 hatte das RZA bei den unterschiedlichen Waggonbaufirmen Verbrennungs-Triebwagen in 16 Bauarten sowie weiteren Unterbauarten beschafft. Eine zwar gewünschte Ausweitung der Beschaffung von Triebwagen musste aufgrund der Weltwirtschaftskrise und der beschränkten finanziellen Situation der Reichsbahn zurückgestellt werden.

Beschaffungsjahr	1925	1926	1927	1928	1929	1930
Anzahl	7	13	22	13	8	3

Erste Einheitstypen ab 1930

Das Jahr 1930 stellte insofern auch eine Zäsur dar, als zum 1. Dezember 1930 das RZA Berlin in seiner bisherigen Form aufgelöst wurde und an seine Stelle vier selbstständige Zentralämter traten:

- Das Reichsbahn-Zentralamt für Bau- und Betriebstechnik (RZB).
- Das Reichsbahn-Zentralamt für Maschinenbau (RZM).
- Das Reichsbahn-Zentralamt für Einkauf (RZE).
- Das Reichsbahn-Zentralamt für Rechnungswesen (RZR).

Mit der Umorganisation des RZA zum 1.12.1930 tilgte die DRG auch kurzerhand den die Bayerische Gruppenverwaltung betreffenden Nachsatz. Damit bündelte man auch die Beschaffung von Verbrennungs-Triebwagen nun an einem Ort[39].

Zwar zwang die Weltwirtschaftskrise die Reichsbahn zu drastischen Einschnitten in ihrem Beschaffungsprogramm, doch blieb sie im Bereich der Triebwagenentwicklung nicht untätig. Technischer Fortschritt sowie die leicht verbesserte wirtschaftliche Situation veranlassten die DRG dazu, ab 1930 ein erstes Triebwagenprogramm aufzustellen. Mit dem Anspruch einer weitgehenden Vereinheitlichung wurden mehrere Projekte bei der Industrie in Auftrag gegeben, deren Ausführungen jedoch weiterhin von einer hohen Differenzierung bei den verwendeten Motoren, der Bauart der Steuerung sowie der Ausführung der Leistungsübertragung geprägt waren. Ziel und Zweck war weiterhin die Erprobung der unterschiedlichen Komponenten, um so gezielter in eine spätere Serienbeschaffung gehen zu können.

Anfang der 1930er-Jahre setzte sich der Leichtbau für Verbrennungs-Triebwagen durch. Zu den ersten Fahrzeugen in dieser Bauweise gehörten Trieb- und Beiwagen 717 und 907. *Foto: Hermann Maey, Sammlung Günther Dietz*

Bei Kreuzburg/Ahr ist 137 044 mit Beiwagen als P2048 unterwegs. *Foto: Carl Bellingrodt. Sammlung Günther Dietz*

Einen entscheidenden Entwicklungsschritt hatten Konstruktion und Bau der Fahrzeuge zu Beginn der 1930er-Jahre durchlaufen. Neue Fertigungsmethoden und Werkstoffe ermöglichten es, leichtere und leistungsfähigere Triebwagen zu bauen. Vorreiter war die Waggonfabrik Uerdingen, die mit dem 1927 an die Halberstadt-Blankenburger Eisenbahn gelieferten T1 (späterer 133 504 der DR) einen Triebwagen in konsequenter Leichtbauweise mit einer selbsttragenden Kastenkonstruktion unter Verzicht auf den bis dato üblichen Fahrzeugrahmen gefertigt hatte. Nach Überwindung der wirtschaftlichen Krise begann die Reichsbahn ab 1932, eine umfangreiche Anzahl unterschiedlichster Bauarten von VT unter weitgehender Vereinheitlichung zahlreicher Baugruppen oder der Wagenkästen zu beschaffen. Zudem hatte auch der Motoren- und Getriebebau Fortschritte bezüglich Lebensdauer und Zuverlässigkeit gemacht, die einen Triebwagenbetrieb wirtschaftlicher werden ließen[40].

Ein erster Entwurf für einen vierachsigen Triebwagen in Leichtbauweise entstand 1930/31 und entsprach maschinell den frühen EVA-Triebwagen mit mechanischem Getriebe. Er wurde in drei Stück bei der WUMAG in Görlitz und zwei bei der EVA in Wismar beauftragt und 1932 ausgeliefert. Erst mit dem Beschaffungsprogramm 1933 wurden die 175-PS-(129-kW)-Nebenbahntriebwagen in größerer Stückzahl weiter beschafft und unter den Nummern 137 000 - 024 im Bestand geführt. Mit gleichem Wagenkasten, jedoch leistungsstärkeren 210-PS-(155-kW)-Motoren folgten weitere Fahrzeuge 1934/35 als 137 036 - 054 und 121 - 135[41-42-43].

Zu den ersten Aufträgen gehörte auch ein vierachsiger, dieselelektrischer Hauptbahn-Triebwagen, der sich maschinell mit 410 PS (302 kW) an die drei von der EVA-Wismar, Maybach und MSW gelieferten Hauptbahntriebwagen (872 - 874) anlehnen, jedoch im Wagenkasten den Leichtbaugrundsätzen folgen sollte[44]. Auffallend waren die abgerundete Stirnform der Fahrzeuge, die nach Windkanalversuchen gewählt worden war, sowie die Blechschürze. Diese Bauform der als 137 028 - 030 eingereihten Fahrzeuge behielt man bis zum Ende für fast alle vierachsigen Reichsbahn-Dieseltriebwagen bei.

Weiterhin wurden zweiachsige Triebwagen beauftragt, die ebenfalls in Stahl-Leichtbauweise ausgeführt werden sollten und weiterhin dazu dienten, die unterschiedlichen Antriebsanlagen zu erproben. Dazu gehörten drei von der WUMAG gebaute VT mit 100-PS-(74-kW)-Vergasermotor und Myliusgetriebe, drei VT von LHB mit 120-PS-(88-kW)-Vomag-Benzolmotoren und TAG-Getrieben, sowie zwei vollständig geschweißte VT von Westwaggon mit 120-PS-Daimler-OM54-Motoren sowie elektrischer Leistungsübertragung von SSW nach dem System Gebus[45-46].

Da sich gezeigt hatte, dass der neue 120-PS-Daimler-Dieselmotor sich im Betrieb bewährte, sowie die MAN einen schnelllaufenden 150-PS-(110-kW)-Dieselmotor gebaut hatte, wurden zu Lasten des Beschaffungsprogramms 1932 bei der TAG zehn zweiachsige Triebwagen mit 120-PS-Daimler-Dieselmotoren in Auftrag gegeben, deren wagenbaulicher Teil von LHB kommen sollte. Weitere zehn zweiachsige Dieseltriebwagen hatte noch das RZA bei MAN beauftragt, die mit

Der von der EVA in Wismar gebaute 137 014 gehörte zu den ersten in Leichtbauweise ausgeführten vierachsigen Triebwagen, besaß allerdings noch einen Antrieb über Blindwelle und Kuppelstangen. *Foto: Carl Bellingrodt. Sammlung Günther Dietz*

150-PS-MAN-Motoren und elektrischer Leistungsübertragung von BBC ausgerüstet werden sollten. Zu Lasten des Beschaffungsprogramms 1933 sollten weitere zehn zweiachsige VT mit 120-PS-Daimler-Motor und TAG-Getriebe folgen sowie 14 zweiachsige VT mit 150-PS-Dieselmotor und Mylius-Getriebe[47].

Schienenbusse – Retter der Kleinbahnen

Neben der Konstruktion von vollbahntauglichen Fahrzeugen, die sich stark an den Baumerkmalen der Reisezugwagen orientierten, wurde auch eine Bauart einfacher und leichter Fahrzeuge untersucht, die in ihren Konstruktionsmerkmalen eher dem Bau von Omnibussen folgten. Diese kleinen und preiswerten Fahrzeuge fanden vor allem Interessenten bei vielen Kleinbahnen. Sicherlich angeregt durch entsprechende Fahrzeuge, die in Frankreich, England oder Ungarn seit Beginn der 1920er-Jahre auf verschiedenen Kleinbahnen zum Einsatz kamen[48-49], suchten auch deutsche Firmen ein Schienenfahrzeug zu entwickeln, das weitgehend auf Komponenten und Konstruktionsprinzipien des Automobilbaus zurückgreifen sollte. Wegbereiter dieser Entwicklung war die EVA in Wismar, die einen leichten, durch zwei LKW-Motoren angetriebenen Schienenomnibus entwarf und im Mai 1932 erstmals auslieferte. Weitere Firmen folgten dieser Entwicklungsrichtung, doch sollte nur Henschel in Kassel von der Reichsbahn einen Auftrag über drei Fahrzeuge erhalten, die sich an einen 1931 für eine Kleinbahn entwickelten Schienenomnibus anlehnten. Die drei von Henschel 1933 beschafften Fahrzeuge wurden mit den Nummern 133 006 - 008 geführt[50].

Schwerpunkt des Einsatzes der Triebwagen aus den Beschaffungsprogrammen 1933 und 1934 war unter anderen Sachsen. Eine Garnitur aus einem 410-PS-Triebwagen sowie je einem Steuerwagen am Zugende steht hier in Döbeln am Bahnsteig. *Foto: Georg Otte. Sammlung Dirk Winkler*

Eine weitere Garnitur wurde hier von Georg Otte in der Bahnhofshalle des Dresdener Hauptbahnhofs festgehalten.
Foto: Georg Otte. Sammlung Dirk Winkler

Beschaffungsprogramm 1933 und 1934

Nachdem das Triebwagenprogramm bisher im Referat 31 der Reichsbahn-Hauptverwaltung unter Friedrich Fuchs (1871–1958) fast zehn Jahre lang betreut worden war, machte sich 1933 die Teilung des Referates wegen des hohen Arbeitsanfalls im Dampflokomotivbau notwendig. Unter der Leitung von Hermann Stroebe (1894–1978) wurde das neue Referat 33 gegründet, dem die Betreuung des Triebwagenbaus und der Kraftfahrzeuge oblag. Zwar fand das erste Triebwagenprogramm im Beschaffungsprogramm der Reichsbahn für 1933 nur einen bescheidenen Auftakt, doch wurden bereits Anfang 1933 von der Reichsbahn größere Serien im Beschaffungsprogramm 1934 (einschl. Zusatzprogramm) in Auftrag gegeben, die durch neue Arbeitsbeschaffungsmaßnahmen realisierbar erschienen. Die Beschaffungsprogramme von 1933 und 1934 sahen insgesamt 250 neue Triebwagen vor, davon 186 vierachsige VT[51].

Markanteste Vertreter des neuen Triebwagenprogramms waren die beiden Vereinheitlichungslinien mit den 410-PS-(302-kW)-Hauptbahn-Dieseltriebwagen der *„Essener Bauart“* (137 031 - 035, 137 074, 137 080 - 093) sowie den Triebwagen mit Eilzugwagengrundriss (137 028 - 030, 137 058 - 067, 137 068 - 073, 075 - 079). Im Unterschied zum Eilzugwagengrundriss besaß die Essener Bauart für den schnelleren Fahrgastwechsel in Fahrzeugmitte eine doppelflüglige Schiebetür. Allerdings erhielten die Fahrzeuge zum Teil unterschiedliche Motoren und Leistungsübertragungsanlagen, mit denen die Reichsbahn ausreichende Betriebserfahrungen sammeln wollte. Daneben wurde eine kleinere Zahl an 210-PS-(155-kW)-Nebenbahntriebwagen aufgelegt (137 136 - 148). Für alle Fahrzeuge wurden passende Bauarten von Bei- und Steuerwagen entwickelt und gebaut[52]. Hinzu kamen zweiachsige Triebwagen mit 150 PS (110 kW)-Dieselmotor und hydraulischer Leistungsübertragung (135 046 - 047 / 137 048 - 050)[53-54].

Neben der wirtschaftlicheren Bedienung von Nebenbahnen, wo ein kompletter Ersatz des Dampfzuges erfolgen sollte, strebte das RZM vor allem an, den Nahverkehr in Ballungsräumen durch den Einsatz von Triebwagen effektiver zu gestalten. Für die Fahrgäste waren die neuen Triebwagen durchaus ein Gewinn an Komfort, boten sie doch teilweise auch in der 3. Klasse gepolsterte Sitze, zudem wirkte sich die neue Antriebsform in einer Fahrzeitverkürzung aus. Die modernen vierachsigen Triebwagen kamen vor allem in der Rheinprovinz, in Franken, der Oberpfalz und in Sachsen, aber auch in Ostpreußen zum Einsatz. Eiltriebwagen im Ruhrschnellverkehr oder zwischen Dresden und Leipzig und Chemnitz prägten das Bild genauso wie im Nahverkehr um Königsberg.

Ein weiterer Schwerpunkt war das Ruhrgebiet. Der von 137 186 geführte Ruhrschnellverkehrszug R 3551 quert hier die Harkortseebrücke bei Wetter (Ruhr) am 13.4.1936. *Foto: RVM. Sammlung Dirk Winkler*

Zugleich begann die Reichsbahn, einen Schnellverkehr mit Triebwagen besonderer Bauart aufzubauen. Den Ideen Franz Kruckenbergs (1882–1965) und der Flugbahn-Gesellschaft folgend und durch die Erfolge in der Weiterentwicklung im Dieselmotorenbau bestärkt, sah die Reichsbahn eine Möglichkeit, der aufkommenden Konkurrenz des Flugzeugs sowie des sich rasant verbreitenden Kraftverkehrs ein Angebot im Schnellverkehr für die Gruppe der besser zahlenden Reisenden anzubieten. Als Mitte Mai 1933 der *„Fliegende Hamburger“* seinen planmäßigen Einsatz zwischen Berlin und Hamburg aufnahm, begann für die Reichsbahn ein neues Zeitalter. Ausführlicher hierzu im Band 3.

Ein Triebwagen aus der Reihe 137 080 - 093 mit Steuerwagen im Ruhrschnellverkehr. *Foto: Carl Bellingrodt. Sammlung Dirk Winkler*

Große Pläne, kleine Stückzahlen – Das Triebwagenprogramm 1934

Waren die 20er-Jahre bei der Reichsbahn noch vom Normieren und Standardisieren der Dampflokomotiven, dem Wunsch nach einer schnellen Ausweitung des elektrischen Betriebes sowie einem vorsichtigen Herantasten an neue Antriebsformen geprägt, so wandelte sich das Bild Mitte der 30er-Jahre zusehends. Inzwischen nahmen der elektrische Betrieb sowie die zuverlässiger gewordenen Verbrennungs-Triebwagen als brauchbare Alternativen einen anderen Stellenwert ein als noch wenige Jahre zuvor.

Gemeinsam mit den Lokomotivbaufirmen sahen sich die Dezernenten aus dem Dampflokomotivbausektor im RZM zunehmend gezwungen, sich gegen eine Motorisierung im Schienenverkehr zu behaupten, die erklärtes Ziel der Reichsbahnführung war. Insofern ist das Bild der glorreichen Zeit der Einheitslokomotiven bei weitem schöngefärbt, sieht man sich die Zahlen der tatsächlich gebauten Maschinen an und vergleicht sie vor allem mit den vorhandenen Planungen für die Modernisierung des Verkehrs. Beispiele für diese Bemühungen, mit althergebrachter Technik der Neuerung des Triebwagens etwas entgegenzuhalten, waren der Bau des Henschel-Wegmann-Zuges als Konkurrenz zu den ab 1933 aufkommenden Schnelltriebwagen oder der Bau der neuen 1'B1'-Lok der Baureihe 71 als Gegenstück zu den Nahverkehrstriebwagen.

Die geringeren Personalkosten durch den einmännigen Betrieb, niedrigere Betriebskosten, kürzere Reisezeiten dank höherer Beschleunigung und die größere Flexibilität gegenüber mit Lokomotiven bespannten Zügen waren wesentliche Faktoren für den Verwaltungsrat der DRG, Ende Mai 1934 ein umfangreiches Programm zur Beschaffung von Triebwagen zu beschließen. Zudem setzten die wachsende Motorisierung auf der Straße und der Busverkehr der Reichsbahn zu. Zwar bevorzugten Richard Anger (1873–1938), seit den 1920er-Jahren beim RVM in der Hauptverwaltung als Leiter der Maschinentechnischen Abteilung, und Carl Friedrich von Siemens (1872–1941), Mitglied im Aufsichtsrat der DRG, den Ausbau der elektrischen Traktion, doch stimmten sie dem Programm zu, da auch sie darin einen wesentlichen Beitrag für die Rückgewinnung von Reisenden von der Straße sahen. In ihren Planungen wollte die Reichsbahn den Bestand von rund 60.000 Reisezugwagen halbieren und den Personen- und Eilzugverkehr auf Hauptbahnen sowie den gesamten Nebenbahnpersonenverkehr künftig mit Triebwagen durchführen. Einzig für den Fernpersonen- und Teile des Schnellzugverkehrs sollten weiterhin Dampflokomotiven verwendet werden. Die Reichsbahn strebte trotz der Einsparungen durch den Triebwagenverkehr eine Verkehrsverdichtung auf das Eineinhalbfache der bisherigen Leistungen in den genannten Zuggattungen an[55-56-57].

Die wirtschaftlichen Verhältnisse und die beginnende Aufrüstung bewirkten allerdings nur ein verhaltenes Anlaufen des beschlossenen Programms. Organisatorisch hatte die Reichsbahnführung die Bemühungen mit der Berufung von Breuer im Jahre 1935 zum Leiter der neu geschaffenen Triebwagenabteilung im Reichsbahn-Zentralamt für Maschinenbau (RZM) sowie Walter Hellberg (1899–1991) als neuem Dezernenten für den Bau von Triebwagen (Dez. 25) unterstrichen[58]. Unter diesem Zweigestirn wurde die Schaffung von Einheitsbauarten bei den Triebwagen konsequent weiterverfolgt. In dem 1935 aufgelegten Vereinheitlichungsprogramm konzentrierte man sich auf sechs Bauarten. Die wenig später vorgelegte überarbeitete Fassung enthielt nur noch vierachsige Triebwagen, einschließlich Güterschlepptriebwagen, sowie einige Sonderbauarten.

Zeitgleich hatte das RZM 1934 ein Diesellokprogramm aufgelegt, in dem anfangs vier, dann bei der Neuformulierung des *„Fahrzeugprogramms 1935"* fünf Bauarten vorgesehen waren, von denen je eine Versuchslokomotive beschafft werden sollte. Mit der Hoffnung auf eine *„in absehbarer Zeit"* gelöste Kraftstoffbeschaffung sollten diese Maschinen dabei helfen, die neuen technischen Möglichkeiten zu erproben und die *„Durchbildung von Diesellokomotiven für höhere Leistungen und Fahrgeschwindigkeiten"* zu ermöglichen[59]. Zudem maß man der Elektrifizierung bei der DRG wieder mehr Bedeutung zu und führte 1933 sämtliche Konstruktions- und Beschaffungstätigkeiten für elektrische Triebfahrzeuge im RZA München zusammen. Eines der größten geplanten Vorhaben unter neuer Führung war, neben der Weiterführung von Arbeiten in Bayern und Württemberg sowie im Mitteldeutschen Netz, die durchgehende Elektrifizierung der Strecke München – Berlin[60]. Summa summarum zeichnete sich damit ein Szenario ab, in dem die Dampflokomotive als Traktionsmittel zunehmend an Bedeutung verlor und neuer Technik weichen sollte.

Diese Tendenz spiegelte sich auch in den Beschaffungszahlen der Reichsbahn der 30er-Jahre wider. So wurden 1935 erstmals mehr Triebwagen als Dampflokomotiven beschafft, ein Trend, der allerdings nicht anhielt. Im ersten Kriegsjahr wurde dann sprunghaft der Bau von Güterzug-Dampflokomotiven forciert, das Triebwagenprogramm kam aus rüstungstechnischen Gründen zum Stocken.

Beschaffungsjahr	1931	1932	1933	1934	1935	1936	1937	1938	1939
Dampflokomotiven	79	131	139	170	119	166	147	123	702
Elektrolokomotiven	4	35	12	37	33	52	36	36	33
Verbrennungs-Triebwagen	0	18	44	68	125	61	71	73	37
Oberleitungstriebwagen	0	0	22	4	32	22	8	0	12

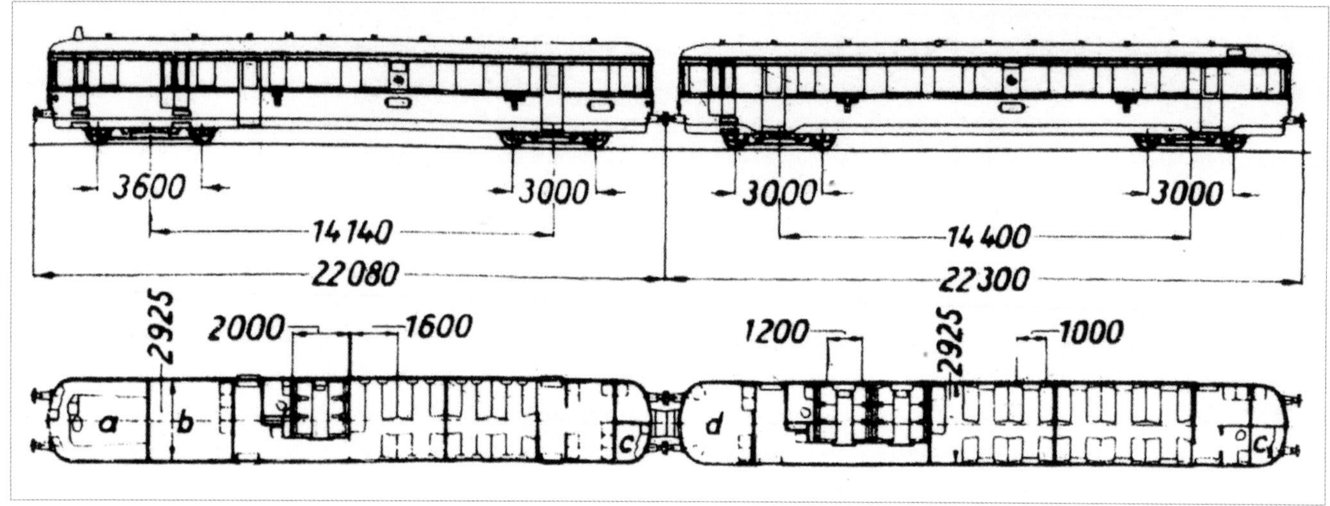

Die Skizze zeigt Trieb- und Steuerwagen, wie sie aus dem Einheitsprogramm von 1935 entstehen sollten. *Sammlung Dirk Winkler*

Vereinheitlichungsprogramm 1935

Damit das ehrgeizige Vorhaben wirtschaftlich sinnvoll umgesetzt werden konnte, setzte das RZM 1935 ein Vereinheitlichungsprogramm zur Verringerung der Typenvielfalt bei den Verbrennungs-Triebwagen auf, in dem man sich auf sechs Bauarten konzentrierte. Dieses Vereinheitlichungsprogramm wurde bis 1937 im nun zuständigen Dezernat im RZA München mehrmals überarbeitet, jedoch wurden einige der darin enthaltenen Bauarten auch bei der Industrie beauftragt.

Dazu gehörte zum einen ein zweiachsiger Triebwagen für Nebenbahnen mit 150 PS Leistung, der als Einheits-Nebenbahntriebwagen gebaut und unter den Nummern 135 061 - 132 geführt wurde. Aus dem ursprünglichen Programm von 1932 leitete man weiterhin einen einheitlichen Grundriss für einen vierachsigen Dieseltriebwagen für Haupt- und Nebenbahnen ab, der mit Motoren von 200 bis 600 PS (147 - 442 kW) ausgerüstet werden sollte (sogen. „*Einheitsbauart 1935*“). Zudem waren ein zweiteiliger Nebenbahntriebwagen mit 2 x 275 PS (202 kW) Leistung enthalten, wie er später für den Stettiner Vorortverkehr als 137 326 - 331, 367 - 376 ausgeliefert wurde, und ein dreiteiliger Hauptbahntriebwagen mit 2 x 450 PS (331 kW) Leistung und 120 km/h Höchstgeschwindigkeit vorgesehen, der im Eilzugverkehr Verwendung finden und die Nummern 137 279 - 280 erhalten sollte, jedoch nicht beauftragt wurde. Als Versuchsbauarten waren zwei- und

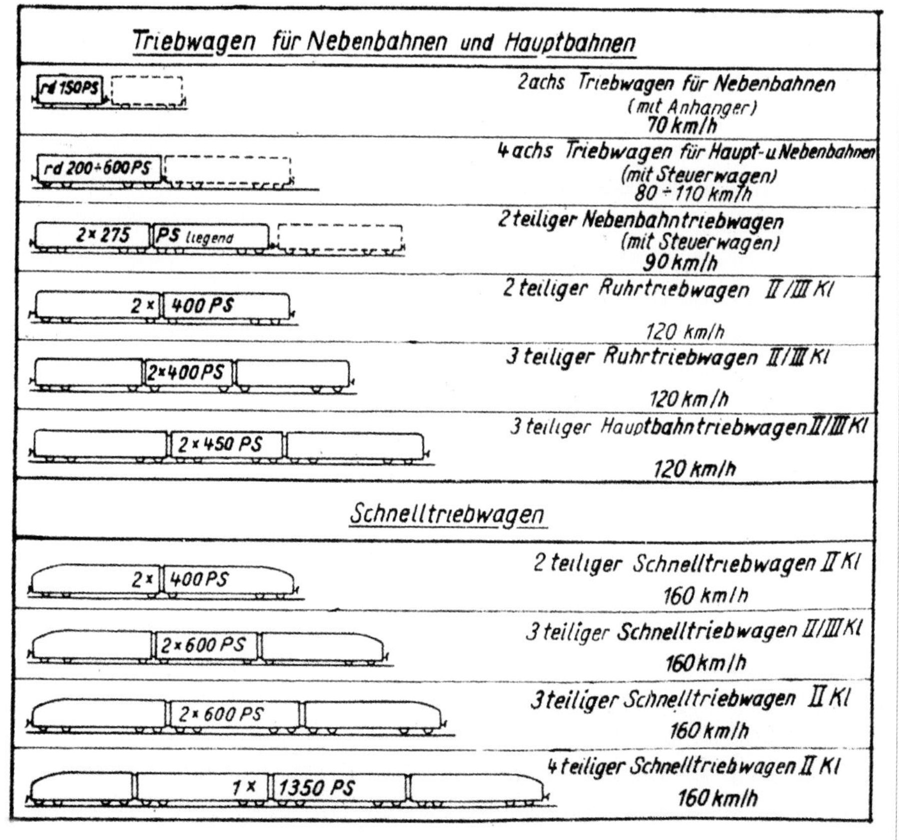

Die Tafel gibt die geplanten wesentlichen Triebwagenbauarten des Programms von 1935 wieder.
Sammlung Dirk Winkler

Aus dem ehrgeizigen Programm wurden nur wenige Bauarten realisiert. Dazu gehörten u.a. die 360-PS-Nebenbahntriebwagen, von denen 137 242 mit Steuerwagen auf der Reichsausstellung Schaffendes Volk 1937 in Düsseldorf präsentiert wurde.
Foto: Carl Bellingrodt. Sammlung Dirk Winkler

dreiteilige Triebwagen in der Beschaffung, die für den Verkehr im Ruhrgebiet bestimmt waren (137 283 - 287 und 137 288 - 295). Mit ihnen wollte man günstige Fahrgastraumgestaltungen und Fahrgastwechselmöglichkeiten untersuchen, bevor eine Beschaffung in größerer Stückzahl für den Personenverkehr im Ruhrgebiet notwendig würde. Generell verfolgte das RZM die freizügige Tauschbarkeit von Motoren entsprechender Leistungen. Zudem sollte die Fahrzeugsteuerung weiter vereinheitlicht werden, damit nur noch eine Bauart von vierachsigen Steuerwagen notwendig wurde[61].

Doch so ehrgeizig das Vorhaben war, bewirkte die beginnende Aufrüstung bald nur noch ein verhaltenes Anlaufen des beschlossenen Programms. Die im Beschaffungsprogramm von 1934 vorgesehenen Triebwagen wurden zum Teil bis 1936/37 ausgeliefert, die Beschaffungsprogramme für 1935 und 1936 sahen nur noch geringe Stückzahlen an Triebwagen vor. In nennenswerter Anzahl kamen ab 1937 360-PS-(265-kW)-Nebenbahntriebwagen der Nummernreihe 137 241 - 270 und 137 442 - 461 zur Auslieferung, deren Kopfformen im Gegensatz zu den bisherigen Fahrzeugen kantiger und eleganter ausgeführt wurden. Passend dazu wurden bereits ab 1936 die Steuerwagen 145 154 - 183 und 137 347 - 366 beschafft. Eine Sonderbauart blieben die drei Aussichtstriebwagen der Nummern 137 240, 137 462 und 463, die 1936/39 als Pendant zum *„Gläsernen Zug“* für den Einsatz auf nicht elektrifizierten Strecken beschafft wurden. Zwischenzeitlich musste sich die Reichsbahn mit dem Luftfahrtministerium auseinandersetzen, das den Bau von VT- zugunsten von Flugzeugmotoren einschränken lassen wollte[62].

In nur geringer Stückzahl wurden die Versuchstriebwagen für den Ruhrschnellverkehr gebaut. Am 8. März 1938 ist 137 290 a/b als Probezug bei Unterbarmen unterwegs. Da sie sich im eigentlichen Einsatzgebiet nicht bewährten, wurden sie von der Reichsbahn als zwei- und dreiteilige Hauptbahntriebwagen bezeichnet und in den Direktionen Saarbrücken und Dresden eingesetzt.
Foto: Carl Bellingrodt. Sammlung Dirk Winkler

Weitere Vereinheitlichung der Triebwagen 1937 bis 1939

Als man 1937 die Zuständigkeiten zwischen den Zentralämtern in Berlin und München neu ordnete, bündelte die DRG im RZA München in der Maschinentechnischen Bau- und Einkaufsabteilung den gesamten Sektor für Bau und Beschaffung von elektrischen und Verbrennungs-Triebfahrzeugen. Der Bau und die Beschaffung der Schnelltriebwagen und Triebwagen mit liegenden Motoren lag in der Hand von Friedrich Mölbert, der nach München wechselte, der Bau und die Beschaffung von Triebwagen mit stehenden Motoren und Dampftriebwagen lag in der Verantwortung von Schönherr[63].

Das 1935 aufgestellte Vereinheitlichungsprogramm zur Verringerung der Typenvielfalt bei den Verbrennungs-Triebwagen wurde bis 1937 nochmals überarbeitet. Die noch vor Kriegsbeginn in München aufgestellten Planungen griffen den ursprünglichen Ansatz des Vereinheitlichungsprogramms auf und konkretisierten ihn weiter. Zudem war die Umstellung auf *„Heimische Treibstoffe“* durchzuführen, deren Erfolg für Ende 1937 vermeldet werden konnte. Allerdings führte dies im Ergebnis dazu, dass der monatliche Verbrauch an Kraftstoffen für die Triebwagenmotoren sich im Geschäftsjahr 1937 mehr als verdreifachte[64].

Erst im Kriegsjahr 1939 erschien eine Präzisierung der Pläne von 1937, die nun neben den vierachsigen Triebwagen mit stehenden Motoren von 250/450/650 PS Leistung und dem Einheitsgrundriss einen 275-PS-Nebenbahntriebwagen mit gleichem Grundriss des Wagenkastens, jedoch mit liegendem Motor vorsahen. Weiterhin enthalten war ein Güterschlepptriebwagen, der in zwei Bauformen mit 450 PS Leistung und 90 km/h für Nebenbahnen sowie 650 PS und 110 km/h für Hauptbahnen geplant war und in einer Gesamtzahl von 218 Stück beschafft werden sollte. Hiervon wurden allerdings nur zwei Fahrzeuge mit den Nummern 10004 und 10005 als Probewagen im Jahre 1941 abgeliefert; der Bau weiterer 20 bereits im Nummernplan verzeichneter Güterschlepptriebwagen unterblieb.

Alle diese Fahrzeuge sollten als wichtige Vereinheitlichungsmaßnahme die Mehrfachsteuerung der Bauart 1936 erhalten. Sie gestattete den Zusammenlauf und die gemeinsame Steuerung von jeweils zwei VT vom vorderen Führerstand eines VT oder VS. Die ursprünglich vorgesehenen Gütertriebwagen sollten den Stückgut-Schnellverkehr übernehmen und an den Wochenenden mit Steuer- und anderen Triebwagen im Reiseverkehr eingesetzt werden. Der Güterschlepptriebwagen konnte in diesem Fall beim Zusammenlauf mit Steuerwagen die Funktion des Gepäckwagens übernehmen.

Neben den bereits im Bau befindlichen zweiteiligen Triebwagen für den Stettiner Vorortverkehr wurde als weitere Sonderbauform ein im Grundriss den Berliner S-Bahnwagen folgender, für den Einsatz im Ruhrgebiet gedachter 650-PS-(478-kW)-Triebwagen vorgestellt. Er sollte in der Kombination VT+VS oder VT+VS+VS verkehren und in einer Stückzahl von 300 VT und 600 VS den Nahverkehr im Rhein-Ruhr-Raum modernisieren. Zwar war die Präsentation eines ersten Probezuges auf der Verkehrsausstellung 1940 in Köln avisiert, doch wurde er nicht mehr gebaut. Zweiachsige Triebwagen für Nebenbahnen waren nicht mehr vorgesehen. Zudem sollten, wie oben gezeigt, die Sonderbauarten der Schnelltriebwagen weitergeführt werden. Ebenfalls als Sonderbauart waren vier vierachsige Schmalspurtriebwagen enthalten, die speziell für die RBD Dresden vorgesehen waren und als 137 322 - 325 noch ausgeliefert wurden[65-66].

Immerhin schlug sich die Planung auch in den vorgesehenen Stückzahlen der Beschaffungsprogramme nieder. So enthielt der Beschaffungsplan für 1937 (1. und 2. Halbjahr) über 100 Fahrzeuge[67]:

- 10 Doppeltriebwagen 2x275 PS, 137 367 - 376
- 20 vierachsige Triebwagen 225 PS, 137 377 - 396
- 20 vierachsige Triebwagen 400 PS, 137 397 - 416
- 2 vierachsige Triebwagen 400 PS, 137 417 - 418
- 15 vierachsige Triebwagen 400 PS, 137 419 - 431
- 10 vierachsige Triebwagen 300 PS Daimler-Motor, 137 432 - 441
- 20 vierachsige Triebwagen 360 PS, 137 442 - 461
- 2 Aussichtstriebwagen, 137 462 - 463
- 6 vierachsige Triebwagen 600 PS, 137 464 - 469
- 8 dreiteilige Schnelltriebwagen 2 x 600 PS, Bauart Köln, 137 851 - 858

Viele dieser Vorhaben wurden nicht mehr realisiert, da die bereits eingeführte Stahlkontingentierung im Zuge der Aufrüstung des Deutschen Reiches eine massive Reduzierung in den Fahrzeugbeschaffungsprogrammen 1937 bis 1939 zur Folge hatte[68]. So waren im Programm für 1938 nur noch zwei Gütertriebwagen und zwei *„vierachsige Wagen nach Art der Steuerwagen … für Versuchszwecke“* vorgesehen[69].

Allerdings wurde im Januar 1939 ein *„Sofortprogramm 1939“* aufgesetzt, mit dem die Beschaffungslücken des letzten Jahres geschlossen werden sollten[70]. Die Forderungen aus der Betriebsabteilung (E II) im RVM sahen Ende Januar 1938 über 400 Verbrennungs-Triebwagen vor[71], von denen nach etlichen Durchsprachen Mitte April immerhin noch über 300 Fahrzeuge (nachstehend in Klammern) übrigblieben[72]. Im Einzelnen waren dies:

- 15 (15) dreiteilige Schnelltriebwagen, Bauart *„Köln“*
- 100 (120) vierachsige Triebwagen, 400 PS für 110 km/h
- 50 (0) dreiteilige Hauptbahntriebwagen
- 100 (60) zweiteilige Ruhr-Triebwagen
- 50 (0) dreiteilige Ruhr-Triebwagen
- 75 (80) vierachsige Nebenbahntriebwagen, 225 PS für 80 km/h
- 25 (0) 2 x 275 PS Doppeltriebwagen
- 200 (88) vierachsige Einheitssteuerwagen
- 40 (40) Gütertriebwagen mit Packraum

In dem Mitte Januar 1939 aufgestellten Beschaffungsplan für das Jahr 1940 wurden die Planungen für 1939 nochmals aufgegriffen, allerdings in einer auf ein Drittel der vorher veranschlagten Stückzahlen reduzierten Variante[73]:

- 8 vierteilige Schnelltriebwagen 2 x 650 PS
- 30 vierachsige Hauptbahntriebwagen 650 PS
- 40 vierachsige Hauptbahntriebwagen 450 PS
- 20 vierachsige Nebenbahntriebwagen 275 PS

- 2 Aussichtstriebwagen 2 x 180 PS
- 10 Güterschlepptriebwagen 650 PS
- 10 Güterschlepptriebwagen 450 PS
- 70 vierachsige BC-Steuerwagen
- 20 vierachsige C-Steuerwagen

Doch verabschiedet wurde dieses Programm nicht. Immerhin vergab das RZA München für Fahrzeuge aus einem Programm 1939 bereits die Nummern, die in den Nachträgen des Nummernplans von 1937 nebst Waggonbaufirma, Motorlieferant und Lieferer der elektrischen Ausrüstung bzw. der hydraulischen Getriebe enthalten sind:

- 137 470 - 499, 650-PS-Hauptbahntriebwagen, Talbot / Maybach / BBC
- 137 500 - 529, 450-PS-Hauptbahntriebwagen, Duewag / Daimler / AEG
- 137 530 - 539, 450-PS-Hauptbahntriebwagen, Westwaggon / MAN / SSW
- 137 540 - 541, 275/400-PS-Triebwagen, Wismar / ? / BBC
- 137 542 - 559, 275-PS-Nebenbahntriebwagen, Wismar/?/ BBC
- 137 560 - 561, 2 x 180 PS-Aussichtstriebwagen, DWK/Voith
- 137 904 - 914, 2 x 600-PS-Schnelltriebwagen, LHW / Maybach
- 10 005 - 10 015, 450-PS-Gütertriebwagen, Christoph & Unmack / Maybach / Becker
- 10 016 -10 025, 650-PS-Gütertriebwagen, Christoph & Unmack / Maybach / Becker

Bereits am 25. Januar 1939 teilte die Reichsbahn-Hauptverwaltung den Abteilungen mit, dass *„das Fahrzeugbeschaffungsprogramm 1940 abermals erheblich eingeschränkt“* wurde[74]. Aufgrund der Stahlkontingentierung und einer möglicherweise zur Verfügung stehenden Stahlmenge sah der Plan noch vor[75]:

- 15 Hauptbahntriebwagen
- 15 Nebenbahntriebwagen
- 10 Triebwagen österreichischer Bauart
- 2 Ruhrtriebwagen
- 4 vierachsige Steuerwagen

Mit Kriegsbeginn im September 1939 wurde der zivile Triebwagenverkehr weitestgehend eingestellt. Alle bis dahin geplanten Vorhaben wurden damit zur Makulatur. Mit dem Beginn des Zweiten Weltkrieges standen andere Optionen im Vordergrund – an die Modernisierung des Personenverkehrs der Reichsbahn war nicht mehr zu denken.

Kriegseinsatz und neue Planungen – 1939 bis 1945

Die für Verbrennungs-Triebwagen zuständigen Dezernate waren Ende 1939 bereits aufgelöst, ihre Dezernenten mit anderen Aufgaben betreut worden[76]. Trotzdem blieben etliche Aufgaben weiterhin zu bearbeiten. Mitte Oktober 1939 legte das RVM fest, bereits angearbeitete Aufträge aus älteren Beschaffungsprogrammen noch aufgrund einer Sonderzuweisung von Stahl fertigzustellen. Dazu sollten gehören[77]:

- 1 dreiteiliger Hauptbahntriebwagen, Westwaggon, Beschaffungsprogramm 1935
- 6 Doppeltriebwagen 2x275 PS, Görlitz, Beschaffungsprogramm 1936
- 7 Nebenbahntriebwagen 225 PS, Bautzen, Beschaffungsprogramm 1936
- 10 Doppeltriebwagen 2x275 PS, Görlitz, Beschaffungsprogramm 1937

Bereits mit Beginn des Zweiten Weltkrieges war ein Teil der Verbrennungs-Triebwagen im Einsatz für die Wehrmacht. Ein ganzer Zug aus Wismarer Triebwagen der schweren und leichten Bauart ist hier von einer Dampflok gezogen für die Eisenbahn-Batterie 718 im Juli 1942 unterwegs. *Sammlung Dirk Winkler*

- 20 Nebenbahntriebwagen 360 PS, Dessau, Beschaffungsprogramm 1937
- 17 Nebenbahntriebwagen 225 PS, Duewag, Beschaffungsprogramm 1937
- 2 Gütertriebwagen, Niesky, Beschaffungsprogramm 1938
- 5 Gütertriebwagen für Schmalspur, Simmering, Beschaffungsprogramm 1938
- 10 VT 44, Simmering, Beschaffungsprogramm 1938

Nur ein Teil dieser angearbeiteten Aufträge wurden bis 1941 noch fertiggestellt, so die Doppeltriebwagen für den Stettiner Vorortverkehr. Doch zu einem zivilen Einsatz kam es nur noch in den seltensten Fällen. Ein Großteil der zwei- und vierachsigen Dieseltriebwagen sowie einige Schnelltriebwagen wurden nun für militärische Zwecke verwendet.

Nur für kurze Zeit kehrte ein geringer Teil der Verbrennungs-Triebwagen noch einmal in den öffentlichen Verkehr zurück. Nach Ende des Polenfeldzuges wurden die Fahrpläne wieder erweitert, so dass ein ausreichender Reise- und Güterzugbetrieb gewährleistet werden konnte. Besonderes Augenmerk wurde auf die Sicherstellung des Weihnachtsverkehrs 1939 gelegt, der des Einsatzes auch der letzten Betriebsreserven bedurfte[78]. Es ist anzunehmen, dass in der ersten Kriegsweihnacht der Bevölkerung noch ein geringes Maß an Normalität vorgegaukelt werden sollte, in dem Reisebeschränkungen im bisherigen Umfang nur schwer ins Bild passten. Ende November 1939 forderte das RVM die Direktionen auf, ihren Bedarf an Fahrzeugen und an Dieselkraftstoff für den geplanten Weihnachtsverkehr, der für den Zeitraum vom 18.12.1939 bis 4.1.1940 angesetzt war, dem RZA München zu melden und den Weihnachtsverkehr vorzubereiten[79-90]. Da ein Teil des Reisezugwagenbestandes für Wehrmachtstransporte abgegeben war, wurde versucht, über diesen Weg den Fahrzeugmangel wenigstens teilweise zu beheben.

Genaue Zahlen über die eingesetzten Fahrzeuge und Hinweise über den Einsatz von VT in den Direktionen liegen nicht vor. Während des Weihnachtsverkehrs 1939/40 nutzten vornehmlich die Reichsbahndirektionen Dresden, Essen und Regensburg die ihnen verbliebenen Fahrzeuge, darunter hauptsächlich die dieselelektrischen Triebwagen[81-82]. In der RBD Berlin wurde nur ein Triebwagen (137 023) *„als Pendel zwischen Seddin, Belzig und Treuenbrietzen eingesetzt“*[83]. Um die Triebwagen trotz Kraftstoffbeschränkungen betreiben zu können, wurde gestrecktes Dieselöl verwendet, das, außer einem Leistungsabfall der Motoren, keine Schwierigkeiten zur Folge gehabt haben soll. Jedoch kam es infolge der außergewöhnlichen Kälte in diesem Winter in einigen Fällen zum Erstarren des Treibstoffes. Im Bericht des RVM heißt es hierzu lakonisch: *„Trotz einiger Hemmungen konnte der Verkehr planmäßig abgewickelt werden“*[84].

Im Vordergrund der Aufgaben des RZA München stand die Betreuung der nun militärisch eingesetzten Bauarten sowie die Verwendung der abgestellten Fahrzeuge. Neben der Prüfung, wie Bei- und Steuerwagen im normalen dampfbespannten Verkehr eingesetzt werden könnten, wurde der Umbau von VT auf so genannte Heimstoffantriebe geprüft. Bereits im Herbst 1939 liefen erste Arbeiten, um je einen zweiachsigen Triebwagen der RBD Nürnberg und Regensburg auf *„Treibgas“* umzustellen[85-86]. Die durch den Umbau mögliche Wiederinbetriebnahme der VT mit Vergasermotoren stellte nach Ansicht des RVM eine gewisse Erleichterung gegenüber den gestiegenen Anforderungen an den *„Dampfzugdienst“* für betriebs- und wehrwichtige Zwecke aller Art dar. Voraussetzung war die Lieferung entsprechender Flüssiggasmengen, die dem RVM durch das Reichswirtschaftsministerium bis Ende März 1940 zugesagt wurden[87]. Nachdem diese Zusage scheinbar vorgelegen hatte, legte das RVM Ende März 1940 endgültig fest, dass alle VT mit Vergasermotoren, bis auf diejenigen der RBD Posen und Königsberg, schnellstmöglich auf Gasbetrieb umzubauen seien. Die Lieferung des Flüssiggases sollte in 33- und 46-kg-Flaschen erfolgen. Für die Umbauarbeiten wurde die Sonderarbeitsnummer 298 festgelegt[88]. In den Jahren konzentrierten sich die Arbeiten des RZA München darauf, geeignete Verfahren zu finden, um auch die Dieseltriebwagen wieder im Betriebsdienst nutzen zu können[89].

Obwohl nicht absehbar war, ob und wann der Verkehr sowie der Bau von Triebwagen wieder aufgenommen werden konnte, führte das Reichsbahn-Zentralamt in anderer personeller Aufstellung seine Planungen fort. Ein Bedarfsplan für neue Fahrzeuge wies neben den 30 vierteiligen Schnelltriebwagen immerhin jährlich 500 neue Haupt- und Nebenbahntriebwagen, somit 2000 Stück, sowie 3030 Steuerwagen in der Beschaffung aus. Im Vergleich zu den anderen zu beschaffenden Betriebsmitteln sollte also der Verbrennungs-Triebwagen weiter an Bedeutung gewinnen[90]. Doch bereits 1941 hatte man den Bedarf für den nächsten *„Zehnjahresbeschaffungszeitraum“* auf 1200 VT mit 650-PS-Antrieb reduziert[91].

Bedarfsplanung des RZA für die Jahre 1940 bis 1943

Bedarf für das Jahr	1940	1941	1942	1943	Summe
Dampflokomotiven	1380	1380	1380	1380	5520
Elektrolokomotiven	167	74	109	82	432
Verbrennungs-Triebwagen	578	560	560	550	2248
Elektrische Triebwagen,	175	203	189	100	667

einschl. Berlin, Hamburg, München

Letztlich machte die Kriegsführung den sachgerechten Planungen ein Ende. So wurde für 1941 noch eine Planung aufgestellt, diese jedoch in zwei Varianten, als Friedens- und als Kriegsprogramm. Die Sachreferenten legten im Friedensprogramm noch 294 Verbrennungs-Triebwagen zugrunde, davon 157 vordringlich (Klammerangabe):

- 10 (10) vierteilige Schnelltriebwagen 2 x 650 PS
- 100 (3) vierachsige Ruhrtriebwagen 650 PS
- 86 (46) vierachsige Hauptbahntriebwagen 650 PS
- 46 (46) vierachsige Hauptbahntriebwagen 450 PS
- 10 vierachsige Triebwagen 300 PS
- 18 (18) vierachsige Nebenbahntriebwagen 275 PS
- 2 (2) vierachsige Nebenbahntriebwagen 275/400 PS
- 2 (2) Aussichtstriebwagen 2 x 180 PS
- 20 (20) Güterschlepptriebwagen 650 PS
- 200 (0) vierachsige BC-Steuerwagen zu Ruhrtriebwagen
- 200 (20) BC-Einheitssteuerwagen
- 100 (0) C-Einheitssteuerwagen
- 30 (19) Steuerwagen zu 3. Kl. VT 44

Aus dem hier zu sehenden Zug der E-Bat. 718 dürfte kaum ein Triebwagen den Krieg unbeschadet überstanden haben.
Sammlung Dirk Winkler

Doch das verabschiedete Programm wurde ein Kriegsprogramm und enthielt keine VT und VS[92]. Immerhin versuchten die leitenden Beamten die Beschaffung von Verbrennungs-Triebwagen weiter zu fördern. Als im Januar 1942 im RVM eine Besprechung über den Zehnjahresplan zur Fahrzeugbeschaffung stattfand, war es Leibbrand, zu diesem Zeitpunkt immer noch Leiter der Betriebs- und Bauabteilung (E II) im RVM (ein Posten, den er auf Betreiben Albert Speers im Juli 1942 zugunsten von Gustav Dilli (1891–1971) verlassen musste), der darauf hinwies, *„daß es nicht angehe, die Motorisierung der Reichsbahn mit Rücksicht auf die Brennstoffrage einzuschränken, vielmehr müsse sie stark vorwärtsgetrieben werden, auch dürfe von militärischer Seite der Motorisierung der Reichsbahn nicht entgegengearbeitet werden"*. Und Werner Bergmann (1877–1956), Leiter der Maschinentechnischen und Einkautsabteilung (E III), sprang ihm bei und erinnerte daran, *„daß der Transportchef [Chef des Transportwesen Rudolf Gercke (1884–1947); d. A.] erst kürzlich die Entwicklung einer Diesellokomotive verlangt habe, unabhängig davon, wie die Ölfrage heute stehe. Die Kohleverfeuerung auf dem Rost muß im Zeitalter der Kohleveredelung als rückschrittlich bezeichnet werden und alle Bestrebungen, die unwirtschaftliche Ausnutzung der Kohle zu vermeiden, müssen weitgehend gefördert werden"*[93]. Klare Worte, die jedoch in Zeiten des Russlandfeldzugs und der bevorstehenden Transportkrise keine Bedeutung mehr haben sollten. Auch Bergmann wurde recht schnell von seinem Posten abgelöst. Sein Nachfolger wurde im Frühjahr 1944 Otto Pleß (1903–1978).

Die nun unter Leitung von Otto Taschinger (1891-1974) arbeitende Gruppe im RZA München führte die Betreuung der vorhandenen Bauarten, wie auch Konstruktionsarbeiten für neue Fahrzeuge fort. So wurde 1941 an neuen Entwürfen für Hauptbahntrieb- und -steuerwagen gearbeitet, die auf Basis eines einheitlichen Aufbaus des Wagenkastens gefertigt werden sollten. Zwar war zunächst die Verwendung von 650-PS-Dieselmotoren vorgesehen, man ging jedoch von einer Leistungssteigerung auf 800 PS aus. Zudem sollten die Triebwagen über vier angetriebene Achsen verfügen, wodurch der Einbau der Motor-Generatorgruppe in den Wagenkasten des Triebwagens geplant war. Die Fahrzeuge sollten eine LüP von 23.585 mm erhalten bei einem Drehzapfenabstand von 16.085 mm. Für den Triebwagen mit Post- und Gepäckraum waren 60 Sitzplätze in der 3. Klasse vorgesehen. Die Steuerwagen, für die nur noch Abteile der 2. und 3. Klasse vorgesehen waren, sollten für eine freizügige Verwendung der Fahrzeuge, besonders der Steuerwagen in D-Zügen, mit Zug- und Stoßeinrichtungen der Regelbauart ausgerüstet werden. Zudem diskutierte das RZA München die Ausrüstung der Steuerwagen mit Faltenbalgübergängen[94-95-96].

In Summe beschaffte die Reichsbahn zwischen 1925 und 1941 über 600 Verbrennungs-Triebwagen, davon 177 zweiachsige Fahrzeuge. Weiterhin wurden von 1931 bis 1940 für eine einheitliche Zugbildung 407 zwei- und vierachsige Beisowie 392 zwei- und vierachsige Steuerwagen in Stahlleichtbauweise eingekauft. Die Beschreibung der Fahrzeuge im Einzelnen folgt in Abschnitt 2.

Auch die 360-PS-Nebenbahntriebwagen wurden im Krieg eingesetzt. Der hier gezeigte 137 253 (oder 259) befand sich 1940 in Rügenwalde in Hinterpommern. Die Wehrmacht unterhielt hier einen Schießplatz, wo schwere Geschütze großer Reichweite eingeschossen wurden, darunter auch Eisenbahngeschütze, für die die VT als Schleppfahrzeuge dienten. *Sammlung Günther Dietz*

Verwendung von Verbrennungstriebwagen durch die Wehrmacht

Infolge der Generalmobilmachung am 25. August 1939 war die DRB gezwungen, ihren Betrieb zu ändern. Neben den fahrplantechnischen Maßnahmen gehörte auch das Abstellen von Triebfahrzeugen mit Verbrennungsmotoren zu den Einschränkungen, die im Zuge der Mobilmachung erforderlich wurden. Maßgebender Grund war die Einsparung von Kraftstoff. Die Verfügung zur Stilllegung des Verkehres mit Verbrennungs-Triebwagen (Aktennummer 20 Bfpt 70), war mit dem 31. August 1939 datiert[97]. Die meisten Verbrennungs-Triebwagen wurden abgestellt oder kehrten nur kurzzeitig im ersten Kriegswinter wieder in den öffentlichen Betrieb zurück. Damit schien der noch junge und zukunftsweisende Betrieb von Verbrennungstriebfahrzeugen im Deutschen Reich an einem vorläufigen Endpunkt angelangt zu sein.

Doch ganz im Gegensatz zur Reichsbahn fand sich schnell ein anderer Nutzer für Fahrzeuge dieser Art: Die Wehrmacht. Bereits vor Kriegsbeginn hatte sie unterschiedliche Arten von Triebfahrzeugen für ihre Einsatzzwecke erprobt. Versuche mit Verbrennungs-Triebwagen und Motorlokomotiven als Schleppzeug für Eisenbahngeschütze zeigten deren generelle Verwendungsmöglichkeit. So dauerte es nicht lange, bis zahlreiche Verbrennungs-Triebwagen, ob als Schleppzeug oder Mannschaftsunterkunft, mobiles Stabsquartier oder Notstromaggregat eine kriegsmäßige Verwendung fanden. Schon im Ersten Weltkrieg hatte das deutsche Militär einige der wenigen damals vorhandenen Verbrennungs-Triebwagen im Krieg verwendet. Die Flexibilität der Fahrzeuge, die Möglichkeit, ein eigenständiges Fortbewegungsmittel und Aufenthaltsraum in einem zu haben, führte zu gelegentlichen Einsätzen als Lazarettfahrzeugen. Wenige Tage nach Kriegsbeginn Mitte September 1939 waren von der Reichsbahn bereits rund 80 Verbrennungs-Triebwagen *„der Wehrmacht für Sonderzwecke zur Verfügung"* gestellt worden[98]. Diesen Schritt hatten Reichsbahn und Wehrmacht in den vorhergehenden Monaten gut vorbereitet. Immer wieder mietete die Wehrmacht seit November 1938 einzelne Fahrzeuge an und begutachtete ihre Einsatzfähigkeit. Anfang Juli 1939 hatte die Wehrmacht mit Unterstützung der Reichsbahn Versuche durchgeführt, die unter anderem zeigten, dass verschiedene VT-Bauarten *„an Stellen, wo Dampflokomotiven wegen der unvermeidlichen Rauchentwicklung unerwünscht sind, zur Beförderung von Schwerlastfahrzeugen geeignet sind"*[99].

Hinter dem Begriff *„Schwerlastfahrzeuge"* verbargen sich Eisenbahngeschütze, die im Zuge eines Sofort-Programms ab 1936 neu gebaut worden waren, und für die die Wehrmacht nach geeigneten Schleppfahrzeugen suchte. Sie gab den Triebwagen nach den Versuchen den Vorzug vor Kleinlokomotiven, da sie bei auszuführenden Fahrten zwischen den Einsatzstellen der Eisenbahngeschütze eine größere Geschwindigkeit entwickeln konnten und *„gleichzeitig über einen genügend großen Raum zur Beförderung von Personen und Geräten aller Art"* verfügten. Zu den direkt bei der Wehrmacht verwendeten VT gesellte sich noch eine unbestimmte Anzahl von Reservefahrzeugen, die in unmittelbarer Nähe der Einsatzstellen zur Verfügung zu stehen hatten. Die Triebwagen erhielten für den Wehrmachtseinsatz zum großen Teil einen Tarnanstrich und wurden von der Reichsbahn mit je einem TfZ-Führer und einem Schlosser abgegeben, die auch weiterhin der Reichsbahn unterstanden. Die Betriebsstoffe (Kraft- und Schmierstoffe usw.) stellte die Wehrmacht[100].

Nicht zuletzt aufgrund dieser Einsatzversuche dürfte das Reichsverkehrsministerium schon Ende August 1939 erst einige ausgewählte, dann letztlich alle Direktionen angewiesen haben, die Dieseltriebwagen der 175-PS- und 210-PS-Bauarten vordringlich ausbessern zu lassen[101]. Damit sollte die Einsatzfähigkeit dieser Fahrzeuge für die Wehrmacht gewährleistet werden. Der Einsatz einiger dieser Fahrzeuge mit Kriegsbeginn ließ nicht lange auf sich warten.

Spätestens Anfang 1940 wurde damit begonnen, die für Sonderzwecke eingesetzten Dieseltriebwagen mit *„Einrichtungen zum Wohnen und Schlafen für Mannschaften"* auszustatten. Gleichzeitig regte das RZA an, die im Bau befindlichen Güterschlepptriebwagen von vornherein mit gewissen Vorrichtungen zu versehen, die den späteren Einbau von Wohn- und Schlafgelegenheiten für Mannschaften erleichtern sollten. Etwa zur selben Zeit begann die Deutsche Reichsbahn damit, dieselelektrische Triebwagen als Notstromanlagen für eigene Zwecke und für die Wehrmacht (Marine) herzurichten und einzusetzen, da die Industrie anscheinend nicht mehr in der Lage war, genügend Anlagen für diesen Verwendungszweck zu fertigen[102].

So kam es, dass der Großteil der Fahrzeuge im Laufe der nächsten Jahre weiter im Verkehr blieb, jedoch nicht mehr dem zivilen Einsatz dienend, sondern hauptsächlich zur Unterstützung der nationalsozialistischen Eroberungspläne. Vornehmliches Einsatzgebiet waren für die Triebwagen Streckenschutzzüge und Eisenbahn-(E-)Batterien, wo sie als Schlepptriebwagen, als fahrbare Stäbe, zum Mannschaftstransport oder für andere Transportaufgaben verwendet wurden.

Einen Eindruck von der Größenordnung, die die Nutzung durch die Wehrmacht annahm, mögen die Bestandszahlen des Reichsverkehrsministeriums für den Zeitraum von April bis Juni 1944 liefern. Hier waren insgesamt 690 Dieseltriebwagen vermerkt, von denen 292 als *„betriebsfähig"* geführt wurden. Von diesen waren allein 250 *„an Dritte vermietet"*, wie es neutral hieß[103].

Somit war über ein Drittel des vorhandenen Bestandes der deutschen, österreichischen und der wenigen in den deutsch okkupierten Teilen der Tschechoslowakei verbliebenen Verbrennungs-Triebwagen aktiv in den Eisenbahnbetrieb während des Zweiten Weltkrieges eingebunden, wie nachfolgend im Einzelnen gezeigt wird. Hinzu kam eine nicht bestimmbare Anzahl von Verbrennungs-Triebwagen der Bahnverwaltungen in den okkupierten Ländern.

Bezeichnung und Nummerierung der Fahrzeuge

Bezeichnung und Nummerierung bei den Länderbahnen

Die Bezeichnung und Nummerierung der Triebwagen mit Verbrennungsmotoren war bei den Staatsbahnen jeweils einzeln geregelt. Die württembergischen Staatseisenbahnen bezeichneten ihre Triebwagen entsprechend der Antriebsart als BW (Benzinwagen). Die beschafften Fahrzeuge wurden ab „1" beginnend fortlaufend durchnummeriert. Auch die sächsischen Staatseisenbahnen folgten diesem Prinzip, nur wurde hier für den zweiachsigen Triebwagen die Bezeichnung Dai (Daimlerwagen) benutzt. Die später beschafften Triebwagen wurden als DET (Diesel-Elektrische-Triebwagen) bezeichnet.

Die Preußischen Staatseisenbahnen bezeichneten ihre Fahrzeuge als V.T. (Verbrennungsmotortriebwagen). Bis 1913 folgte der Buchstabenfolge in der Anschrift am Fahrzeug eine tiefgestellte Ziffer, die sich auf eine Bauart bezog, sowie eine fortlaufende Nummer (z.B. $V.T._1$ 151). Ab 1913 wurden die Verbrennungs-Triebwagen mit einer fortlaufenden Nummer beginnend bei „1" versehen, wobei sich die Bauarten durch unterschiedliche Nummernbänder unterschieden. Den Triebwagen zugeordnete Bei- oder Steuerwagen wurden mit Buchstaben, beginnend bei „a" und gleicher Fahrzeugnummer versehen.

Übersicht der Verbrennungs-Triebwagen der Länderbahnen

Nummer	Preuß. bis 1913	Preuß. ab 1913	Bahnverwaltung	Baujahr	Lieferer	Leistung [PS]	Leistungs-übertrag	Bemerkung
BW 1	-	-	Kgl. Württemb. Stb.	1896	Mf. Esslingen	12	mechanisch	+ 1906
BW 2	-	-	Kgl. Württemb. Stb.	1898	Mf. Esslingen	25	mechanisch	+ 1910/11, Umb. Personenwg.
BW 3	-	-	Kgl. Württemb. Stb.	1903	Mf. Esslingen	30		+ 1914 (?), Umb. Personenwg.
BW 4	-	-	Kgl. Württemb. Stb.	1903	Mf. Esslingen	30		+ 1914 (?), Umb. Personenwg.
BW 5	-	-	Kgl. Württemb. Stb.	1903	Mf. Esslingen	30		+ 1914 (?), Umb. Personenwg.
Dai 1	-	-	Kgl. Sächs. Stb.	1904	Werdau	30		+ 1922 (?)
II-9015	-	-	Kgl. Sächs. Stb.	1912	Schumann	35	mechanisch	Versuchs-Schienenbus, Verbleib unbekannt
DET 1	-	-	Kgl. Sächs. Stb.	1914	Rastatt	190	elektrisch	1920 an Sulzer, 1923 RVT BCm 2/5 9, + 1939
DET 2	-	-	Kgl. Sächs. Stb.	1914	Rastatt	190	elektrisch	1920 an Sulzer, 1923 RVT BCm 2/5 10, + 1966
V.T. 1	V.T.1 151		K.P.E.V.	1908	Falkenried	80	elektrisch	Umb. 1913, Flu, 701 401 Hl
-	V.T.2 152	V.T. 1	K.P.E.V.	1911	Düsseld. Ebb.	82	elektrisch	1922 PKP, SCDx 90 011
-	V.T.2 153	V.T. 2	K.P.E.V.	1911	Düsseld. Ebb.	82	elektrisch	Verbleib unbekannt
-	V.T.2 154	V.T. 3	K.P.E.V.	1911	Düsseld. Ebb.	82	elektrisch	Verbleib unbekannt
-	V.T.2 155	V.T. 4	K.P.E.V.	1911	Düsseld. Ebb.	82	elektrisch	Verbleib unbekannt
-	V.T.2 156	V.T. 5	K.P.E.V.	1911	Düsseld. Ebb.	82	elektrisch	Verbleib unbekannt
-	V.T.2 157	V.T. 6	K.P.E.V.	1911	Düsseld. Ebb.	82	elektrisch	ca. 1924 Umb. Flu 767 507 Bsl
-	V.T.2 158	V.T. 7	K.P.E.V.	1911	Görlitz	82	elektrisch	Verbleib unbekannt
-	V.T.2 159	V.T. 8	K.P.E.V.	1911	Görlitz	82	elektrisch	ca. 1924 Umb. Unterrichtswagen 764 000 Ost
-	V.T.2 160	V.T. 9	K.P.E.V.	1911	Rastatt	82	elektrisch	Verbleib unbekannt
-	V.T.2 161	V.T. 10	K.P.E.V.	1911	Gastell	82	elektrisch	Verbleib unbekannt
-	-	V.T. 11	K.P.E.V.	1913	Düsseld. Ebb.	100	elektrisch	Verbleib unbekannt
-	-	V.T. 12	K.P.E.V.	1914	Düsseld. Ebb.	100	elektrisch	Verbleib unbekannt
-	-	V.T. 13	K.P.E.V.	1914	Düsseld. Ebb.	100	elektrisch	Verbleib unbekannt
-	-	V.T. 14	K.P.E.V.	1914	Düsseld. Ebb.	100	elektrisch	Verbleib unbekannt
-	-	V.T. 15	K.P.E.V.	1915	Düsseld. Ebb.	100	elektrisch	Kriegsverlust
-	-	V.T. 16	K.P.E.V.	1914	Düsseld. Ebb.	100	elektrisch	Verbleib unbekannt
-	-	V.T. 16a	K.P.E.V.	1914		-	-	Steuerwagen, Verbleib unbekannt
-	-	V.T. 17	K.P.E.V.	1917	Görlitz	100	elektrisch	Verbleib unbekannt
-	-	V.T. 17a	K.P.E.V.	1917		-	-	Steuerwagen, Umbau zu elB 5003 Mgd
-	-	V.T. 18	K.P.E.V.	1917	Görlitz	100	elektrisch	V.T. 18 Umb. zu ET mit Lentzgetriebe
-	-	V.T. 18a	K.P.E.V.	1917		-	-	Steuerwagen, Verbleib unbekannt
-	-	V.T. 19	K.P.E.V.	1917	Görlitz	100	elektrisch	Verbleib unbekannt
-	-	V.T. 19a	K.P.E.V.	1917		-	-	Steuerwagen, Verbleib unbekannt
-	-	V.T. 20	K.P.E.V.	1917	Görlitz	100	elektrisch	Verbleib unbekannt
-	-	V.T. 20a	K.P.E.V.	1917		-	-	Steuerwagen, Verbleib unbekannt
-	-	V.T. 21	K.P.E.V.	1917	Bremen	50	elektrisch	Umb. Flu 724 000 Han
-	-	V.T. 101	K.P.E.V.	1917	Gastell	160	elektrisch	ca. 1924 Umbau Unterrichtswagen
-	-	V.T. 101a	K.P.E.V.	1915	Gastell	-	-	Steuerwagen, 80 002, 62 979 Ost
-	-	V.T. 102	K.P.E.V.	1917	Gastell	160	el.	Verbleib unbekannt
-	-	V.T. 102a	K.P.E.V.	1915	Gastell	-	-	Steuerwagen, elB 5001 Mgd, 49 012, 95 148 Hl
-	-	V.T. 103	K.P.E.V.	1917	Gastell	160	elektrisch	Verbleib unbekannt
-	-	V.T. 103a	K.P.E.V.	1915	Gastell	-	-	Steuerwagen, elB 5002 Mgd, 49 011, 95 147 Hl
VT 51	-	-	Kgl. Old. Stb.	1911	Düsseld. Ebb.	82	elektrisch	+ 1924 (?)

Bezeichnung und Nummerierung bei DRG / DRB bis Kriegsende

Aufgrund der Kriegsverluste und Abgaben an die Siegermächte des Ersten Weltkrieges war der Wagenbestand Anfang der 1920er-Jahre nicht mehr genau feststellbar. Darum beschloss die Deutsche Reichsbahn, 1923 eine Umzeichnung mit gleichzeitiger Einrichtung einer Wagenkartei durchzuführen. Die in den Direktionen vorhandenen Wagen wurden einer Nummernreihe zugeordnet. Dies galt auch für alle Trieb-, Steuer- und Beiwagen, die seitens der Reichsbahn als Wagen behandelt wurden. Damit erhielten sie sowohl ein Gattungszeichen sowie eine Nummer aus dem Nummernplan für Wagen. Die Gattungszeichen setzten sich aus Haupt- und Nebengattungszeichen zusammen. Dabei kamen nachfolgend zusammengefasste Gattungszeichen zur Anwendung, die bei den Trieb-, Steuer- und Beiwagen Verwendung fanden[104-105].

Hauptgattung		Nebengattung	
A	Wagen 1. Klasse	d	Wagen oder Abteile mit Bretterbänken
B	Wagen 2. Klasse	d	Wagen mit Antrieb durch Dampfmaschine
C	Wagen 3. Klasse	ea	elektrisch angetriebener Wagen mit Akkumulatoren als Stromquelle
D	Wagen 4. Lasse	el	elektrisch angetriebener Wagen für Stromzuführung durch Oberleitung
AB	Wagen 1./2. Klasse	es	elektrisch angetriebener Wagen für Stromzuführung durch Stromschiene
BC	Wagen 2./3. Klasse	i	Personenwagen mit Durchgang und offenen Übergangsbrücken
		tr	für Traglastenverkehr geeignet
		u	frühere D, später mit Lattenbänken ausgerüstet
Pw	Gepäckraum	S	Steuerwagen
Post	Postabteil	T	Triebwagen
		v	Wagen mit Antrieb durch Verbrennungsmotor

Der Nummernplan von 1923 sah dabei für Triebwagen folgende Nummernreihen vor (Mitte links)[106]:

In der Praxis ergaben sich Schwierigkeiten bei der Abgabe von Wagen an andere Direktionen und der damit notwendigen Umzeichnungen. Aus diesem Grund erfolgte zum 27.3.1930 eine Umnummerung mit dem Ziel, dass jeder Wagen während seiner Nutzungsdauer seine Nummer behielt. Der Nummernplan vom März 1930 hielt dabei unter *„Sonderwagen“* die nachfolgend aufgeführten Nummern für Trieb-, Steuer- und Beiwagen vor (Mitte rechts)[107-708]:

den übernommenen Fahrzeugen der ehemaligen ČSD oder aus Luxemburg, die freie Nummern aus dem neuen Plan erhielten, jedoch nicht nach dem Antrieb durch Vergaser- oder Dieselmotor unterschieden wurden. Nach der Okkupation Polens vorgefundene VT und VB, die von der PKP beschafft worden waren, wurden überhaupt nicht umgezeichnet, sondern behielten ihre Nummern. Verbrennungs-Triebwagen, die von ehemaligen Klein- und Privatbahnen übernommen wurden, erhielten zum Teil alte, zum Teil aber auch Nummern aus dem neuen Nummernplan.

Gattungszeichen	Nummernreihe
dT	1 – 99
vT	101 – 199
eaT	201 – 499
elT	501 – 1999
esT	2001 – 4999
Beiwagen	5001 – 8999

Gattungszeichen	Nummernreihe	vorhandene Wagen	Bemerkung
dT	1 – 49	18	
	51 – 199		für neue Triebwagengattungen ohne Fahrleitung
eaT	201 – 699	160	Akkumulator-Triebwagen
vT	701 – 899	61	Verbrennungs-Triebwagen
Beiwagen	901 – 999	29	für Triebwagen ohne Fahrleitung
elT	1001 – 1999	201	für Triebwagen mit Fahrleitung
el	2001 – 2999	206	für Bei-/Steuerwagen
esT	3001 – 4999	676	für Triebwagen mit Stromschiene
es	5001 – 6999	682	für Bei-/Steuerwagen
	7001 – 7999		frei, für neue Triebwagengattung mit Fahrleitung

Innerhalb der Nummernreihe für Verbrennungs-Triebwagen legte das Reichsbahn-Zentralamt noch folgende Unterscheidung fest (rechts):

Auch dieser Nummernplan sollte aufgrund der Beschaffungszahlen keine lange Gültigkeit besitzen. Der am 1. Oktober eingereichte Vorschlag für neue Nummernreihen für die *„Leichttriebwagen“* und *„leichten Beiwagen“*[109] wurde mit Verfügung der Reichsbahn-Hauptverwaltung HV 31 Fen 39 vom 21. Oktober 1932 gültig, in dem die in nachfolgender Tabelle aufgeführten Nummernreihen für die neuen Trieb- sowie Bei- und Steuerwagen vorgesehen waren. Für die bereits vorhandenen älteren Triebwagen mit eigener Kraftquelle sollten die bisherigen Nummernfolgen bestehenbleiben (rechts unten)[110]:

Allerdings ordnete die Reichsbahn nicht alle Verbrennungstrieb-, Steuer- und Beiwagen dem Nummernplan entsprechend ein. So erhielten die Gütertriebwagen Wagennummern aus dem Bereich der Güterwagen. Weiterhin ordnete das RZA München die nach dem Anschluss Österreichs übernommenen VT/VS/VB der ehemaligen BBÖ nur zum geringen Teil in die neuen Nummernreihen ein. Anders verfuhr es mit

Nummernreihe	Bemerkung
701 - 750	zweiachsige Triebwagen mit Vergasermotor
751 - 799	vierachsige Triebwagen mit Vergasermotor
801 - 850	zweiachsige Triebwagen mit Dieselmotor
851 - 899	vier- und mehrachsige Triebwagen mit Dieselmotor

Nummernreihe	Bemerkung
1 - 100	Triebwagen mit Antrieb durch Dampfmaschine
133 000 – 133 999	zweiachsige Triebwagen mit Vergasermotor
134 000 – 134 999	vierachsige Triebwagen mit Vergasermotor
135 000 – 136 999	zweiachsige Triebwagen mit Dieselmotor
137 000 – 138 999	vier- und mehrachsige Triebwagen mit Dieselmotor
140 000 – 143 999	zweiachsige Beiwagen für Triebwagen mit eigenem Antrieb
144 000 – 144 999	zweiachsige Steuerwagen für Triebwagen mit eigenem Antrieb
145 000 – 146 999	vierachsige Steuerwagen für Triebwagen mit eigenem Antrieb
147 000 – 149 999	vierachsige Beiwagen für Triebwagen mit eigenem Antrieb

Bezeichnung und Nummerierung nach Kriegsende

Die Vorgehensweise in der Nummerierung der Verbrennungs-Triebwagen sollte bei der DRG/DRB bis Kriegsende Bestand haben. Die Deutsche Reichsbahn in der DDR (DR) führte den Nummernplan von 1932 weiter und ordnete in die freien Nummern, wie teilweise zuvor bereits die DRB, die von ihr übernommenen Triebwagen ehemaliger Klein- und Privatbahnen ein. Sie erhielten Nummern in den Reihen 133 500 - 600, 135 500 - 600 und 137 500 - 600[111-112]. Die Deutsche Reichsbahn im Vereinigten Wirtschaftsgebiet (Amerikanische und Britische Besatzungszone) führte ab September 1947 einen neuen Nummernplan für die Triebwagen ein[113-114]. In der unteren Abbildung ist das Original wiedergegeben. Für die Steuer- und Beiwagen wurden die alten Wagennummern beibehalten.

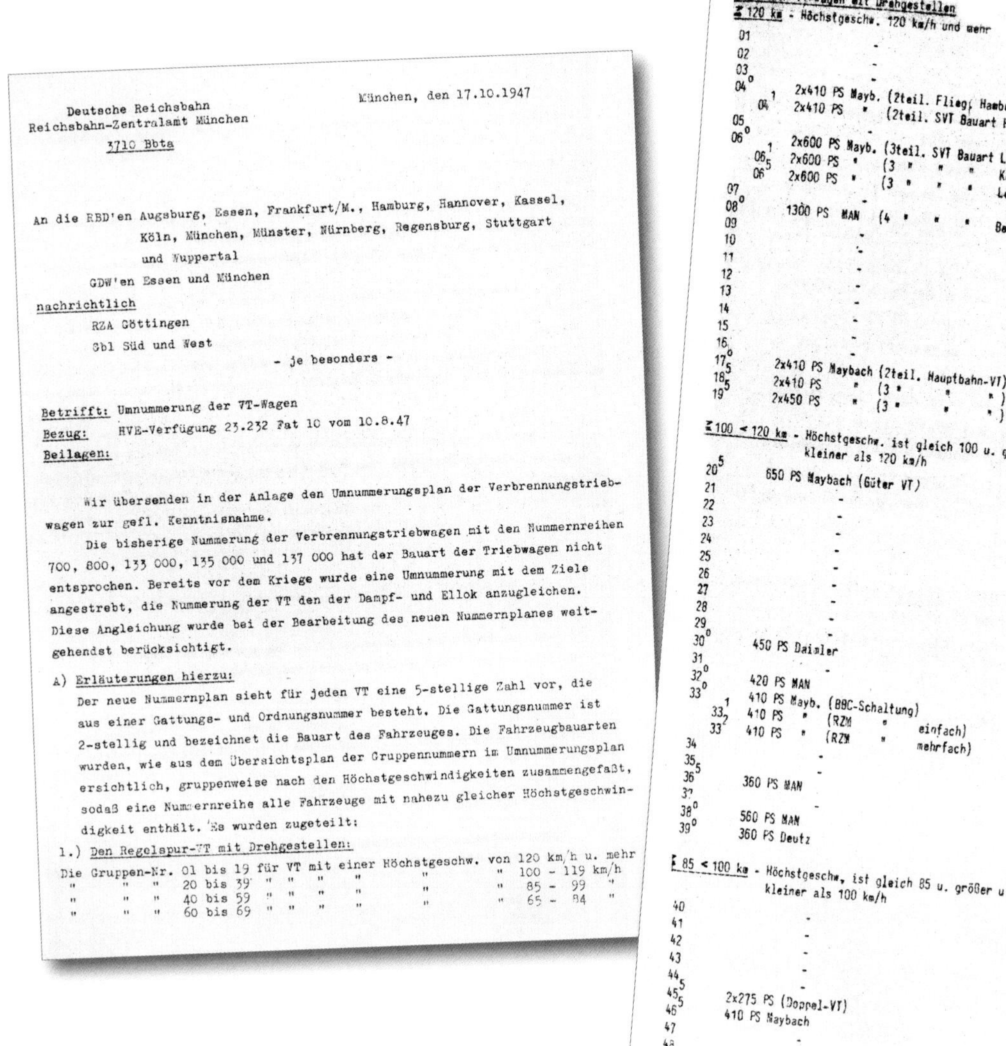

Deutsche Reichsbahn
Reichsbahn-Zentralamt München
3710 Bbta

München, den 17.10.1947

An die RBD'en Augsburg, Essen, Frankfurt/M., Hamburg, Hannover, Kassel, Köln, München, Münster, Nürnberg, Regensburg, Stuttgart und Wuppertal
GDW'en Essen und München

nachrichtlich
RZA Göttingen
Gbl Süd und West

- je besonders -

Betrifft: Umnummerung der VT-Wagen
Bezug: HVE-Verfügung 23.232 Fat 10 vom 10.8.47
Beilagen:

Wir übersenden in der Anlage den Umnummerungsplan der Verbrennungstriebwagen zur gefl. Kenntnisnahme.

Die bisherige Nummerung der Verbrennungstriebwagen mit den Nummernreihen 700, 800, 133 000, 135 000 und 137 000 hat der Bauart der Triebwagen nicht entsprochen. Bereits vor dem Kriege wurde eine Umnummerung mit dem Ziele angestrebt, die Nummerung der VT den der Dampf- und Ellok anzugleichen. Diese Angleichung wurde bei der Bearbeitung des neuen Nummernplanes weitgehendst berücksichtigt.

A) Erläuterungen hierzu:

Der neue Nummernplan sieht für jeden VT eine 5-stellige Zahl vor, die aus einer Gattungs- und Ordnungsnummer besteht. Die Gattungsnummer ist 2-stellig und bezeichnet die Bauart des Fahrzeuges. Die Fahrzeugbauarten wurden, wie aus dem Übersichtsplan der Gruppennummern im Umnummerungsplan ersichtlich, gruppenweise nach den Höchstgeschwindigkeiten zusammengefaßt, sodaß eine Nummernreihe alle Fahrzeuge mit nahezu gleicher Höchstgeschwindigkeit enthält. Es wurden zugeteilt:

1.) Den Regelspur-VT mit Drehgestellen:

Die Gruppen-Nr. 01 bis 19 für VT mit einer Höchstgeschw. von 120 km/h u. mehr
" " " 20 bis 39 " " " " " " 100 - 119 km/h
" " " 40 bis 59 " " " " " " 85 - 99 "
" " " 60 bis 69 " " " " " " 65 - 84 "

Übersichtsplan der Gruppennummern

Regelspur VT-Wagen mit Drehgestellen
≧ 120 km - Höchstgeschw. 120 km/h und mehr
01 -
02 -
03 -
04^{0} 2x410 PS Mayb. (2teil. Flieg. Hamburger)
04^{1} 2x410 PS " (2teil. SVT Bauart Hamburg)
05 -
06^{0} 2x600 PS Mayb. (3teil. SVT Bauart Leipzig)
06^{1} 2x600 PS " (3 " " " Köln)
06^{5} 2x600 PS " (3 " " " Leipzig
07 -
08^{0} 1300 PS MAN (4 " " " Berlin)
09 -
10 -
11 -
12 -
13 -
14 -
15 -
16 -
17^{0} 2x410 PS Maybach (2teil. Hauptbahn-VT)
18^{5} 2x410 PS " (3 " " ")
19^{5} 2x450 PS " (3 " " ")

≧ 100 < 120 km - Höchstgeschw. ist gleich 100 u. größer u. kleiner als 120 km/h
20^{5} 650 PS Maybach (Güter VT)
21 -
22 -
23 -
24 -
25 -
26 -
27 -
28 -
29 -
30^{0} 450 PS Daimler
31 -
32^{0} 420 PS MAN
33^{0} 410 PS Mayb. (BBC-Schaltung)
33^{1} 410 PS " (RZM " einfach)
33^{2} 410 PS " (RZM " mehrfach)
34 -
35 -
36^{5} 360 PS MAN
37 -
38^{0} 560 PS MAN
39^{0} 360 PS Deutz

≧ 85 < 100 km - Höchstgeschw. ist gleich 85 u. größer u. kleiner als 100 km/h
40 -
41 -
42 -
43 -
44 -
45^{5} 2x275 PS (Doppel-VT)
46^{5} 410 PS Maybach
47 -
48 -
49 -
50^{0} 300 PS WMW (AEG-Lemp Schaltung
50^{1} 300 " " (RZM Schaltung
50^{2} 300 " " (AEG Vollast-Schaltung)
51^{0} 300 " Daimler
52 -
53 -
54 -
55 -
56 -
57 -
58 -
59 -

≧ 65 < 85 km - Höchstgeschw. ist gleich 65 u. größer u. kleiner als 85 km/h
60^{5} 225 PS Maybach
61 -
62^{9} 210 PS Maybach
63^{9} 210 PS MAN
64 -
65^{90} 175 PS Maybach (Schwerbauart VT)
65^{91} 175 PS "
66^{9} 2x110 PS Büssing
67 -
68 -
69^{9} 175 PS Maybach (Güter-VT)

B) Regelspur VT-Wagen mit Lenkachsen
≧ 65 < 85 km - Höchstgeschw. ist gleich 65 u. größer u. kleiner als 85 km/h
70^{0} 150 PS MAN (BBC-Schaltung)
70^{90} 150 PS MAN
70^{91} 150 PS MAN (Mylius-Getriebe)
70^{97} 150 PS MAN /Mylius (Hydronalium)
70^{98} 150 PS MAN/TAG-Getriebe
70^{99} 150 PS MAN/Stöckicht
71 -
72^{9} 2x150 PS MAN
73^{5} 200 PS MAN
74 -
75^{0} 135 PS Daimler/Gebus
75^{9} 135 " " /TAG
76 -
77 -
78^{9} 120 PS Vomag
79^{9} 100 PS Maybach

< 65 km - Höchstgeschw. ist 65 u. kleiner als 65 km/h
80 -
81 -
82 -
83 -
84 -
85^{9} 150 PS DWK
86^{9} 100 PS Büssing
87^{8} 2x75 PS NAG
88^{9} 2x50 PS Deutz
89^{9} 2x40 PS Ford

C) Schmalspur- u. Sonder VT-Wagen
90^{5} 2 x 180 PS DWK (Aussichts-VT)
91^{5} 2 x 600 PS Maybach (Kruckenberg)
92^{5} 800 PS Maybach/Daimler Versuchs-VT
99^{5} 180 PS Vomag

Übersicht über die Fahrzeugnummern

Die einzelnen Bauarten der von der Reichsbahn beschafften Trieb-, Steuer- und Beiwagen, wie auch die übernommenen Fahrzeuge, sind in nachfolgenden Übersichten zusammengefasst. Diese zeigen sowohl die ab 1923 vergebenen Nummern als auch die Nummern des Planes von 1930 und 1932 und sind nach den Nummern des 1930 sowie des 1932 aufgestellten Planes sortiert. Die Gattungsbezeichnungen entsprechen dem Stand der Skizzenblätter aus den 1930er-Jahren. Die in den Übersichten genannten von der Reichsbahn bis 1945 sowie nach 1949 übernommenen Fahrzeuge werden im Band 3 behandelt und sind hier kursiv dargestellt. Auch sind die nach Kriegsende durch Neu- und Umbau in dieses Nummernschema mit aufgenommenen Fahrzeuge nicht aufgeführt. Sie werden ebenfalls im Band 2 behandelt.

Nummern zweiachsiger ein- und zweiteiliger Vergasermotor-Triebwagen

Wagennummer 1923	nach 1930	Plan 1932	Gattung	Beschafungs-jahr	Lieferer	Leistung [PS]	Leistungs-übertragung	Bemerkungen
101-102 Ost	701-702	-	BCvT-24, -24/26	1926	AEG	75	mechanisch	
101-102 Dre	703-704	-	CvT-24/26, -24/28	1926	AEG	75	mechanisch	
?	705-708	-	CDvT / CvT-25, BCvT-25/30	1927	Werdau	100	mechanisch	
101-104 Erf-	709-712	-	CvT-25a	1926	Gotha	75	mechanisch	710 -> 820
101/102 Hl	713/714	-	CüvT+BCüvT-24/30	1925	Wegm.	2 x 75	mechanisch	
101/102 Cs	715/716	-	BCüvT+CüvT-24/29	1925	Wegm.	2 x 75	mechanisch	
?	717^I	-	CvT	1928	Gotha			
-	717^{II}-719	133 000-002	CvT-31	1932	TAG	120	mechanisch	
-	717^{III}	-	-	-	Warsch.	75	mechanisch	ex BBÖ VT 10.01
-	718^{II}-719^{II}	-	-	-	Warsch.	100	mechanisch	ex. BBÖ VT 11.01, 02
-	720-722	133 003-005	CvT-32a	1932	Wumag	100	mechanisch	
-	-	133 006-008	CvT-33a	1933	Hens.	100	mechanisch	Schienenomnibus
-	-	133 009-010	CvT-33b	1933	Wismar	40	mechanisch	ex. SAAR-Bahn
-	-	133 011-012	GCvT-33	1934	Wismar	40	mechanisch	ex. SAAR-Bahn
-	720^{II}	-	-	-	Graz	100	mechanisch	ex. BBÖ VT 23.01
-	721^{II}	-	-	-	St. Pö.	50	mechanisch	ex. BBÖ VT 30.01
-	722^{II}	-	-	-	Jedles.	2 x 60	mechanisch	ex. BBÖ VT 31.01
-	723	-	-	-	Simm.	100	elektrisch	ex. BBÖ VT 40.01
-	724-727	-	-	-	div.	80	mechanisch	ex. BBÖ VT 60.01-04
-	728	-	-	-	St. Pö.	44	mechanisch	ex. BBÖ VT 160.01
-	729	-	CVT-32	-	Daim.	80	mechanisch	ex. BBÖ VT 61.01
-	730-734	-	CVT-33	-	Daim.	2 x 80	hydraulisch	ex. BBÖ VT 62.01-06

Nummern vierachsiger Vergasermotor-Triebwagen

Wagennr. 1923	nach Plan 1930	Gattung	Beschafungs-jahr	Lieferer	Leistung [PS]	Leistungs-übertragung	Bemerkungen
-	*735-748*	-	-	-	-	-	*nicht besetzt*
-	749	-	-	DWK	100		ex. MFWE
-	750	-	-	DWK	150		ex. MFWE
101-102 Alt	751-752	BuC4vT-24/29/35	1925	DWK	150	mechanisch	
101 Ste	753	BC4VT-24/31/35	1925	DWK	150	mechanisch	
102 Ste	754	BC4vT-24/29/35	1925	DWK	150	mechanisch	
103 Hl, 103 Cs	755-756	BC4vT-24/30	1926	LHB	2 x 75	mechanisch	
?	757-760	BC4vT-25/30	1927	WUMAG	2 x 110	mechanisch	
101 Kbg	761	BC4vT-27d/29	1927	WUMAG	2 x 110	mechanisch	
?	762	BC4vT-29	1929	WUMAG	2 x 110	mechanisch	
?	763-765	BC4vT-29/31	1929	Dessau	2 x 110	mechanisch	ex. 863-865, Umbau 1931
-	766	DC4vT-31a	1932	DWK	150	mechanisch	fertig gekauft
-	767-769	-	-	Warsch.	2 x 150	mechanisch	ex. BBÖ VT 12.01-03
-	770	-	-	DWK	100	mechanisch	ex. BBÖ VT 20.01
-	771	-	-	DWK	150	mechanisch	ex. BBÖ VT 21.01
-	772	-	-	Graz	150	mechanisch	ex BBÖ VT 22.01
-	773	-	-	Renault	110	mechanisch	ex. BBÖ VT 50.01
-	*774-800*	-	-	-	-	-	*nicht besetzt*

Nummern drei- und mehrachsiger Vergasermotor-Triebwagen

Wagennr. 1923	Gattung	Beschafungs-jahr	Lieferer	Leistung [PS]	Leistungs-übertragung	Bemerkungen
134 001-029	-	-	-	-	-	*nicht besetzt*
134 030-031	-	1925	SLM		elektrisch	1942 falsch besetzt, 1943 in ET 199 01-02 umgezeichnet
134 032-999	-	-	-	-	-	*nicht besetzt*

Nummern zweiachsiger ein- und zweiteiliger Diesel-Triebwagen

Wagennr. 1923	nach 1930	Plan 1932	Gattung	Beschafungs-jahr	Lieferer	Leistung [PS]	Leistungs-übertragung	Bemerkungen
-	801-804	-	CvT-25b/27, -25b/34	1927	Wegm.	75	mechanisch	
-	805^{I}-806^{I}	-	CvT Wü-25	1927	Essl.	75	elektrisch	Flu 701 405 Hl, 701 406 Hl
-	805^{II}-806^{II}	135 000-001	CvT-32	1932	Westw.	120	elektrisch	
-	807-811	-	BCvT-26/29	1929	Wegm.	2x75	mechanisch	
-	812/813	-	BCüvT+CüvT-25/29	1928	Wegm.	2x75	mechanisch	
-	814/815	-	CüvT+BCüvT-25/28, -25/30	1928	Wegm.	2x75	mechanisch	
-	816/817	-	BCüvT+CüvT-25a/29	1928	Wegm.	2x75	mechanisch	
-	818/819	-	BCüvT+CtrüvT-25a/29	1928	Wegm.	2x75	mechanisch	
-	820	-	CvT-25a/34	1926	Gotha	180	hydraulisch	ex 710, Umbau 1934
-	821	-	CVT-36	-	WUMAG	2 x 115	mechanisch	ex. LBE
-	822	-	CVT-36	-	Uer.	2 x 115	mechanisch	ex. LBE
-	823-832	-	PwivT	-	Graz	300	elektrisch	ex. BBÖ VT 70.01-10
-	833-834	-	-	-	Dessau	135	mechanisch	ex. LEAG, T1, T2
-	835	-	-	-	Dessau	175	mechanisch	ex. LEAG, T3
-	-	135 002-011	CvT-32b	1933	TAG	120	mechanisch	
-	-	135 012-021	CvT-32c	1933/34	MAN	150	elektrisch	
-	-	135 022-031	CvT-32b	1934	TAG	135	mechanisch	
-	-	135 032-045	CvT-33c	1935	MAN	150	mechanisch	
-	-	135 046-047	CvT-33	1935/36	Wegm.	150	hydraulisch	
-	-	135 048-050	CvT-34a	1935	MAN	200	hydraulisch	
-	-	135 051-059	CvT-34b	1935	LHB	135	mechanisch	
-	-	135 060	CvT-34c	1935	TAG	180	mechanisch	1936 Umbau auf hydr. Antr.
-	-	135 061-064	CPwVT-34	1937	MAN	150	mechanisch	
-	-	135 065-066	CPwVT-34a	1937	MAN	150	mechanisch	Hydronalium-VT
-	-	135 067-076	CPwVT-34	1937/38	MAN	150	mechanisch	
-	-	135 077-080	CvT-34	1934	Wismar	2 x 50	mechanisch	ex. SAAR-Bahn
-	-	*135 081*						*Projekt, nicht realisiert*
-	-	*135 082*	-	-	-	-	-	*nicht besetzt*
-	-	135 083-132	CPwVT-34	1937/38	MAN	150	mechanisch	
-	-	*135 333-500*	-	-	-	-	-	*nicht besetzt*
-	-	*135 501-600*	-	-	-	-	-	*von DR nach 1949 genutzt*
-	-	*135 601-999*	-	-	-	-	-	*nicht besetzt*
-	-	*136 000*	-	-	-	-	-	*nicht besetzt*

Nummern zwei- bis vierachsiger Vergasermotor- und Diesel-Triebwagen besetzter Eisenbahnen

Wagennummer nach Plan 1932	Gattung	Beschafungs-jahr	Lieferer	Leistung [PS]	Leistungs-übertragung	Bemerkungen
136 001-003	CiVT-28	1928	Tatra	65	mechanisch	ex. ČSD M11.001-003
136 004-025	-	-	-	-	-	*nicht besetzt*
136 026, 027, 038	CiVT-28	1928	Tatra	65	mechanisch	ex. ČSD M120.3
136 028-037	CiVT-28	1933	Tatra	65	mechanisch	ex. ČSD M120.3
136 039-042	-	-	-	-	-	*nicht besetzt*
136 043-050	-	-	Tatra	65	mechanisch	ex. ČSD M130.2
136 051-065	CiVT-30/31/32	-	Tatra	65	mechanisch	ex. ČSD M130.2
136 066-070	-	-	Tatra	65	mechanisch	ex. ČSD M130.2
136 071-115	CiVT-30/31/32	1931	Tatra	100	mechanisch	ex. ČSD M120.4
136 116-150	-	-	-	-	-	*nicht besetzt*
136 151-161	CPwiVT-30	1930	Stud.	100	elektrisch	ex. ČSD M122.0
136 162-165	CPwiVT-32	1930	Stud.	100	elektrisch	ex. ČSD M122.0
136 166	-	-	Ringh.	100	elektrisch	ex. PKP <- ČSD M222.002
136 167-200	-	-	-	-	-	*nicht besetzt*
136 201-215	CPwiVT-36	1933	CKD	130	elektrisch	ex. ČSD M242.0
136 216-250	-	-	-	-	-	*nicht besetzt*

Nummern zwei- bis vierachsiger Vergasermotor- und Diesel-Triebwagen besetzter Eisenbahnen - Fortsetzung

Wagennr. 1923	Gattung	Beschafungs-jahr	Lieferer	Leistung [PS]	Leistungs-übertragung	Bemerkungen
136 251-262	CPwiVT-33	1933	Stud.	120	elektrisch	ex. ČSD M232.2
136 263-299	-	-	-	-	-	*nicht besetzt*
136 300-301	-	1934	Brno	160	elektrisch	ex. ČSD M120.5, 1942 BMB
136 302-399	-	-	-	-	-	*nicht besetzt*
136 400-405	-	1934	CKD	350	elektrisch	ex. ČSD M275.0, 1942 MBM
136 406-407	-	1934	CKD	350	elektrisch	ex. ČSD M275.0, 1942 MBM
136 408-409	-	-	-	-	-	*nicht besetzt*
136 410-412	-	1926	Ce.Li.	153	mechanisch	ex. ČSD M220.1, Bauart DWK
136 413-419	-	-	-	-	-	*nicht besetzt*
136 420-422	-	1929	Tatra	2 x 100	mechanisch	ex. ČSD M220.3
136 423-429	-	-	-	-	-	*nicht besetzt*
136 430-431	-	1930	Tatra	2 x 100	mechanisch	1943 Ub. 141 184-185
136 432-599	-	-	-	-	-	*nicht besetzt*
136 600 a/b/c	-	1939	LVD	2 x 75	mechanisch	ex. LVD 903, 1951 zu. 137 600 a/b/c
136 601-699	-	-	-	-	-	*nicht besetzt*
136 701	-	1934	W. Pe	?	mechanisch	ex. PH 01
136 702-749	-	-	-	-	-	*nicht besetzt*
136 750-751	-	1925	Nivelles	135	mechanisch	ex. CVE-A1-2, 1000 mm
136 752-753	-	1912	La Dyle	180	elektrisch	ex. CVE B3-4, 1000 mm
136 754-756	-	1936	Fam.	180	elektrisch	ex. CVE C5-7, 1000 mm
136 757-758	-	1938	Fam.	175	mechanisch	ex. CVE C8-9, 1000 mm
136 759-999	-	-	-			*nicht besetzt*

Brno: Kralovopolska Bnro – Ce. Li.: Ceska Lipa – Fam.: Familleurex – Ringh.: Rinhofer – Stud.: Studenka – We. Pe.: Werkstatt Petlingen

Nummern drei- und mehrachsiger Diesel-Triebwagen

Wagennr. 1923	nach Plan 1930	Gattung	Beschafungs-jahr	Lieferer	Leistung [PS]	Leistungs-übertragung	Bemerkungen
-	*836-850*	-	-	-	-	-	*nicht besetzt*
101 Stu	851	C4vT-24, BC4vt-28/35	1924	Wismar	150	mechanisch	
?	852	BC4vT-24/33	1926	Wismar	150	mechanisch	
100 Stu	853-854	BuC4dvT-27, BC4dvT-27/35	1926	Wismar	150	mechanisch	
?	855-856	BC4vT-25a/30	1926	Wismar	150	mechanisch	
?	857-859	CC4dvT-27	1927	Wismar	150	mechanisch	
101, 102 Schw	860-861	BC4vT-25/29	1927	Wismar	150	mechanisch	
?	862-864	BC4vT-29	1928/29	Dessau	2 x 90	-	1931 Umbau zu 763-765
-	862^{II}-864^{II}	BC4vT-31	1932	Wumag	175	mechanisch	ab 1932: 137 000-002
-	865	C4ivT	1928	MAN	2 x 68	mechanisch	
-	866-867	BC4vT-27/29	1927	Wismar	150	mechanisch	
-	868	BC4vT-27a/29, 27a/33	1927	Wismar	150	mechanisch	
-	869	BuC4vT-27b	1927	Wismar	150	mechanisch	
-	870-871	BuC4vT-27c	1927	Wismar	150	mechanisch	
-	872-874	BC4ivT-30	1932	Wismar	410	elektrisch	
-	875-876	BC4vT-31	1932	Wismar	175	mechanisch	ab 1932: 137 003-004
-	877a/b	B6vT-32	1932	Wumag	2 x 410	elektrisch	Bauart „Fliegender Hamburger“
-	*878-879*	-	-	-	-	-	*nicht besetzt*
-	880-889	-	-	Simm.	160	elektrisch	ex. BBÖ VT 41.01-10
-	890-900	-	-	Simm.	2 x 210	elektrisch	ex. BBÖ VT 42.01-11
-	901^{II}-903^{II}	-	-	Simm.	2 x 210	elektrisch	ex. BBÖ VT 42.12-14
-	904^{II}	CPw3iVT-35	-	Simm.	210	elektrisch	ex. BBÖ VT 43.01
-	905^{II} -930^{II}	-	-	Simm.	425	hydraulisch	ex. BBÖ VT 44.01-16[1)]
-	931^{II}-934^{II}	CPw4VT-34	-	Daimler	2 x 80/2 x 95	hydraulisch	ex. BBÖ VT 63.01-04
-	*935-948*	-	-	-	-	-	*siehe Bei-/Steuerwagen*
-	*949-950*	-	-	-	-	-	*nicht besetzt*
-	*951-956*	-	-	-	-	-	*siehe Bei-/Steuerwagen*
-	*957-999*	-	-	-	-	-	*nicht besetzt*

1) und als 921-930 in Dienst gestellt

Nummern vier- und mehrachsiger Diesel-Triebwagen und -züge

Wagennummer nach Plan 1932	Gattung	Beschafungs-jahr	Lieferer	Leistung [PS]	Leistungs-übertragung	Bemerkungen
137 001-002	BC4vT-31	1932	Wumag	175	mechanisch	ex. 862II-864II
137 003-004	BC4vT-31	1932	Wumag	175	mechanisch	ex. 875-876
137 005-006	C4vT-32	1933	Wumag	175	mechanisch	
137 007-024	BC4vT-32	1933	LHB	175	mechanisch	
137 025-027	BC4ivT-32	1933/34	LHB	300	elektrisch	
137 028-030	BC4ivT-32a	1934	Wismar	410	elektrisch	
137 031-035	BC4ivT-32b	1934	MAN	410	elektrisch	sog. „Essener Bauart“
137 036-054	BC4vT-33	1934	Wumag, Dessau	210	mechanisch	
137 055-057	BC4ivT-33	1934	LHB	300	elektrisch	
137 058-067	BC4ivT-33a	1934	Wisamar	410	elektrisch	
137 068-073	BC4ivT-33b	1934/35	MAN	410	elektrisch	
137 074	BC4ivT-32b	1934	MAN	420	elektrisch	sog. „Essener Bauart“
137 075-079	BC4ivT-33a	1935	Wismar	410	elektrisch	
137 080-093	BC4ivT-34	1935	Düwag, Talbot	410	elektrisch	sog. „Essener Bauart“
137 094-096	BC4ivT-34b	1935	Westwag.	410	elektrisch	Einheitsgrundriss (1935)
137 097-110	BC4ivT-34b	1935	Westwag., Düwag	420	elektrisch	Einheitsgrundriss (1935)
137 111-116	BC4ivT-33	1935	LHB	300	elektrisch	
137 117-120	BCPw4ivT-34	1936	LHB	300	elektrisch	
137 121-135	BC4vT-34	1935	Dessau, Talbot	210	mechanisch	
137 136-148	BC4ivT-34a	1935/36	Dessau, Lindner, Talbot	210	mechanisch	
137 149-152	B6vT-34	1935	Wumag	2 x 410	elektrisch	Bauart „Hamburg“
137 153-154	BCPwPostK8vT-34	1936	LHB	2 x 600	hydraulisch	Bauart „Leipzig“
137 155	BPwPostK8vT-34	1938	Westwaggon	2 x 600	hydraulisch	Bauart „Kruckenberg“
137 156-159	BC4ivT-34c	1935/36	MAN	560	elektrisch	Einheitsgrundriss (1935)
137 160-161	BCPw4ivT-34a	1937	Westwaggon	420	hydraulisch	Einheitsgrundriss (1935)
137 162-163	BCPw4ivT-34b	1937	Talbot	280	hydraulisch	
137 164-187	BC4ivT-34b	1936	Wismar, Düwag, Talbot, Westwag.	410	elektrisch	Einheitsgrundriss (1935)
137 188-190	BC4ivT-34b	1936	Wetswaggon	450	elektrisch	Einheitsgrundriss (1935)
137 191-209	BC4ivT-34b	1935/36	Westwaggon	410	elektrisch	Einheitsgrundriss (1935)
137 210-223	BC4ivT-34b	1935/36	Westwag., MAN	420	elektrisch	Einheitsgrundriss (1935)
137 224-232	B6vT-34	1935/36	Wumag	2 x 410	elektrisch	Bauart „Hamburg“
137 233-234	BCPwPostK8vT-34	1935	LHB	2 x 600	elektrisch	Bauart „Leipzig“
137 235	BCPw4itrvT-36	1937	Dessau	280	mechanisch	
137 236	BCPw4itrvT-36a	1937	Dessau	300	mechanisch	
137 237	BC4ivT-25	1925	HAWA	2 x 110	mechanisch	ex. BLE
137 238a/b	Pw3iVT-16/34+ BC4ivS93/30	1916	Dessau	190	elektrisch	ex. BLE
137 239	Pw3vT	1934	Wismar	?	elektrisch	ex. KROE
137 240	C4vT-36	1936	Fuchs	2 x 180	hydraulisch	Aussichtstriebwagen
137 241-270	BCPw4itrvT-35	1936/38	Dessau, Düwag	360	hydraulisch	
137 271-272	BCPw4ivT-35	1936/37	Westwaggon	410	hydraulisch	Einheitsgrundriss (1935)
137 273-278	WRBPwK12vT-35	1938	LHB	2 x 600	elektrisch	Bauart „Köln“
137 279-280a/b/c	*BCPwPost12üvT*	*1935*	*Westwag.*	*2 x 450*	*elektrisch*	*Hauptbahn-VT, nicht gebaut*
137 281-282	-	-	-	-	-	*nicht besetzt*
137 283-285	BCPw8iütrvT-35	1939	Westwaggon	2 x 410	hydraulisch	Hauptbahn-VT, dreiteilig
137 286-287	BCPw8iütrvT-35	1939	Westwaggon	2 x 450	hydraulisch	Hauptbahn-VT, dreiteilig
137 288-295	BCPw6iütrVT-35	1938	Wumag	2 x 410	elektrisch	Hauptbahn-VT, zweiteilig
137 296-300	BCPw4ivT-34	1937	LHB	300	elektrisch	
137 301-307	*BC4ivT*		*Westwaggon*	*420*	*elektrisch*	*Projekt, nicht gebaut1)*
137 308-311	*BC4ivT*		*Westwaggon*	*420*	*hydraulisch*	*Projekt, nicht gebaut1)*
137 312-314	*C4ivT*		*Wumag*	*2x180*	*hydraulisch*	*Steilstrecken-VT, nicht gebaut*
137 315-321	*BC4ivT*		*Wumag*	*?*	*?*	*Steilstrecken-VT, nicht gebaut*
137 322	C4VT-35	1938	Busch	180	hydraulisch	Schmalspur 750 mm
137 323	CPw4VT-35	1938	Busch	180	hydraulisch	Schmalspur 750 mm
137 324	C4VT-35	1938	Busch	180	hydraulisch	Schmalspur 750 mm
137 325	CPw4VT-35	1938	Busch	180	hydraulisch	Schmalspur 750 mm
137 326-331	BCtrPwPost8vT-36	1940	Wumag	2 x 275	hydraulisch	Bauart „Stettin“

Nummern zwei- bis vierachsiger Vergasermotor- und Diesel-Triebwagen besetzter Eisenbahnen - Fortsetzung						
Wagennummer nach Plan 1932	**Gattung**	**Beschafungs-jahr**	**Lieferer**	**Leistung [PS]**	**Leistungs-übertragung**	**Bemerkungen**
137 332-343	Pw4vT	1936/40	Simmering	210	elektrisch	ex. BBÖ, Schmalspur 760 mm
137 344-346	-			-	-	*nicht besetzt*
137 347-366	BCPw4itrvT-36	1939	Westwag., Busch	225	hydraulisch	Einheitsgrundriss (1937)
137 367-376	BCtrPwPost8vT-36	1940/41	Wumag	2 x 275	hydraulisch	Bauart „Stettin“
137 377-396	BCPw4itrvT-36	1940	Düwag	225	hydraulisch	Einheitsgrundriss (1937)
137 397-414	*BC4ivT*		*Westwaggon*	*410*	*elektrisch*	*Projekt, nicht gebaut*[1]
137 415-421	*BC4ivT*		*Westwaggon*	*450*	*elektrisch*	*Projekt, nicht gebaut*
137 422-431	*BC4ivT*		*Westwaggon*	*420*	*elektrisch*	*Projekt, nicht gebaut*[1]
137 432-441	*BC4ivT*		*Uerdingen*	*300*	*elektrisch*	*Projekt, nicht gebaut*[1]
137 442-461	BCPw4itrvT-37	1940/41	Dessau	360	hydraulisch	
137 462-463	C4vT-37	1939	Fuchs	2 x 180	hydraulisch	Aussichtstriebwagen
137 464-469	*BC4ivT*		*Talbot*	*600*	*hydraulisch*	*Projekt, nicht gebaut*
137 470-499	*C4üvT*		*Talbot*	*650*	*elektrisch*	*Projekt, nicht gebaut*
137 500-539	*BCPw4itrVT*		*Düwag, Westwag.*	*450*	*elektrisch*	*Einheits-Haupt-/Nebenbahn-VT, nicht gebaut*
137 540-541	*?*		*Wismar*	*275/400*	*elektrisch?*	*Projekt, nicht gebaut*
137 542-559	*?*		*Wismar*		*elektrisch?*	*Projekt, nicht gebaut*
137 560-561	*C4vT*		*Fuchs*	*2 x 180*	*hydraulisch*	*Aussichts-VT, nicht gebaut*
137 562-564	*C4vT*		*Busch*	*600*	*elektrisch*	*Bauart "Ruhr", nicht gebaut*
137 565-599	-	-	-	-	-	*nicht besetzt*
137 600	-	-	-	1939	mechanisch	ex. LVD 903
137 601-850	-	-	-	-	-	*nicht besetzt*
137 851-858	WRBPwK12vT-35	1938	LHB	2 x 600	elektrisch	Bauart „Köln“
137 859-900	-	-	-	-	-	*nicht besetzt*
137 901-902a/b/c/d	MPwPost4üvT+ B4üv+ B4üv+BWR4üvS-36	1938	MAN	1320	elektrisch	Bauart „Berlin“
137 903	MPwPost4üvT-36	1938	MAN	1320	elektrisch	Reservemaschinenwagen für Bauart „Berlin“
137 904-914	*WRBCPwK12vT*		*LHB*	*2 x 600*	*elektrisch*	*Bauart „München“, nicht gebaut*
137 915 - 138 999	-	-	-	-	-	*nicht besetzt*

1) 1941 als 450 PS-VT mit Daimler-Benz-Motor (und 137 308-311 ebenfalls mit elektrischer Leistungsübertragung) vorgesehen

Blick in die neue Triebwagenhalle in Kempten im Allgäu am 31.5.1939. Im Vordergrund der Steuerwagen 145 062, dahinter weitere VT und VS. Die neue Werkstatthalle für die Triebwagengarnituren mag ein Bild der Modernisierungsbemühungen der Reichsbahn vermitteln.
Bildarchiv RBD Augsburg. Sammlung Dirk Winkler“

Nummern zweiachsiger Bei- und Steuerwagen

Nach 1930	Plan 1932	Gattung	Beschaffungsjahr	Lieferer	Bemerkung
901-902	140 001-002	BCv-31	1932	Uerdingen	
903-904	140 003-004	Ctrv-31	1931/32	Uerdingen	
905-906	140 005-006	CPwv-31	1931	Uerdingen	
907-909	140 007-009	Cv-31	1932	Wumag	
910-931	140 010-031	Cv-32	1932	Uerdingen	
932-947	140 032-047	Cv-32a	1932/34	MAN, Esslingen	
948	140 048	BCv-32	1933	Esslingen	
	140 049-096	Cv-33	1932/34	O&K, Steinfurth	
	140 097-122	Cv-33a	1932/33	MAN, Talbot	
	140 123-137	BCiv-34	1934	Westwaggon	
	140 138-229	Civ-34	1933	Westwaggon	
	140 230-238	Cv-34	1934	MAN, Talbot	
	140 239	Cv-34a	1934	Talbot	
	140 240-249	Cv-34	1934/35	MAN, Talbot	
	140 250-259	CPostv-35	1937	Talbot	
	140 260-329	CPostv-36	1937/38	Talbot	
	140 330	Cv-33/38	1933	Westwaggon	Umbau 1939 aus DT 16
	140 331	Cv-36	1936	Wumag	ex LBE 111
	140 332	BCiv	1934	Umbau ZFE	ex ZFE
	140 333	CitrPostv	1934	Umbau ZFE	ex ZFE
	140 334-343	Civ	1933	Simmering, Graz	ex BBÖ 120-129
	140 344-349	Civ	1934	Austro-Daimler	ex BBÖ 150-155
	140 350-373	Civ	1887/98	Ringhofer, Nesselsdorf, Simmering	ex BBÖ 200-223
	140 374-379	CPwiv	1898	Ringhofer, Graz, Simmering	ex BBÖ 250-255
	140 380-389	Pwiv	1909/12	Ringhofer, Brünn, Nesseldorf	ex BBÖ 260-269
	140 390-393	CPwiv	1897/98	Graz, Nesselsdorf	ex BBÖ 256-259
	140 394	Cv-31/40	1932	Wegmann	Umbau. 1940 aus DT 15
	140 395-599				*nicht besetzt*
	140 600		1939	Wumag	Gepäckanhänger
	140 601-900				*nicht besetzt*
	140 901-902	Pwtr	1938	Fuchs	Skianhänger
	140 903-999				*nicht besetzt*
	141 000-011	CPwiv	1928	Tatra	ex. ČSD CDv
	141 012	CPwiv (CPwivsm)	1928	Tatra	ex. ČSD CDv/u
	141 013-017	CPwiv	?	ČSD	ex. ČSD CDim
	141 018-021	Civ	1924	Ringhofer	ex. ČSD Cim, 1942 Ub. Ci24/42
	141 023	Civ	?	ČSD	ex. ČSD Cl 4-5940
	141 024	?	1904	Nesselsdorf	ex. ČSD
	141 025-039	Civ	1931/32	Stauding	ex. ČSD Clm
	141 040	Civ	1934	Nesselsdorf	ex. ČSD Clm 4-6046
	141 041-052	Civ	1933/34	Tatra, Ringhofer	ex. ČSD Clm
	141 053-055	Civ	1933	Kolin	ex. ČSD Clm 4-6088 - 6090
	141 056-070	Civ	1933	Kolin	ex. ČSD Clm 4-6100 - 6114
	141 071-087	Civ	1934/35	Kolin	ex. ČSD Clm 4-6115 - 6127, 4-6131 - 6134
	141 088-149	CPwiv / CpwPostiv	1928 ff.	Stauding, Kolin, Tatra, Ringhofer, Bohemia	ex. ČSD CDlm / CDFlm
	141 150-154	CPwiv	?	?	ex. ČSD Cdim
	141 155-157	Pwiv	?	?	ex. ČSD Dflm
	141 158	Civ	1930	Staud.	ex. ČSD Clm 4-6005
	141 159	CPwiv	1933	Brno	ex. ČSD Clm 4-9522
	141 160 – 141 180				*nicht besetzt*
	141 181-185	C4v	1943	DRB.	ex. 136 420-422
	141 184-185	C4v	1943	DRB.	ex. 136 430-431
	141 186 – 144 000				*nicht besetzt*
	144 001-004	CvS-34	1936	MAN	
	144 006-007	CvS	1935/36	Dessau	ex LEAG VS 1, VS 2
	144 008 – 145 000				*nicht besetzt*

Nummern vierachsiger Gütertriebwagen

Wagennummer nach Plan 1932	Gattung	Beschafungs-jahr	Lieferer	Leistung [PS]	Leistungsübertragung übertragung	Bemerkungen
10 001-003	GGtrieb-30	1930	Wismar	175	mechanisch	
10 004-005	GVT-38	1941	Niesky	450	hydraulisch-mechanisch	später 650 PS Leistung
10 006-015	*GGtrieb*	-	-	*450*	*hydraulisch-mechanisch*	*Projekt, nicht gebaut*
10 016-024	*GGtrieb*	-	-	*650*	*hydraulisch-mechanisch*	*Projekt, nicht gebaut*

Nummern vierachsiger Steuer- und Beiwagen

Nach 1930	Plan 1932	Gattung	Beschaffungsjahr	Lieferer	Bemerkung
Ex 951/952	145 001-002	BC4ivS-30	1931	Westwaggon	1935 Rückbau in Reisezugwagen
Ex 953	145 003	C4ivS-30	1931	Westwaggon	1935 Rückbau in Reisezugwagen
	145 004-008	BC4ivS-32	1934	Wumag	sog. "Essener Bauart"
	145 009-033	C4ivS-32	1933/35	Wumag, Uerdingen	z. T. Ub. zu BC4ivS (145 022-029)
	145 034-047	BC4ivS-34	1934/35	Busch	sog. „Essener Bauart"
	145 048-087	BC4ivS-34a	1934/36	Busch	
	145 088-089	BC4ivS-34b	1935	Wumag	
	145 090-094	BC4ivS-34a	1934/36	Uerdingen	
	145 095	-			*nicht besetzt*
	145 096-150	BC4ivS-34c	1935	Busch, Werdau, Wumag, Lindner	Einheitsgrundriss (1935)
	145 151-152	BC4ivS-34a	1935	Lindner	
	145 153	C4ivS-34	1935	Lindner	
	145 154-183	BCPost4ivS-35	1936/37	Lindnder, MAN	
	145 184-203	BCPost4ivS-37	1937/39	Busch	
	145 204-213	CPost4ivS-36	1939	Lindnder	Einheitsgrundriss (3. Kl.)
	145 214-220	BC4ivS-35	1936/37	Busch	Einheitsgrundriss (1935)
	145 221-223	CPost4ivS-36	1940	Lindnder	Einheitsgrundriss (3. Kl.)
	145 224-228	BCPost4ivS-35	1939	Busch	Einheitsgrundriss (2./3. Kl.)
	145 229-234	CPost4ivS-36	1939	Busch	Einheitsgrundriss (3. Kl.)
	145 235-243	BCPost4ivS-36	1939	Busch	größerer Postraum
	145 244-321	BCPost4ivS-35	1938/40	Busch	Einheitsgrundriss (2./3. Kl.)
	145 322-326	CPost4ivS-36	1939	Lindnder	Einheitsgrundriss (3. Kl.)
	145 327-336	BCPost4ivS-35	1939	Busch	Einheitsgrundriss (2./3. Kl.)
	145 337-346	CPost4ivS-36	1939	Lindner	Einheitsgrundriss (3. Kl.)
	145 347-366	BCPost4ivS-37	1939	Lindner	
	145 367-372	BCPost4ivS-35	1940	Busch	Einheitsgrundriss (2./3. Kl.)
	145 373	C4ivS-34	1934	Wismar	ex LBE 2100
	145 374	C4ivS			ex BLE
	145 375-383	-	-	-	*nicht besetzt*
	145 384-403	CPost4ivS-36	1939	Lindner	Einheitsgrundriss (3. Kl.)
	145 404-473	*BCPost4ivS-35*			*Projekt, nicht gebaut*
	145 474-999				*nicht besetzt*
	146 000-008	C4ivS	1936/39	Simmering	ex BBÖ Cast 291, 293-300
	146 009 – 147 000	-	-	-	*nicht besetzt*
954-956	147 001-003	C4v-31	1933	Wumag	
	147 004-043	C4v-32	1932/33	Wumag, Lindner	bei 147 021 – 022, 1933 Einbau von 20 Sitzplätzen 2. Kl. statt 20 Sitzpl. 3. Kl.
	147 044-068	BC4iv-34	1934/35	Wumag, Talbot	
	147 069-071	BC4iv-34a	1935	Talbot	
	147 072-075	BC4iv-34	1934	Wumag	
	147 076	C4v-34	1935	Wegmann	Ultra-Leichtwagen
	147 077	C4iv	1936	Simmering	ex BBÖ Cavt 270
	147 078 – 149 999	-	-	-	*nicht besetzt*

Technische Entwicklung im Bau der Trieb-, Steuer- und Beiwagen

Waggonbau

Die ersten Verbrennungs-Triebwagen, aber auch die Dampf-, Akkumulator- und Elektrotriebwagen der Länderbahnen waren nach den geltenden Vorschriften für Reisezugwagen konstruiert und gebaut worden. Dieser Vorgehensweise folgte auch die Reichsbahn in den 1920er-Jahren und ließ die ersten von ihr bestellten Verbrennungs-Triebwagen in einer schweren, dem Reisezugwagenbau entsprechenden Bauweise bei den Waggonbaufirmen fertigen.

Erst die Fortschritte, die im Waggonbau Ende der 1920er- und Anfang der 1930er-Jahre in Bezug auf Konstruktion und zu verwendende Werkstoffe erzielt wurden, sowie die bewusste Entscheidung, Triebwagen künftig nicht mehr den selben Anforderungen bezüglich der Auslegung von Fahrzeugrahmen, wie auch Zug- und Stoßeinrichtungen zu unterwerfen, wie sie an Reisezugwagen gestellt wurden, und darauf zu verzichten, *„Triebwagen an beliebiger Stelle in andere Züge“* einzustellen, ermöglichten eine wesentlich leichtere Bauweise der neuen Triebwagen[115].

Im Wesentlichen folgte der Waggonbau hier Konstruktionsprinzipien, die sich im Bereich des Flugzeugbaus etabliert hatten. Zudem konnte in zunehmendem Maße die Schweißtechnik genutzt werden, bei der das Lichtbogenschweißen seit den 1920er-Jahren eine rasche Entwicklung genommen hatte. Allerdings sollte die leichte Stahlbauweise nicht so verstanden werden, dass damit eine nennenswerte Verminderung der Stabilität verbunden wäre, sondern es wurden durch eine Reihe konstruktiver Maßnahmen erhebliche Ersparnisse an Masse bei den tragenden und nichttragenden Teilen erzielt. Dazu gehörten das Heranziehen der Seitenwände zum Tragen, wodurch ein leichteres Untergestell ermöglicht wurde, Verwenden leichterer Sonderprofile (so genannter Mannstaedt-Profile) und Radsätze in besserer Materialgüte sowie leichterer Bremsgestänge, Anwenden der Schweißtechnik in Verbindung mit der Spantenbauweise, leichtere Zug- und Stoßvorrichtungen, dünnere Bleche für die Seitenwände und das Dach sowie leichtere Inneneinrichtung[116-117-118-119-120].

Die Entscheidung zum Leichtbau von Trieb-, Steuer- und Beiwagen aller Traktionsarten war mit erheblichen Vorteilen für den Betrieb dieser Fahrzeuge verbunden, da bei gleicher Motorleistung eine höhere spezifische Antriebsleistung (ausgedrückt in kW/t bzw. PS/t) vorhanden war. Dadurch war es diesen neuen Fahrzeugen möglich, ein größeres Beschleunigungsvermögen, höhere Geschwindigkeit auf Steigungen und größere Höchstgeschwindigkeiten gegenüber vergleichbaren Fahrzeugen mit höherer Eigenmasse zu erzielen.

Die Vorteile der leichten Stahlbauweise verdeutlicht die folgende Gegenüberstellung einiger älterer und neuerer Fahrzeuge: Die Eigenmasse des letzten 150-PS-VT Nr. 871 betrug 41,0 t, während der in Leichtbauweise hergestellte 137 007 mit nur 29,6 t = 72 % oder 28 % Masseersparnis im unbesetzten Zustand auskam. Beim dieselelektrischen 410-PS-VT Nr. 874 betrug die Eigenmasse 52,0 t, während das erste Leichtbaufahrzeug gleicher Leistung mit der Nr. 137 028 eine Eigenmasse von 40,9 t hatte, was 79 % der Eigenmasse gegenüber dem schwereren Fahrzeug oder 21 % Masseersparnis bedeuteten. Bei einem Zusammenlauf des 874 mit dem Steuerwagen und des 137 028 mit einem VS betrug die Eigenmasse 90 zu 61 t. Der Masseaufwand der leichteren Einheit war bei etwa gleicher Platzzahl nur noch 68 %; es wurden dabei 32 % gespart. Die Leistungsfähigkeit der Fahrzeuge konnte also indirekt ohne Erhöhung der Motorleistung bei gleichzeitiger Senkung des Kraftstoffverbrauchs verbessert werden.

Die etwa zur gleichen Zeit mit dem *„Fliegenden Hamburger“* 877 in Görlitz entstandenen vierachsigen Nebenbahntriebwagen 862" - 864" (später 137 000 - 002) und vierachsigen Beiwagen 954 - 956 (später 147 001 - 003) konnten mit 28,7 t bzw. 18,5 t Dienstmasse (jeweils leer) als Fahrzeuge mit mustergültigem Leichtbau angesehen werden und setzten neue Maßstäbe. Die Eigenmasse eines gleichlangen Schnellzugwagens dieser Zeit lag bei etwa 40 t. Bei den 862" - 864" waren von den 28,7 t Dienstmasse noch 5,2 t für die Maschinenanlage abzurechnen, so dass der Wagenteil lediglich 23,5 t wog.

Mit der weiteren Entwicklung des Leichtbaus von Reisezug- und Triebwagen und der Einführung der Schalen- bzw. Röhrenbauweise, bei der die als Umhüllung dienende Außenhaut der Wagen mit in die tragende Konstruktion einbezogen wurde, wurde ein weiterer entscheidender Schritt im Leichtbau erreicht. Dabei bilden die gewölbten Flächen von Dach und Bodenwanne mit den Seitenwänden eine selbsttragende, verwindungssteife Röhre. Zum Erhöhen der Steifigkeit dieser Konstruktion wurde u.a. Wellblech mit in Längsrichtung liegenden trapezförmigen Rippen zur Verstärkung auf die Unterkonstruktion aufgeschweißt[121-122-123].

Im Betrieb zeigten sich manche Bauteile den Anforderungen nicht gewachsen, so dass Anrisse oder Brüche auftraten. Diese Bauteile mussten nachträglich verstärkt werden. Diese traten vermehrt an den Drehgestellen, aber auch an den Maschinentragrahmen auf[124].

Wie betriebssicher gerade die Konstruktionen der ausgehenden 1930er-Jahre waren, zeigten Versuche, die das RZA München 1938 durchführte. Neben der allgemeinen Untersuchung der Konstruktion hatten diese Versuche allerdings den Hintergrund, mit Blick auf das Einsatzverbot von Verbrennungs-Triebwagen zu untersuchen, inwieweit Bei- und Steuerwagen auch in dampflokbespannten Zügen verwendet werden könnten. Das RZA München ließ Pufferdruck-, Belastungs-, Auflauf- und Absturzversuche mit zwei provisorisch ausgebauten Rohbauwagenkästen der Einheitssteuerwagenbauart CPost4ivS-36 aus der Nummerngruppe 145 204 – 213 ff. durchführen, auf die hier kurz eingegangen werden soll[125-126].

Die Pufferdruckversuche wurden, wie bei Reisezugwagen üblich, mit einer Druckkraft von 200 t ausgeführt und ergaben nur eine Verkürzung des Wagens von 6,6 mm. Beim Belastungsversuch wurde der Wagen zunächst mit 7 t und dann nach und nach mit 13 t, 19 t und 26,7 t belastet. Bei Erreichen der Höchstlast bog sich der Langträger auf der linken Seite 4,8 mm und auf der rechten Seite 7,4 mm durch. Nach dem ersten Belastungsversuch folgte ein zweiter Versuch, bei dem die Höchstbelastung bis auf 56,5 t gesteigert wurde. Hierbei war die Durchbiegung des rechten Langträgers 10,8 mm und des linken Langträgers 15,3 mm. Der Mittelwert lag also nur bei 13 mm. Nach Entlastung ging das Untergestell wieder in seine Ausgangslage zurück.

Bei den Auflaufversuchen wurde der Steuerwagen mit verschiedenen Geschwindigkeiten gegen einen 30 t schweren beladenen offenen ungebremsten Güterwagen abgestoßen. Bei den beiden ersten Versuchen mit etwa 3 und 10,8 km/h Auflaufgeschwindigkeit wurden keine Beschädigungen festgestellt. Beim Versuch mit 20 km/h Auflaufgeschwindigkeit traten Verformungen am Untergestell und am Kastengerippe auf. Die Verformungen am Untergestell waren durch die dort befindlichen Ausschnitte zur Masseeinsparung begünstigt. Auch die Pufferbohle wurde bei diesem Versuch etwa 3 mm leicht eingedrückt. Ein weiterer Versuch erfolgte mit 42 km/h Auflaufgeschwindigkeit. Hierbei wurden das Untergestell bis zum ersten Querträger vollständig zerstört und die Stirnwände eingedrückt. Der letzte Versuch wurde mit einer Auflaufgeschwindigkeit von 49 km/h durchgeführt. Vor diesem Versuch wurde das bei einem früheren Versuch beschädigte Führerstandsende völlig neu angebaut. Die Untergestellstreben erhielten dabei versuchsweise keine Aussparungen und die Stirnwandsäulen wurden verstärkt. Als Puffer wurden die ursprünglichen mit 12 t Endkraft verwendet. Bei diesem Versuch waren die größten Zerstörungen am Untergestell bis zum ersten Querträger festzustellen. Trotz der hohen Auflaufgeschwindigkeit waren die Beschädigungen im vorderen Bereich noch in erträglichen Grenzen und die Konstruktion dieses leichten Einheitssteuerwagens hat sich in dieser Hinsicht bewährt.

Die Absturzversuche zur Widerstandsfähigkeit bei schweren Entgleisungen wurden auf der Strecke Immendingen – Singen auf einem 26 m hohen Damm zwischen den Bahnhöfen Hattingen und Talmühle durchgeführt, in die eine Entgleisungsweiche eingebaut worden war. Für diesen Versuch wurde der andere der beiden Steuerwagen verwendet. Dieser Steuerwagen fand bis dahin für Schwingungsversuche Verwendung. Zum Vergleich wurde noch ein alter Schnellzugwagen aus dem Jahr 1894 zum Absturz gebracht. Der Steuerwagen überschlug sich viereinhalbmal und wurde beim ersten Überschlag noch nicht beschädigt. Auch nach viereinhalb Umdrehungen hielten sich die Beschädigungen in Grenzen. Vor allem wurden die Stirnwandsäulen verbogen oder wurden abgebrochen. Insgesamt überstand aber der Steuerwagen die Versuche gut. Der hölzerne Schnellzugwagen brach nach dem ersten Überschlag wieder auf den Drehgestellen stehend völlig auseinander[127].

Die beiden Bilder verdeutlichen gut den Fortschritt im Waggonbau der 1930er-Jahre. Links der aus dünnen Profilen geschweißte Wagenkasten von innen, oben der Wagenkasten des zweiachsigen Triebwagens von außen.
Sammlung Günther Dietz

Fahrgastraum eines Triebwagens aus der Nummernreihe 135 048 bis 050. Hier wurden die Sitzbänke in der 3. Klasse gepolstert ausgeführt.
MAN-Archiv. DB-Museum Nürnberg

Innenausrüstung und Heizung

Innenausrüstung (Wand-, Deckenbekleidung, Sitze, Gepäckhalter), Beleuchtung, Aborte usw. der Trieb-, Steuer- und Beiwagen orientierten sich ebenfalls an den Vorgaben für die Ausstattung von Reisezugwagen der Reichsbahn. Dies trifft auch auf die Entwicklung der Abteillängen sowie die Ausführung der Abteile 2. Klasse ohne und mit Seitengang und der Sitzplatzanzahl in den unterschiedlichen Klassen zu. So wurden ab 1935 die Abteillängen in Durchgangspersonenwagen der 3. Klasse von 1550 auf 1600 mm und die der 2. Klasse von 1870 auf 2000 mm vergrößert[128-129].

Für die Innenausrüstung fanden ab Mitte der 1930er-Jahre zunehmend Leichtmetallguss- und Knetlegierungen z.B. für Gepäckstützen, Sitzbankgestelle, Fensterrahmen, Wagenquerwände, Handgriffe, Lampenkörper, Heizverkleidungen, Schilder, Einstiegschiebe- und Drehtüren, Klassenziffern, Aschenbecher usw. Verwendung[130]. Die Stärke der Fußbodenbretter wurde verringert und die Stärke der Sitzbanklatten von 20 auf 12 mm verkleinert. Somit sparte man an allen nichttragenden Teilen Masse.

Für die Heizung der Triebwagen setzten die Konstrukteure anfangs auf das Nutzen der Abwärme der Verbrennungsmotoren. Allerdings genügten diese Kühlwasserheizungen nicht in jedem Maße und verursachten Probleme. Aus diesem Grunde wurden Zusatzheizungen entwickelt. Die Reichsbahn nutzte hier Abgasheizungen mit Ölzusatzfeuerung (u.a. in zweiachsigen VT), ölgefeuerte Luftheizungen mit Boschpumpe (u.a. in 360-PS-Nebenbahntriebwagen), Kühlwasser-Luftheizungen Bauart Schulz (u.a. in zweiachsigen VT) oder Kühlwasser-Luftheizungen mit Warmwasserkessel. Für die Steuer- und Beiwagen waren hingegen andere Heizungen erforderlich, da sie nicht über das Motorenkühlwasser versorgt werden konnten. Hier kamen in der Regel Warmwasserheizungen zum Einbau, die entweder über im Wagen aufgestellte Öfen, halbtief gelagerte Öfen oder Unterfluröfen beheizt wurden. Die Wärmeabgabe an die Raumluft erfolgte über Rohre oder Rippenrohre[131]. Ende der 1930er-Jahre wurden zunehmend Leichtmetalllegierungen für die Heizungsanlagen verbaut. Die Leichtmetallheizungen wiesen Plattenheizkörper auf, die bei gleichem Raumbedarf wie die Rippenrohrheizungen aus Stahl sogar eine höhere Heizleistung aufwiesen. Die neuen Leichtmetallheizungen ermöglichten eine Gewichtseinsparung von rund 40% gegenüber den alten Anlagen, so dass der Einbau der vom Betrieb geforderten größeren Öfen möglich wurde. Damit wog eine Gesamtheizungsanlage einschließlich Wasser und Brennstoff rund 1,1 t, was bei einem 225-PS-VT etwa 3%, bei einem Einheitssteuerwagen rund 5% der Gesamtmasse des Fahrzeugs ausmachte[132].

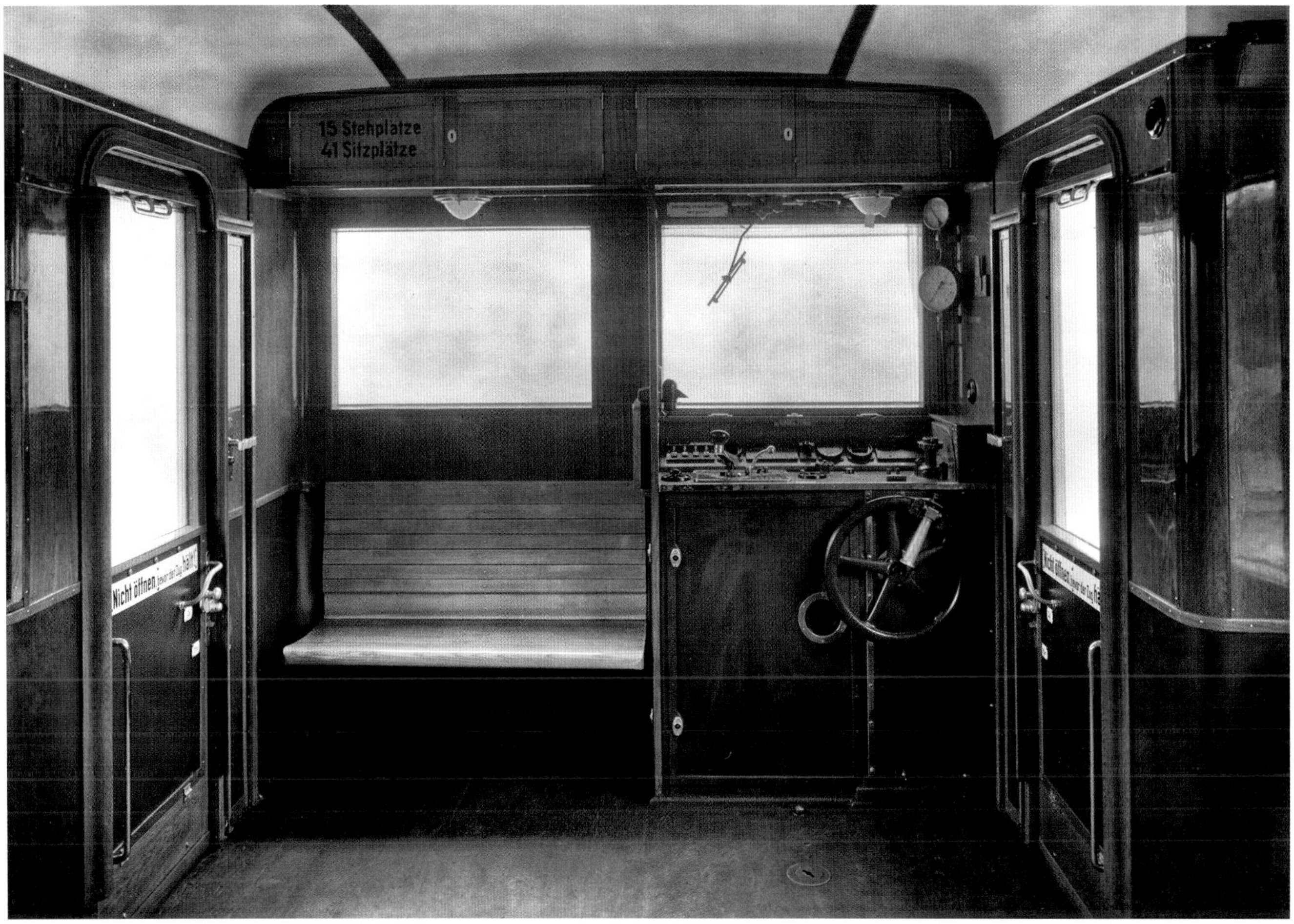

Spartanisch mutet der Einstiegsbereich mit dem Führerstand in einem Triebwagen aus der Nummernreihe 135 012 bis 021 an. Eine Sitzgelegenheit für den Fahrzeugführer gab es nicht. *MAN-Archiv. DB-Museum Nürnberg*

Aufgrund des vorgesehenen Kriegseinsatzes von Triebwagen und der damit verbundenen längeren Abstellzeit, entstand die kombinierte Kühlwasser-Ofenheizung, bei der in den Heizkreislauf der Kühlwasserheizung der VT ein zusätzlicher Ofen (selbsttätiger Rohölofen) eingefügt wurde[133]. Zudem erhielten die Trieb-, Steuer- und Beiwagen zusätzliche Verrohrungen und Heizkupplungen, mit denen sie auch fremdbeheizt werden konnten.

Verglaste Trennwände und Lattensitzbänke in der 3. Klasse besaßen die Triebwagen aus der Nummernreihe 137 031 bis 035. *MAN-Archiv. DB-Museum Nürnberg*

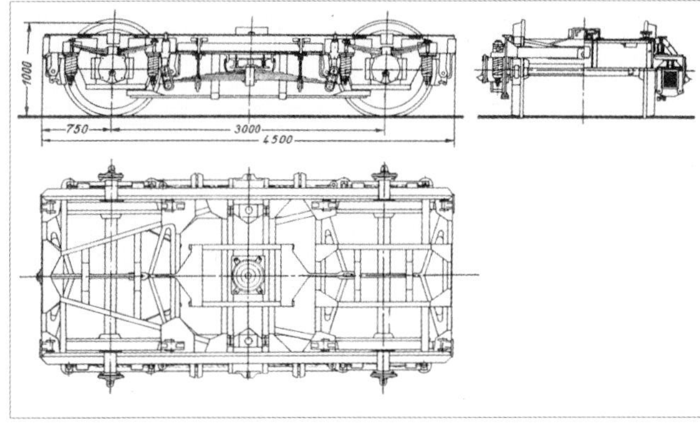

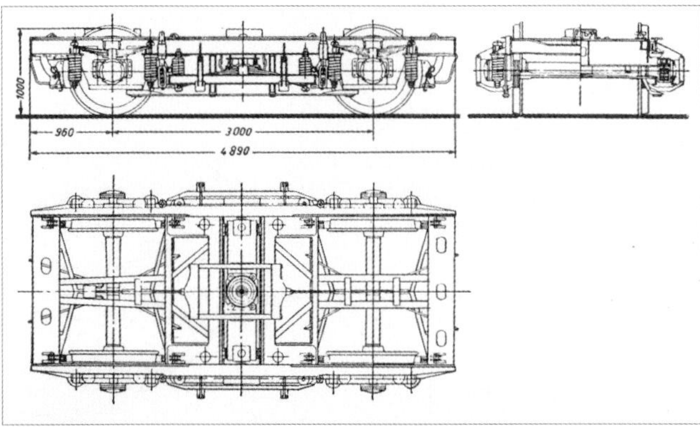

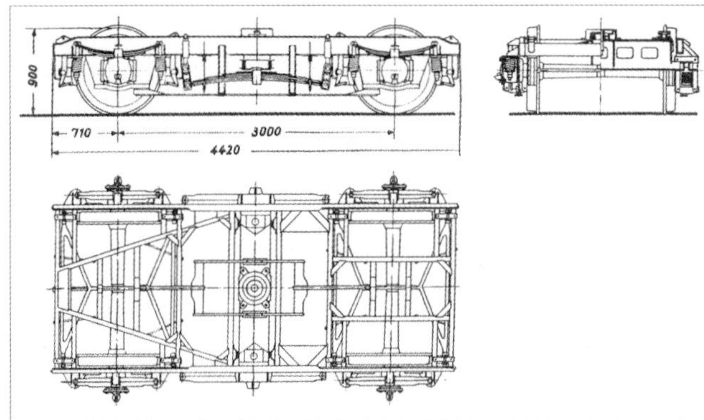

Skizze eines Drehgestells der Bauart Görlitz III leicht, in genieteter Ausführung.

Skizze eines Drehgestells der Bauart Görlitz III leicht, in geschweißter Ausführung und mit vierfacher Federung.

Skizze eines Drehgestells der Bauart Görlitz IV leicht, in geschweißter Ausführung. *Sammlung Dirk Winkler (3)*

Laufwerkstechnik

Die Drehgestellkonstruktionen der Triebwagen waren stark an die Ausführung der Antriebsanlagen angepasst. Die Maschinendrehgestelle besaßen große Achsstände, um die Motor-Generatorbaugruppe aufnehmen zu können, die auf einem eigenen Motortragrahmen montiert elastisch im Laufdrehgestell aufgehängt waren. Die Triebdrehgestelle der dieselelektrischen Triebwagen wiesen meist einen einheitlichen Achsstand von 3000 mm auf und nahmen die elektrischen Fahrmotoren und Tatzlagergetriebe unterschiedlichster Ausführungen auf. Besonders die Maschinendrehgestelle bereiteten über die Jahre immer wieder Probleme, die einerseits auf eine zu schwache Auslegung der Drehgestellrahmen zurückzuführen waren, zum anderen durch die teils ungenügende Dämpfung der Motorschwingungen hervorgerufen waren. Durch Risse in den Drehgestellrahmen mussten diese verstärkt werden, in etlichen Fällen mussten die Drehgestellrahmen neu konstruiert und gefertigt werden.

Für die vierachsigen Bei- und Steuerwagen folgte das RZM Berlin den Entwicklungen im Reisezugwagenbau. Hier war auf Basis von Versuchen und schrittweisen Verbesserungen der Drehgestellbauart Görlitz III schwer ab 1928 bis 1930 die Drehgestellbauart Görlitz III leicht entstanden[134-135]. Generell zeichnete sich die Bauart der Görlitz-III-Drehgestelle dadurch aus, dass auf Wiegenpendel verzichtet wurde und die längsgestellten Wiegenfedern in Schaken als Dämpfungselemente aufgehängt waren. Wies die Bauart Görlitz III schwer noch einen Drehgestellachsstand von 3600 mm auf, so wurde er bei der Bauart Görlitz III leicht auf 3000 mm reduziert. Die Laufruhe konnte durch bis zu vier hintereinander wirkende Federungssysteme verbessert werden. Das RZM ließ ab 1930 Versuche mit geschweißten Drehgestellen durchführen, die zufriedenstellende Ergebnisse zeigten. Daraufhin wurden ab 1932 verstärkt geschweißte Drehgestelle beschafft, deren Gewicht gegenüber der schweren Bauart um bis zu 20% sank[136]. Zumindest die ersten vierachsigen Beiwagen aus den Beschaffungsprogrammen 1931 und 1932 erhielten noch genietete Drehgestelle[137].

Zusammen mit der Waggonfabrik Bautzen entwickelte und baute die WUMAG 1934 für die neuen Bei- und Steuerwagen Drehgestelle der Bauart Görlitz IV leicht mit Scheiben- oder Trommelbremsen. Die Drehgestelle besaßen einen Profileisenrahmen mit hohlen Langträgerenden und waren für Räder mit 900 mm Laufkreisdurchmesser und einen Achsstand von 3000 mm, dreifacher Federung und Hikp-Bremse ausgelegt.

Triebdrehgestell für 137 088 bis 093, abgeleitet von der Bauart Görlitz III leicht. *Werkfoto Talbot. Sammlung Wolfgang-Dieter Rich-*

Laufdrehgestell in geschweißter Ausführung für Triebwagen 137 255 bis 270. *Werkfoto Düwag. Sammlung Wolfgang-Dieter Richter*

Laufwerksanordnung mit doppelt abgefedertem Leichtbauradsatz eines zweiachsigen 135-PS-Dieseltriebwagens. *Sammlung Günther Dietz*

Die beiden inneren Achshalter waren hier in Längsrichtung durch ein Zugband verbunden.

Zudem ließ das RZA München ab 1935 in Weiterentwicklung der Bauart Görlitz III leicht ein neues Drehgestell für die Einheitssteuerwagen ab der Gattung BCPost4ivS-35 entwickeln, das als Leicht-, Sonderbauart oder als Bauart München bezeichnet und erstmals von der Waggonfabrik Ammendorf gebaut wurde. Es besaß Doppel-T-Blechträger mit hohem Steg. Aufgesetzte Rippen, Sicken oder Bördelungen sollten die Steifigkeit verbessern. Die Lastübertragung erfolgte über Federböcke mit Hebelarm und dreifacher Federung. Die fünflagigen Achsfedern waren 900 mm lang, die fünflagigen Wiegenfedern 1300 mm. Insgesamt ergab sich eine Einsparung von rund 500 kg Masse[138-139]. Festigkeitsversuche mit den neuen Drehgestellen der Bauart München zeigten sehr gute Werte, die einen sehr geringen Einfluss auf die Laufgüte des Drehgestells hatten[140].

Drehgestelle, die in Triebwagen für höhere Geschwindigkeiten genutzt werden sollten, erhielten zur Erhöhung des Fahrkomforts an den Enden der Blattfedern für die Drehgestellwiege zusätzliche Schraubenfedern. Diese Drehgestelle mit vierfacher Federung wurden als Laufdrehgestelle in den SVT eingesetzt. Als Weiterentwicklungen entstanden Ende der 1930er- und Anfang der 1940er-Jahre geschweißte Drehgestellkonstruktionen mit Wiegenschraubenfederung und Öldämpfern. Mit dieser konstruktiven Maßnahme sollte ein ruhigerer Wagenlauf erzielt werden. Zudem wurde in einem weiteren Entwicklungsschritt zum Reduzieren der beim Anfahren im Wagenkasten auftretenden Längszuckungen das Wiegenlängsspiel vergrößert, bei einigen SVT zusätzlich das Wiegenquerspiel. Zudem wurde festgelegt, das Achslagerlängsspiel zu reduzieren, u.a. durch Einbau von nachstellbaren Gleitbacken.

Da sich diese Maßnahmen jedoch als aufwendig und teuer zeigten, war der nächste konstruktive Schritt, das Achslagerlängsspiel durch Führen der Radsätze in Achslenkern zu gestalten[141]. Drehgestelle dieser Bauart waren u.a. für die neuen Ruhr-Triebwagen vorgesehen.

Ebenfalls Ende der 1930er-Jahre ging die Reichsbahn aus Gründen der Vereinheitlichung dazu über, für Bei- und Steuerwagen Radsätze mit Hohlachsen und doppeltgewellten Leichtradscheiben mit einem Laufkreisdurchmesser von 950 mm auszuführen. Für Triebwagen kamen hingegen Radsätze mit Vollachsen und einfachgewellten Radscheiben zum Einsatz[142].

Ansicht des geschweißten Drehgestellrahmens für Steuerwagen, Bauart „Görlitz-München". *Sammlung Günther Dietz*

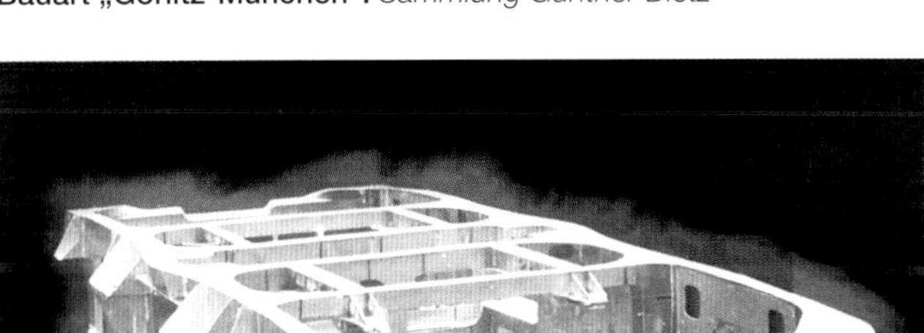

Skizze zum Drehgestell der Einheitsbauart Reichsbahn in Blechausführung, wie es für die Steuerwagen der Bauart „Ruhr" zur Anwendung kommen sollte. *Sammlung Dirk Winkler*

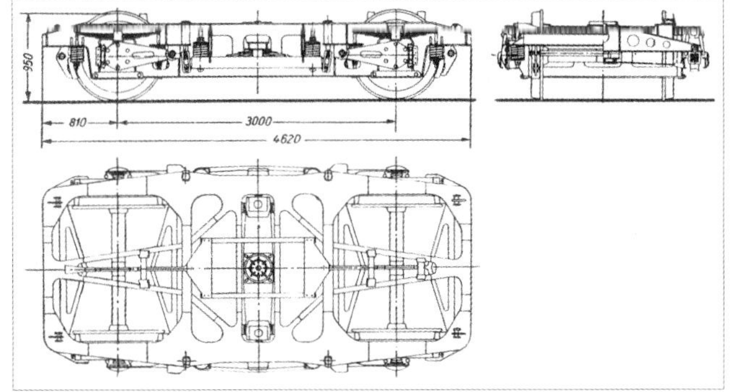

Außenliegende Trommelbremse an einem Maschinendrehgestell. *Werkfoto Westwaggon. Sammlung Wolfgang-Dieter Richter*

Bremstechnik

Die Triebwagen der frühen Ausführungen der Staatsbahnen und der Reichsbahn waren mit Druckluftbremsen ausgerüstet. Zum Einsatz kamen klassische Klotzbremsen, die über Bremszylinder, -gestänge, -dreieck und -klötze einseitig oder beidseitig auf die Radsätze wirkten.

Mit Beginn der 1930er-Jahre wurden die Triebwagen zumeist mit Trommelbremsen ausgerüstet. Diese Bremsbauart gestattete eine leichtere Ausführung der Bremsanlage. Die in kleineren Bremszylindern erzeugte Druckkraft wurde über ein Gestänge auf Bremsbacken mit Reibbelägen übertragen, die auf innen oder außen neben den Radscheiben montierte Bremstrommeln wirkten. Bei den Reibbelägen wurden erstmals verschiedene Kunststoffe erprobt[143-144-145].

Neben der serienmäßigen Ausrüstung von Trieb-, Bei- und Steuerwagen mit Trommelbremsen wurden u.a. in den beiden Triebwagen 137 208 und 209 (Gattung BC4ivT-34b) Scheibenbremsen erprobt. Ebenso erhielten die Steuerwagen 145 120 - 138 und 148 - 150 (Gattung BC4ivS-34c) sowie 145 214 - 215 (Gattung BC4ivS-35) Scheibenbremsen[146]. Weiterhin erhielten alle Schnelltriebwagen der Reichsbahn Magnetschienenbremsen. Die Magnetschienenbremse sollte sicherstellen, dass bei den angestrebten hohen Geschwindigkeiten die Bremswege von 800 Metern eingehalten werden konnten[147-148].

Skizze einer außenliegenden Trommelbremse, Bauart Knorr mit einfachen Bremszylindern und Winkelhebeln.

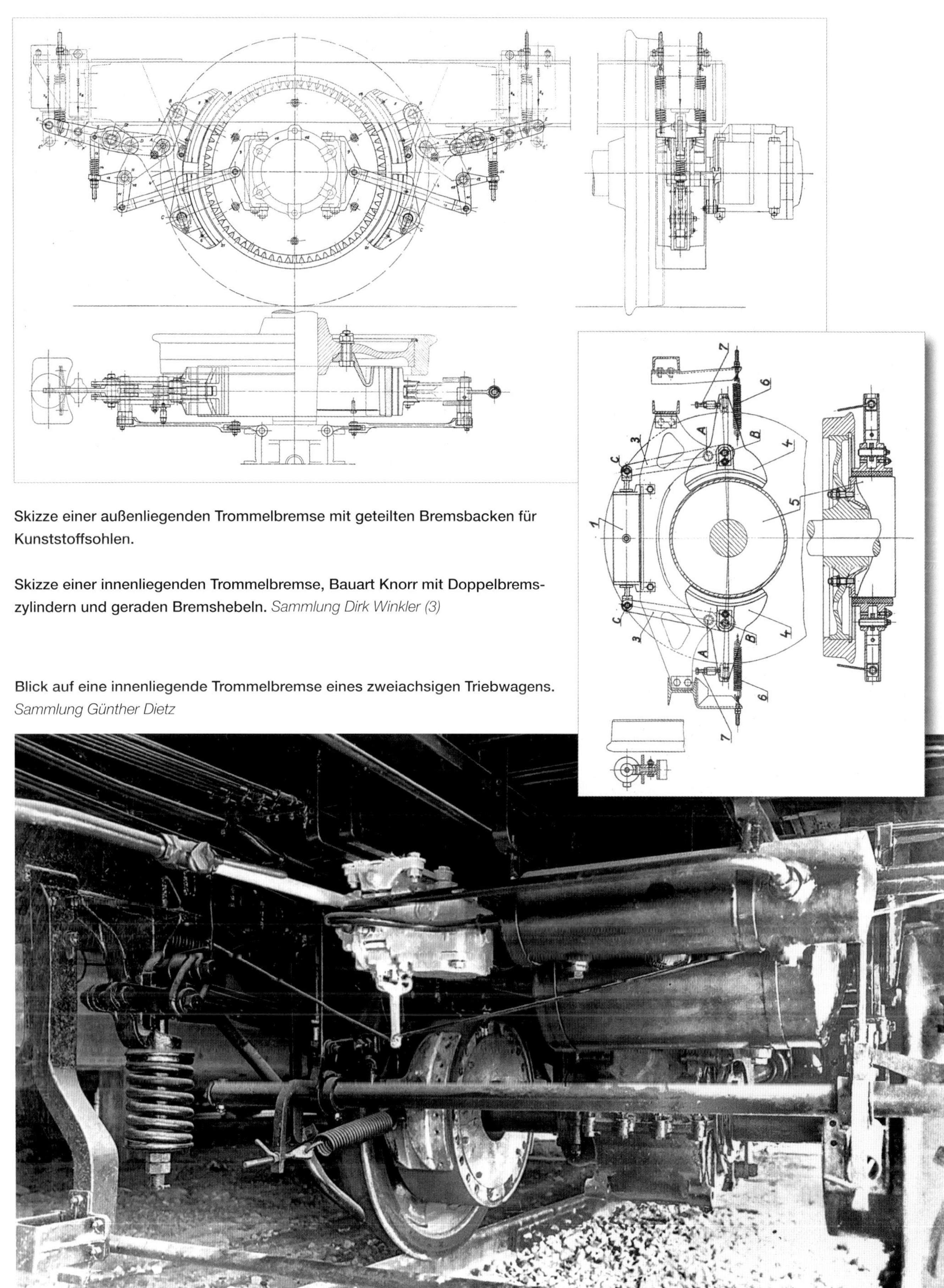

Skizze einer außenliegenden Trommelbremse mit geteilten Bremsbacken für Kunststoffsohlen.

Skizze einer innenliegenden Trommelbremse, Bauart Knorr mit Doppelbremszylindern und geraden Bremshebeln. *Sammlung Dirk Winkler (3)*

Blick auf eine innenliegende Trommelbremse eines zweiachsigen Triebwagens. *Sammlung Günther Dietz*

Motorenbau

Da der Dieselmotor zunächst noch nicht in einer genügend kleinen Bauform sowie betriebssicheren Ausführung angeboten werden konnte, fanden anfangs für Verbrennungs-Triebwagen vornehmlich Vergasermotoren Verwendung. Dabei wurden die Vergasermotoren mit Benzol betrieben, das im Gegensatz zum damals verfügbaren billigeren Benzin eine höhere Klopffestigkeit aufwies. Erst Anfang der 1920er-Jahre kamen vermehrt Benzin-Benzol-Gemische zum Einsatz. Mitte der 1920er-Jahre setzte sich aufgrund der geringeren Brandgefahr des Dieselkraftstoffes und der größeren Wirtschaftlichkeit der Dieselmotor durch.

Über die Jahre war die Reichsbahn stets offen für die zahlreichen Entwicklungswege, die im Motorenbau beschritten wurden. Dazu gehörte neben Versuchen mit Dieselmotoren neuer Leistungsklassen und Bauformen auch, dass die Verwendung von Michel- und Hesselmann-Motoren für den Antrieb von Verbrennungs-Triebwagen geprüft werden sollte. Allerdings wurden beide Vorhaben aufgrund von technischen Problemen und

Für Werbezwecke wurde seinerzeit dieser Schnitt durch einen Sechszylinder-Dieselmotor vom Typ OM 54 angefertigt. *Sammlung Dirk Winkler*

Motortragrahmen mit quer eingebautem 150-PS-Dieselmotor und angeflanschtem Generator für einen Triebwagen aus der Nummernreihe 135 012 bis 021. *Werkfoto MAN. Sammlung Günther Dietz*

Sechszylinder-MAN-Dieselmotor mit 360 PS (rd.264,8 kW) Leistung, eingebaut in ein Maschinendrehgestell für Triebwagen aus der Reihe 137 241 bis 270.

Die im Bw Kempten beheimateten Triebwagen 137 108 – 110 und 137 210 – 217 besaßen MAN-Zweiwellen-Dieselmotor mit 420 PS Leistung der Bauart L2 x 6 V 17,5/18. Im Bild ein unter dem angehobenen Triebwagen ausgefahrenes Maschinendrehgestell.
Werkfoto Düwag. Sammlung Wolfgang-Dieter Richter (2)

Lieferschwierigkeiten letztlich bis Kriegsbeginn und darüber hinaus nicht realisiert[149].

Eine wichtige Möglichkeit, die Leistung der Dieselmotoren bei gleichen Abmessungen und nahezu gleicher Masse zu steigern, war die Aufladung. Das von Alfred Büchi (1879-1959) entwickelte und bei der BBC im schweizerischen Baden 1927 erstmals erprobte Verfahren[150-151], wurde Anfang der 1930er-Jahre von der BBC, wie auch Maybach, zur Serienreife gebracht. Bei diesem Verfahren wird dem Motor zumeist durch eine vom Abgas angetriebene Turbine und ein mit ihr verbundenes Gebläse vorverdichtete Verbrennungsluft zugeführt. Auf diese Art sind Leistungssteigerungen von 30 bis 60 % bei geringerem spezifischen Kraftstoffverbrauch möglich[152]. Neben der Leistungssteigerung der Dieselmotoren spielte deren Einbauraum eine zunehmend wichtige Rolle. Die Reichsbahn verfolgte mit hohem Interesse den Bau von so genannten liegenden Motoren, im heutigen Sprachgebrauch Boxermotoren, die aufgrund der geringen Bauhöhe unter dem Wagenboden platziert werden konnten, ohne dass in den Fahrgastraum hineinragende Teile vorhanden waren[153].

Ende der 1930er-Jahre sah sich die Reichsbahn in der Lage, für das neue Triebwagenprogramm auf *„Einheitsmotoren"* setzen zu können, d.h., auf Dieselmotoren unterschiedlicher Hersteller mit gleichen Montageabmessungen, die untereinander tauschbar waren[154].

Für Triebwagen verwendete Vergasermotoren

Motorlieferer	Bauartbezeichnung	Zylinderzahl	Anordnung	Nennleistung PS / kW	Drehzahl U/min	Zylinderbohrung mm	Kolbenhub mm
Büssing-NAG, Braunschweig	D 2	6	Reihe	110 / 80,9	1200	125	160
Daimler-Benz AG	M1574	4	Reihe	100 / 73,6	1200	150	170
Deutsche Werke Kiel	T VIb	6	Reihe	150 / 110,3	1000	150	180
Deutz (Gasmot.-Fabr. Deutz)	36 h 3 z	6	V-Motor	100 / 73,5	700	170	180
	unbek.	6	V-Motor	170 / 125,0	700	210	220
Ford	A	4	Reihe	40 / 29,4	2200	98,4	108
Henschel	D	6	Reihe	100 / 73,6	1600	120	150
Maybach	OS 5	6	Reihe	100 / 73,6	1900	94	168
NAG, Berlin-Oberschöneweide	unbek.	4	Reihe	100 / 73,6	700	196	260
	Kl 10 Z / T 70	6	Reihe	75 / 55,2	950	120	170
VOMAG	6 EH 3060	6	Reihe	120 / 88,3	1200	130	160

Für Triebwagen verwendete Dieselmotoren

Lieferwerk	Werks-Bezeichnung	Zylinderzahl	Bohrung d [mm]	Hub s [mm]	Hubraum [l]	Leistung Nv [PS / kW]	Umdrehung n [min
Daimler-Benz A.-G.	OM 54	6	125	170	12,6	120 / 88,3	1700
	OM 85 / MB 805	12	138	170	30,5	300 / 220,6	1500
	OM 86 / MB 806	12	165	195	50	450 / 331	1400
	MB 807	12	138	170	30,5	275 / 202,3	1500
	ML 806	12	165	195	50	450 / 331	1400
	ML 806	12	165	195	50	650 / 478,1	1400
Deutsche Werke Kiel A.-G.	2 x 4 V 18 L	8	128	180	18,6	180 / 132,4	1500
(DWK)	8 V 19	8	130	190	20,1	185 /136,1	1500
	12 V 19	12	130	190	30,2	275 / 202,3	1500
						400 / 294,2	1500
Deutz	36 h 3 z	6	170	180		100 / 73,5	700
Klöckner-Humboldt-Deutz	F 4 M 313	4	110	130		50 / 36,8	2000
(KHD)	A 12 M 319	12	130	190	30,2	275 / 202,3	1500
						400 / 294,2	1500
	A 12 M 320	12	150	200	43,3	360 / 264,8	1400
						500 / 367,7	1400
	A 12 M 322	12	160	220	53	450 / 331	1400
		12	160	220	53	650 / 478,1	1400
MAN	W 6 V 11/18	6	115	180	16,2	75 / 55,2	1100
	W 6 V 15/18a (b)	6	150	180	19	150 / 110,3	1500
	W 6 V 15/18c	6	150	180	19	150 – 200* / 110,3 - 147,1*	1500
	L 6 V 17,5/18	6	175	180	26	210 / 154,5	1400
	L 2x6 V 17,5/18	12	175	180	52	420 / 308,9	1400
		12	175	180	52	560 / 411,9	1400
	L 12 V 17,5/18	12	175	180	52	420 / 308,9	1400
	W 12 V 13/19	12	130	190	30,2	275 / 202,3	1500
						400 / 294,2	1500
	L 12 V 17,5/21	12	175	210	60,5	450 / 331	1400
		12	175	210	60,5	650 / 478,1	1400
Körting	D2	6	125	160		100 / 73,6	1200
Maybach-Motorenbau GmbH.	G 4 a	6	140	180		150 / 110,3	1300
	G 4 b	6	140	180		175 / 128,7	1400
	G 5	12	150	200	42,4	410 / 301,6	1400
	G0 5 h	6	150	200	21,2	210 / 154,5	1400
	G0 5	12	150	200	42,4	410 / 301,6	1400
	G0 56 h	6	160	200	24,1	250 / 183,9	1500
	G0 56	12	160	200	48,2	410 / 301,6	1400
	G0 6	12	160	200	48,2	650 / 478,1	1400
MWM	Rs 125 s	6	200	250	47,2	300 / 220,6	1100
Vomag A.-G.	6 R 4080 l	6	140	180	16,6	180/218* / 132,4/160,3	1500
	8 R 3580 l	8	135	180	20,6	195/238*/ 143,4/175	1500
	8 R 4080 l	8	140	180	22,2	220/245* / 161,8/180,2	1500
Simmeringer	W8	8	140	180		160 / 117,7	1350
	R 8	8	150	190	26,8	210 / 154,5	1350
	R 12 a	12	150	190	40,5	425 / 312,6	1300

Verdichtungsverhältnis	Gewicht kg	Höhe	Einbaumaße Länge	Breite
1:5,6	640			
1:5	660			
1:4,6	900	1105	1867	820
1:4,1	130	650	850	450
	640			
1:5,7	450	918	1210	790
1:4,8	650	1163	1618	675
1:5,75	790	1244	1676	625

Gewicht [kg]	Höhe	Länge	Breite [mm]	Bemerkungen
990	1175	1659	752	
1835	985	1672	1120	V-Motor, Vorkammer
2500	1554	1964	1240	V-Motor
2000	350	1810	1670	liegender Boxermotor
2500	1058	1850	1170	V-Motor
2820	1530	1965	1690	aufgeladen
1360	850	1540	1750	liegender Boxermotor
1700	809	1710	1750	liegender Boxermotor
2500	850	2100	2120	liegender Boxermotor
2700				aufgeladen (Projekt)
				für pr. VT 1 – 5, 7, 8
200	800	1000	600	Vorkammer
2150	356	1970	1710	liegender Boxermotor
2350				aufgeladen (Projekt)
2200	1110	2124	1320	V-Motor
				aufgeladen
2350	1045	2220	1355	V-Motor, Leichtmetall
2350	1045	2220	1355	aufgeladen
840	1188	1434	660	
1600	1140	1800	852	
1650	1140	1800	852	* mit Aufladung
1590	1213	2010	737	
3300	1475	2220	1450	Zweiwellenmotor
3560	1920	2220	1450	aufgeladen
2900	1610	2100	1118	V-Motor
2460	810	2200	1900	liegender Boxermotor
3000	2500	2200	1900	aufgeladen
2890	1600	1370	1370	V-Motor
3410	1930	2040		aufgeladen
640				
1200				
1110	123	202	724	
1800				V-Motor
1550	1419	2005	000	
2030	1263	2409	1106	V-Motor
1350	1434	1803	900	Reihen-Motor
2200	1394	1803	1106	V-Motor
2300	1974	1803	1106	V-Motor, aufgeladen
3170	1684	2293	1260	Vorkammer
1650	780	1860	1645	liegender Reihenmotor
1950	780	2390	1600	liegender Reihenmotor
2000	780	2390	1600	liegender Reihenmotor
				V-Motor
				V-Motor
9800	1350	2555	1600	V-Motor, aufgeladen

Zwölfzylinder-V-Dieselmotor von Maybach mit 600 PS Leistung und Aufladung.

Liegender 275-PS-Zwölfzylinder-Dieselmotor im Maschinenrahmen. Motoren dieser Bauart kamen in den Doppeltriebwagen der Bauart „Stettin“ zum Einsatz. *Werkfoto. Sammlung Dirk Winkler (2)*

Leistungsübertragungsanlagen

Die Übertragung des vom Motor erzeugten Drehmoments auf die entsprechenden Radsätze erforderte eine längere Entwicklung der Leistungsübertragungsanlagen, bis befriedigendere Ergebnisse erzielt wurden. Im Folgenden sollen unterschiedliche Leistungsübertragungsarten kurz behandelt und ihre Bauformen beschrieben werden. Weiterführende ausführliche Angaben können der Fachliteratur (155-156-157-158) entnommen werden.

Mechanischen Leistungsübertragungen

Als einfachste Übertragungsart wurden in den frühen Triebwagen Zahnrad-Stufengetriebe genutzt, die aus dem Kraftfahrzeugbau stammten. Bei diesen Getrieben zeigte sich bald, dass reine Kraftfahrzeuggetriebe im Schienenfahrzeug nicht den gestellten Anforderungen genügten. Das traf vor allem für die manuelle Schaltung der Zahnradpaare der einzelnen Übersetzungen (Gänge) zu, ein Vorgang, der sich bei der Anwendung im Schienenfahrzeug nicht bewährte, da hier viel größere Massen zu beschleunigen waren und bei Fehlschaltungen schwere Schäden auftraten. Weiterentwickelte Getriebe für Schienenfahrzeuge besaßen deshalb dauernd im Eingriff stehende Zahnradpaare, die wahlweise durch Reibungs- oder Klauenkupplungen jeweils die Verbindung zwischen Motorabtrieb und Fahrzeugachse herstellten. Gerade die Konstruktion derartiger Kupplungen ergab anfangs Schwierigkeiten, die erst in langjähriger Entwicklungszeit behoben werden konnten.

Die mechanischen Wechselgetriebe können generell in zwei Bauarten unterschieden werden, von denen Hersteller sowie die Bezeichnung gängiger Getriebe in nachfolgender Tabelle zusammengestellt sind[159].

Bauart	Hersteller	Bezeichnung
Mit nebeneinanderliegenden Wellen für Ganzzahnräder	DWK	RG 100, RG 150/200, LRG 125, LRG 175 D, LRG 250 D
	Maybach	T2, T2a
	DGG (Mylius)	CV 2, CV 2 leicht, EW
Umlaufrädergetriebe	DWK	SG 30

Maybach-Kolbenkupplungsgetriebe

Dieses Getriebe besaß mittels Öldrucks betätigte Lamellenkupplungen, die bei jedem Gang angeordnet waren. Die Getriebeantriebswelle hatte vier fest aufgekeilte Zahnräder, die mit den Gegenzahnrädern der Abtriebswelle in dauerndem Eingriff standen. Diese Gegenzahnräder waren lediglich als Zahnkränze ausgeführt und auf den Außenlamellenträgern befestigt, die wiederum auf Rollenlagern frei auf der Abtriebswelle liefen. Mit der Abtriebswelle war der Innenlamellenträger fest verbunden. Durch in einem ringförmigen Hohlraum angeordnete und von Öldruck beaufschlagte Kolben wurden die Lamellen zusammengepresst und wurde somit eine kraftschlüssige Verbindung zwischen Antrieb und Abtrieb hergestellt. Der Öldruck wurde über die hohlgebohrte Abtriebswelle durch eine besondere Pumpe zugeführt. Die Steuerung erfolgte vom Führerstand aus über Seilzüge und Kettenrad, das eine an ihrem Ende als steilgängige Schraube ausgebildete Steuerwelle bewegte. Diese Welle bewegte sich innerhalb der hohlgebohrten Abtriebswelle und steuerte die röhrenförmigen Schieber, die den Zugang zu den Öldruckkolben freigaben. Da bei Stillstand der Maschinenanlage die Öldruckpumpe nicht lief, war ein sogenannter Ölakkumulator vorgesehen, der bei der ersten Inbetriebsetzung nach langem Stillstand durch eine Handpumpe aufgefüllt werden musste und damit die Einschaltung des Getriebes ermöglichte. Dieses Getriebe hat sich in seiner Anwendung in vierachsigen Nebenbahntriebwagen, bei denen über eine Blindwelle und Kuppelstangen zwei Achsen in einem Maschinendrehgestell angetrieben wurden, als äußerst robust und betriebssicher erwiesen.

Myliusgetriebe

Dieses robuste Getriebe wies eine Hauptkupplung auf, während die Gangstufen über Klauenkupplungen geschaltet wurden. Die Synchronisation wurde hier von in jedem Gang eingebauten Konuskupplungen vorgenommen, so dass der Triebfahrzeugführer von dieser Tätigkeit im Gegensatz zum Kraftwagenführer entlastet war. Der Schaltvorgang wurde mittels Druckluft ausgeführt.

Über eine Kurbel auf dem Führerstand wurde über einen Seilzug eine Vorwählwelle am Getriebe in eine bestimmte Stellung gebracht, somit ein Gang vorgewählt. Der eigentliche Schaltvorgang wurde durch einen Kupplungshandgriff eingeleitet. Dabei beaufschlagte Druckluft einen Zylinder, dessen Kolben in einem mehrteiligen Schaltgestänge die Hauptkupplung ausrückte. Bei weiterem Druckanstieg im Zylinder wurde nun die Vorwählwelle gegen eine Federkraft vorgezogen und hierbei über die Nase einer Federtrommel die Schiene des gewählten Ganges, z.B. beim Anfahren die des ersten Ganges, mitgenommen. Diese Schiene trug eine Schaltgabel, die die Konuskupplung des Abtriebrades in den Gegenkonus des Antriebrades drückte, ohne dass eine Beeinflussung erfolgte, da die Hauptkupplung gelöst war und auch von der Abtriebsseite kein Antrieb erfolgte. Anschließend wurde der Druck im Schaltzylinder wieder ermäßigt und die Vorwählwelle von der zusammengedrückten Feder in ihre alte Lage zurückgeschoben sowie die Schaltstange mitgenommen, die wiederum über die Schaltgabel das entsprechende Antriebszahnrad mit der zugehörenden Klauenkupplung und damit mit der Abtriebswelle verband. Durch weitere Druckermäßigung kam die Hauptkupplung zum Schleifen und anschließend zur direkten Kupplung, wenn das Fahrzeug angefahren war. Erst jetzt konnte das volle Drehmoment übertragen werden. Die Schaltanordnung erzwang, dass erst der vorhergehende Gang ausgerückt sein musste, bevor der nächste Gang weitergeschaltet werden konnte.

Die Betätigung dieses Getriebes bedurfte einer erheblichen Einfühlung und Aufmerksamkeit des Führers, um ein einwandfreies Schalten zu gewährleisten. Es waren beim Schalten nicht nur die beiden Handgriffe für das Getriebe zu betätigen, sondern auch über eine Fahrkurbel die Drehzahl des Motors auf die für die einzelnen Schaltstufen angegebenen Werte zu bringen. Um die Schaltvorgänge zu vereinfachen, wurde die Schaltung zu einer halbautomatischen weiterentwickelt, bei der lediglich für die einzelnen Gänge Tasten zu drücken waren, während der Schaltvorgang geschwindigkeitsabhängig von selbst ablief.

Getriebe der vormaligen Triebwagenbau AG Berlin (TAG)

Dieses Getriebe besaß für jeden Gang besondere Reibkupplungen, die über druckluftgesteuerte Schaltzylinder betätigt wurden. Waren anfangs diese Kupplungen nach Art der Innenbackenbremsen bei Kraftfahrzeugen ausgebildet, so wurden sie bei neueren Getrieben, die für gesteigerte Leistungen bestimmt waren, als Lamellenkupplungen mit vergrößerten Luftzylindern und Kolben gebaut. Weiterhin wurde das Wendegetriebe mit dem Schaltgetriebe konstruktiv zu einer Einheit zusammengefasst. Die Bedienung dieses Getriebes erfolgte über einen Handgriff, der ein Ventil steuerte, das den Luftweg zu dem zu schaltenden Gang freigab. Beim Weiterschalten

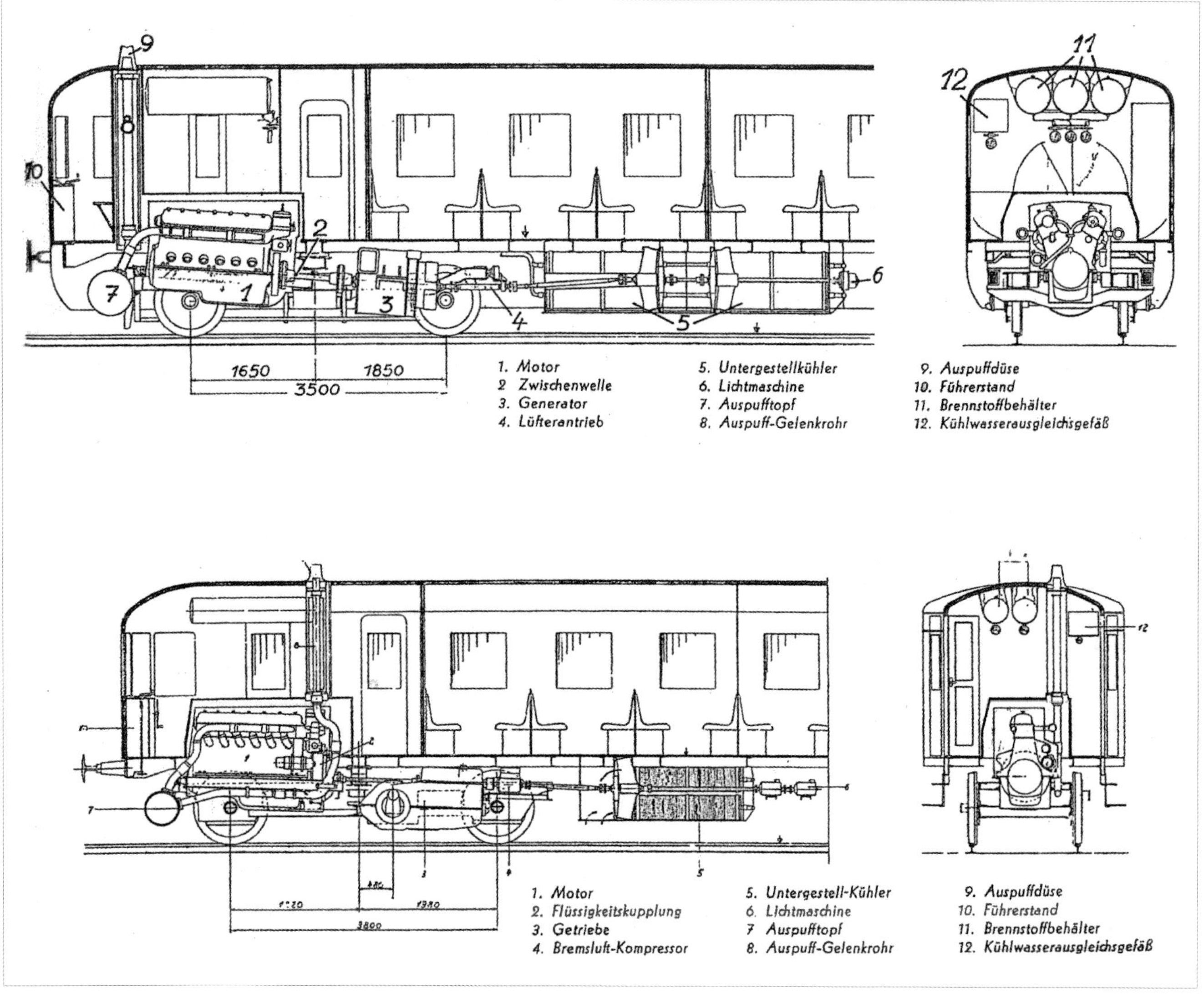

Darstellung der Anordnung der Antriebsanlagen in den 210-PS- (unten) sowie den 410-PS-Triebwagen (oben). *Sammlung Günther Dietz*

wurde der Handgriff lediglich auf eine Zwischenstellung gebracht, wodurch der vorhergehende Gang entlüftet wurde; danach wurde auf die nächste Gangstufe weitergeschaltet.

Planetengetriebe der DWK

Dieses Planetengetriebe mit zwei Planetenradsätzen, einem Übersetzungsvorgelege, zwei Kupplungen und zwei Bremsen ermöglichte sechs Übersetzungsstufen. In den ersten beiden Gängen wurden zwei Radsätze des Fahrzeugs angetrieben, während bei den weiteren Gängen, die bei steigender Fahrgeschwindigkeit eine geringere Zugkraft aufwiesen, nur noch eine Achse angetrieben wurde.

Soden-Getriebe

Dieses fünfstufige Getriebe war ein halbautomatisches mechanisches Schaltgetriebe mit elektropneumatischer Steuerung. Beim Soden-Getriebe waren alle Zahnradpaare ständig im Eingriff. Die Schaltung wurde über eine Klauenkupplung vorgenommen. Das Getriebe bestand aus je einer Antriebs- und Abtriebswelle sowie je einem Schaltzylinder und einer Ausrückeinheit. Nebenwellen und die Schaltgabeln entsprachen der Anzahl der zu schaltenden Gänge.

Wurde vom Triebfahrzeugführer der entsprechende Gang vorgewählt, so wurde diese Stellung zunächst gespeichert. Der eigentliche Schaltvorgang geschah erst durch Drücken der Kupplung am Fahrschalter. Dadurch wurde in einem Gang die Hauptkupplung des Motors gelöst. Die Ausrückeinheit stellte nun sicher, dass alle Schaltgabeln die Verbindungen zwischen den Klauenkupplungen lösten. Danach konnte die Riegelwalze in diese Stellung verdreht werden, so dass der Bolzen der Schaltgabel des betreffenden Ganges eine in der Riegelwalze befindliche Bohrung einnehmen konnte. Die Ausrückeinheit wurde wieder gelöst und alle Schaltgabeln wurden durch starke Federn gegen die Riegelwalze gedrückt. Nur beim vorgewählten Gang konnte eine Verbindung zwischen den Klauenkupplungen hergestellt werden. Die Verbindung der Klauen war nicht synchronisiert, der Triebfahrzeugführer musste hier durch entsprechende Regelung der Motordrehzahl reagieren. Dadurch war diese Getriebebauart gegen Schaltfehler empfindlich und wurde später getauscht.

Hydraulische Leistungsübertragung

Die Reichsbahn erprobte seit Mitte der 1930er-Jahre in zunehmendem Maße hydrodynamische Getriebe, die gegen Ende der 1930er-Jahre serienmäßig eingebaut wurden. Die Grundlagen dieser Getriebe gehen alle auf Hermann Föttinger (1877-1945) zurück, dessen wesentliches Verdienst es war, das Prinzip der Drehmomentenwandlung zu finden. Für die Anwendung in den Triebwagen der Reichsbahn wurden verschiedenste Getriebebauformen entwickelt und erprobt. Da für den Anfahrbetrieb die Flüssigkeitskupplung ausscheidet, wird hierfür ein besonderer Wandler, der sogenannte Anfahrwandler, benutzt. Da der Wirkungsgradverlauf über den gesamten Geschwindigkeitsverlauf äußerst ungünstig für die Anwendung eines Wandlers wird, werden die Getriebe mit mehreren Kreisläufen ausgerüstet, z.B. als so genannte Zweiganggetriebe mit einem Anfahrwandler und einem Marschwandler. Dieser Marschwandler ist besonders für den vorgesehenen Geschwindigkeitsbereich konstruiert. Eine weitere Anordnung ergibt sich aus der Zusammenschaltung von Anfahrwandler und Kupplung. In beiden Fällen nimmt man den schlechten Wirkungsgrad der Anfahrwandler in Kauf, da das Anfahren nur kurzzeitig auftritt. Zur besseren Angleichung an die Zugkraftkennlinie wurden Getriebe entwickelt, die neben der genannten Kupplung noch eine zweite enthalten, die eine andere Kennlinie als die erste besitzt und somit eine bessere Anpassung ermöglicht. Um eine ungünstige Drehzahlverminderung des Dieselmotors noch weiter zu reduzieren, wurden so genannte Doppelturbogetriebe entwickelt. Hinsichtlich der Entwicklung und Ausführung haben sich vor allem die Firmen Voith, Heidenheim, die AEG in Berlin und Krupp verdient gemacht.

Doppelturbogetriebe

Beim Doppelturbogetriebe wurde wegen der geforderten hohen Anfahrleistung und, um das Getriebe noch in ein Drehgestell einbauen zu können, der Anfahrwandler geteilt, d.h., zwei Anfahrwandler wurden vorgesehen, die zur Ausnutzung der hohen Anfahrzugkraft je einen Radsatz im Drehgestell antreiben, um damit auch die Reibung auszunutzen. Beim Übergang auf den Marschwandler genügt bei den benötigten Zugkräften der Antrieb eines Radsatzes, so dass jeder Marschwandler nur jeweils den mit ihm verbundenen Radsatz antreibt. Die Kennlinien dieses Getriebes zeigen eine gute Angleichung an die ideale Zugkraftlinie, während die Leistung fast über den gesamten Geschwindigkeitsbereich voll ausgenutzt wird. Nur im Bereich der beiden Marschwandler tritt ein geringer Drehzahlabfall auf, der aber ohne Bedeutung ist.

Zweiganggetriebe für Schnelltriebwagen

Dieses Getriebe wurde besonders für die Verwendung in den SVT der Bauart „*Leipzig*“ entwickelt. Es bestand aus einem Anfahrwandler und einem Marschwandler. Um innerhalb der gegebenen Abmessungen im Drehgestell zu bleiben, wurde auf der Primärseite die Drehzahl auf das 1,33-Fache erhöht, so dass die Primärwelle des Getriebes bei der Höchstdrehzahl des eingebauten Dieselmotors (Maybach GO 6) von 1400 min^{-1} eine Drehzahl von 1865 min^{-1} erreichte.

Da es für den Anfahrvorgang notwendig war, beide Achsen im Drehgestell anzutreiben, musste das so genannte Wendegetriebe möglichst in die Mitte des Drehgestelles gelegt werden, um günstige Verhältnisse für den Kardanantrieb der Radsätze zu gewährleisten. Hierdurch ergab sich, dass die Primärwelle von der dem Motor abgewandten Seite angetrieben werden musste und durch die hohle Sekundärwelle im Getriebe hindurchgeführt wurde. Das Fahrtwendegetriebe war unmittelbar an das Flüssigkeitsgetriebe angeflanscht. Die Fahrtrichtung wurde durch das Verschieben einer Klauenmuffe, die ein entsprechendes Stirnradgetriebe schaltet, gewählt.

Der Anfahrwandler war zur Übertragung großer Drehmomente bemessen – der beste Wirkungsgrad wurde etwa bei einer Fahrgeschwindigkeit von 80 km/h erreicht. Bei einer Geschwindigkeit von 108 km/h wurde auf den zweiten sog. Marschwandler manuel umgeschaltet, d.h., der erste Wandler wurde entleert und der zweite Wandler gefüllt. Die Charakteristik des Marschwandlers war so gehalten, dass der günstigste Wirkungsgrad im Bereich der hohen Fahrgeschwindigkeiten erreicht wurde. Bei Verminderung der Drehzahl des Dieselmotors konnte das Getriebe als Bremse wirken. Weiterhin war beim 137 154 in dem einen Kardanantrieb zur Achse eine abschaltbare Lamellenkupplung versuchsweise eingebaut, die durch einen Fliehkraftregler gesteuert wurde und bei Erreichen von 80 km/h den einen Achsantrieb abschaltete, da die Reibungszugkraft einer Achse zur weiteren Beschleunigung des Fahrzeuges ausreichte.

Hydraulisches Doppelturbogetriebe mit drei Gängen und vollautomatischer Umschaltung.
Werkfoto Voith, Sammlung Dirk Winkler

Für den Antrieb des dreiteiligen Schnelltriebwagens der Bauart „*Kruckenberg*" entwickelte die AEG ein zweistufiges Getriebe, das sich neben den anders ausgebildeten Schaufeln noch durch die Verwendung von Wasser anstatt des Öls als Betriebsflüssigkeit unterschied. Die wenigen Versuchsfahrten mit dem Triebzug ließen allerdings keinen Rückschluss auf die allgemeine Bewährung des Getriebes zu.

Trilokgetriebe

Die Möglichkeit, Wandler und Kupplung in einem Kreislauf anzuordnen, wurde von der Firma Klein, Schanzlin und Becker im sog. Trilokgetriebe verwirklicht. Die Anordnung ist hier so getroffen, dass das Leitrad über ein Gesperre bei Übergang vom Wandler- in den Kupplungsbetrieb mit dem Turbinenrad zusammen umlaufen kann.

Mekydrogetriebe

Das „*Mekydrogetriebe*" war eine Gemeinschaftsentwicklung der Maybach-Motorenbau GmbH Friedrichshafen mit der AEG und Voith. Bei diesem Getriebe wurde ein Drehmomentenwandler mit einem nachgeschalteten Viergang-Zahnradgetriebe vereinigt. Das Merkmal dieser Anordnung war, dass der Dieselmotor und das Pumpenrad des Wandlers mit gleichbleibender Drehzahl und damit konstanter Leistung betrieben werden konnten, während abtriebsseitig mit den verschiedensten Drehzahlen innerhalb der jeweils im Eingriff stehenden Zahnradübersetzungen gefahren wurde, ohne den Motor zu drücken. Das Schalten der einzelnen Zahnradübersetzungen erfolgte durch die bekannten Maybach-Überholklauenkupplungen. In konstruktiver Hinsicht waren allerdings erhebliche Schwierigkeiten zu überwinden, um zu einer brauchbaren und betriebssicheren Ausführung zu gelangen. Im Zuge der Entwicklung erhielten die Kupplungen eine besondere, den geforderten Betriebsbedingungen entsprechende Gestaltung.
Für den eigentlichen Schaltvorgang, der kurzzeitig eine Trennung des Wandlers vom Stufengetriebe erforderte, wurde anfangs eine Reibungskupplung verwendet, die aber nicht befriedigte. Die weitere Entwicklung führte dann zum sog. Ausrückwandler, bei dem das Turbinenrad kurzzeitig aus dem normalen Getriebekreislauf herausgerückt wird und dabei gleichzeitig ein kleineres Turbinenrad mit einer Rückwärtsbeschaufelung in den Strömungskreis eingerückt wird. Durch das hierbei im Sekundärteil auftretende rückwärts drehende Moment wird das Einrücken der Überholklauen bewirkt bzw. beschleunigt.

Elektrische Leistungsübertragungen

Die Verwendung der schon bei der Einführung des Verbrennungsmotors für Schienenfahrzeuge hochentwickelten elektrischen Leistungsübertragung ergab von Anfang an für alle Leistungsbereiche voll brauchbare Ausführungen. Vor allem der Gleichstrom-Reihenschlussmotor war in seiner Ausführung als Tatzlagermotor das ideale Antriebselement für Triebwagen. Seine Charakteristik entspricht völlig der idealen Zugkraftkurve, während die normalen Generatoren in ihren Kennlinien nicht den gewünschten Verlauf besaßen. Für den Betrieb war es notwendig, die Felderregung des Stromerzeugers in entsprechender Form, je nach der Zugkraftanforderung, zu beeinflussen:

1. Die Drehzahl des Dieselmotors für eine bestimmte Leistung gleichzuhalten, während die Felderregung durch äußere Mittel beeinflusst wird. Derartige Steuerungen werden allgemein als Leistungssteuerungen bezeichnet.

2. Die Regelung des Strom-Spannungsverlaufes durch besonders ausgelegte Stromerzeuger zu ermöglichen und entweder durch geringe Drehzahländerungen oder durch Anwendung besonderer Erregermaschinen hervorzurufen.

BBC-Leistungswächtersteuerung

Diese Steuerung ging aus der so genannten Leonardsteuerung hervor und benutzte einen fremderregten Generator. Der Erregerstrom wurde von einer besonderen Erregermaschine geliefert und in Anpassung an die gewünschte Kennlinie durch Zu- und Abschalten von Widerständen geregelt. Die eigentliche Regelung erfolgte durch einen so genannten Leistungswächter, der auf der Grundlage der Leistungsmesser aufgebaut war. Er besaß die Aufgabe, je nach der Zugkraftanforderung, die abhängig von der Fahrgeschwindigkeit und den jeweiligen Fahrwiderständen ist, den Strom-Spannungsverlauf so zu steuern, dass die Leistung des Dieselmotors gleichmäßig ausgenutzt bzw. sein Drehmoment nicht über- bzw. unterschritten wurde.
Zu diesem Zweck war auf dem Eisenjoch des Leistungswächters eine vom Hauptstrom des Generators durchflossene Spule fest aufgewickelt, während zwischen den Polen sich eine drehbare Spannungsspule mit einem zweiarmigen Hebel befand. Der Hebel wurde durch eine Feder in den sich bildenden beiden elektrischen Feldern bei Leistungsgleichheit zwischen Dieselmotor und Generator in der Mittellage gehalten. Änderte sich nun das Strom-Spannungsverhältnis am Generator durch vermehrte oder verminderte Leistungsanforderung, so wurde die Spannungsspule verdreht und der Hebel in die eine oder andere Endlage gebracht. Hierbei wurden durch Kontakte, die sich am oberen Ende des Hebels befanden, Stromkreise geschlossen, die ein Klinkwerk betätigen. Dieses ließ einen Kontaktarm über eine entsprechende Kontaktbahn gleiten und schaltete entsprechende Feldwiderstände im Fremderregerkreis des Hauptgenerators zu oder ab, bis das Gleichgewicht zwischen der abgegebenen zur aufgenommenen Leistung wieder hergestellt war. Bei Erreichen dieses Zustandes kehrte der Hebelarm des Leistungswächters wieder in die Mittellage zurück.
Da die Leistungsanforderungen gerade in der Zugförderung stark wechselnd sind, wurde die Leistung im Teillastbereich durch Einstellung verschiedener Zwischendrehzahlen des Motors (Stufen), je nach Anforderung vermindert. Hierzu wurden Widerstände in den Stromkreis der Spannungsspule geschaltet, um den geänderten Gleichgewichtsverhältnissen zu entsprechen. Die Aufteilung der Drehzahlstufen erfolgte so, dass möglichst günstige Wirkungsgrade und eine wirtschaftliche Fahrweise erzielt wurden.

BBC-Leistungswächtersteuerung mit Servofeldregler

Diese Mitte der 1930er-Jahre vorgestellte Steuerung fand in den SVT der Bauart „*Berlin*" Anwendung. Bei diesem System wurde die Gleichhaltung des vom Dieselmotor abgegebenen Drehmomentes nicht über eine elektrische Leistungsüberwachung bewirkt, sondern direkt vom Kraftstoffpumpengestänge, das vom Drehzahlregler des Motors gesteuert wurde, geregelt. Trat am Hauptgenerator eine Stromänderung auf, z.B. beim Einfahren in eine Steigung, so versuchte der Motor, in seiner Drehzahl zurückzugehen. Hierauf sprach der Regler an, indem er das Pumpengestänge in seiner Lage zur Einspritzpumpe verschob. Durch Übertragung dieser Bewegung auf den Mechanismus des so genannten Öldruckfeldreglers, der wiederum einen Bürstenarm über eine Widerstandskontaktbahn bewegte, wurde das Produkt aus Strom und Spannung am Hauptgenerator dem Sollwert wieder angeglichen. Dieser Vorgang wiederholte sich für jede Veränderung, die auf das abgebbare Drehmoment des Diesels einwirkte, auch bei Erhöhung der Leistung der Hilfsbetriebe oder bei Ausfall eines Zylinders, so dass eine Überlastung des Motors nicht eintreten konnte.

Charakteristik-Steuerungen

Zu diesen Steuerungen gehörten u.a. die Lemp-Steuerung, die Gebus-Steuerung, die Steuerung der Bauart Maffei-Schwartzkopff und die RZM-Steuerung. Bei Charakteristik-Steuerungen wurde der Generator so ausgelegt, dass seine Leistungskennlinie die des Dieselmotors überschnitt, so dass nur an zwei Kennlinienpunkten Leistungsgleichheit bestand, während dazwischen eine Überlastung und rechts und links dieser Eckpunkte eine Entlastung auftrat. Die überhöhte Leistungsanforderung des Generators an den Dieselmotor beantwortet dieser mit einem Heruntergehen seiner Drehzahl, bis wieder ein Gleichgewicht hergestellt ist, was nach einer verhältnismäßig geringen Drehzahländerung erreicht sein kann, da die Generatorleistung im Verhältnis wesentlich schneller absinkt als die Dieselleistung. Für die Stromerzeugerleistungsaufnahme ergibt sich bei einer verminderten Drehzahl Leistungsgleichheit zwischen Diesel und Generator. Dieser Vorgang tritt nun an mehreren Punkten der Kennlinien ein. Die sich hierbei ergebende Drehzahlverminderung wird als so genannte Drückung bezeichnet.

Lemp-Steuerung

Die von dem aus der Schweiz stammenden Amerikaner Heinrich Joseph Hermann Lemp (1862–1954) entwickelte und von der AEG in Deutschland eingeführte Lemp-Steuerung ist durch zweifache Fremderregung des Hauptgenerators von der Erregermaschine und einer Batterie gekennzeichnet. Sie arbeitet mit Gegenkompoundierung des Hilfsgenerators durch den Hauptgenerator, so dass eine günstige Charakteristik der Spannungs- und Stromwerte für den Fahrbetrieb eintritt. Gegenüber der Gebus-Steuerung ist die Anfahrt durch die Fremderregung des Hilfsgenerators verbessert, da von Anfang an eine starke Erregung des Hauptgenerators vorhanden ist, bzw. diese einsetzt.

Gebus-Steuerung

Als Stromerzeuger wurde hier ein schwach gesättigter selbsterregter Nebenschlussgenerator verwendet. Das Gewicht wurde dadurch etwas größer, konnte aber durch andere Maßnahmen wieder ausgeglichen werden. Der Verlauf der Kennlinie eines derartigen Stromerzeugers war so, dass erst bei einer bestimmten Drehzahl eine nennenswerte Leistungsabgabe eintrat, so dass im Leerlauf des Dieselmotors die Fahrmotoren noch nicht anliefen. Durch diese Auslegung wurden keine Schaltschütze benötigt wie bei anderen Steuerungen, ebenso entfielen die zusätzlichen Regeleinrichtungen. Hiermit war ein etwas träges Anfahren gegeben.

AEG-Volllastschaltung

Die AEG-Volllastschaltung war eine Steuerung, bei der durch eine besondere Art der Erregermaschine und zweckentsprechende Abstimmung der auf dem Hauptgenerator aufgebrachten Eigenerregungs- und Gegenfeldwicklung eine Kennlinie erzeugt wurde, die den Motor bei Höchstdrehzahl mit seiner vollen Leistung über fast den gesamten Geschwindigkeitsbereich beansprucht. Als Erregermaschine wurde hier eine so genannte Spaltpolmaschine verwendet, bei der die Pole des Ständers und der Anker im Verhältnis 1/3 zu 2/3 unterteilt waren.

Die Ankerspulen gingen nun in voller Breite durch, während auf den Ständerpolen die von einer Batterie gespeiste Erregerwicklung gleichsinnig auf jeden Pol besonders aufgewickelt war. Zusätzlich befand sich auf den beiden Ständerpolen eine vom Hauptstrom des Generators durchflossene Wicklung, die aber auf die Einzelpole bezogen im gegenläufigen Sinne gewickelt war. Hierdurch wurde das Magnetfeld einmal von dem gleichbleibenden Anteil der von der Batterie gespeisten Erregerwicklung und zum anderen von dem veränderlichen Anteil der Hauptstromwicklung beeinflusst.

RZM-Steuerung

Für die Verbrennungs-Triebwagen mit elektrischer Leistungsübertragung wurde überwiegend die so genannte RZM-Steuerung verwendet. Da in ihrem vorwiegenden Einsatz im Eilzug- und Städteschnellverkehr ein möglichst großer Geschwindigkeitsbereich zu überbrücken war, ergab sich bei der Entwicklung dieser Steuerung die Forderung, die auftretende große Drückung des Dieselmotors möglichst klein zu halten. Dies wurde dadurch erfüllt, dass in den Fremderregungsstromkreis für den Hauptgenerator ein zu- und abschaltbarer Widerstand eingebaut wurde, der es ermöglichte, die Fremderregung je nach Maßgabe zu schwächen, d.h., die hohe Leistungskennlinie des Generators in einem gewissen Bereich zu ermäßigen. Hierdurch konnte die Drückung erheblich eingeschränkt werden. F

ür das Zu- bzw. Abschalten des Widerstandes wurden zwei Stromwächter eingebaut, deren Spulen vom Hauptgeneratorstrom durchflossen werden, und von denen der eine Ruhekontakte und der andere Arbeitskontakte hat. Der Schaltvorgang geht völlig selbsttätig vor sich, so dass der Triebfahrzeugführer von der Streckenbeobachtung nicht abgelenkt wird.

Rückkühlanlagen

Die Auslegung der Rückkühlanlagen für Verbrennungsmotoren war maßgeblich abhängig von der Motorgröße und Leistung. Die ersten Anlagen für die preußischen Triebwagen, wie auch die ersten Triebwagen der DRG, nutzten Rückkühleinrichtungen, die das den Motor kühlende Wasser in auf dem Wagendach aufgebauten Kühlelementen rückkühlten. Teilweise wurde der erforderliche Luftstrom durch natürliche Strömung erzeugt, zum Teil durch motorgetriebene Gebläse. Die Anlagen waren anfangs meist als natürlich durchströmte Stirnkühler ausgelegt, später folgten zwangsbelüftete Anlagen, die längs auf dem Wagendach angeordnet waren, oder quer zur Fahrtrichtung stehende Dachkühler.

Erst bei den zwei- und mehrachsigen Verbrennungs-Triebwagen in Leichtbauweise wurden zunehmend Unterflurkühlanlagen eingebaut. Die Unterflurkühlanlagen gestatteten bei geringem Bauraum die Montage unter dem Wagenboden. Im Wesentlichen wurden Bauformen verwendet, bei denen die Kühlelemente links und rechts neben dem zentral angeordneten Gebläse platziert waren, das die zum Kühlen benötigte Luft seitlich neben den Kühlerelementen ansaugen konnte und mittig unter dem Gebläse wieder ausstieß.

Nur wenige Fahrzeuge erhielten Kühlanlagen im Wagenkasten mit seitlicher Belüftung. Diese Seitenwandkühler konnten entweder direkt in der Seitenwand des Wagenkastens oder als Hochkühler im Bereich des Dachaufbaus gelegt werden, wie es die MAN für die Triebzüge für die Chilenische Staatsbahn tat. Seitenwandkühler boten den Vorteil, dass sie weniger anfällig gegen Staub und Flugschnee waren.

Die abzuführende Wärmemenge lag je nach Motorenbauart für Leistungen zwischen 400 und 600 PS bei 250.000 - 350.000 kcal/h. Zusätzliche Kühlleistung wurde mit der Einführung hydraulischer Getriebe notwendig, bei denen die Wärme des Getriebeöls abzuführen war. Für ein 650-PS-Getriebe lag die Wärmemenge bei rund 120.000 kcal/h[160-161].

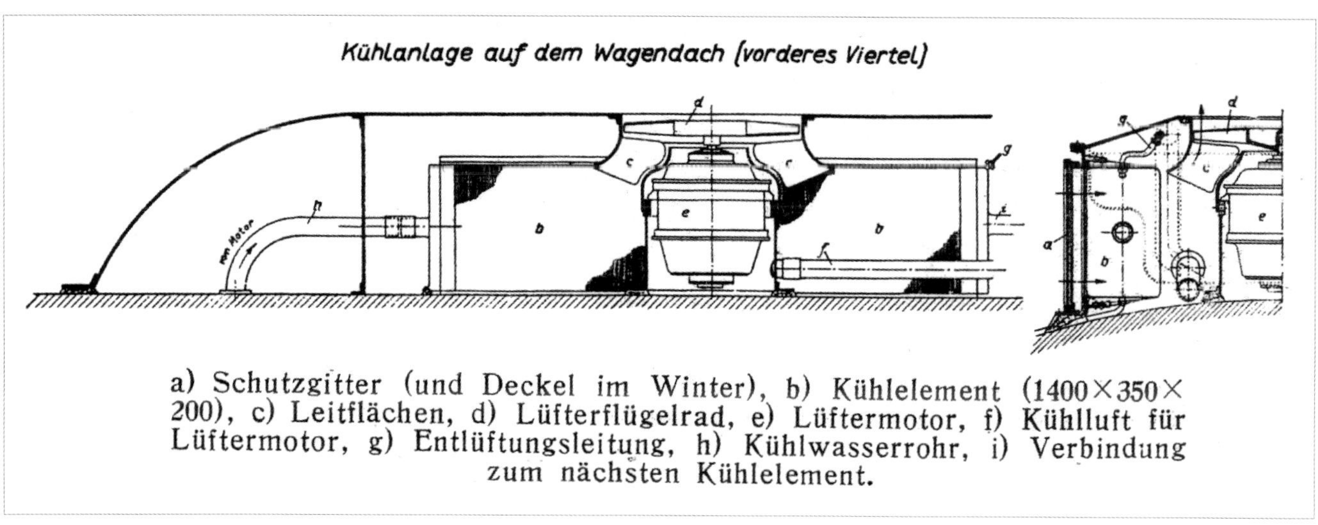

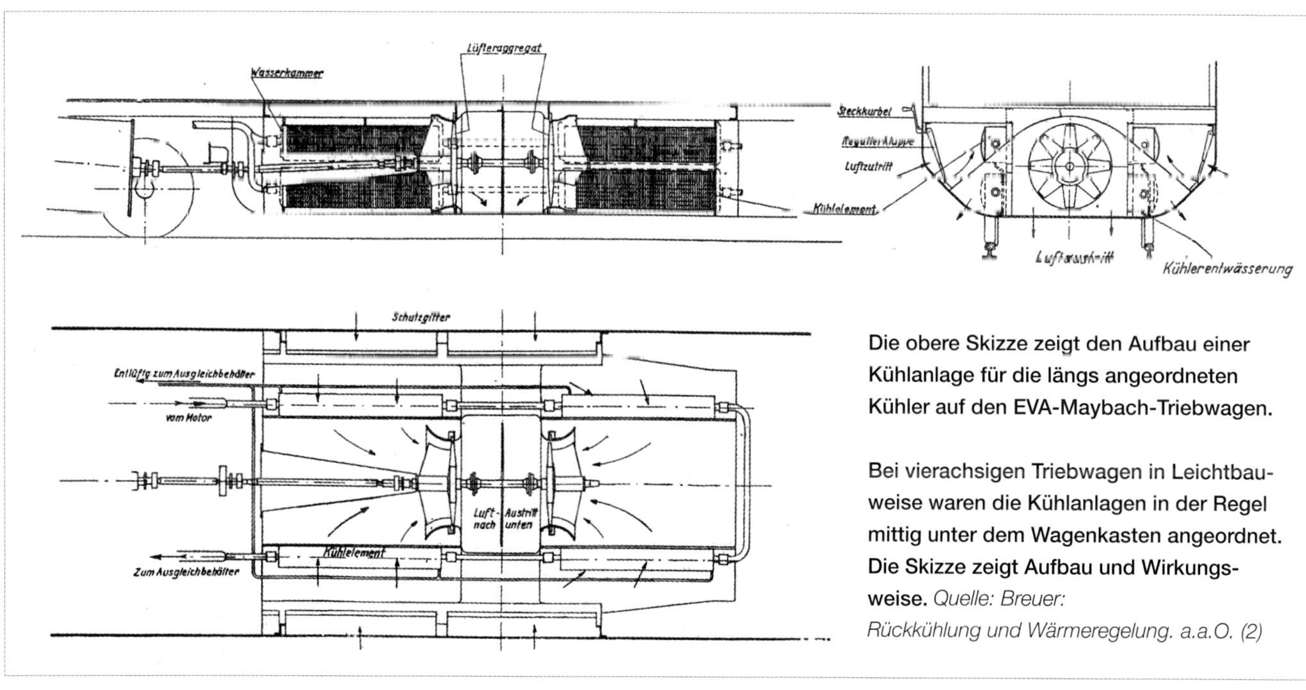

Die obere Skizze zeigt den Aufbau einer Kühlanlage für die längs angeordneten Kühler auf den EVA-Maybach-Triebwagen.

Bei vierachsigen Triebwagen in Leichtbauweise waren die Kühlanlagen in der Regel mittig unter dem Wagenkasten angeordnet. Die Skizze zeigt Aufbau und Wirkungsweise. *Quelle: Breuer: Rückkühlung und Wärmeregelung. a.a.O. (2)*

Anstrich und Farbgebung

Der Anstrich der Triebwagen machte im Laufe der Jahrzehnte zahlreiche Veränderungen durch. Dabei folgte er den jeweiligen Vorschriften der in Verkehr bringenden sowie einsetzenden Bahnverwaltungen. Bei den Preußischen Staatseisenbahnen erfolgte der Außenanstrich zunächst über der Fensterbrüstungsleiste elfenbeinfarbig und darunter je nach Wagenklasse braun bei der 3. Klasse und grau bei der 4. Klasse. Die Dächer der Akkumulatortriebwagen waren ursprünglich weiß, so dass anzunehmen ist, dass auch die Dächer der Benzol-Triebwagen diese Farbe besaßen.

Bei der Reichsbahn unterschieden sich die Triebwagen in der Farbgebung zunächst nicht von den übrigen Reisezugwagen: Sie waren also grün mit schwarzer Fensterbrüstungsleiste und aluminiumfarbigem Dach[163]. Um 1930 gab es zur Verbesserung der Verkehrswerbung erste Bestrebungen zu einem zweifarbigen Anstrich der Seitenwände in Elfenbein und Rot noch ohne Zier- oder. wie von der Reichsbahn genannt, Absetzlinien. Aber schon mit den neuen Triebwagen in Leichtbauweise kam der endgültige verkehrswerbende zweifarbige Anstrich der Stirn- und Seitenwände und aluminiumfarbigen Dächer. Für die Schnelltriebwagen wurde anstelle des roten Farbtons ein violetter verwendet. Zudem erhielten einige Sonderfahrzeuge, so z.B. die Aussichtstriebwagen, einen Sonderanstrich. Die kurz vor dem Zweiten Weltkrieg ab 1938 entstandenen Triebwagen, wie die Schmalspurtriebwagen und die mehrteiligen Haupt- und Nebenbahntriebwagen, erhielten einen oxidroten Anstrich nach RAL 3009 mit hellgrauen Zierlinien.

Geregelt war die Farbgebung in der DV 984 *„Dienstvorschrift für die Erhaltung der Wagen in den Reichsbahn-Ausbesserungswerken"*, Teilheft 8: Anstrich und Anschriften. In der ab 1935 gültigen Ausgabe war eine eigene Farbgebung des Wagenkastens für Trieb- und Beiwagen festgelegt sowie geregelt, dass Schnelltriebwagen den selben Außenanstrich wie die Rheingoldwagen erhalten sollten[163]:

• Oberhalb Fensterbrüstung	creme	RAL 20m
• Trieb-/Beiwagen unterhalb Fensterbrüstung	rot	RAL 10
• Schnelltriebwagen unterhalb Fensterbrüstung	violett	RAL 35h
• Dach, Schürzen	aluminium	
• Untergestell	schwarz	RAL 5
• Beschriftung auf hellem Grund	schwarz	
• Beschriftungen auf dunklem Grund	chromgelb	RAL 24

Folgt man der Ausgabe von 1941, so waren Trieb- und Beiwagen, außer den Fahrzeugen der S-Bahnen Hamburg und Berlin, oberhalb der Brüstung im Farbton *„creme"* (RAL 20m) und unterhalb *„rot"* (RAL 10) auszuführen. Für die Dächer wurde als Farbton *„grau matt"* (RAL 7011) vorgegeben. Die Untergestelle erhielten eine *„schwarze"* Farbgebung (RAL 5)[164].

Am 6. September 1939 folgte die Anweisung, dass umgehend alle vorerst für einen Wehrmachtseinsatz vorzubereitenden Triebwagen *„einen Anstrich nach Nr. 46 der Farbtonkarte für Fahrzeuganstriche RAL Nr. 840 B 2"* erhalten und den nächstgelegenen RAW zur Umlackierung zugeführt werden sollten[165]. Der geforderte Farbton entsprach einem Dunkelgrau (heute RAL 7021. d.A.), wie er auch für die Lackierung der Wehrmachtfahrzeuge verwendet wurde[166].

Kurz vor Ende des Krieges wurden neue Vorschriften zur Farbgebung und Tarnung von Reichsbahnfahrzeugen erarbeitet. Das RVM legte im Dezember 1944 fest, dass alle Trieb-, Steu-

Der in Dessau vorbildlich restaurierte Beiwagen 147 080 weist die Farbgebung gemäß der Reichsbahnvorschriften auf. *Foto: Günther Dietz*

Schema für die Farbgebung der VT/VB/VS von Verbrennungs-Triebwagen der DRG. Die Klammerangaben gelten für Fahrzeuge der DR in der DDR. *Günther Dietz*

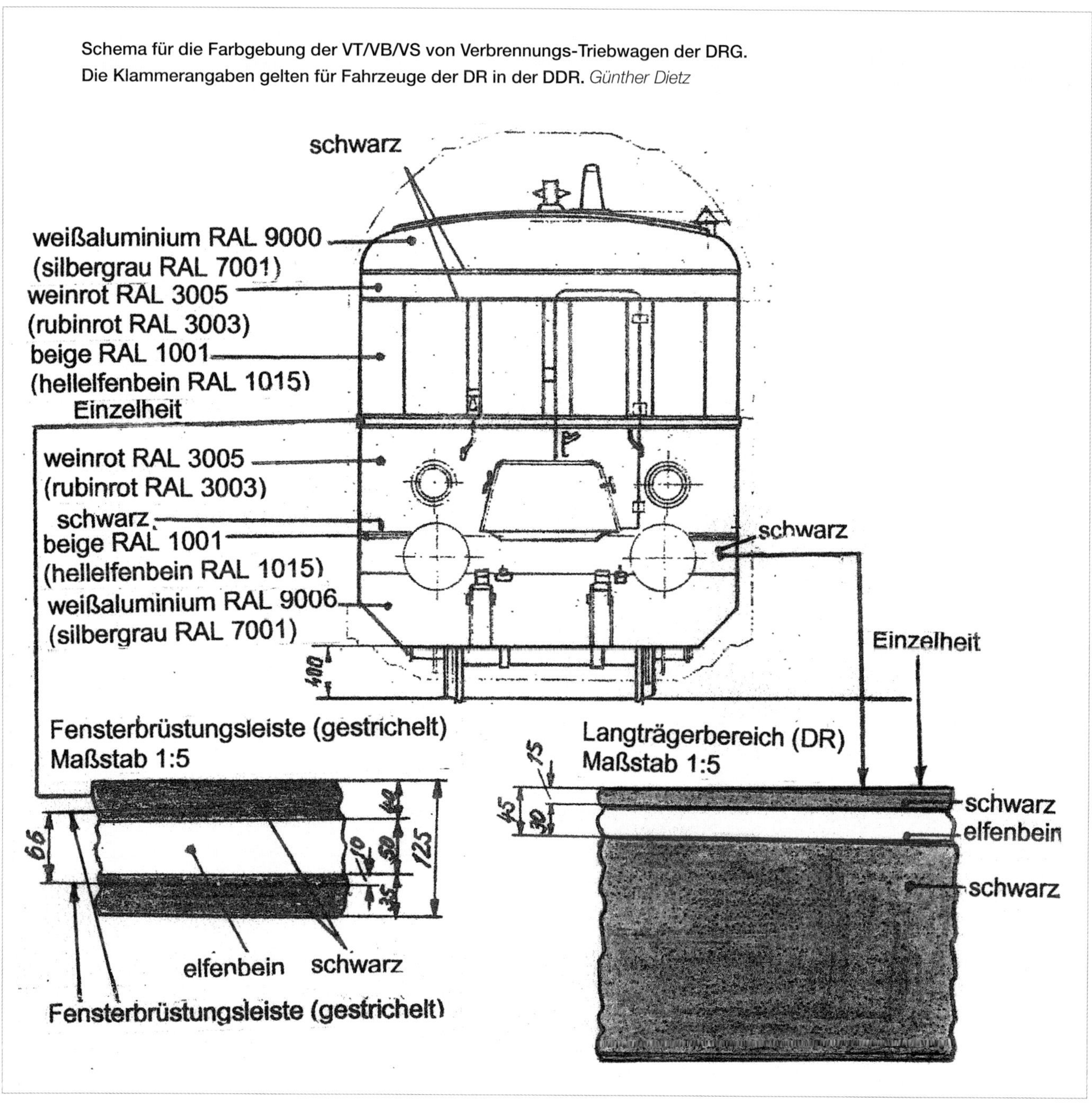

er- und Beiwagen einen Grundanstrich in Olivgrau (RAL 7008) sowie einen Tarnanstrich erhalten sollten[167]. Anfang Januar 1945 wurde soweit präzisiert, dass die Grundtarnfarbe (RAL 7008) für *„Neubaufahrzeuge und für die Fahrzeuge, die in den HAW einen neuen Anstrich erhalten"*, anzuwenden ist. Das Aufbringen einer entsprechenden Tarnung sollte ansonsten auf die vorhandene *„Schmutzschicht"* erfolgen[168]. Eine Umsetzung der Tarnung kam bei Trieb-, Steuer- und Beiwagen, soweit bekannt, nicht mehr zur Anwendung.

In den ersten Nachkriegsjahren waren die Trieb-, Steuer- und Beiwagen in den unterschiedlichsten Lackierungsvarianten, die sie in den Kriegsjahren erhalten hatten, unterwegs. So waren neben Fahrzeugen in den *„klassischen"* Farbgebungsvarianten auch etliche noch in grauer, olivgrauer teilweise scheinbar auch grüner Lackierung anzutreffen. Nach dem Krieg erhielten die Fahrzeuge der DB bei fälligem Neuanstrich einen purpurroten Anstrich nach RAL 3004 mit sandgelben Zierlinien und Anschriften. Letztere wurden spätestens nach Erscheinen des gelben Streifens über der 1. Klasse in Hellelfenbein RAL 1015 ausgeführt.

Bei der DR wurde etwa ab 1950 wieder der verkehrswerbende Anstrich der Vorkriegszeit, allerdings mit hellgrauem Dach und hellgrauen Schürzen, eingeführt. Gegen Ende der Einsatzzeit der VT/VB/VS gab es bei der DR Vereinfachungen des Anstriches, oder die Fahrzeuge erhielten einen roten Anstrich mit grauem Dach und elfenbeinfarbige Streifen. Das Rot war bei den zweifarbigen Fahrzeugen etwas heller als in der Vorkriegszeit und ging in Richtung RAL 3003 (Rubinrot).

2. Instandhaltung der Trieb-, Steuer- und Beiwagen bei der Reichsbahn

Erhaltungswerke / RAW

Blick in eine Werkhalle des RAW Nürnberg. *Sammlung Robin Garn*

In den Anfangsjahren wurden Verbrennungs-Triebwagen in den nahegelegenen Erhaltungswerken betreut. Die planmäßigen Hauptuntersuchungen erfolgten in den Hauptwerkstätten bzw. später bei der Reichsbahn in den Reichsbahn-Ausbesserungswerken (RAW), in deren Bezirk die Verbrennungs-Triebwagen eingesetzt waren.

Im Jahr 1933 waren für die VT als Erhaltungswerke die RAW Wittenberge, Nürnberg, Jülich, Königsberg, Dessau und Friedrichshafen zuständig. Die Aufgaben des RAW Jülich gingen 1934 auf das RAW Opladen über. Erst Mitte der 1930er-Jahre konzentrierte die Reichsbahn die Ausbesserung in wenigen Erhaltungswerken. Mit Verfügung 38 Wbü 79 vom 11.5.1937 wurde die Zuordnung der Verbrennungs-Triebwagen in der Weise geordnet, dass für die älteren Motorbauarten und für die in geringer Anzahl vorhandenen neuen Fahrzeuge nur ein RAW, für die in größerer Zahl vorkommenden neuen Motorbauarten bis zu vier Erhaltungswerke vorgesehen waren. Damit konzentrierte sich die Ausbesserung auf die RAW Wittenberge, Nürnberg, Opladen, Kassel, Dessau und Friedrichshafen. Die Schnelltriebwagen wurden ausschließlich im RAW Wittenberge betreut[169]. Diese Werke besaßen hierfür die entsprechende technische Ausrüstung, wie Motor- und Getriebeprüfstände und das entsprechend qualifizierte Personal für alle notwendigen Arbeiten[170].

Die Steuer- und Beiwagen für Verbrennungs- und Speichertriebwagen wurden weiterhin in den für den Werkstättenbezirk zuständigen RAW unterhalten, da hier nur Arbeiten im Rahmen der Ausbesserung von Reisezugwagen anfielen. Dazu gehörten im Jahr 1939 die RAW Hannover, Lingen, Magdeburg, Seestadt Rostock, Wittenberge und Lübeck im WD-Bezirk Hamburg, Eberswalde, Tempelhof im WD-Bezirk Berlin, Lauban und Oppeln im WD-Bezirk Breslau, Delitzsch,

Dessau, Dresden, Gotha und Böhmisch-Leipa im WD-Bezirk Dresden, Neuaubing und Nürnberg im WD-Bezirk München, Darmstadt, Frankfurt (Main), Kassel, Limburg im WD-Bezirk Kassel, Opladen im WD-Bezirk Köln, Friedrichshafen und Stuttgart-Bad Cannstadt im WD-Bezirk Stuttgart, Königsberg im WD-Bezirk Königsberg sowie St. Pölten im WD-Bezirk Wien. Letzteres Werk war ergänzend auch für die Ausbesserung von Verbrennungs-Triebwagen hinzugekommen und betreute die Triebwagen der ehemaligen BBÖ[171].

Mit Beginn des Zweiten Weltkrieges traten nach und nach Veränderungen ein. So wurde in beträchtlichem Umfang Werkstättenkapazität für die Instandsetzung beschädigter motorisierter Wehrmachtsfahrzeuge sowie Panzermotoren in RAW gebunden, da sich während des Polenfeldzuges bereits zeigte, dass die Wehrmacht mit der Ausbesserung ihres beschädigten Kriegsgerätes überfordert war. Zu den am stärksten eingebundenen RAW gehörte Opladen. Während des Westfeldzuges verlegte man im Mai 1941 eine Instandsetzungsgruppe nach Belgien, weitere sollten folgen. Im Juli 1942 wurden die Feldbetriebsabteilungen des RAW Opladen und die Zugkraftwagen-Instandsetzungsdienste zum Reichsbahn-Großkraftfahrzeug- und Motorendienst (Reichsbahn GK Mot) zusammengefasst, der auf allen Kriegsschauplätzen agierte. Erst gegen Ende des Krieges gliederte man die 1943 geschaffene Oberleitung und Betriebsleitung für den Reichsbahn-GK-Mot-Dienst dem RZA München an. Diese Dienststelle umfasste zur Zeit ihrer größten Ausdehnung vier Hauptwerke, sieben Motorenwerke und 15 Nebenwerke. Zu dem Gesamtbestand von 8000 Mann gehörten Reichsbahner, Soldaten sowie auch Dienstverpflichtete und Kriegsgefangene[172].

Neben anderen Triebwagen stand Ende der 1930er Jahre auch einer der Wagen aus der Reihe 705 – 708 im RAW Nürnberg.

Aufgereiht stehen aufgearbeitete Radsätze mit Achswendegetrieben im RAW Nürnberg bereit.
Sammlung Dirk Winkler (2)

Tägliche Betreuung in den Bw und Bww

Die tägliche Betreuung der Verbrennungs-Triebwagen erfolgte auf den Bahnhöfen, denen sie zugeteilt waren. Hierfür wurden zum Teil in den Bahnbetriebswerken (Bw) eigene Abstellmöglichkeiten geschaffen, Teile der Lokschuppen wegen der Brandgefahr durch neu eingezogenes Mauerwerk abgetrennt oder aber auf entsprechende Anlagen der Bahnbetriebswagenwerke (Bww) zurückgegriffen. Die Ortsangaben in den Fahrzeugaufstellungen und Nummernplänen beziehen sich auf den Stationierungsort, der nicht in jedem Fall auch mit einem Bw oder Bww gleichzusetzen war.

Im Laufe der Jahre ließ die Reichsbahn zahlreiche Betriebswerke um Anlagen für Verbrennungs-Triebwagen erweitern. Zu den größten und z.T. speziell auf die Belange des Triebwagenbetriebes zugeschnittenen Dienststellen gehörten die Bww Dortmund Bbf., das Bw Hagen-Eckesey, das Bw Dresden-Pieschen oder die Berliner Bww Anhalter Bahnhof, Grunewald und Lehrter Bahnhof. Daneben beherbergten viele der klassischen Bw diese neue Fahrzeuggeneration, wie z.B. die Bw Allenstein, Frankfurt (Main), Heydebreck, Neustrelitz, Nürnberg oder Wuppertal-Steinbeck. Eine Anmerkung sei zu den scheinbar unübersichtlichen Verhältnissen im Berlin der frühen Nachkriegszeit erlaubt. Nach Kriegsende konzentrierte sich die Betreuung von VT auf das Bw Anhalter Bahnhof. Der Wagenschuppen am Lehrter Bahnhof war zu großen Teilen zerstört, eine ähnliche Situation bot sich in Grunewald. Im Bw Anhalter Bahnhof gab es eine VT-Gruppe, die die dort in den Triebwagenschuppen an der Monumentenstraße abgestellten Triebwagen betreute. Diese dem Bw Anhalter Bahnhof unterstehende VT-Gruppe musste bereits am 25. November 1948 auf Anweisung der SMAD in das Bw Friedrichsfelde umziehen, kehrte aber später kurzzeitig wieder zurück. Auf Verlangen der SMAD wurden die durch die SMAD genutzten VT durch die Mitarbeiter der VT-Gruppe auch in den Bw Erkner und Grünau betreut. Im Sommer 1950 räumte die Deutsche Reichsbahn beide Triebwagenschuppen des Bw Anhalter Bahnhof endgültig. Neuer Standort war ab 1950 das Bww Rummelsburg, bis sie schließlich im großen Dampflok-Rechteckschuppen des Bw Karlshorst ab 1. Januar 1951 endgültig eine neue Heimat fand. Erst ab dem 1. Juli 1953 wurde aus der als *„VT-Gruppe des Bww Berlin Rummelsburg“* bezeichneten VT-Werkstatt eine selbstständige Dienststelle, das VT-Bw Berlin-Karlshorst.

Motorenprüfstand im RAW Nürnberg. *Sammlung Dirk Winkler*

3. Bauarten von VT der deutschen Staatseisenbahnen

Die Daimler-Motorwagen

BW 1 der württembergischen Staatseisenbahnen

Entstehungsgeschichte

Nachdem die Kgl.-Württembergischen Staatseisenbahnen als erste deutsche Eisenbahnverwaltung Erfahrungen mit dem neuen Verkehrsmittel bis zum Frühjahr 1895 gesammelt hatten, wurden ihr ein Jahr später von Daimler ein weiterer Motorwagen zur Verfügung gestellt. Der dritte Motorwagen mit 14-PS-Motor (rd. 10,3 kW) und 2800 mm Achsstand wurde von Daimler in Cannstadt zusammen mit der Maschinenfabrik Esslingen bis Ende April 1896 gebaut und wiederum bei den württembergischen Staatseisenbahnen erprobt. Er absolvierte Ende April 1896 mehrere Probefahrten und kam ab dem 1. Mai 1896 zum fahrplanmäßigen Einsatz[173-174]. Er wurde als Benzin-Wagen BW 1 schließlich in den Fahrzeugpark übernommen[175].

Aufbau und Technik

Der Fahrzeugrahmen bestand aus genieteten Walzprofilen, die mit Blechen und Diagonalstreben versteift waren. Die Radsätze wurden innen in Gleitlagern geführt. Der Wagenkasten war auf über den Rahmen verteilten Spiralfedern an mehreren Punkten gegenüber dem Rahmen abgefedert.

Der Wagenkasten besaß ein hölzernes Wagenkastengerippe, das von außen mit Blechen verkleidet war. Jeweils an den Wagenenden befanden sich die Einstiegsplattformen. Am Motorende besaß der Wagen einen Führerstand auf der Plattform, der verkleidet war und über vier kleine Fenster verfügte. Auf der gegenüberliegenden Seite war mittig ein kleiner, ebenfalls verkleideter Hilfsführerstand eingebaut.

Der Wagenkasten besaß je Längsseite drei über eine Hebelmechanik herablassbare Fenster mit Holzrahmen. Die Länge der Wagenkästen (einschl. der Plattformen) betrug 6530 mm. Der Fahrgastraum 3. Klasse verfügte über Holzlattenbänke, die im Sitzplatzverhältnis 2/2 in Abteilform angeordnet waren. Für die Beleuchtung waren Gaslaternen an der Decke des Fahrgastraums installiert.

Motor, Kupplung und Getriebe waren fest mit dem Rahmen verschraubt. Der Motor war im Bereich der vorderen Plattform eingebaut, das Getriebe befand sich unter der Plattform. Der Zweizylinder-Benzinmotor von Daimler leistete ursprünglich 12 PS (rd. 8,8 kW). Nach Versuchen wurde der Motor durch Maybach auf 16-PS-Leistung umgebaut (rd. 11,8 kW). Der Motor war über eine Rutschkupplung und Gelenkwelle mit einem mehrstufigen Zahnradwechselgetriebe verbunden, das sein Drehmoment über ein Kegelradwendegetriebe auf die Vorgelegewelle übertrug, von wo es auf ein großes, auf der Antriebsachse montiertes Zahnrad weitergegeben wurde. Über eine Handkurbel musste der Motor vom Fahrgastraum aus gestartet werden.

Treib- und Laufradsatz waren einseitig abgebremst. Die Triebwagen verfügten über Bahnräumer in Fahrtrichtung vor den Radsätzen, Signalglocken sowie eine Vorrichtung zum Aufstecken von Signallaternen[176].

Einsatz und Verbleib

Seit dem Sommerfahrplan 1896 verkehrte der Motorwagen auf der Strecke Saulgau – Herbertingen – Riedlingen. Seine Höchstgeschwindigkeit auf der Strecke betrug 25 km/h, auf 8 Promille Steigung noch 15 km/h. Nach einjährigem Einsatz hatte der Wagen 30.000 km zurückgelegt und zeigte in der Revision keine größeren Reparaturen an Motor oder Leistungsübertragungsanlage. Die Tageslaufleistung lag bei 88 km und sollte für den Winterfahrplan 1896 auf 117 km erhöht werden[177].

Die württembergischen Staatseisenbahnen reihten den Motorwagen als BW 1 ein. In offiziellen Berichten werden zumindest für das Geschäftsjahr 1897 Umbauten an der Motor-Lüftung erwähnt[178]. Die Laufleistungen sahen im Einzelnen wie folgt aus:

- 1896 25.716 km
- 1897 34.734 km
- 1898 45.907 km
- 1899 43.800 km

Der Triebwagen ist noch bis 1906 nachweisbar, dann wurde er ausgemustert[179-180-181].

BW 2 der württembergischen Staatseisenbahnen

Entstehungsgeschichte

Der zuverlässige Dienst des seit Mai 1896 im planmäßigen Einsatz stehenden ersten von der Kgl.-Württembergischen Staatsbahnen übernommenen Daimler Motorwagens veranlasste sie dazu, 1898 einen zweiten, größerer Motorwagen zu bestellen. Dieser neue Triebwagen sollte einen Motor mit 20 PS (rd. 14,7 kW) erhalten und 30 Sitzplätze aufweisen. Als wesentliche Verbesserungen wies er am Motor eine Bosch-Magnet-Zündung auf, besaß eine Rückkühlung des Kühlwassers und eine verbesserte Motorkupplung. Das Fahrzeug wurde im April 1899 ausgeliefert und wurde als BW 2 eingereiht[182].

Aufbau und Technik

Der Fahrzeugrahmen bestand aus genieteten Walzprofilen, die mit Blechen und Diagonalstreben versteift waren. Die Radsätze wurden innen in Gleitlagern geführt. Der Wagenkasten war ursprünglich auf über den Rahmen verteilten Spiralfedern an mehreren Punkten gegenüber dem Rahmen abgefedert. Da sich dies nicht bewährte, wurden später

Der BW 2 in seiner ursprünglichen Ausführung von 1899 mit dem Motor im auf diesem Bild links befindlichen Führerstand. Bei dieser Ausführung war der Wagenkasten über Schraubenfedern abgestützt.

mehrlagige, gegeneinander abgestützte, doppelte Blattfedern an je vier Punkten auf dem Rahmen gelagert. Die jeweils vorderen Federpaare lagen auf dem Fahrzeugrahmenende, die mittleren Federpaare waren auf Querträgern in Wagenkastenbreite abgestützt.

Der Wagenkasten besaß ein hölzernes Wagenkastengerippe, das von außen mit Blechen verkleidet war. Jeweils an den Wagenenden befanden sich die Einstiegsplattformen, die über halbhohe Türen verschlossen waren. Die Stirnseiten der Plattformen waren bis zum Wagendach mit Blech verkleidet und wiesen mittig ein großes sowie davon seitlich je zwei kleinere, feste Fenster auf. Der Wagenkasten besaß je Längsseite vier über eine Hebelmechanik herablassbare Fenster mit Holzrahmen. Die Länge der Wagenkästen (einschl. der Plattformen) des württembergischen Wagens betrug 9020 mm. Der Fahrgastraum 3. Klasse verfügte über Holzlattenbänke, die im Sitzplatzverhältnis 2+2 in Abteilform angeordnet waren. Nach dem Umbau der Motoranlage war im Bereich des längs in Wagenmitte in den Fahrgastraum hineinragenden Motors eine Holzbank an der Wagenlängsseite platziert. Die Führer-

Noch im selben Jahr erfolgte der Umbau des Fahrzeugs. Neben der Erprobung verschiedener Getriebe, wurde die Lage des Motors verändert. Das Bild zeigt den umgebauten Wagen mit in den Fahrgastraum versetztem Motor sowie neuer Abfederung des Wagenkastens über doppelte Blattfedern. *Werkfoto. Sammlung Werner Willhaus (2)*

Vermutlich zu einer Vorführfahrt steht der BW 2 auf einem unbekannten württembergischen Bahnhof. Die Schürze unter dem Führerstand ist inzwischen in Richtung Wagenmitte versetzt worden. *Werkfoto. Sammlung Dirk Winkler*

stände hatte man jeweils auf den Plattformen in Fahrrichtung rechts angeordnet. Für die Beleuchtung waren Gaslaternen an der Decke des Fahrgastraums installiert.

Motor, Kupplung und Getriebe waren fest mit dem Rahmen verschraubt. Ursprünglich war der Motor im Bereich einer Plattform eingebaut, das Getriebe befand sich unter der Plattform. Später wurde der Motor in den Fahrgastraum hinein verlegt.

Der Vierzylinder-Benzinmotor von Daimler leistete 25 PS (rd. 18,4 kW). Der Motor war über eine Rutschkupplung und Gelenkwelle mit einem vierstufigen Zahnradwechselgetriebe verbunden, das sein Drehmoment über ein Kegelradwendegetriebe auf die Vorgelegewelle übertrug, von wo es auf ein großes, auf der Antriebsachse montiertes Zahnrad weitergegeben wurde. Der Motor ragte später zwischen der ersten und zweiten Fensterachse in den Fahrgastraum und war mit einem mit Asbest ausgekleideten Holzkasten umgeben. Über eine Handkurbel musste der Motor vom Fahrgastraum aus gestartet werden. Die Wasserkühlung für den Motor sowie der Kraftstoffbehälter waren seitlich am Rahmen angebracht.

Treib- und Laufradsatz waren einseitig abgebremst, zusätzlich war eine zweite Bremse vorhanden, die auf die Vorgelegewelle wirkte. Der Triebwagen verfügte über Bahnräumer in Fahrtrichtung vor den Radsätzen, Signalglocken sowie eine Vorrichtung zum Aufstecken von Signallaternen. Auf der nicht dem Motor ursprünglich vorbehaltenen Plattform befand sich ein Heizkessel für die Warmwasserbereitung[183-184].

Einsatz und Verbleib

Der Benzin-Wagen 2 stand ab 25. April 1900 im planmäßigen Einsatz. Der als Versuchsträger betrachtete Wagen wurde im Laufe der Jahre mehrfach umgebaut. So erhielt er zwei andere Getriebe, die Motorenlage im Wagenkasten wurde, wie auch die Wagenkastenabfederung, verändert[185]. Trotz des Probecharakters des Fahrzeuges bewährte es sich im Betriebsalltag. Der Triebwagen war 1906 auf der Strecke Kitzingen – Aichstetten im Einsatz. Er wies 189 Betriebstage auf bei durchschnittlich 200 km Laufweg[186]. Über die Jahre waren vermutlich Motor und Getriebe so verschlissen, daß eine Reparatur nicht mehr möglich war. Für das Geschäftsjahr 1910/11 wurde die Ausmusterung des BW 2 vermerkt[187]. Fahrwerk und Wagenkasten fanden noch eine spätere Verwendung: Der BW 2 wurde bis 1912 in einen Personenwagen umgebaut und diente anschließend als Personalwagen der Wagenwerkstätte Cannstadt[188].

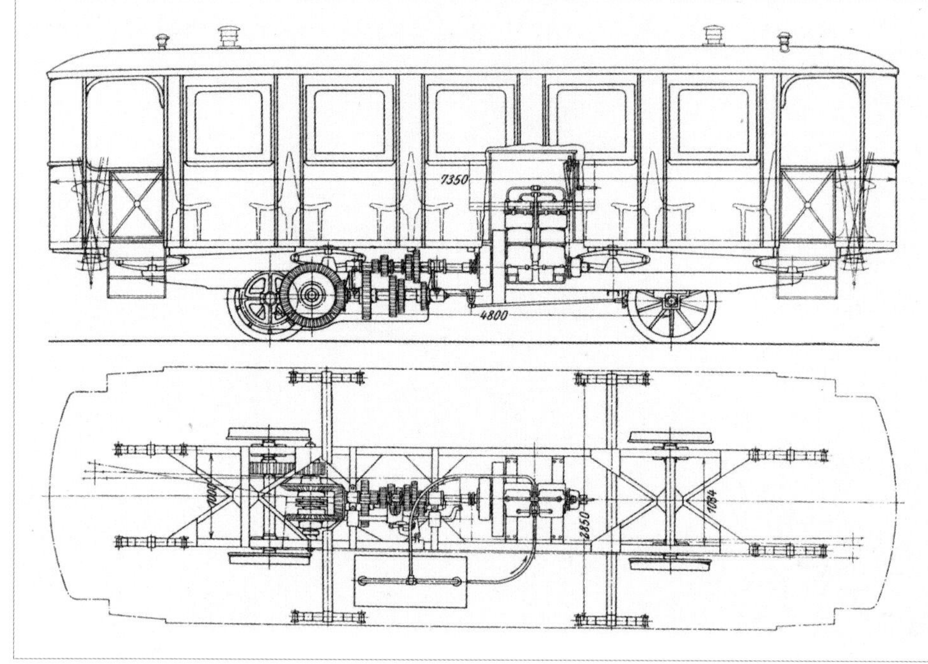

Die Skizze für die Benzinwagen 3 bis 5 zeigt gut Lage und Ausführung von Motor und Getriebe.

Bild unten: In Ulm, vor dem westlichen Lokschuppen, entstand diese Aufnahme des BW 5 im Jahr 1902. Das Zuglaufschild weist „Blaubeuren – Ulm“ für den künftigen Einsatz aus.
Sammlung Dirk Winkler (2)

BW 3 - 5 der württembergischen Staatseisenbahnen / Dai 1 der sächsische Staatseisenbahnen

Entstehungsgeschichte

Nach den mit den ersten Daimler-Motorwagen erzielten Erfolgen entschlossen sich die Königlich-Württembergischen Staatseisenbahnen dazu, 1901 drei weitere Motorwagen in Auftrag zu geben. Die Fahrzeuge sollten mit einem leistungsfähigeren Motor und einem größeren Wagenkasten ausgerüstet werden, so dass sie für den Einsatz mit mehr Fahrgästen geeignet waren. Dem Daimlerschen Entwurf schloss sich die Beschaffung in der Bauart gleicher Motorwagen auch für die Kgl.-Sächsischen Staatseisenbahnen, die SBB, die K.u.K. Österreichischen Staatseisenbahnen und die Königlich-Ungarischen Staatsbahnen an[189].

Aufbau und Technik

Der Fahrzeugrahmen bestand aus genieteten Walzprofilen, die mit Blechen und Diagonalstreben versteift waren. Die

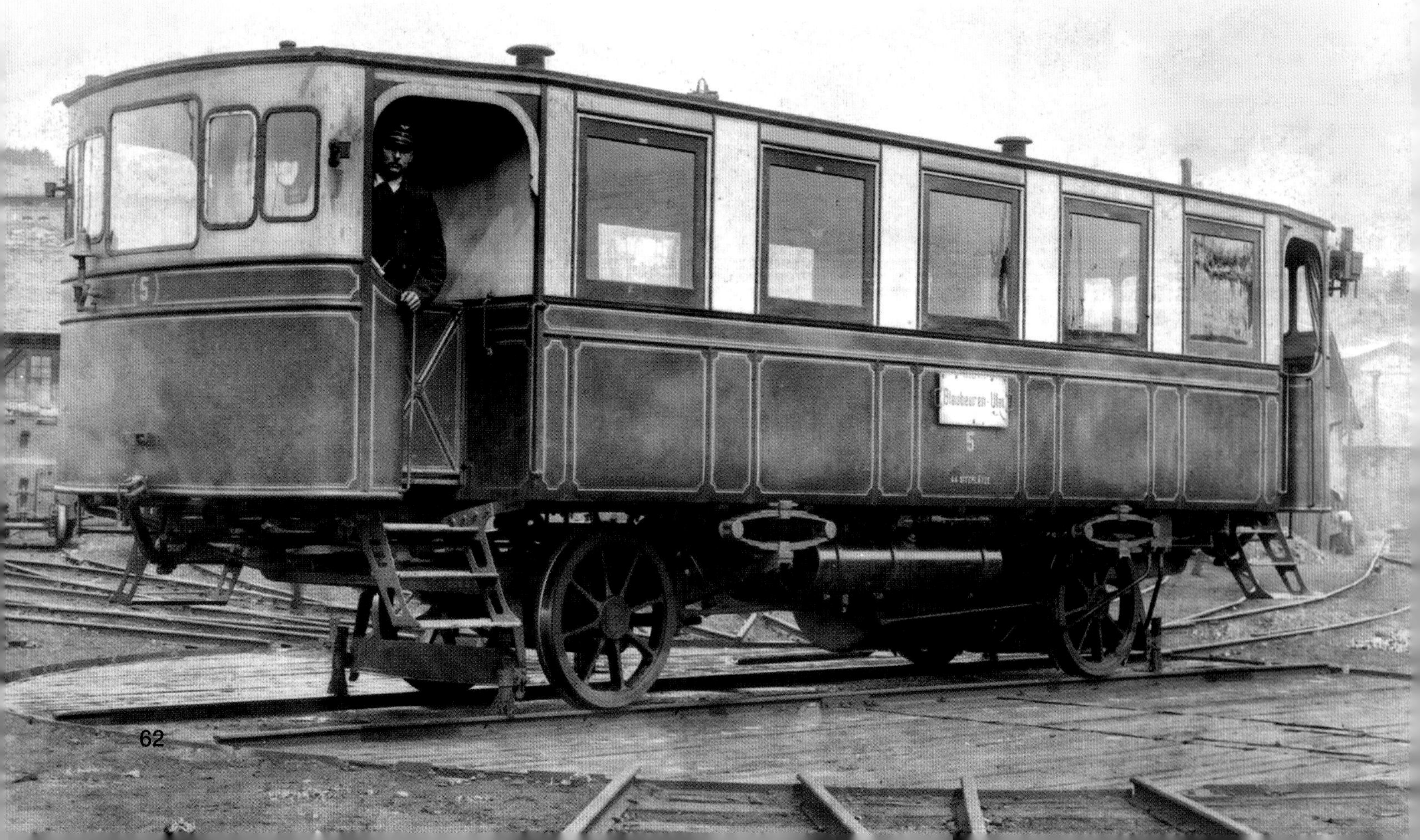

Der für die sächsischen Staatseisenbahnen gebaute Dai 1 wies nur geringe Unterschiede zu den württembergischen Fahrzeugen auf.
Werkfoto. Sammlung Werner Willhaus

Speichenradsätze wurden innen in Gleitlagern geführt. Der Wagenkasten war über je vier über den Rahmen verteilte mehrlagige, gegeneinander abgestützte, doppelte Blattfedern auf dem Rahmen gelagert. Die jeweils vorderen Federpaare lagen auf dem Fahrzeugrahmenende, die mittleren Federpaare waren auf Querträgern in Wagenkastenbreite abgestützt.

Der Wagenkasten entsprach dem damaligen Stand des Waggonbaus und besaß ein hölzernes Wagenkastengerippe, das von außen mit Blechen verkleidet war. Jeweils an den Wagenenden befanden sich die Einstiegsplattformen, die über halbhohe Türen verschlossen waren. Die Stirnseiten der Plattformen waren bis zum Wagendach mit Blech verkleidet und wiesen mittig ein großes sowie davon seitlich je zwei kleinere, feste Fenster auf. Der Wagenkasten besaß je Längsseite fünf über eine Hebelmechanik herablassbare Fenster mit Holzrahmen. Die Länge der Wagenkästen (einschl. der Plattformen) der württembergischen Wagen betrug 10250 mm, der sächsische Wagen hatte 10950 mm Länge, da die Plattformen mit 1800 mm jeweils 400 mm länger waren, als beim württembergischen Wagen.

Der Wagenkasten des Fahrgastraumes war mit 7350 mm Länge gleich ausgeführt. Der Fahrgastraum 3. Klasse verfügte über Holzlattenbänke, im Bereich des längs in Wagenmitte in den Fahrgastraum hineinragenden Motors waren die Holzbänke an der Wagenlängsseite platziert. Eine mit Fenstern versehene Trennwand unterteilte den Fahrgastraum zusätzlich, so dass ein kleines Abteil mit neun Sitzplätzen und ein größeres Abteil mit 35 Sitzplätzen vorhanden waren. Die Führerstände hatte man jeweils auf den Plattformen in Fahrrichtung rechts angeordnet. Für die Beleuchtung waren Gaslaternen an der Decke des Fahrgastraums installiert. Ein mit dem Motor verbundener Ventilator saugte Frischluft unter dem Wagenboden an und konnte diese direkt oder im Winter mit Umleitung des Luftstroms über den Motorkühlwasserkühler in den Wagen einblasen, zwei Torpedolüfter führten die Luft über das Dach nach außen ab.

Motor, Kupplung und Getriebe waren fest mit dem Rahmen verschraubt. Der Vierzylinder-Benzinmotor von Daimler leistete 30 PS (rd. 22 kW). Der Motor war über eine Rutschkupplung und Gelenkwelle mit einem vierstufigen Zahnradwechselgetriebe verbunden, das sein Drehmoment über ein Kegelradwendegetriebe auf die Vorgelegewelle übertrug, von wo es auf ein großes, auf dem Antriebsradsatz montiertes Zahnrad weitergegeben wurde.

Der Motor ragte zwischen der zweiten und dritten Fensterachse in den Fahrgastraum und war mit einem mit Asbest ausgekleideten Holzkasten umgeben. Über eine Handkurbel musste der Motor vom Fahrgastraum aus gestartet werden.

Die Wasserkühlung für den Motor sowie der Kraftstoffbehälter waren seitlich am Rahmen angebracht.

Treib- und Laufradsatz waren einseitig abgebremst, zusätzlich war eine zweite Bremse vorhanden, die auf die Vorgelegewelle wirkte. Die Triebwagen verfügten über Bahnräumer in Fahrtrichtung vor den Radsätzen, Signalglocken sowie Vorrichtungen zum Aufstecken von Signallaternen[190-191-192].

Einsatz und Verbleib

BW 3 bis 5 der Königlich-Württembergischen Staatseisenbahnen

Die drei neuen württembergischen Triebwagen gelangten 1903 zur Ablieferung und erhielten die Bezeichnung BW 3 bis 5. Der BW 3 wurde Ulm zugeteilt und verkehrte u.a. auf der Strecke nach Blaubeuren[193]. Probefahrten des BW zwischen Cannstadt und Geislingen sowie Cannstadt und Ulm zeigten einen Benzinverbrauch von 285 / 292 g/km mit einer mittleren Geschwindigkeit von 31,6 bzw. 28,2 km/h. Der vollbesetzte Wagen wog dabei 15,7 Tonnen[194]. Die drei Triebwagen waren 1906 auf den Strecken Saulgau – Sigmaringen (BW 3 u. 5) sowie Böblingen – Eutingen (BW 4) im Einsatz[19-196]. Die in den Jahren 1904 bis 1908 bei den Königlich-Württembergischen Staatseisenbahnen vorhandenen Benzinwagen können der Tabelle entnommen werden.

Daimler-Motorwagen der württembergischen Staatseisenbahnen 1904 und 1908[197-198-199-200-201]

Bezeichnung		BW 1	BW 2	BW 3 - 5
Sitzplätze		24	30	44
	1904	1	1	3
	1905	1	1	3
	1906	1	1	3
	1907	-	1	3
	1908	-	1	3

Dass der Betrieb mit den Motorwagen nicht einfach war, zeigt ein Erfahrungsbericht des ungarischen Fahrzeuges. So hieß es: „*Wenn der Wagenführer die Zahnradwechselgetriebe unvorsichtig handhabt, oder wenn plötzlich ein Windstoß kommt, welchen der Wagenführer nicht sofort bemerkt, und welcher naturgemäß den Zugwiderstand rasch erhöht, kann der Benzinmotor zum Stillstand gebracht werden und muß neuerdings angedreht werden, was mit Zeitverlust verbunden ist.*" Zudem führte die feste Verbindung von Motor und Untergestell sowie Motor und Getriebe dazu, dass Stöße der Achsen ungedämpft auf den Motor übertragen wurden, was auf die Haltbarkeit des Benzinmotors einen nachteiligen Einfluss hatte[202].

Folgt man einer 1911/12 erarbeiteten Denkschrift der badischen Staatsbahnen über die Verwendung von Triebwagen in Baden, in der die damals eingesetzten Triebwagen beschrieben wurden, so könnte man annehmen, dass Württemberg zu diesem Zeitpunkt scheinbar nur noch seine Dampftriebwagen der Bauart Kittel im Einsatz hatte[203-204]. Dem war jedoch nicht so. Für den Zeitraum 1. April 1912 bis 31. März 1913 vermeldeten die württembergischen Staatseisenbahnen (wie im Vorjahr) insgesamt 20 Triebwagen[205]. Davon waren am 31. März 1912 insgesamt 17 normal- und schmalspurige Dampftriebwagen vorhanden sowie drei Benzintriebwagen. Die Benzinwagen 3 und 4 gehörten zur Maschineninspektion Ulm, der BW 5 zur Maschineninspektion Heilbronn[206]. Allerdings erfolgte alsbald die Ausmusterung der Fahrzeuge. Zum 1. April 1914 waren nur noch die BW 3 und 5 bei der Maschineninspektion Ulm offiziell aufgeführt[207].

Es ist anzunehmen, daß die Daimler-Motoren dem harten Bahnbetrieb auf Dauer nicht gewachsen waren und auch die Getriebe dem Alltag nicht standhielten. Der Umbau der drei Triebwagen in Personalwagen der Wagenwerkstätte Cannstadt erfolgte bis 1915[208].

Dai 1 der Kgl.-Sächsische Staatseisenbahnen

Nachdem die württembergischen Staatseisenbahnen mit den ersten Daimler-Motorwagen gute Erfolge erzielt hatten, entschlossen sich auch die Königlich-Sächsischen Staatseisenbahnen zur Bestellung eines Motorwagens. Das im Aufbau mit den württembergischen BW 3 bis 5 nahezu

Retuschiertes Werkfoto des sächsischen Dai 1. *Werkfoto. Sammlung Werner Willhaus*

Technische Daten

Betriebsnummer Gattungsbezeichnung		BW 1	BW 2	BW 3 - 5	Dai 1
Radsatzanordnung		A1	A1	A1	A1
Hersteller	Wagenteil	Esslingen	Esslingen	Esslingen	Waggonfabrik Werdau
	Motor	Daimler	Daimler	Daimler	Daimler (Wiener Neustadt)
	Getriebe	Daimler	Daimler	Daimler	Daimler
	el. Ausrüstung	-	-	-	-
Höchstgeschwindigkeit km/h		40	40	40	40
Länge über Puffer mm		6530	9020	10150	12300
ges. Radsatzabstand mm		2800	4000	4980	4980
Treibradaddurchmesser mm		1000	1000	1020	1020
Laufraddurchmesser mm		1000	1000	1020	1020
Sitzplätze	2. Klasse	-	-	-	-
	3. Klasse	24	30	44	44
Stehplätze		8	8	8	20
Plätze gesamt		32	38	44	44
Dienstmasse	unbesetzt t	8,5	12,3	12,5	16,4
	besetzt t	10,3	14,5	15,6	19,7
	je Sitzplatz kg	429	410	284	373
	je lfd. m Wagenlänge t	1,34	1,36	1,23	1,33
spez. Antriebsleistung kW/t / PS/t		1,2/1,65	1,5/2,0	1,76/2,4	1,34/1,8
gr. Radsatzlast t					
Steuersystem		Hebel	Hebel	Hebel	Hebel
Motor	Zahl / Bauart				
	Masse kg				
	Zyl./Durchm./Hub mm			4 / 134 / 170	4 / 134 / 170
	Dauerleistung PS	14	25	30	30
	Drehzahl min-1			600	600
Art u. System d. Leistungsübertragung		mechanisch	mechanisch	mechanisch	mechanisch
Getriebebauart					
Zahl der Gänge		4	4	4	4
Motorsteuerung		mechanisch	mechanisch	mechanisch	mechanisch
Getriebesteuerung		mechanisch	mechanisch	mechanisch	mechanisch
Wendegetriebesteuerung		mechanisch	mechanisch	mechanisch	mechanisch
Kraftstoffvorrat kg				100	
Heizung					
Beleuchtung, Stromart, Spannung		Gasbeleuchtung	Gasbeleuchtung	Gasbeleuchtung	Gasbeleuchtung
Bremse					

identische Fahrzeug wurde nach den Vorgaben der Daimler-Motorengesellschaft von der Waggonfabrik Werdau gebaut und mit einem Motor der Daimler-Motoren-Gesellschaft in Wiener-Neustadt ausgerüstet[209].

Der sächsische Daimler-Motorwagen sollte am 1. Mai 1903 in Betrieb gehen. Seine Beheimatung war in Arnsdorf für den Einsatz auf den Strecken Arnsdorf – Bautzen, Bautzen – Bischofswerda, Arnsdorf – Dürröhrsdorf und Arnsdorf – Pirna vorgesehen[210,211]. Durch einen Brand im Cannstadter Daimler-Werk verzögerte sich die Auslieferung, da der Motor nicht geliefert werden konnte und beim Daimler-Werk in Wiener Neustadt neu in Auftrag gegeben werden musste. So kam der Triebwagen erst ab 1904 auf der rd. 46 km langen Strecke Kamenz – Arnsdorf – Pirna zum Einsatz. Dabei hatte er als größte Steigung 16,6 ‰ zu bewältigen[212].

Wie viele Jahre das Fahrzeug im Betrieb blieb, ist nicht bekannt. Guillery vermerkt 1908, daß der sächsische Triebwagen am Tag durchschnittlich 60 km fuhr. Als jährliche Betriebstage werden 249 genannt, von den übrigen 116 Tagen befand er sich durchschnittlich 36 Tage in der Werkstatt. Er wurde ohne Beiwagen eingesetzt[213].

Die Sächsischen Staatseisenbahnen verzeichneten in den Jahren 1908 und 1912 jeweils zwei Triebwagen[214-215]. Da sie nicht genauer bezeichnet sind, ist unklar, ob es sich dabei um den Serpollet-Dampftriebwagen (Gattung S 1), den Daimler-Motorwagen (Gattung Dai 1) oder den Akku-Triebwagen (Gattung E 1) handelt. In Bestandslisten soll der Daimler-Motorwagen bis 1922 geführt worden sein, anschließend wurde er ausgemustert[216]. Es ist anzunehmen, daß er, ob seiner frühen Bauform, nach einigen Jahren, ähnlich wie die württembergischen, störanfällig wurde und zudem in der Kriegszeit bereits abgestellt war.

Benzol-Triebwagen in Preußen und Oldenburg

V.T. 1 / V.T.1 151

Entstehungsgeschichte

Nachdem der Bau und die Erprobung von Verbrennungs-Triebwagen in Europa und den USA die generelle Brauchbarkeit des Antriebs mit Verbrennungsmotoren gezeigt hatten, entschlossen sich auch die Preußischen Staatseisenbahnen dazu, ein solches Fahrzeug zur Erprobung bauen zu lassen. Beauftragt wurde die AEG, die gemeinsam mit der Gasmotorenfabrik Deutz unter Leitung von Gustav Wittfeld (1855-1923) das Fahrzeug entwarf. Am Bau des Fahrzeuges waren die Straßenbahn-Gesellschaft Falkenried mit dem Wagenkasten sowie die Firma Gustav Trelenberg in Breslau mit den Drehgestellen beteiligt. Deutz lieferte den Verbrennungsmotor, die AEG lieferte die gesamte elektrische Ausrüstung[217]. In der Hauptwerkstatt Grunewald wurde der Bau durchgeführt sowie die von AEG und Deutz gelieferte Ausrüstung für das benzolelektrische Fahrzeug montiert[218].

Aufbau und Technik

Der Wagenkasten wurde den Vorschriften der Preußischen Staatseisenbahnen folgend als Abteilwagen ausgeführt. Das Untergestell bestand aus genieteten Walzprofilen, auf denen der hölzerne, mit Blech verkleidete Wagenkasten aufgebaut wurde. Das Dach besaß einen Oberlichtaufbau mit kleinen Fenstern sowie Lüftungsschiebern an den Seitenwänden, vor denen außen ein Luftsauger, auf einem mit Reinigungsklappen versehenen Saugkasten befestigt, angebracht war. Das hölzerne Wagendach wurde durch eine bitumengetränkte Segeltuchdecke wetterfest gemacht. Der Wagenkasten besaß an einem Fahrzeugende zwei seitlich miteinander verbundene Abteile 4. Klasse.

Es folgte ein Dienstabteil, in das mittig unter einer Haube die Zylinder des Motors hineinragten, das auch als Gepäckabteil genutzt werden konnte. Daran schlossen sich zwei Abteile 3. Klasse an, dessen Endabteil durch eine Schiebetür vom größeren Abteil abgetrennt war und so gegebenenfalls auch als 2.-Klasse-Abteil genutzt werden konnte. Die Sitzbänke in der 4. Klasse waren einfache Holzbänke, die an den Abteilstirnseiten, an der Wagenlängsseite sowie quer in der Mitte des Abteils lagen und Platz für 25 Reisende boten. Die Holzlattensitzbänke in der 3. Klasse für 43 Reisende waren jeweils quer angeordnet. Die Zwischenwände der Abteile waren nur zur halben Höhe ausgeführt. Die hölzernen Abteiltüren schlugen nach außen gegen die Kastenwände auf. Die Fensterrahmen bestanden aus Messing und waren in den Abteiltüren versenkbar. Für die Beleuchtung standen 16 Metallfaden-Glühlampen zur Verfügung, die ihren Strom von der Erregermaschine bzw. der Batterie erhielten. Für die Heizung wurde das Motorkühlwasser genutzt.

Die Führerstände waren nach Art der höher gelegenen Bremserhäuser für Personenwagen ausgeführt und über offene Trittleitern an den Stirnwänden des Wagenkastens zugänglich. Sie besaßen alle notwendigen Einrichtungen zum Führen des Triebwagens, wie Fahrschalter und Bremshebel. Der Wagen besaß zwei elektrisch beleuchtete Signallampen auf jeder Pufferbohle sowie ein elektrisch beleuchtetes Zugschlusslicht rechts neben dem Führerstand.

Skizze des ersten Benzol-Triebwagens der Preußischen Staatseisenbahnen. *Sammlung Dirk Winkler (2)*

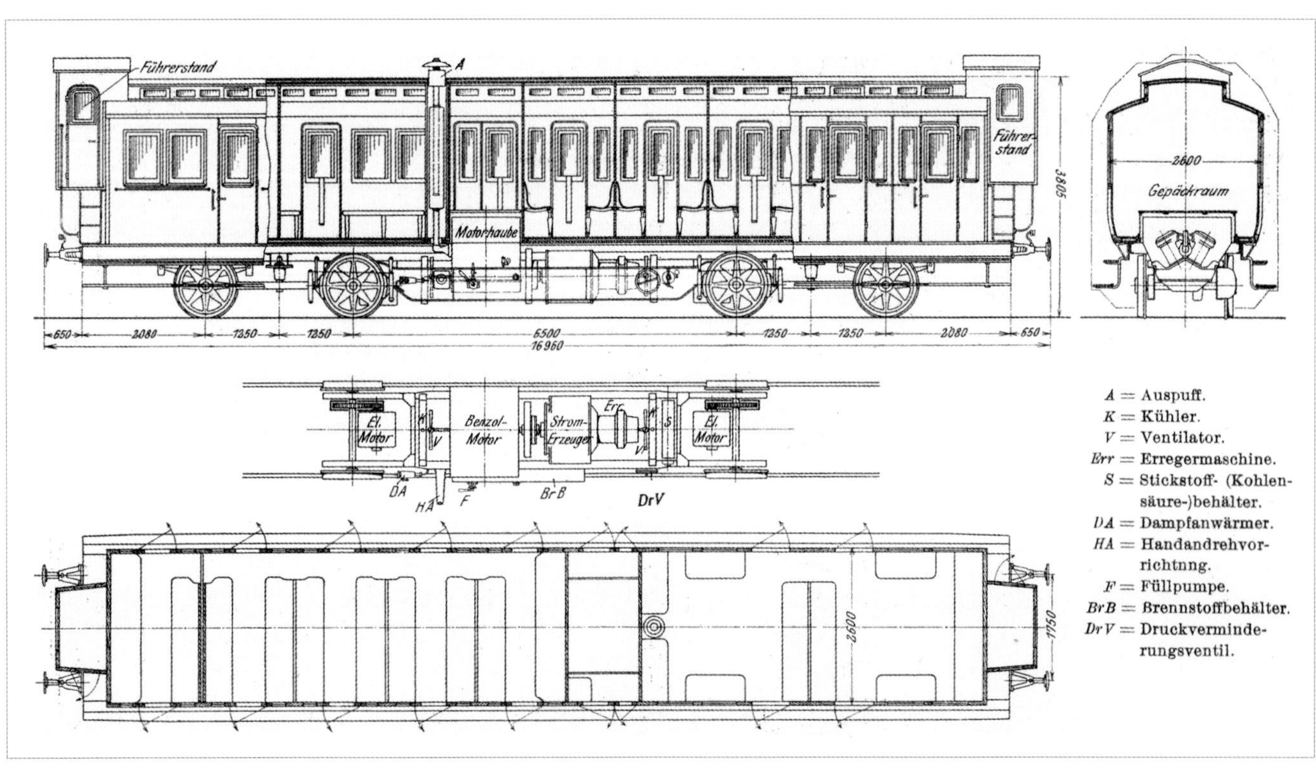

Werkaufnahme des V.T. 151, noch ohne Antriebsanlage. *Werkfoto. Sammlung Dr. Rolf Löttgers*

Technische Daten

Bezeichnung K.P.E.V.			V.T. 1 (CD pr.07) / VT 151
Betriebsnummer			CÖLN 30
Gattungsbezeichnung			CD4vT
Radsatzanordnung			1'A+A1'
Hersteller	Wagenteil		Falkenried
	Motor		Deutz
	Getriebe		-
	el. Ausrüstung		AEG
Höchstgeschwindigkeit		km/h	50
Länge über Puffer		mm	16960
ges. Radsatzabstand		mm	11500
Drehzapfenabstand		mm	9000
Radsatzabstand Drehgestell		mm	2500
Treibraddurchmesser		mm	1000
Laufraddurchmesser		mm	1000
Sitzplätze	3. Klasse		43
	4. Klasse		25
Stehplätze	21		
Plätze gesamt	89		
Dienstmasse	unbesetzt	t	37,85
	besetzt	t	43
	je Sitzplatz	kg	556
	je lfd. m Wagenlänge	t	2,23
spez. Antriebsleistung		kW/t / PS/t	1,7/2,4
gr. Radsatzlast	t		
Steuersystem			
Motor	Zahl / Bauart		1 / Deutz
	Masse	kg	1600
	Zyl./Durchm./Hub	mm	6 / 150 / 180
	Dauerleistung	PS	90
	Drehzahl	min^{-1}	700
Art u. System d. Leistungsübertragung			elektrisch
Traktionsgenerator Bauart			
	Stundenstrom	A / V	
	Dauerstrom	A / V	
	Leistung	kW	75
Hilfsgenerator	Bauart		
	Dauerleistung	kW	2,5
Fahrmotor	Zahl / Bauart		2 / Hauptstrommotoren
	Std.-/Dauerleistung	kW	36,7
Kraftstoffvorrat		l	200
Heizung			Whz Unterflur
Beleuchtung, Stromart, Spannung			el., = , 35 V
Bremse			Knorr Zweikammer-Br.

Die Antriebsanlage war in einen gesonderten Rahmen eingebaut, der sich über Federn auf den inneren Treibachsen abstützte. Durch diese Konstruktion wollte man vermeiden, dass die Schwingungen von Motor und Generator sich auf den Wagenkasten übertrugen. Das vierachsige Fahrwerk bestand aus jeweils zwei Kraussschen Lenkgestellen, bei denen die inneren Treibachsen seitlich verschiebbar und die vorauslaufenden Laufachsen radial einstellbar waren.

Der Sechszylinder-Viertakt-V-Motor von Deutz leistete im Dauerbetrieb mit Benzol 90 PS (rd. 66,2 kW) bei 700 U/min. Er war mit dem bei 500 V stündlich 80 kW leistenden, fremderregten Gleichstromgenerator über eine Lederbandkupplung verbunden. Die Tatzlager-Fahrmotoren besaßen eine Stundenleistung von je 36,7 kW. Zum Anlassen des Motors wurde Druckluft benutzt, die dem Hauptluftbehälter entnommen wurde. Der Motor wurde mit aus heimischem Steinkohlenteer gewonnenen Benzol anstatt Benzin betrieben. Auch die Nutzung von Spiritus wurde nach geringen Änderungen am Vergaser erfolgreich erprobt. Die Wabenkühler für das Rückkühlen des Motorkühlwassers waren unterflur angeordnet.

Der Triebwagen besaß eine Zweikammer-Luftdruckbremse, die auf beide Treibachsen doppelseitig wirkte. Der Kompressor war an den Verbrennungsmotor angebaut. Je Treibachse war ein eigener Bremszylinder vorhanden. Die Handbremse wirkte jeweils nur auf die dem entsprechenden Führerstand nahegelegene Treibachse[219-220].

Einsatz und Verbleib

Der Wagen führte am 17. Juli 1908 seine Probefahrt auf der Oranienburger Versuchsbahn durch. Anschließend sollte er in einem festen Fahrplan mit täglich acht Fahrten zwischen Tempelhof Rbf und Zossen Probefahrten vornehmen. Ein Kurbelwellenschaden am 22. Juli 1908 verhinderte dies jedoch. Der Einbau einer neuen Kurbelwelle half nicht, da auch sie ersetzt werden musste. Ab Oktober konnten die Versuchsfahrten dann aufgenommen werden, die bis ins Jahr 1909 andauerten. Zwischenzeitlich war der Triebwagen von Benzol- auf Spiritusbetrieb umgerüstet worden. Erst zum Frühjahr 1909 gab man ihn an die K.E.D. Cöln ab, wo er in den planmäßigen Einsatz gelangte[221]. Hier war er längere Zeit in Homberg stationiert und befuhr die Strecken Friemersheim – Menzelen und Trompet – Homberg[222]. Bereits im Juni 1910

Laufwerk und Antriebsanlage der V.T. 151. *Sammlung Dirk Winkler (2)*

Die Seltenheit von Aufnahmen des ersten preußischen Benzol-Triebwagens mag die Qualität der Reproduktion entschuldigen.

war verfügt worden, den Triebwagen in der Hauptwerkstatt Delitzsch in einen Fahrleitungsuntersuchungswagen umzubauen[223]. Spätestens bis Anfang 1913 erfolgte sein Umbau zu einem „*Leitungsrevisionswagen*“ für die Strecke Dessau – Bitterfeld[224-225]. Der Wagen wurde auf dem Dach mit zwei Erdungsbügeln ausgerüstet und erhielt eine Arbeitsbühne. Äußerlich blieb der Wagenkasten nahezu unverändert, jedoch wurden die vorhandenen Abteile entfernt und durch Werkstatt- und Aufenthaltsräume ersetzt. Der ehemalige V.T.1 151 fand mehrere Jahre Verwendung im elektrifizierten Streckennetz der K.E.D. Halle[226].

V.T.2 151 – 161 / V.T. 1 – V.T. 15 - V.T.2 der 1. Serie der Preußischen Staatseisenbahnen

Entstehungsgeschichte

Aufgrund der guten Erfahrungen, die die Preußische Staatseisenbahnverwaltung mit dem Akkumulator-Triebwagen gemacht hatte, sowie der Erfahrungen mit dem ersten benzolelektrischen Triebwagen regte Wittfeld an, eine Reihe von Benzol-Triebwagen bei unterschiedlichen Firmen in Auftrag zu geben. Auch hier war der Ersatz von Dampfzügen auf Strecken mit schwachem Verkehr das Ziel. Die neuen Fahrzeuge sollten im grundsätzlichen Aufbau gleich ausgeführt werden, jedoch zur Erprobung verschiedener Benzolmotoren und elektrischer Ausrüstungen dienen[227]. Ursprünglich wurden nach Wittfelds Vorgaben acht Fahrzeuge bei der AEG gebaut (7 für Preußen, 1 für Oldenburg), weitere drei wurden später von den BEW geliefert[228].

Aufbau und Technik

Innerhalb der zehn bestellten Benzol-Triebwagen müssen fünf Ausführungen unterschieden werden, die der untenstehenden Tabelle entnommen werden können. Dem Versuchscharakter der Fahrzeuge entsprechend wurden die zehn Triebwagen von vier Waggonbaufirmen gebaut, erhielten elektrische Ausrüstungen von AEG oder Bergmann und Motoren von Deutz oder der NAG. Auch wurden Unterschiede in der Ausstattung gemacht.

Rahmen und Untergestell bestanden bei allen Fahrzeugen aus vernieteten Walzprofilen, die im Vorbau- und Einstiegsbereich gekröpft ausgeführt wurden. Das Sprengwerk mußte unsymmetrisch ausgeführt werden, wodurch die Träger einer höheren Belastung ausgesetzt waren. Der Wagenkasten war außen mit Blechen verkleidet. Zur Versteifung der Seitenwände des Wagenkastens waren außer den Querwänden der Ab-

Skizze für die vierachsigen preußischen Verbrennungs-Triebwagen der ersten Serie in der Ausführung von Deutz. *Sammlung Dirk Winkler*

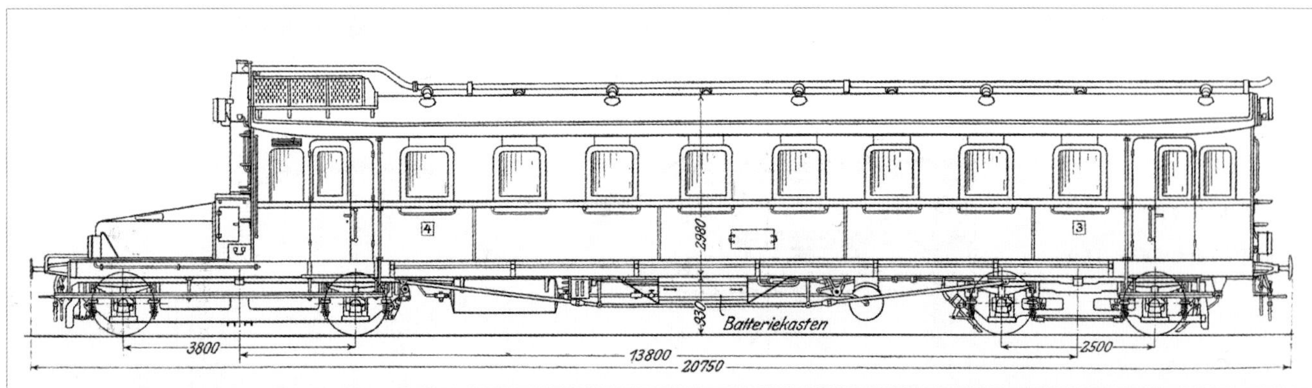

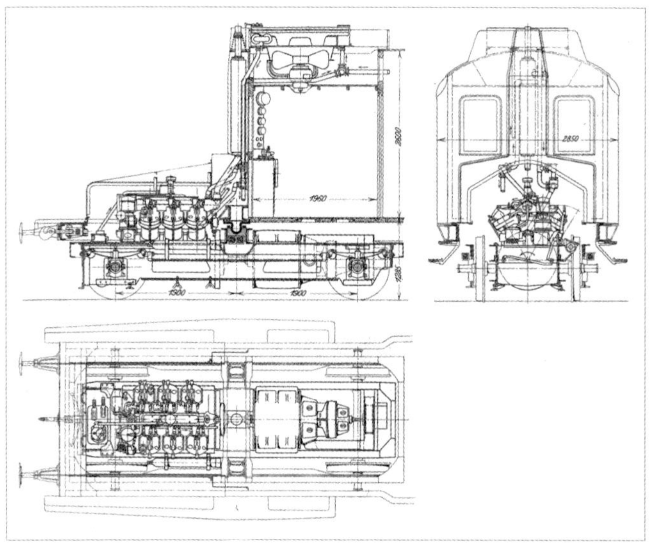

Schnitt durch das Maschinendrehgestell und den Wagenkasten für die Ausführung von Deutz. *Sammlung Dirk Winkler (2)*

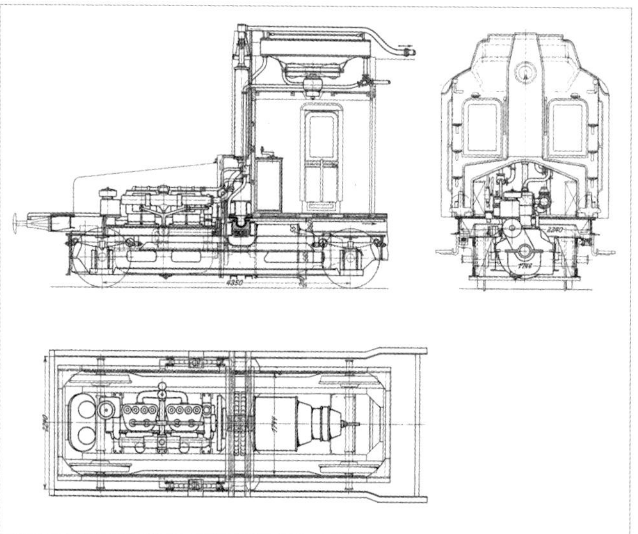

Im Gegensatz zur Deutzer Ausführung wiesen die AEG/NAG-Wagen einen größeren Radsatzabstand im Maschinendrehgestell auf, wie diese Skizze verdeutlicht.

teile noch vier gitterartige Sprengwerke unter dem Dach vorhanden. Das Tonnendach war ohne Oberlichtaufbau und mit einfacher Deckenverschalung ausgeführt worden[229].

Die Wagenkästen waren bei allen Triebwagen gleich ausgeführt und wiesen die selbe Fensterteilung auf. An beiden Enden des Wagenkastens befanden sich die Einstiegs- und Führerräume mit seitlich zurückgezogenen doppelflügeligen Türen. Ein aufklappbares Drahtgitter ermöglichte eine Abtrennung innerhalb der Führerstände für eine ggf. notwendige umfangreichere Gepäckbeförderung. Dazwischen lagen bei den CD4vT-Fahrzeugen ein Abteil 4. Klasse mit Längsbänken unterhalb der Fenster sowie Querbänken an den Trennwänden sowie das Abteil 3. Klasse mit Querbänken, bei den BC4vT-Fahrzeuge waren es dementsprechend ein 3.-Klasse- und ein 2.-Klasse-Abteil mit Querbänken. Dabei waren die Sitzbänke der 2. Klasse gepolstert ausgeführt. In den Führerständen befanden sich zusätzliche Klappsitze.

Vor dem vorderen Führerstand befand sich der Motorvorbau, der aus einer mit Glanzblech verkleideten Profilkonstruktion bestand. Die Ausführung in Glanzblech, d.i. ein glänzend gewalztes Schwarzblech, war notwendig, da die Wärmeentwicklung der Motoren eine Lackierung nicht möglich machte. Mit einem Kurbelantrieb konnte der gesamte Vorbau nach vorn verschoben werden. Der Pufferträger am Maschinenende war abnehmbar ausgeführt, damit das Maschinendrehgestell im Schadensfalle leichter ausfahrbar war. Zwischen den Führerstandsfensterrn wurden hinter einer Blechverkleidung die Kühlwasserleitungen sowie das Auspuffrohr hochgeführt. Asbestpappe diente zum Hitzeschutz des Wagenkastens. Für die Heizung der Wagen wurde im Winter Kühlwasser verwendet.

Werkfoto des V.T.2 154 von der Düsseldorfer Eisenbahnbedarf AG, vorm. Carl Weyer & Cie. *Sammlung Joachim Deppmeyer*

Maschinendrehgestell mit Deutz-Motor und Generator für einen der vierachsigen Benzol-Triebwagen der 1. Serie.

Das Maschinendrehgestell des V.T. 157 mit dem NAG-Motor wies eine andere Bauweise auf. Deutlich zu erkennen die dreifache Abfederung mit Blatt- und Schraubenfedern.

Blick auf die Generatorseite des Maschinendrehgestells des V.T. 157.

Triebdrehgestell mit eingebauten Fahrmotoren des V.T. 157.

Rechts: Ansicht des vorderen Führerstandes des V.T. 157.

Links oben u. unten: Innenansichten des vorderen und hinteren Führerstandes der Triebwagen V.T. 152 – 156.
Sammlung Dirk Winkler (7)

Das Maschinendrehgestell besaß einen genieteten Blechrahmen. Die Achsen waren in einem Außenrahmen über Achslager und Blattfedern abgestützt. Ein ebenfalls über Blattfedern abgestützter Innenrahmen trug die Maschinenanlage. Der Benzolmotor saß dabei vor dem Drehzapfen, dahinter befanden sich Generator und Erregermaschine. Am vorderen Ende des Drehgestells lag ein 200 Liter fassender Treibstoffbehälter, der mit Kohlensäure aus einer Gasflasche als Explosionsschutz befüllt werden konnte. Mit Kühlwasser gespeiste Heizschlangen im Boden sollten das Benzol auch im Winter flüssig halten.

Der Drehzapfen für das Maschinendrehgestell lag vor dem Wagenkasten, um eine gute Zugänglichkeit des Motors zu ermöglichen. Generell wurden die Drehgestelle über mittige Kugelzapfen sowie zwei seitliche Gleitstücke geführt. Querliegende Blattfedern unter den Kugelpfannen der Drehgestelle sowie Spiralfedern unter den Gleitstücken der Drehgestelle sowie die doppelte Federung der Drehgestelle sorgten für einen ruhigen Lauf der Fahrzeuge. Der V.T.2 157 besaß ein größeres Motordrehgestell mit einem Achsstand von 4,25 m. Dementsprechend war der Vorbau auch länger ausgeführt.

Die Triebwagen besaßen eine Luftdruckbremse der Bauart Knorr, zusätzlich eine Handspindelbremse. Die Bremse wirkte beidseitig auf die zwei angetriebenen Achsen sowie einseitig auf die beiden Achsen des Maschinendrehgestells. Zwei Luftbehälter befanden sich unter dem Wagenboden.

Ebenfalls mittig unter dem Wagenkasten befand sich eine Batterie, die den Strom für Beleuchtung, Motorsirene, Motorläutewerk, Klingel, Schütze, elektromagnetisches Bremsventil sowie Zündung lieferte. Die Beleuchtung der Signallampen wie auch des Fahrgastraumes erfolgte durch Tantallampen. Entsprechende Ordnungsschalter sorgten dafür, dass nur der jeweils vorn liegende Führerstand die Bedienung von Läutewerk und Sirene vornehmen konnte, sowie die Spitzenbeleuchtung entsprechend der Signalordung (vorn 2, hinten 1 Lampe) erfolgte[230-231-232].

Die Benzolmotoren stammten bei neun Fahrzeugen von der Gasmotorenfabrik Deutz, einen Motor (für den V.T.2 157) lieferte die NAG. Die Deutzer Viertaktmotoren besaßen sechs Zylinder in V-Anordnung mit Bosch-Magnetkerzenzündung. Eine Drehzahlregelung zwischen Lastfall und Leerlauf konnte mittels Gestänge und Elektromotor vom Fahrschalter erfolgen. Die über ein Zahnradgetriebe angetriebenen Steuerwellen (Nockenwellen) für die Ventilsteuerung lagen seitlich neben der Kurbelwelle. Eine Steuerwelle trieb die Kolbenpumpe für die Brennstoffzufuhr zum Vergaser an, die andere war mit einem Kurbeltrieb mit der Luftpumpe verbunden. Mit den Luftpumpenkolben waren zwei Tauchkolben verbunden, die als Schmierpumpe für die Kurbelwelle wirkten. Für die Schmierung der Zylinder diente eine separate Schmierpumpe. Zum Anlassen diente Druckluft, die einseitig auf drei Zylinder wirkte. Bei kalter Witterung konnte Benzin anstatt Benzol zum Anlassen verwendet werden.

Die Wasserkühlung der Motoren wirkte auf die Zylinder, wie auch das Abgassammelrohr in Motormitte. Eine von einer Steuerwelle angetriebene Kühlwasserpumpe förderte das Kühlwasser in einen auf dem Wagendach über dem vorderen

Gruppenfoto auf, in und neben dem V.T.2 154 in der Berliner Hauptwerkstatt Tempelhof im Jahr 1913.

Führerstand befindlichen waagerechten Röhrenkühler, der über ein elektrisch angetriebenes Gebläse mit Luft versorgt wurde. Die Kühlluft wurde seitlich neben der Stirnlampe angesaugt und nach oben ausgeblasen.

Der größere NAG-Motor besaß vier Zylinder, die stehend in Reihe angeordnet waren. Die Steuerwelle (Nockenwelle) befand sich seitlich oberhalb der Kurbelwelle, wobei die Ventile oberhalb der Nockenwelle lagen und von unten angesteuert wurden. Auf eine besondere Schmierung der Kolben wurde

Benzolmotor im Maschinendrehgestell.
Nachlass Friedrich Reckel. Archiv WM (2)

Die beiden Werkfotos der Waggonfabrik Gebrüder Gastell zeigen den V.T.2 161. Er besaß einen Motor von Deutz.
Sammlung Joachim Deppmeyer

verzichtet, sie wurde über die Tauchbadschmierung der Kurbelwelle mit Öl versorgt. Der Kraftstoff wurde durch die als Schutzgas für den Kraftstoffbehälter mitgeführte Kohlensäure in einen Schwimmbehälter gefördert. Von dort wurde der Kraftstoff durch das Ansaugen der Zylinder in den Vergaser gesaugt[233-234].

Der Deutzer Sechs-Zylinder-V-Motor wies eine größere Laufruhe als die NAG-Maschine auf. Auch hatte er einen höheren thermischen Wirkungsgrad als der NAG-Motor, da die Verdichtung größer war. Bereits der mit dem NAG-Motor ausgerüstete V.T.2 157 besaß ein über das Wagendach geführtes Abgasrohr.

Die AEG rüstete die Triebwagen mit einem Wendepol-Generator aus, an den die Erregermaschine direkt angeflanscht war. Dahinter befand sich noch ein Lüfter, der zur Luftkühlung von Generator und Erregermaschine diente. Die beiden einseitig über Tatzlager abgestützten Fahrmotoren waren wasserdicht gekapselte Hauptstrommotoren mit einer Stundenleistung von 60 kW bei 300 V und 680 U/min. Ein Zahnradgetriebe (1:4,315) übertrug das Drehmoment auf den Radsatz. Die Motoren waren ständig parallel geschaltet, ein Feldschwächer war nicht vorhanden. Die Regelung der Geschwindigkeit erfolgte durch Veränderung der Spannung am Generator durch wechselnde Erregung über Widerstände, die vom Fahrschalter angewählt wurden. Ein Totmannknopf, der ständig gedrückt werden musste, war mit einem Schütz sowie einem elektromagnetischen Bremsventil verbunden, die beide bei Loslassen des Knopfes ansprachen.

Die BEW-Ausrüstung wich in Details von der AEG-Ausrüstung ab. Nur der V.T.2 160 besaß eine Erregermaschine, V.T.2 158 / 159 besaßen eine Schaltung mit zwei getrennten Erregerwicklungen, die über die hierfür größer ausgelegte Batterie gespeist wurden[235-236-237].

Einsatz und Verbleib

Auslieferung, Versuchs-, Vorführfahrten und Ausstellungen

Die Auslieferung der neuen Triebwagen erfolgte ab Mitte Mai 1911 und war bis Herbst 1912 abgeschlossen[238]. Mit dem V.T.2 157, dem späteren V.T. 6, führte das Eisenbahn-Zentralamt im Sommer 1911 mehrere Versuchsfahrten auf der Strecke Tempelhof – Zossen durch, u.a. um Fahrschaulinien auf- und Anfahrversuche vorzunehmen[239]. Bereits im Februar 1911 hatte des EZA eine Versuchsfahrt von Berlin-Tempelhof nach Glatz über 485 km unternommen, um zu untersuchen, wie sich ein solcher Triebwagen im Dauerbetrieb bewährt[240]. Am 23. September 1911 hatten die Mitglieder der Tagung des Vereins Deutscher Straßenbahn- und Kleinbahnverwaltungen unter Leitung des Eisenbahn-Zentralamtes die Gelegenheit, einen in der Berliner Hauptwerkstatt Tempelhof stehenden Triebwagen (vermutlich den o.g. V.T.2 157) zu besichtigen und anschließend an einer Probefahrt nach Zossen teilzunehmen. Dabei erreichte der Triebwagen eine Höchstgeschwindigkeit von 67 km/h. Einige Tage später konnten auch Mitglieder des Berliner Vereins für Eisenbahnkunde einer solchen Fahrt beiwohnen[241-242]. Anschließend wurde der Triebwagen nach Posen überführt, wobei die 266 km mängelfrei zurückgelegt wurden[243].

Auf der internationalen Industrie- und Gewerbe-Ausstellung in Turin von April bis November 1911 waren gleich zwei Triebwagen aus dieser Serie ausgestellt: Ein Fahrzeug von Rastatt/Deutz/BEW, ein zweites von Gastell/Deutz/AEG, somit die V.T.2 160 und 161[244].

Einsatz bis zum Ersten Weltkrieg

Den Einsatz der Benzol-Triebwagen hatte man, wie auch bei den zuvor beschafften Akku-Triebwagen, auf Strecken mit geringem Verkehr vorgesehen, um die wirtschaftlichen Vorteile des Triebwagenverkehrs ausnutzen zu können. Bis auf zwei Benzol-Triebwagen wurden alle Fahrzeuge an Direktionen im Osten des Deutschen Reiches überwiesen. Die zehn Triebwagen gingen:

- 4 an K.E.D. Posen
- 3 an K.E.D. Breslau
- 1 an K.E.D. Danzig
- 2 an K.E.D. Altona

Die vier Triebwagen der K.E.D. Posen waren auf den von Posen ausgehenden Strecken nach Wreschen, Schokken, Bentschen, Dombrowska, Luisenhain, Lubau, Moschin, Unterberg, Kreysing, Grätz und Opalenitza sowie nach Goslin eingesetzt. Die drei Breslauer Fahrzeuge liefen auf den Strecken Neisse – Ziegenhals – Langenbrück sowie Oels – Wilhelmsbrück. Der Danziger Triebwagen lief von Soldau nach Lauterburg sowie Deutsch-Eylau, die beiden Altonaer Triebwagen waren für den Einsatz zwischen Blankenese und Wedel vorgesehen[245].

Die anfänglichen Berichte in der Fachpresse zeichneten ein positives Bild vom Einsatz und der Zuverlässigkeit der neuen Fahrzeuge. So wies einer der Posener Triebwagen im April und Mai 1912 eine Laufleistung von 16.000 km auf. Auch waren die Kraftstoffverbrauchswerte im Rahmen der Erwartungen des EZA[246]. Doch bereits im Frühjahr 1913 räumte man ein, daß das *„Ergebnis mit den im Betrieb befindlichen Wagen noch nicht zufriedenstellend“ sei. „Zahlreiche Schäden, besonders der Verbrennungsmaschinen, teilweise schwerer Natur, gaben oft den Anlaß zur Außerbetriebsetzung der Wagen“*[247]. Aus der untenstehenden Aufstellung der Betriebsergebnisse von 1913 ist ersichtlich, dass in der Direktion Altona nur einer der beiden Triebwagen im Einsatz stand. Zudem waren die täglichen Laufleistungen, verglichen mit dem zuvor berichteten Wert des Posener Triebwagens nahezu auf die Hälfte gesunken[248].

Direktion	Heimatstation	V.T. 2, 1. Serie (100 PS)	V.T. 2, 2. Serie (170 PS)	Laufleistung [km]
Altona	Blankenese	1	-	22.510
Breslau	Neiße	2	-	55.743
	Oels	1	-	26.447
Danzig	Soldau	1	1	36.700
Königsberg	Allenstein	-	1	17.948
Posen	Posen	4	-	151.427

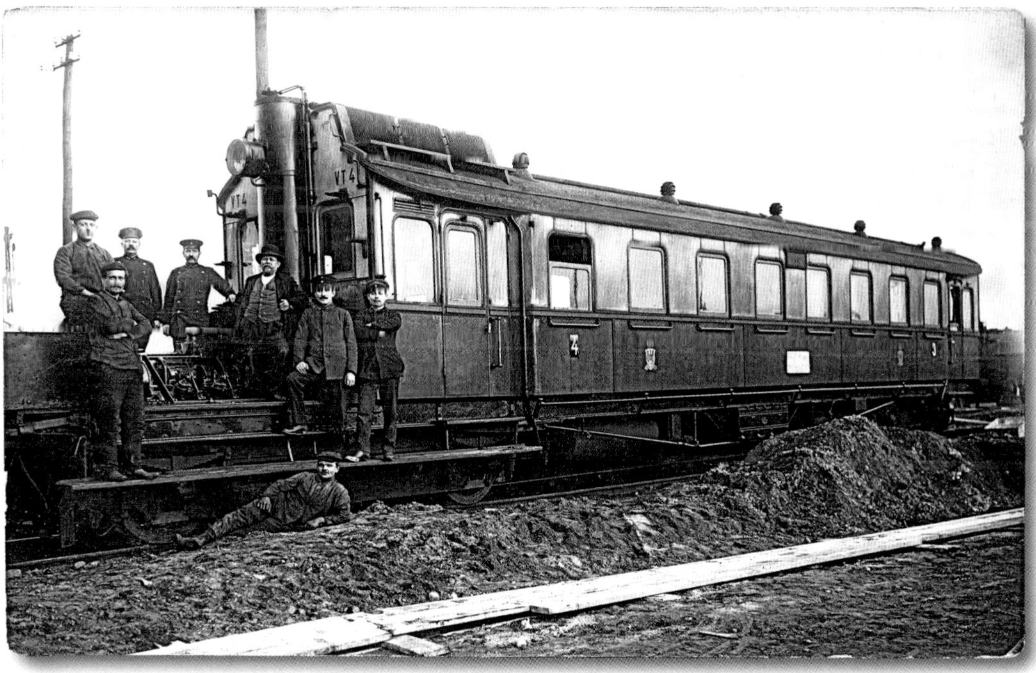

Ein gründlich verschmutzter V.T. 4 diente nach 1913 als Schauplatz für ein Gruppenfoto. Leider ist das Zuglaufschild nicht lesbar, so dass keine Rückschlüsse auf den Aufnahmeort gezogen werden können.
Sammlung Dr. Thomas Samek

Der inzwischen als V.T. 8 Mainz geführte Benzol-Triebwagen in heruntergekommenem Zustand Anfang der 1920er-Jahre in Görlitz. Der ehemals in Mannheim-Friedrichsfeld heimische Wagen sollte in dem seit 1921 als Waggon- und Maschinenbau Aktiengesellschaft Görlitz firmierenden Werk umgebaut und als Unterrichtswagen in der RBD Osten mit der Nummer 764 000 verwendet werden.
Werkfoto. Sammlung Wolfgang Theurich

Folgt man dem Merkbuch für Fahrzeuge von 1915 so waren die zehn Triebwagen wie folgt verteilt[249]:

Alte Nummer (bis 1913)	Neue Nummer (ab 1913)	Direktion
V.T.2 152 - 156	V.T. 1 - 5	Breslau und Posen
V.T.2 157	V.T. 6	Posen
V.T.2 158 und 159	V.T. 7 und 8	Altona
V.T.2 160	V.T. 9	Danzig
V.T.2 161	V.T. 10	Breslau

Verwendung im Ersten Weltkrieg und weiterer Verbleib

Schon im Ersten Weltkrieg hatte das deutsche Militär einige der wenigen damals vorhandenen Verbrennungs-Triebwagen im Kriegseinsatz verwendet. Allerdings ist bisher nicht bekannt, in welchem Umfang die Benzol-Triebwagen vom Militär zu gelegentlichen Einsätzen herangezogen wurden. Immerhin ist bei einem der Benzol-Triebwagen der 2. Serie ein Kriegseinsatz nachweisbar. Ein Bericht des Reichsverkehrsmi-

Der Unterrichtswagen „Hannover 729 001" wurde ebenfalls aus einem Benzol-Triebwagen der ersten Serie umgebaut.
Sammlung Dirk Winkler

Eine besondere Rarität sind Aufnahmen der preußischen VT aus dem Einsatz im Ersten Weltkrieg. Das Bild zeigt einen V.T. 2 der ersten Serie im Einsatz als Lazarettfahrzeug in St. Maurice im Elsaß.
Sammlung Dirk Winkler

Technische Daten

Bezeichnung bis 1915			V.T.2 152 - 156	V.T.2 157	V.T.2 158 / 159	V.T.2 160	V.T.2 161
Bezeichnung ab 1915			V.T. 1 – 5	V.T. 6	V.T. 7 / 8	V.T. 9	V.T. 10
Gattungsbezeichnung			CD4vT	CD4vT	BC4vT	CD4vT	CD4vT
Radsatzanordnung			2'Bo'	2'Bo'	2'Bo'	2'Bo'	2'Bo'
Hersteller	Wagenteil		Düsseldorfer Eisenbahnbedarf	Düsseldorfer Eisenbahnbedarf	Görlitz	Badische Waggonfabrik Rastatt	Gebrüder Gastell
	Motor		Gasmotorenfabrik Deutz	NAG	Gasmotorenfabrik Deutz	Gasmotorenfabrik Deutz	Gasmotorenfabrik Deutz
	Getriebe		-	-	-	-	-
	el. Ausrüstung		AEG	AEG	BEW	BEW	AEG
Höchstgeschwindigkeit		km/h	60	60	60	60	60
Länge über Puffer		mm	20750	21230	20750	20750	20750
ges. Radsatzabstand		mm	16950	17430	16950	16950	16950
Drehzapfenabstand		mm	13800	13800	13800	13800	13800
Radsatzabstand Motordrehgestell		mm	3800	4250	3800	3800	3800
Radsatzabstand Triebdrehgestell		mm	2500	2500	2500	2500	2500
Treibraddurchmesser		mm	1000	1000	1000	1000	1000
Laufraddurchmesser		mm	1000	1000	1000	1000	1000
Sitzplätze		2. Klasse	-	-	10	-	-
		3. Klasse	49 / 43*	49	68	49	49
		4. Klasse	36 / 37*	36	-	36	36
Stehplätze		10	10	10	10	10	
Plätze gesamt		95	95	88	95	95	
Dienstmasse	unbesetzt	t	46,7	47,125	47,635	43,3	46,5
	besetzt	t	53,0	53,5	53,5	49,6	52,9
	je Sitzplatz	kg	549	554	610	509	547
	je lfd. m Wagenlänge	t	2,25	2,21	2,29	2,10	2,24
spez. Antriebsleistung		kW/t / PS/t	1,6/2,14	1,9/2,5	1,55/2,1	1,7/2,3	1,6/2,15
gr. Radsatzlast t							
Steuersystem			elektrisch	elektrisch	elektrisch	elektrisch	elektrisch
Motor	Zahl / Bauart						
	Masse	kg					
	Zyl./Durchm./Hub	mm	6 / 170 / 180	4 / 196 / 260	6 / 170 / 180	6 / 170 / 180	6 / 170 / 180
	Dauerleistung	PS	100	120	100	100	100
	Drehzahl	min-1	700	700	700	700	700
Art u. System d. Leistungsübertragung			elektrisch	elektrisch	elektrisch	elektrisch	elektrisch
Traktionsgenerator Bauart			SPG 500	SPG 500	NF Spezial	NF Spezial	SPG 500
	Stundenstrom	A / V					
	Dauerstrom	A / V					
	Leistung	kW	66 (62)	66 (62)	66 (62)	66 (62)	66 (62)
Hilfsgenerator	Bauart		MPM 35	MPM 35	M 0	M 6	MPM 35
	Dauerleistung	kW	2	2	2	2	2
Fahrmotor	Zahl / Bauart		2 / U108A1	2 / U108A1	2 / SL22	2 / L22	2 / U108A1
	Std.-/Dauerleist.	kW	60	60	60	60	60
Kraftstoffvorrat		l	210	210	210	210	210
Heizung			Whz	Whz	Whz	Whz	Whz
Beleuchtung, Stromart, Spannung			el	el	el	el	el
Bremse			Kbr	Kbr	Kbr	Kbr	Kbr

* … für VT 1, VT 2

nisteriums von 1920 verweist darauf, dass infolge „*dauernder Maschinenschäden … viele Wagen nicht in Betrieb*" waren. Insgesamt wurden im preußischen Bestand nur 18 benzolelektrische Triebwagen geführt[250].

Zu Beginn der 1920er-Jahre erfolgte eine schnelle Ausmusterung der benzolelektrischen Triebwagen und der teilweise Umbau in Dienstfahrzeuge. Der Geschäftsbericht der Reichsbahn von 1921 vermerkt als Grund, dass sich die Triebwagen „*… infolge vieler Schäden und hoher Kraftstoffkosten nicht bewährt …*" hätten[251].

Die Deutsche Reichsbahn befürwortete den Umbau der noch jungen Fahrzeuge zu Dienstfahrzeugen. So wurden mehrere preußische VT 1923/24 zur WUMAG nach Görlitz überführt, wo ein Umbau in Unterrichtswagen erfolgen sollte. Nachweislich erfolgte dieser Umbau für den V.T. 8 Mainz zum Unterrichtswagen Osten 764 000[252]. Der AEG/NAG-Wagen V.T. 6 wurde in Görlitz zum Prüfungswagen für elektrische Bahnen, wie die Fahrleitungsuntersuchungswagen damals benannt wurden, umgebaut und in der RBD Breslau unter der Nummer 767 507 geführt.

Der ehemalige V.T.2 157, späterer V.T. 6, hier an seinem langen Vorbau sowie dem längeren Maschinendrehgestell für die AEG/NAG-Antriebsanlage erkennbar, weilte ebenfalls bei der Wumag in Görlitz zum Umbau. Er wurde 1925 zum Prüfungswagen für elektrische Bahnen umgebaut.

Der V.T. 1 wurde nach Kriegsende am 10. Juli 1922 als Reparationsleistung an die PKP übergeben[253]. Er erhielt dort die Bezeichnung SCDx 90 011. Künftig verkehrte er in der Direktion Krakau, wo er 1927/28 auf den Strecken Krakau – Wieliczka, Krakau – Kocmyrzow, Tarnow – Szczucin und Pila – Jaworzno eingesetzt war. Nachdem der alte Benzolmotor verschlissen war, musste der Triebwagen 1931 einer Generalüberholung bei der Pierwsza Fabryka Lokomotyw w Polsce in Chrzanow unterzogen werden, wobei er einen Ottomotor der österr. Firma StEG mit 120 PS bei 900 U/min sowie einen Gebus-Generator erhielt. Zudem wurde der Innenraum komplett neu für die 3. Klasse hergerichtet. Er kehrte auf die Strecke Krakau – Wieliczka zurück, wo er noch mehrere Jahre Dienst tat. Erst 1937 wurde der letzte preußische Benzol-Triebwagen aus dem Reisezugdienst zurückgezogen und ausgemustert[254].

Der Prüfungswagen „767 507 Breslau“ während eines Streckeneinsatzes im Jahr 1926 auf dem elektrifizierten schlesischen Netz. Er gehörte zur Fahrleitungsmeisterei Lauban. *Werkfoto. Sammlung Wolfgang Theurich (2)*

VT 51 der Großherzoglich-Oldenburgischen Staatseisenbahnen

Entstehungsgeschichte

Die Großherzoglich-Oldenburgischen Staatseisenbahnen verfolgten recht früh mit Interesse den Einsatz von Triebwagen und beobachteten aufmerksam diesen neuen Fahrzeugtyp. Wohl auch aus dem Zwang zur Sparsamkeit stand man technischen Neuerungen aufgeschlossen gegenüber, wie die weitverbreitete Einführung der Lentz-Ventilsteuerung bei Dampflokomotiven in Oldenburg zeigt. So war schon 1905 eine dreiköpfige Kommission auf dem Weg nach Österreich, Ungarn und Württemberg, um Einsatz und Betrieb von Triebwagen kennenzulernen[255].

Nachdem man sich in Preußen 1909 zur Beschaffung einer ersten Serie von vierachsigen Benzol-Triebwagen entschlossen hatte, fiel auch in Oldenburg eine entsprechende Entscheidung. Bei der Wahl des Fahrzeuges lehnte man sich an die Entwürfe Wittfelds für Preußen an[256]. Den Auftrag erhielt die AEG, die auf das Konstruktionsprinzip der für Preußen entworfenen Benzol-Triebwagen V.T. 2 der 1. Serie zurückgriff[257]. Der Triebwagen erhielt in Oldenburg die Nummer VT 51[258].

Aufbau und Technik

Der Antrieb des Triebwagens glich der Ausrüstung der preußischen V.T. 2, 1. Serie mit Benzolmotor von der Gasmotorenfabrik Deutz und elektrischer Ausrüstung der AEG. Insofern soll auf eine nochmalige Beschreibung verzichtet werden.

Auch der Fahrzeugteil glich im Wesentlichen den preußischen Fahrzeugen. Allerdings wurde der Wagenkasten (vom Düsseldorfer Eisenbahnbedarf) so ausgeführt, dass ungefähr im mittleren Bereich des Fahrzeuges ein weiterer Einstiegsbereich mit einer doppelflügeligen Tür Platz finden konnte. Hinter dem vorderen Führerstand lag der kleinere Fahrgastraum 4. Klasse, es folgten ein Abort, der Einstiegsbereich sowie der größere Fahrgastraum 3. Klasse[259]. In der 3. Klasse standen 44, in der 4. Klasse 22 Sitzplätze zur Verfügung[260].

Technische Daten

Bezeichnung			VT 51
Gattungsbezeichnung			CD4vT
Radsatzanordnung			2'Bo'
Hersteller	Wagenteil		Düsseldorfer Eisenbahnbedarf AG
	Motor		Gasmotorenfabrik Deutz
	Getriebe		-
	el. Ausrüstung		AEG
Höchstgeschwindigkeit		km/h	60
Länge über Puffer		mm	20750
ges. Radsatzabstand		mm	16950
Drehzapfenabstand		mm	13800
Radsatzabstand Motordrehgestell		mm	3800
Radsatzabstand Triebdrehgestell			2500
Treibraddurchmesser		mm	1000
Laufraddurchmesser		mm	1000
Sitzplätze	3. Klasse		44
	4. Klasse		22
Dienstmasse	unbesetzt	t	42,35
	besetzt	t	47,3
	je Sitzplatz	kg	623
	je lfd. m Wagenlänge	t	2,0
spez. Antriebsleistung		kW/t / PS/t	1,75/2,36
gr. Radsatzlast		t	
Motor	Zahl / Bauart		
	Masse	kg	
	Zyl./Durchm./Hub	mm	6 / 170 / 180
	Dauerleistung	PS	100
	Drehzahl	min-1	1000
Art u. System d. Leistungsübertragung			elektrisch
Traktionsgenerator Bauart			
	Stundenstrom	A / V	
	Dauerstrom	A / V	
	Leistung	kW	66
Hilfsgenerator	Bauart		
	Dauerleistung	kW	
Fahrmotor	Zahl / Bauart		2 / U108A1
	Std.-/Dauerleistung	kW	60
Kraftstoffvorrat		l	
Heizung			Whz
Beleuchtung, Stromart, Spannung			el.
Bremse			

Im Sommer 1910 erhielten die Großherzoglich Oldenburgischen Staatseisenbahnen einen vierachsigen Benzol-Triebwagen. Das einer AEG-Mitteilung entnommene Bild zeigt ihn mit einem zweiachsigen Personenwagen als Beiwagen. *Sammlung Dirk Winkler*

Anfang der 1920er-Jahre stand VT 51 auf dem Werksgelände der Wumag in Görlitz. Das Triebdrehgestell fehlt bereits, ansonsten macht der Wagen einen noch recht passablen Eindruck. *Werkfoto. Sammlung Wolfgang Theurich*

Einsatz und Verbleib

Der Triebwagen soll schon vor den preußischen Benzol-Triebwagen im Sommer 1910 in Betrieb genommen worden sein[261]. Auf einem AEG-Werkfoto wurde er im Februar 1911 gezeigt[262]. Der Rückblick der oldenburgischen Staatseisenbahnen vermerkt hingegen, dass der Triebwagen im August 1911 für den Personenverkehr auf der Nebenbahn Jever – Carolinensiel in Dienst gestellt wurde. Die Beschaffungskosten betrugen 63.593 Mark[263]. Auf diesen Einsatz verweist auch Wechmann und vermerkt, dass der Triebwagen stets mit einem zweiachsigen Gepäckwagen fuhr, teilweise auch noch einen zweiachsigen Personenwagen mitführte. Bei diesen Fahrten konnte eine Grundgeschwindigkeit von 40 km/h gehalten werden. Es wurden täglich 180 Zugkilometer zurückgelegt[264]. Ab April 1912 fand der Triebwagen Verwendung für Personalfahrten vom Oldenburger Hauptbahnhof zum Oldenburger Verschiebebahnhof sowie Fahrten auf den Strecken von Oldenburg nach Ahlhorn sowie Cloppenburg. Der Erste Weltkrieg zwang die oldenburgischen Staatseisenbahnen dazu, den Triebwagen ab dem 15. Juli 1915 wegen Treibstoffmangels abzustellen[265].

Die Deutsche Reichsbahn entschloss sich nach Kriegsende und jahrelanger Abstellung, auch diesen Triebwagen in einen Unterrichtswagen umzubauen. Allerdings unterblieb der Umbau nach seiner Überführung zur WUMAG nach Görlitz im Jahre 1924[266].

Nur wenige Aufnahmen sind von dem als VT 51 geführten Fahrzeug überliefert. Vermutlich in den Kriegsjahren entstand diese Aufnahme in der Eisenbahn-Hauptwerkstatt Oldenburg. *Sammlung Günther Dietz*

V.T. 11 - V.T. 15 - V.T. 2 der 2. Serie der Preußischen Staatseisenbahnen

Entstehungsgeschichte

Der mehr oder minder erfolgreiche Einsatz der vierachsigen Benzol-Triebwagen aus dem Beschaffungsjahr 1909, die noch den Charakter von Probefahrzeugen besaßen, an denen die unterschiedlichen Bauformen der Verbrennungsmotoren sowie elektrischen Leistungsübertragungsanlagen untersucht werden sollten, bestätigten den prinzipiellen Aufbau sowie die Wahl der Leistungsübertragung. Daraufhin bestellten die Preußischen Staatseisenbahnen 1913 fünf weitere Benzol-Triebwagen bei den BEW. Die Motoren lieferte Deutz, der Waggonbau wurde von der Firma Düsseldorfer Eisenbahnbedarf, vorm. Carl Weyer & Cie durchgeführt. Die Motoren erhielten mit 170 PS (rd. 125 kW) eine höhere Leistung. Die Triebwagen sollten komplett an die K.E.D. Königsberg geliefert werden und die Nummern 11 bis 15 erhalten[267].

Aufbau und Technik

Der Aufbau des Fahrzeugs folgte bei den ersten fünf Fahrzeugen weitgehend den Triebwagen der 1. Serie mit Rahmen und Untergestell aus vernieteten Walzprofilen, die an den Wagenenden jedoch nicht mehr gekröpft wurden. Der Wagenkasten war mit Blech verkleidet und besaß ein Tonnendach, das Untergestell durch ein Sprengwerk verstärkt. Auch hier wurde der ausziehbare Motorvorbau in Glanzblech ausgeführt. Das Motordrehgestell behielt zwar einen Achsstand von 3800 mm, der Drehzapfen lag jedoch außermittig.

Über die Ausführung des Innenraums und die Gestaltung der Abteile liegen keine genauen Angaben vor. Es ist davon auszugehen, dass die Wagen auch hier der ersten Serie mit dem Abteil 4. Klasse und mit dem Abteil 3. Klasse mit hölzernen Querbänken folgten. Die V.T. 12 bis 14 sollen später ein Abteil 2. Klasse erhalten haben. Als Heizung war eine Warmwasserheizung vorhanden, die vom Kühlwasser des Motors gespeist wurde.

Die Fahrzeuge dieser Serie erhielten einen stehenden Wabenkühler über dem vorderen Führerstand, so dass nur die durch den Fahrtwind verfügbare Umgebungsluft zur Kühlung beitragen konnte. Auch in den Fahrzeugen der 2. Serie waren wieder elektrisch betriebene Sirene, Läutewerk und Klingel vorhanden, ebenfalls war die Beleuchtung elektrisch ausgeführt. Im Antriebsteil entsprachen die Benzol-Triebwagen der 2. Serie vom prinzipiellen Aufbau denen der 1. Serie: Motor/Generator-Drehgestell und hinteres Triebdrehgestell mit zwei Fahrmotoren. Der Benzolmotor der Gasmotorenfabrik Deutz für die 2. Serie besaß sechs Zylinder in V-Anordnung von 210 mm Durchmesser bei 220 mm Hub und erreichte bei 700 U/min eine Leistung von 170 PS (rd. 125 kW).

Der Motor besaß drei Vergaser, um die Zylinder während der Fahrt bei geringer Fahrzeugbelastung einzeln abschalten zu können. Der Motor war fest mit einem von den BEW gelieferten fremderregten Generator verbunden. Im hinteren Triebdrehgestell waren zwei Fahrmotoren von je 60 kW Leistung eingebaut.

Im Gegensatz zur 1. Serie wurde der Kraftstoffbehälter nicht mit Kohlensäure aus einer Druckgasflasche befüllt, son-

Die Werkaufnahme zeigt den V.T.12 im Jahr 1913 vor der Ablieferung vom Düsseldorfer Eisenbahnbedarf. Charakteristisch für die ersten sieben Triebwagen der zweiten Serie waren die stehenden Wabenkühler über dem vorderen Führerstand.
Werkfoto. Sammlung Joachim Deppmeyer

Die Aufnahme des V.T. 11 ist eine der wenigen aus dem Betriebseinsatz in der K.E.D. Königsberg. *Sammlung Günther Dietz*

dern mit Verbrennungsgasen oder Kohlensäure ohne erhöhtem Druck gefüllt. Auch wurde das Benzol über eine kleine Pumpe dem Vergaser zugeführt[268-269].

Einsatz und Verbleib

Vor ihrem Einsatz unterzog das Eisenbahnzentralamt die Fahrzeuge einer *„besonderen Zuverlässigkeitsprüfung"*. Hierbei fuhren im Frühjahr 1914 die ersten Triebwagen mit eigener Kraft von der Abnahme-Werkstätte, der Hauptwerkstatt in Opladen (bei Köln), nach Allenstein in Ostpreußen über die Strecken Opladen – Hagen – Kassel – Bebra – Erfurt – Probstzella – Erfurt – Sangerhausen – Berlin-Grunewald sowie Kassel – Nordhausen – Berlin-Grunewald. Dabei wurde dem Fahrplan eine Durchschnittsgeschwindigkeit von 70 km/h zugrunde gelegt. Von Berlin ging es nach kurzer Begutachtung dann via Posen und Thorn nach Allenstein weiter. Hier gab der Fahrplan eine Durchschnittsgeschwindigkeit von 80 km/h vor. Von Berlin-Grunewald bis Posen benötigten die Triebwagen drei Stunden und 45 Minuten, bei ruhigem Lauf erreichte man bis zu 100 km/h[270].

Die V.T. 2 der 2. Serie sollten ursprünglich komplett in der K.E.D. Königsberg eingesetzt werden[271]. Aus Bestandslisten sind folgende Ablieferungsjahre (per 31. März) bekannt[272]:

- V.T. 11 — 1913
- V.T. 12 - 14 — 1914
- V.T. 15 — 1915

Die Fachpresse wusste 1914 die Inbetriebnahme und deren Einsatz in Allenstein zu vermelden[273]. Allerdings weisen spätere Angaben auf folgende Einsatzorte hin: V.T. 11 in Soldau (K.E.D. Danzig), V.T. 12 bis 15 in Allenstein. In einer Bestandsliste vom März 1917 ist der V.T. 11 in Betzdorf zwischen Westerwald und Siegerland vermerkt[274]. Wann der V.T. 15 in der Hamburger Direktion eingesetzt wurde, wie ein Foto ausweist, ist bisher nicht zu ermitteln gewesen.

In Hamburg-Blankenese posieren 1913 Triebwagenführer sowie weitere Eisenbahner vor dem V.T. 13. *Sammlung Günther Dietz*

Ob alle Triebwagen die gesamte Kriegszeit über auf ihren angestammten Strecken fuhren oder zeitweilig abgestellt wurden, ist nicht bekannt. Auch über den Umfang gelegentlicher Einsätze der Benzol-Triebwagen durch das preußische Militär kann nur spekuliert werden. Immerhin ist bei einem der Benzol-Triebwagen der 2. Serie ein Kriegseinsatz nachweisbar. Fotos des Allensteiner V.T. 13 zeigen ihn in Vigneulles bei Nancy, Frankreich, im Einsatz als Lazarettzug[275].

Ein weiteres Foto belegt den Einsatz eines Triebwagens im Elsaß in St. Maurice. Ein Bericht des Reichsverkehrsministeriums von 1920 verweist darauf, dass infolge „*dauernder Maschinenschäden … viele Wagen nicht in Betrieb*“ waren[276].

Wie auch bei den anderen benzolelektrischen Triebwagen erfolgte zu Beginn der 1920er-Jahre eine schnelle Ausmusterung und der teilweise Umbau in Dienstfahrzeuge. Auch hier sei auf die Bemerkung im Geschäftsbericht der Reichsbahn von 1922 verwiesen[277].

Der Verbleib der weiteren Fahrzeuge aus dieser Serie ist nicht mehr eindeutig nachvollziehbar. Auch liegen keine bekannten Ausmusterungsdaten vor. Einzig von V.T. 15 ist aus einem Bericht des EZA Berlin vom Oktober 1921 bekannt, dass er als Kriegsverlust angesehen wurde[278].

Die zwei Aufnahmen aus dem Ersten Weltkrieg entstanden im Februar 1915 auf dem Bahnhof Vigneulles in Lothringen. Auch dieser Triebwagen wurde als Lazarettfahrzeug genutzt. *Sammlung Dirk Winkler (2)*

V.T. 16 / 16a – V.T. 20 / 20a

Entstehungsgeschichte

Den fünf im Beschaffungsjahr 1913 bestellten Wagen folgte 1914 eine Bestellung über fünf weitere Triebwagen bei den BEW, diesmal mit 200-PS-Motoren sowie dazugehörigen zweiachsigen Steuerwagen. Die elektrische Ausrüstung kam wiederum von den BEW, die Motoren lieferte ebenfalls Deutz, der Waggonbau hingegen wurde bei der Görlitzer Waggonbau beauftragt. Die Triebwagen aus dem Beschaffungsjahr 1914 sollten an die K.E.D. Stettin und Frankfurt geliefert werden und die Nummern 16 bis 20 erhalten. Neu war erstmals der Einsatz gemeinsam mit zweiachsigen Steuerwagen, die die Nummern 16a bis 20a erhielten[279].

Aufbau und Technik der Triebwagen

Wie bei den vorherigen Ausführungen, bestanden Rahmen und Untergestell aus vernieteten Walzprofilen. Der Wagenkasten war mit Blech verkleidet, das Untergestell durch ein Sprengwerk verstärkt. Die Triebwagen wurden, wie die Fahrzeuge der 1. Serie, mit einem Tonnendach ausgeliefert. Auch hier wurde der ausziehbare Motorvorbau in Glanzblech ausgeführt. Das Motordrehgestell besaß einen Radsatzabstand von 3800 mm, der Drehzapfen lag außermittig.

An beiden Enden des Wagenkastens lagen die Einstiegs- und Führerräume. Zwischen den Führerständen befanden sich ein Abteil 4. Klasse mit Längsbänken (als Traglastenabteil geeignet), einem in Fahrzeugmitte angeordnetem Abort, neben dem sich ein Durchgang mit Drehtüren befand, sowie das Abteil 3. Klasse mit hölzernen Querbänken. In der 4. Klasse verblieben 36 Plätze, dazu 14 Stehplätze. Die Warmwasserheizung wurde vom Motorkühlwasser gespeist.

Die ersten Fahrzeuge dieser Serie (V.T. 16 und 17) erhielten den bereits in den Triebwagen des Beschaffungsjahres 1913 eingebauten stehenden Wabenkühler über dem vorderen Führerstand, die späteren Fahrzeuge (V.T. 18 bis 20) erhielten Röhrenkühler mit Rippenrohren auf dem Wagendach. Bei beiden Kühlerformen entfiel die Fremdbelüftung, so dass nur die durch den Fahrtwind verfügbare Umgebungsluft zur Kühlung beitragen konnte. Die Fahrzeuge besaßen ebenfalls elektrisch betriebene Sirene, Läutewerk und Klingel. Die Beleuchtung erfolgte elektrisch. Als Betriebsbremse war eine Einkammer-Druckluftbremse Bauart Knorr vorhanden.

Im Antriebsteil folgten die Triebwagen den zuvor gebauten der 2. Serie mit Motor/Generator-Drehgestell und hinterem Triebdrehgestell mit zwei Fahrmotoren. Der Benzolmotor der Gasmotorenfabrik Deutz war in den Abmessungen gleich, wies jedoch eine Leistung von 200 PS (rd. 147,1 kW) auf[280-281].

Der V.T. 17 war zusammen mit seinem Steuerwagen 1914 auf der Baltischen Ausstellung in Malmö eines der vielen Exponate, die die Preußischen Staatseisenbahnen dort ausstellten. *Sammlung Järnvägsmuseet (CCpdm)*

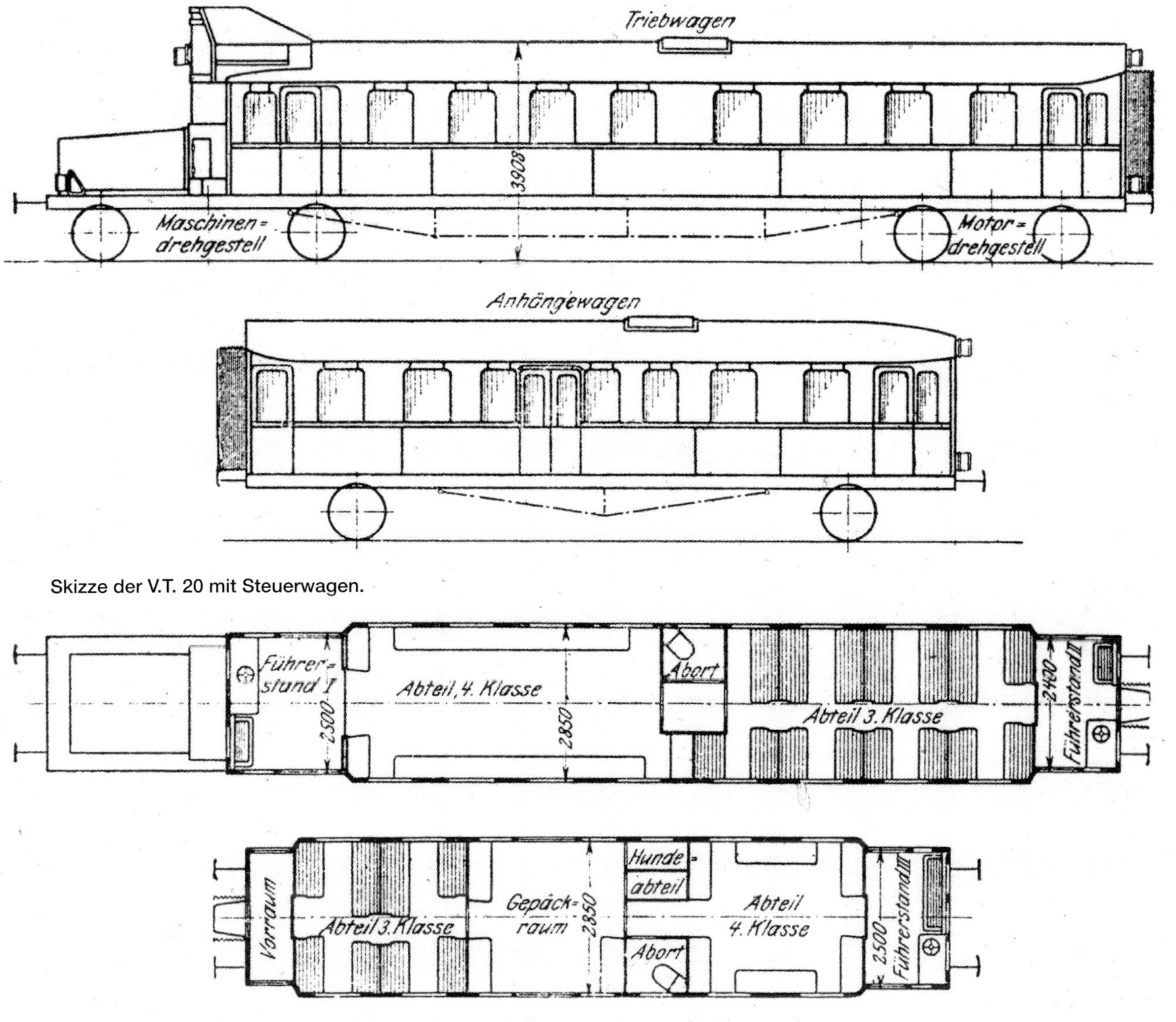

Triebwagen

Maschinen= drehgestell

3908

Motor= drehgestell

Anhängewagen

Skizze der V.T. 20 mit Steuerwagen.

Führer= stand I

2500

Abteil, 4. Klasse

2850

Abort

Abteil 3. Klasse

2430

Führerstand II

Vorraum

Abteil 3. Klasse

Gepäck= raum

2850

Hunde= abteil

Abort

Abteil 4. Klasse

2500

Führerstand III

Auf dem Görlitzer Werkfoto von 1917 ist die Garnitur aus Triebwagen V.T. 20 und Steuerwagen V.T. 20a festgehalten. Gut zu erkennen sind die flachen Kühlergruppen aus Rippenrohren auf dem Dach des Triebwagens sowie das ebenfalls auf dem Dach verlaufende Rohr für die Steuerleitung zwischen Trieb- und Steuerwagen. *Sammlung Wolfgang Theurich (3)*

Aufbau und Technik der Steuerwagen

Der Steuerwagen 16a wies eine LüP von 10000 mm auf bei einem Radsatzabstand von 8800 mm. Neben dem hinteren Einstiegsraum befand sich ein Abteil 3. Klasse mit 30 Sitzplätzen in der Sitzteilung 2+3. Etwas außermittig lagen ein Durchgang sowie der Abort. Es schlossen sich der Gepäckraum mit doppelflügeligen Türen sowie der vordere Einstiegsraum mit dem Führerstand an. Für den Übergang zwischen Trieb- und Steuerwagen war eine Übergangstür mit Übergangsblech und einseitigem Schutzbügel vorhanden[282].

Die Steuerwagen 17a bis 20a besaßen bei 16 t Eigenmasse und 13760 mm Länge einen Radsatzabstand von 8800 mm. Neben den Einstiegsräumen war je ein Abteil 3. und 4. Klasse mit 18 bzw. 14 Sitzplätzen sowie mittig waren ein Gepäckraum, der über eine doppelflügelige Tür zugänglich war, zwei Hundeabteile und ein Abort angeordnet. Der Führerstand des Steuerwagens befand sich im vorderen Einstiegsraum auf der Seite des Abteils 4. Klasse. Die Steuerwagen waren mit den Triebwagen über eine durchgehende Steuerleitung auf dem Dach verbunden. Auch die Heizung erfolgte über den Wasserkreislauf des Triebwagens mittels Heizungskupplung. Der Übergang zwischen Trieb- und Steuerwagen war mit einem Faltenbalg geschützt[283-284].

Die markante Front des V.T. 20, der als Gattungsbezeichnung CDDü führt.

Stirnansicht des Steuerwagens V.T. 20a.

Einsatz und Verbleib

Geplante Beheimatung und Einsatz bis Kriegsende

In Bestandslisten soll die Ablieferung des V.T. 16 für 1914, der V.T. 17 bis 20 erst für 1917 vermerkt sein. Zudem sollen V.T. 16 und 17 während der Kriegsjahre in Betzdorf zwischen Westerwald und Siegerland eingesetzt gewesen sein[285]. Allerdings sind offizielle Belege dazu bisher nicht bekannt. Die Zuteilung der Trieb- und Steuerwagen war laut Merkbuch 1915 wie folgt geplant: V.T. 16/16a bei K.E.D. Stettin, V.T. 17 - 20 / 17a - 20a in der K.E.D. Frankfurt[286]. Der V.T. 17 wurde bereits vom 15. Mai bis 4. Oktober 1914 auf der Baltischen Ausstellung in Malmö gezeigt[287].

Fraglich bleiben die Ablieferdaten auch dadurch, dass in einem Schreiben der E.D. Berlin vermerkt ist, dass *„die Wagen V.T. 17 und V.T. 17 a bereits im Jahre 1913 und V.T. 18 und V.T. 18 a im Jahre 1917 beschafft worden sind*“. Hier ist auch ein Hinweis darauf enthalten, dass die V.T. 17/17a und 18/18a *„im Bezirk der Eisenbahndirektion Frankfurt am Main nur als Beleuchtungswagon verwendet*“ wurden, also als mobile Generatoren dienten[288] Wo die anderen Wagen zum Einsatz kamen und ob ein Einsatz in den Jahren des Ersten Weltkrieges überhaupt erfolgte, ist nicht bekannt. Ebensowenig, ob die Wagen ebenfalls im Kriegseinsatz waren. Es ist eher davon auszugehen, dass alle Trieb- und Steuerwagen die Kriegsjahre über abgestellt waren.

Geplanter Triebwagenverkehr in Berlin 1919

Noch vor dem Ende des Ersten Weltkrieges tauchten neue Pläne zur Verbesserung des Verkehrs auf der Berliner Wannseebahn auf. Grund waren Klagen der betuchten Anwohnerschaft entlang der Strecke über die allzu starke Ausdünnung des Fahrplanes während der Kriegsjahre. Um nun wenigstens einen gewissen Ersatz zu schaffen, wollte man einen Triebwagenverkehr einrichten[289]. Den anfänglichen Gedanken, den Betrieb auf dieser beliebten Strecke mit Akku-Triebwagen durchzuführen, lehnte der Minister der öffentlichen Arbeiten ab. Allerdings verwies er auf zwei verfügbare Benzol-Triebwagen[290].

Für den vorgesehenen Berliner Einsatz überstellte die Direktion Frankfurt die V.T. 17 und 18 mit Steuerwagen nach Berlin, wo sie in der Hauptwerkstatt Tempelhof hergerichtet wurden.

Erste Probefahrten fanden mit dem V.T. 17/17a im Frühsommer 1919 nach Zossen statt. Ein Einsatz der beiden Triebwagen war vormittags zwischen Berlin Potsdamer Bahnhof und Zehlendorf sowie nachmittags nach Steglitz vorgesehen. Die Unterhaltung der beiden Fahrzeuge sollte in der Betriebswerkstatt Potsdamer Güterbahnhof erfolgen, wozu diese allerdings erst u.a. mit einer entsprechenden *„Füllanlage“* und *„Benzolvorratsbehälter von etwa 20-25 m³ Inhalt“* auszurüsten wäre[291].

Wechmann legte als bearbeitender Dezernent der Berliner Direktion im August 1919 im Rahmen einer Kostenkalkulation einen Fahrplanentwurf für diese Triebwagenzüge vor. Demnach sollten sie in einem täglichen Umlauf vom Berliner Wannseebahnhof nach Wannsee und von dort in mehreren Fahrten nach Stahnsdorf, Grunewald und Potsdam pendeln[292].

Die E.D. Berlin führte probeweise Betriebsfahrten der Triebwagen im Oktober 1919 auf der Wannseebahn durch[293]. Noch im selben Monat wusste die Fachpresse die bevorstehende Aufnahme eines Triebwagenverkehrs auf den Strecken Berlin – Wannsee, Wannsee – Stahnsdorf, Stahnsdorf – Grunewald und Wannsee – Potsdam zu vermelden. Das beigefügte Bild lässt dann auch einen Trieb- und Beiwagen aus der Lieferreihe mit Beiwagen erkennen[294]. Doch die Probefahrten zeigten, dass die Triebzüge *„für den Betrieb auf der Wannseebahn ... wohl nicht ... geeignet sind“*. Insbesondere der hohe Benzolverbrauch und der starke Anstieg des Benzolpreises machten den Betrieb unwirtschaftlich. Zudem war der V.T. 18 wegen einer gerissenen Abgasleiste am Motor ausgefallen. Da der V.T. 17/17a den Fahrplan allein nicht erfüllen konnte, entschied die E.D. Berlin auf mündliche Weisung des zuständigen Abteilungsdirigenten, den V.T. 17 an die E.D. Altona abzugeben und den V.T. 18 dem Eisenbahn-Zentralamt für einen Umbau der Leistungsübertragungsanlage auf ein Lentz-Getriebe zur Verfügung zu stellen[295]. Damit war die kurze Episode eines Betriebes mit Verbrennungs-Triebwagen in der Berliner Direktion beendet.

Welcher der drei Triebwagen aus dem letzten Baulos mit Beiwagen sich hinter diesem in Magdeburg fotografierten Wagen verbirgt, ist leider unbekannt. Die Aufnahme aus den Jahren nach Ende des Ersten Weltkrieges zeigt ihn in recht desolatem Zustand. *Sammlung Hermann Hoyer / Günther Dietz*

Auf dem leider schlechten Repro aus einer zeitgenössischen Zeitschrift ist der V.T. 17 mit Steuerwagen bei seinem Einsatz auf der Alstertalbahn zu sehen. *Sammlung Dirk Winkler*

Einsatz des V.T. 17 in Hamburg auf der Alstertalbahn

Die Abgabe des V.T. 17 an die Altonaer Direktion diente nur einem aushilfsweisen Betrieb. Auf der ab dem Frühjahr 1913 im Bau befindlichen Alstertalbahn zwischen Ohlsdorf und Poppenbüttel konnte durch die Auswirkungen des Ersten Weltkrieges erst im Frühjahr 1917 ein provisorischer Güterverkehr auf der noch eingleisigen Strecke aufgenommen werden. Ab August 1917 war dann ein durchgehender Güterverkehr möglich. Ein provisorischer Personenverkehr begann am 15. Januar 1918, für den die Eisenbahndirektion das Material stellte[296]. Dazu gehörte auch ab 1919 für kurze Zeit das Gespann V.T. 17+17a.

Umbau des V.T. 18 zum Elektrotriebwagen

Wittfeld hatte angeregt, ein von Hugo Lentz (1859-1944) entwickeltes hydraulisches Getriebe für die Verwendbarkeit im elektrischen Bahnbetrieb zu erproben. Für diese Erprobung wollte man den V.T. 18 verwenden. Der Antrieb des Getriebes sollte durch einen Einphasenwechselstrommotor erfolgen, der den Dieselmotor ersetzte. Den Umbau übertrug man der AEG in Berlin. Der alte Antriebssatz im vorderen Drehgestell wurde entfernt und durch die neue Antriebsanlage aus Lentz-Getriebe und Elektromotor ersetzt.

In der Mitte des Wagenkastens wurde eine Hochspannungkammer mit Druckluft betätigtem Ölschalter und Überschaltwiderständen eingebaut, das in diesem Bereich befindliche Fenster verschlossen. Unter dem Wagenboden wurde in diesem Bereich ein Öltransformator aufgehängt, der die Fahrdrahtspannung von 15 kV auf 1,03 kV Betriebsspannung herabsetzte. Ebenfalls unter dem Fahrzeugboden befanden sich die Steuerschütze sowie ein Hilfstrafo.

Auf dem hinteren Fahrzeugende wurde ein Stromabnehmer auf dem Dach montiert. Der Führerstand erhielt anstatt der elektrischen eine mechanische Steuervorrichtung für das Lentz-Getriebe. In den ersten Wochen des Jahres 1924 begannen dann die Versuchsfahrten mit dem nunmehrigen Elektrotriebwagen[297]. Nach Abschluss der Versuchsfahrten wurde er ausgemustert[298].

Der Übergang zwischen Trieb- und Steuerwagen konnte mit einem Faltenbalg geschützt werden. *Sammlung Wolfgang Theurich*

Technische Daten

Bezeichnung ab 1915		V.T. 11 - 15	V.T. 16	V.T. 17 - 20	16a	17a - 20a
Gattungsbezeichnung		CD4vT	CD4vT	CD4vT	CPi	CDPi
Radsatzanordnung		2'Bo'	2'Bo'	2'Bo'	2	2
Hersteller Wagenteil		Düsseldorfer Eisenbahnbedarf	Düsseldorfer Eisenbahnbedarf	AG f. Fabrikation v. Eisenbahnmaterial Görlitz	Düsseldorfer Eisenbahnbedarf	AG f. Fabrikation v. Eisenbahnmaterial Görlitz
Motor		Gasmotorenfabrik Deutz	Gasmotorenfabrik Deutz	Gasmotorenfabrik Deutz	-	-
Getriebe		-	-	-	-	-
el. Ausrüstung		BEW	BEW	BEW	-	-
Höchstgeschwindigkeit	km/h	70	70	70	56	56
Länge über Puffer	mm	20910	20910	20910	10000	13760
ges. Radsatzabstand	mm	16950	16950	16950	8800	8800
Drehzapfenabstand	mm	13800	13800	13800	-	-
Radsatzabstand Motordrehgestell	mm	3800	3800	3800	-	-
Radsatzabstand Triebdrehgestell	mm	2500	2500	2500	-	-
Treibraddurchmesser	mm	1000	1000	1000	-	-
Laufraddurchmesser	mm	1000	1000	1000	1000	1000
Sitzplätze 2. Klasse		-		-	-	--
3. Klasse		49	49	49	30+5	18
4. Klasse		36	36	36	-	14
Stehplätze		10	13	13		
Plätze gesamt		95	98	98		
Dienstmasse unbesetzt	t	53	53	53	16	16
besetzt	t	59,4	59,4	59,4		
je Sitzplatz	kg	624	624	624		
je lfd. m Wagenlänge	t	2,54	2,54	2,54		
spez. Antriebsleistung	kW/t / PS/t	2,4/3,2	2,8/3,8	2,8/3,8		
gr. Radsatzlast	t					
Steuersystem		elektrisch	elektrisch	elektrisch		
Motor Zahl / Bauart						
Masse	kg					
Zyl./Durchm./Hub	mm	6 / 210 / 220	6 / 210 / 220	6 / 210 / 220		
Dauerleistung	PS	170	200	200		
Drehzahl	min^{-1}	700	700	700		
Art u. System d. Leistungsübertragung		elektrisch	elektrisch	elektrisch		
Traktionsgenerator Bauart		BF 35				
Stundenstrom	A / V					
Dauerstrom	A / V					
Leistung	kW	115	140	140		
Hilfsgenerator Bauart						
Dauerleistung	kW					
Fahrmotor Zahl / Bauart		2 / SL 28	2 / SL 28	2 / SL 28		
Std.-/Dauerleist.	kW	96	96	96		
Kraftstoffvorrat	l	360	360	360		
Heizung		Whz	Whz	Whz	Whz	Whz
Beleuchtung, Stromart, Spannung		el.	el.	el.	el.	el.
Bremse		Kbr	Kbr	Kbr	Kbr	Kbr

Weiterer Verbleib von Trieb- und Steuerwagen

Auch für diese Triebwagen folgte mit Beginn der 1920er-Jahre die schnelle Ausmusterung und der teilweise Umbau in Dienstfahrzeuge. Sicher ist, dass zwei Turmtriebwagen der RBD Halle (701 403 und 701 404) aus entsprechenden Triebwagen dieser Serie umgebaut wurden. Welche Fahrzeuge dafür Verwendung fanden, ist nicht bekannt[299-300].

Über den weiteren Verbleib, Nutzung oder Umbau der Steuerwagen 16a bis 20a ist nahezu nichts bekannt. Anzunehmen ist, dass sie nach Ausbau der Steuerabteile als Reisezugwagen hergerichtet und in den Direktionen verwendet wurden. Der Wagen 17a wurde als elB 5003 Magdeburg weiterverwendet.

Für 1929 wurde noch der Umbau vom CCidtr zum BCi durch die Magdeburger Direktion beantragt, der auch erfolgte[301]. Sein Einsatz ist bis mindestens Ende 1931 nachweisbar, da er auf dem bekannten Foto als BCi 5003 Hannover noch in Magdeburg im Einsatz war.

Oben: Vorderer Führerstand des V.T. 20.

Rechts: Hinterer Führerstand des V.T. 20.

Blick in das Abteil 3. Klasse des V.T. 20.

Gepäckraum mit Fahrradhalter im Steuerwagen.

Abteil 4. Klasse im V.T. 20, links der Abort.

Blick vom Abteil 4. Klasse zum Führerstand des Steuerwagens.

Der V.T. 21 von Bergmann

Entstehungsgeschichte

Neben der AEG begannen auch die Bergmann-Elektrizitätswerke in Berlin (BEW), sich frühzeitig dem neu aufscheinenden Geschäftsfeld mit Verbrennungsmotoren zu widmen. Bereits 1906 nahmen sie den Bau von Elektromobilen auf und begannen wenig später auch mit dem Bau von Benzin-Kraftwagen in einer eigenen Automobil-Abteilung, die ab 1910 einen Platz in der Automobil-Fabrik in Berlin-Rosenthal fand[302-303]. Aufbauend auf diesen Erfahrungen lag der Schritt nahe, diese Technik auch auf den Bereich der Bahnfahrzeuge zu übertragen. Allgemein sah man den Vorteil der benzolelektrischen Triebwagen gegenüber dem rein elektrischen Betrieb (mit Akkumulator-Triebwagen) in der schnelleren Betriebsbereitschaft, einfacheren Bedienung, dem geringen Gewicht sowie einfacheren Unterhaltung und Versorgung.

Die BEW entwickelten und fertigten zusammen mit der Norddeutschen Waggonfabrik AG in Bremen 1908/09 einen zweiachsigen Verbrennungs-Triebwagen, der 1910 auf der Weltausstellung in Brüssel in der Lokomotivhalle der Öffentlichkeit vorgestellt wurde[304]. Beworben wurde das Exponat als Fahrzeug aus einer Typenreihe von drei Hauptbauarten. Angeboten wurden Triebwagen für 30, 50 sowie 100-120 PS Dauerleistung, wobei die Wagen kleinerer Leistung für alle Spurweiten verfügbar sein sollten[306].

Die preußische Staatsbahnverwaltung kaufte diesen auf Firmeninitiative gebauten Triebwagen im Jahre 1915 und reihte ihn mit der Betriebsnummer 21 unter ihren Triebwagen mit Verbrennungsmaschinen ein[306].

Aufbau und Technik

Der Wagenkasten dürfte dem damaligen Stand der Technik entsprechend als genieteter Stahlrohbau ausgeführt worden sein. Der Führerstand am 2.-Klasse-Wagenende besaß eine eigene doppelflügelige Tür. Hinter dem Führerstand befand sich das Abteil 2. Klasse mit acht Sitzplätzen. Es folgten der Einstiegsraum, dessen Türen zurückgesetzt lagen, sowie das Abteil 3. Klasse mit 28 Sitzplätzen. Daran schloss sich der zweite Führerstand an, der ebenfalls über eigene, doppelflügelige Einstiegstüren verfügte. Hinter dem Führerstand lag ein Vorbau, der den Benzolmotor sowie den Generator verbarg. Die Abgashutze war vor dem hinteren Führerstand bis über das Wagendach geführt. Die Belüftung der Fahrgasträume erfolgte mit den damals üblichen Luftsaugern der Bauart Grove. Zur Heizung dürfte auch hier eine vom Kühlwasserkreislauf gespeiste Warmwasserheizung gedient haben. Für die Weltausstellung war der Triebwagen in einer zweifarbigen Lackierung ausgeliefert worden.

Die beiden Treibachsen des Triebwagens waren als Vereinslenkachsen ausgebildet und wiesen einen Achsstand von 6,4 Metern auf. Zwischen den Treibachsen befanden sich die

Skizze des V.T. 21. *Sammlung Dr. Rolf Löttgers*

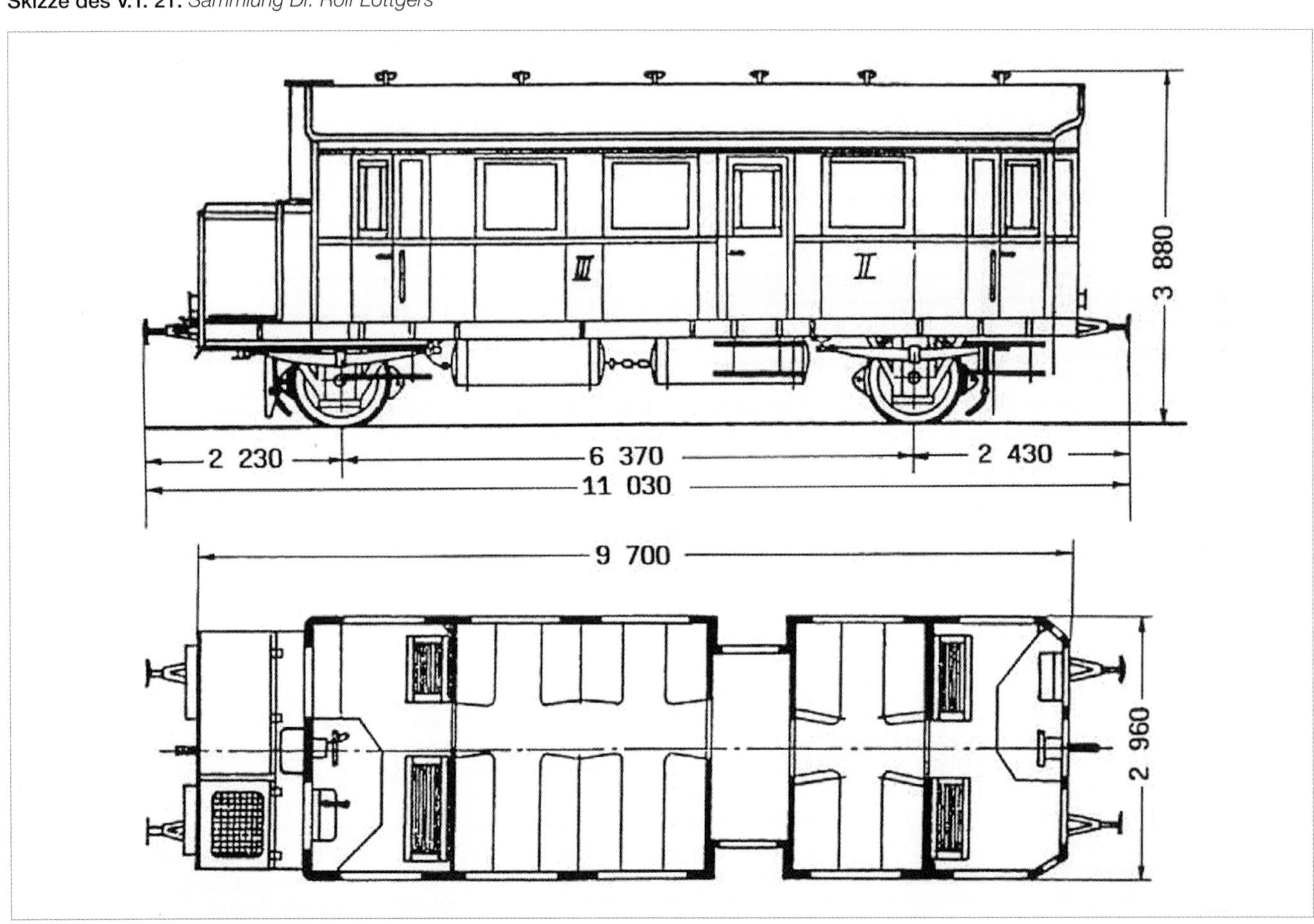

Behälter für Kraftstoff sowie Druckluft. Die Radsätze waren beidseitig abgebremst. Die Druckluftbremse entsprach der Bauart Westinghouse. Der Triebwagen verfügte über normale Zug- und Stoßvorrichtungen[307-308].

Der Triebwagen besaß einen Dreizylinder-Benzolmotor der Deutzer Motorenfabrik von 50 PS (rd. 36,8 kW) Leistung, der mit einem Gleichstrom-Generator direkt gekoppelt war. Zwei jeweils auf den beiden Achsen angeordnete Nebenschluss-Motoren wurden vom Generator gespeist. Ob und welche Form von Getriebe verwendet wurde, ist unbekannt. Da für den Betrieb die Drehzahl des Verbrennungsmotors konstant gehalten wurde, erfolgte die Regelung der Fahrgeschwindigkeit *„in idealster und wirtschaftlichster Weise dadurch, daß durch Veränderung der Erregung des Magnetfeldes die den Motoren gebotene Klemmenspannung beeinflußt wird“* im Sinne der Leonard-Schaltung[309]. Weitere Einzelheiten zur Ausführung des Antriebs sind nicht bekannt. Aus den vorhandenen Abbildungen kann geschlossen werden, dass der Motor luftgekühlt wurde.

Ansicht des Triebwagens von der Stirnseite. Der Vorbau für die Antriebsanlage wirkt recht klobig. *Sammlung Dr. Rolf Löttgers*

Technische Daten

Bezeichnung K.P.E.V.			V.T. 21
Gattungsbezeichnung			CvT
Radsatzanordnung			A1
Hersteller	Wagenteil		Norddeutsche Waggonfabrik AG, Bremen
	Motor		Deutz
	Getriebe		-
	el. Ausrüstung		BEW
Höchstgeschwindigkeit		km/h	40
Länge über Puffer		mm	11030
ges. Radsatzabstand		mm	6400
Drehzapfenabstand		mm	-
Radsatzabstand Drehgestell		mm	-
Treibraddurchmesser		mm	1000
Laufraddurchmesser		mm	1000
Sitzplätze	2. Klasse		8
	3. Klasse		28
Stehplätze			10 (lt. Merkbuch 3)
Plätze gesamt			46
Dienstmasse	unbesetzt	t	18,9
	besetzt	t	21,6
	je Sitzplatz	kg	525
	je lfd. m Wagenlänge	t	1,7
spez. Antriebsleistung		kW/t / PS/t	1,96/2,64
gr. Radsatzlast		t	
Steuersystem			
Motor	Zahl / Bauart		
	Masse	kg	
	Zyl./Durchm./Hub	mm	3 / /
	Dauerleistung	PS	50
	Drehzahl	min^{-1}	700
Art u. System d. Leistungsübertragung			elektrisch
Traktionsgenerator Bauart			
	Stundenstrom	A / V	
	Dauerstrom	A / V	
	Leistung	kW	
Hilfsgenerator	Bauart		
	Dauerleistung	kW	
Fahrmotor	Zahl / Bauart		
	Std.-/Dauerleistung	kW	
Kraftstoffvorrat		l	
Heizung			Whz
Beleuchtung, Stromart, Spannung			
Bremse			Westinghouse-Druckluftbremse

Einsatz und Verbleib

Genaue Angaben zur Übernahme des Fahrzeugs durch die Preußischen Staatseisenbahnen sind bisher nicht bekannt. Im Merkbuch für die Fahrzeuge der Preußisch-Hessischen Staatseisenbahnverwaltung von 1915 ist der V.T. 21 noch nicht aufgeführt[310]. Erst in der Ausgabe von 1919 ist das Fahrzeug vermerkt und als Direktionsbezirk die E.D. Cassel angegeben[311].

Der Triebwagen soll im Bahnhof Cassel Ost stationiert gewesen sein. Während der Kriegsjahre war das Fahrzeug, wie fast alle anderen Verbrennungs-Triebwagen, vermutlich abgestellt. Ob der Triebwagen nach dem Ende des Ersten Weltkrieges noch zum Einsatz gelangte, ist fraglich. Anfang der 1920er-Jahre wurde er zum Fahrleitungsuntersuchungswagen *„Hannover 724 000“* umgebaut[312]. Mit dieser Nummer dürfte er in Magdeburg beheimatet gewesen sein. Über Verbleib und Ausmusterung sind keine Angaben vorhanden.

Heckansicht des V.T. 21, den Bergmann in Konkurrenz zu den AEG-Triebwagen entwickelte. 1915 übernahmen die Preußischen Staatseisenbahnen den Wagen.
Sammlung Dr. Rolf Löttgers

Die ersten dieselelektrischen Triebwagen

V.T. 101 - 103 der Preußischen Staatseisenbahen / DET 1 und 2 der sächsischen Staatseisenbahnen

Entstehungsgeschichte

Sicherlich nicht unbeeinflusst von den Versuchen von Diesel, Klose, Brunner und Sulzer, den Dieselmotor auch im Eisenbahnbetrieb einzusetzen, sowie den Fortschritten im Bau von Dieselmotoren für den Schiffbau, reifte der Gedanke, den Dieselmotor auch für den Antrieb von Triebwagen zu verwenden. Ausschlaggebend waren die geringeren Kosten des Teeröls gegenüber dem bisher verwendeten Benzol.

Im Jahre 1913 gaben die Kgl.-Sächsischen Staatseisenbahnen zusammen mit der Preußisch-Hessischen Staatseisenbahnverwaltung bei Brown, Boveri & Cie (BBC) in Mannheim den Bau von Dieseltriebwagen in Auftrag[313]. Die fünf ausgelieferten Fahrzeuge waren im Grundkonzept baugleich, unterschieden sich jedoch in wesentlichen Details insbesondere im Fahrzeugteil. Die sächsischen als DET 1 und 2 bezeichneten Triebwagen waren als Einzeltriebwagen mit zwei Führerständen und einem Fahrgastraum 3. Klasse konzipiert, die preußischen Fahrzeuge erhielten Fahrgasträume 2. und 3. Klasse sowie ein WC und sollten im Verbund mit zweiachsigen Steuerwagen verkehren.

Den Fahrzeugteil der beiden sächsischen Triebwagen lieferte die Waggonfabrik Rastatt, für Preußen lieferte die Waggonfabrik Gebr. Gastell in Mainz. Die Dieselmotoren kamen von der 1881 gegründeten Filiale der Gebrüder Sulzer AG in Ludwigshafen[314-315].

Aufbau und Technik

Rahmen und Untergestell bestanden aus vernieteten gewalzten Profilen. Der Wagenkasten und Motorvorbau waren mit Blechen verkleidet. Das Untergestell aus zwei übereinanderliegenden Walzprofilen wurde durch ein Sprengwerk verstärkt. Zur Versteifung der Seitenwände des Wagenkastens waren außer den Querwänden der Abteile noch drei aus Blech, Flach- und Winkeleisen bestehende Querverbindungen vorhanden. Die Triebwagen besaßen ein Tonnendach.

An beiden Enden des Wagenkastens befanden sich die Führerräume. Bei den sächsischen Triebwagen lagen zwei Abteile mit Querbänken für die 3. Klasse dazwischen, wobei das Nichtraucherabteil 49, das Raucherabteil 29 Sitzplätze aufwies. In jedem Führerstand waren zudem zehn Stehplätze vorgesehen, die fahrtrichtungsabhängig genutzt werden konnten. Bei den preußischen Triebwagen lagen zwischen den Führerständen ein Abteil 3. Klasse mit 31 Sitzplätzen, ein Abort sowie ein Abteil 2. Klasse mit 30 Sitzplätzen. Zudem besaß der Führerraum am Motorende des Triebwagens wei-

Skizze für die sächsischen DET 1 und 2. *Sammlung Dirk Winkler*

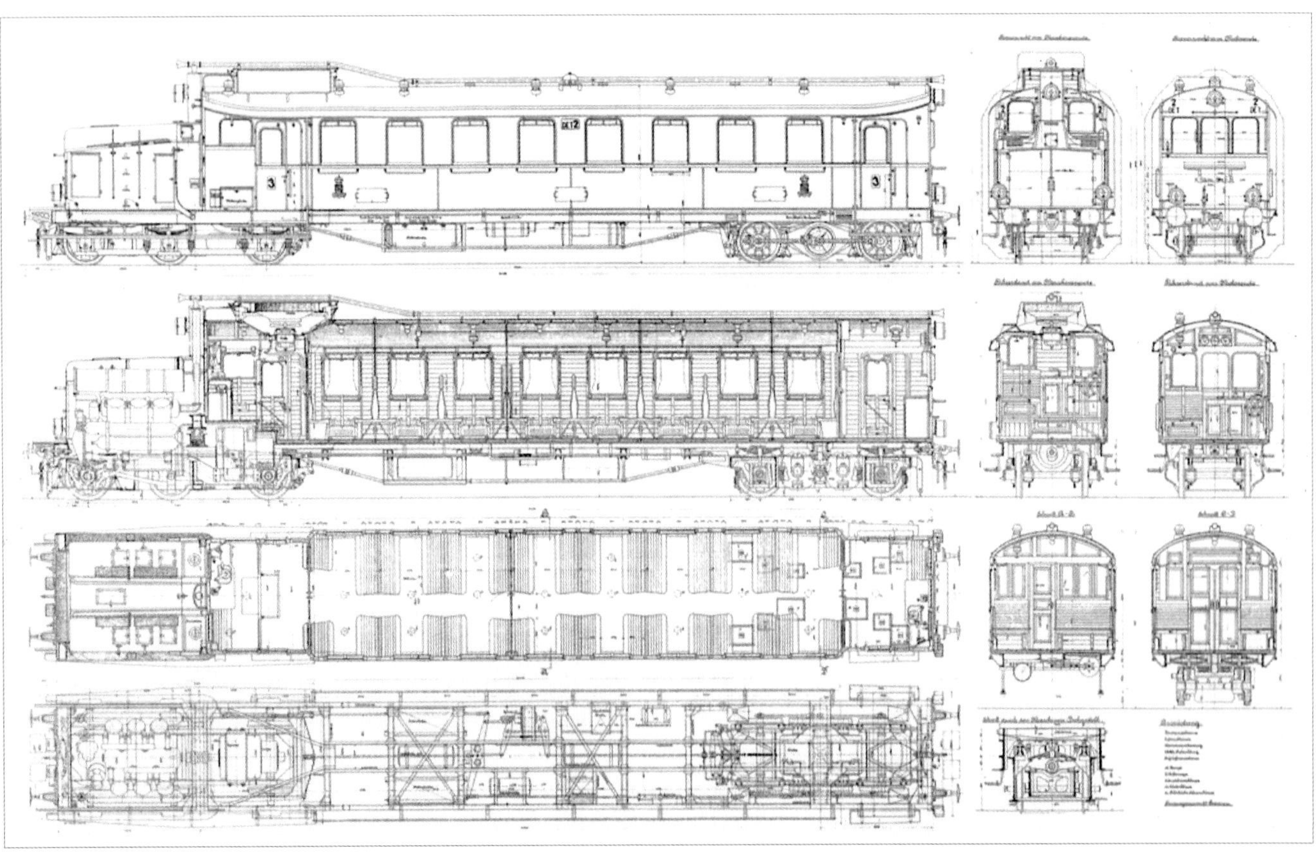

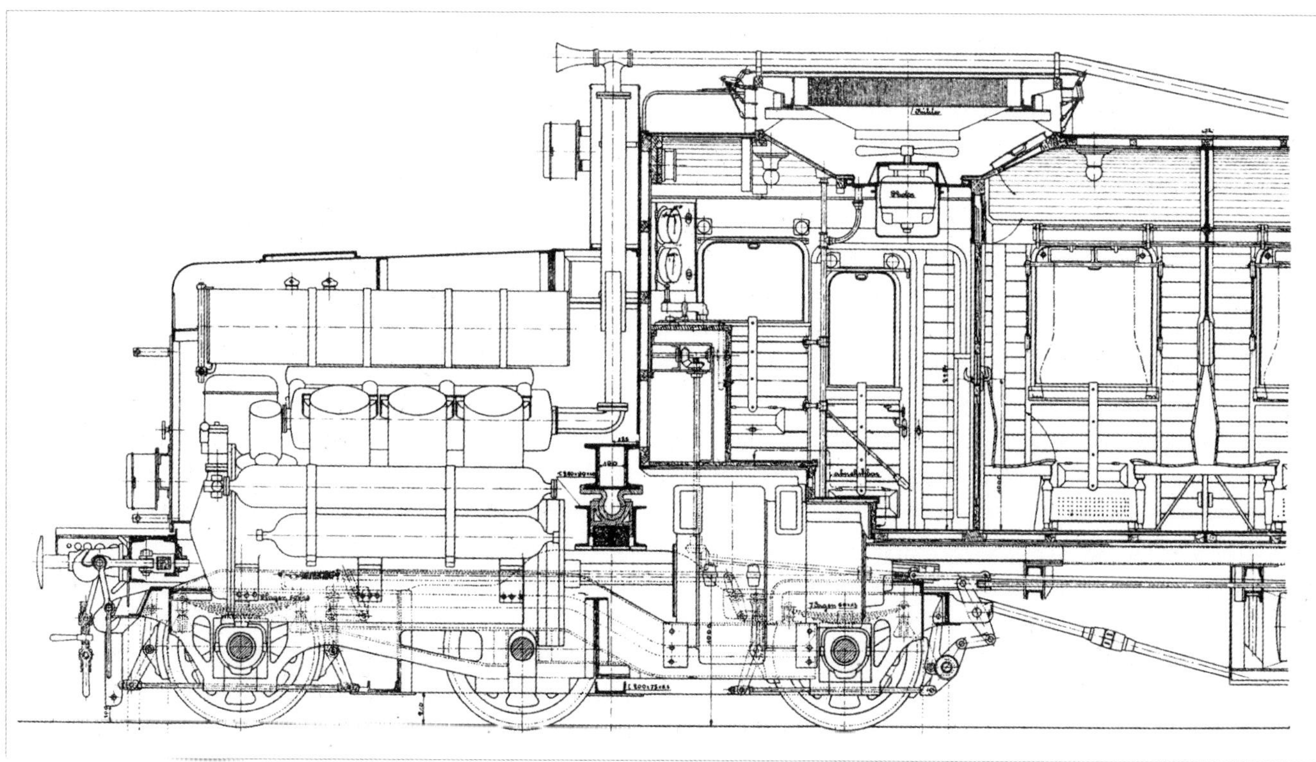

Schnitt durch die Antriebsanlage sowie den Führerstand der sächsischen Wagen. *Sammlung Dirk Winkler*

tere fünf Sitze für den Bedarfsfall. Die Sitze im Fahrgastraum 3. Klasse verfügten über halbhohe Zwischenwände und waren aus poliertem Eschenholz gefertigt. Der Anstrich im Fahrgastraum war hell gehalten, die Decke weiß gestrichen. Über den Sitzen befanden sich Gepäcknetze.

Die Einstiegsräume besaßen seitlich zurückgezogene, doppelflügelige Türen. Die herablassbaren Metallrahmenfenster waren mit Federentlastungen ausgeführt, schmale Lüftungsklappen schlossen die Fenster oben ab. Braune Schiebevorhänge dienten zur Verdunkelung. Klappen im Fußboden erlaubten den Zugang zu den unterflur angeordneten Geräten und Leitungen.

Vor dem vorderen, höher gelegenen Führerstand befand sich der Motorvorbau, der ebenfalls aus einer verblechten Profilkonstruktion bestand. Mehrere Türen und Klappen gestatteten einen Zugang zum Motor, mit einem Kurbelantrieb konnte der gesamte Vorbau nach vorn verschoben werden. Zwischen den Führerstandsfenstern wurden hinter einer Blechverkleidung die Kühlwasserleitungen sowie das Auspuffrohr hochgeführt. Die Treibstoffbehälter lagen unter dem Wagenboden und waren mit Dampfheizschlangen ausgerüstet. Sie fassten 350 l Teeröl und 100 l Benzol. Daraus ergab sich ein Fahrbereich von etwa 600 km.

Das sehr hohe Gewicht von Dieselmotor und Generator machte im Gegensatz zu den bisher gebauten benzolelektrischen Triebwagen, ein dreiachsiges Laufdrehgestell notwendig. Zur besseren Dämpfung des Motor-Generatorsatzes wurde das Drehgestell auf zwei getrennt auf den Achsen federnd gelagerten Rahmen angeordnet. Der innere Rahmen war dabei mit dem Motor-Generatorsatz unmittelbar verschraubt und ruhte nur auf den Innenachsbuchsen der beiden Endachsen, gegen die er mit starken Blattfedern abgestützt war. Der Außenrahmen stützte sich mit Blatt- und Schraubenfedern auf die Außenachsbuchsen aller drei Achsen ab und nahm das Gewicht des Wagenkastens auf. Der Drehzapfenquerträger lag oberhalb der Welle zwischen Motor und Generator, zudem dienten Gleitbacken der Abstützung des Wagenkastens. Die elektrischen Motoren im zweiachsigen Triebdrehgestell waren vollständig abgefedert gelagert, Blindwelle und Radsätze besaßen Gegengewichte.

Die Heizung der Triebwagen erfolgte mit einem Teil des Kühlwassers des Dieselmotors, das von der Kühlwasserpumpe durch Heizrohrschlangen unter den Sitzen zum Kühler gedrückt wurde. Die Beleuchtung der Fahrgasträume wie auch die der Signallampen war elektrisch.

Die Fahrzeuge waren mit einer Westinghouse-Druckluftbremse ausgerüstet, die auf die beiden Achsen des zweiachsigen und auf die beiden äußeren Achsen des dreiachsigen Drehgestells wirkte. Zudem verfügten die Triebwagen über eine Abstellbremse mittels Handrads. Die Einkammerdruckluftbremse Bauart Westinghouse wirkte mit 80 % des Raddruckes. Die Besandungsanlage war beidseitig vor den Treibrädern ausgeführt.

Zur Verständigung zwischen den Führerständen diente eine elektrische Klingelanlage. Eine durchgehende elektrische Steuerleitung erlaubte zudem die Steuerung der Triebwagen auch von dem mitgeführten Steuerwagen aus.

Die fünf Triebwagen waren die ersten Triebwagen mit einem dieselelektrischen Antrieb. Dabei befand sich der sehr schwere Dieselmotor auf einem dreiachsigen Motordrehgestell, der elektrische Antrieb lag im nachlaufenden Triebdrehgestell. Der Dieselmotor besaß sechs Zylinder in V-Anordnung von 260

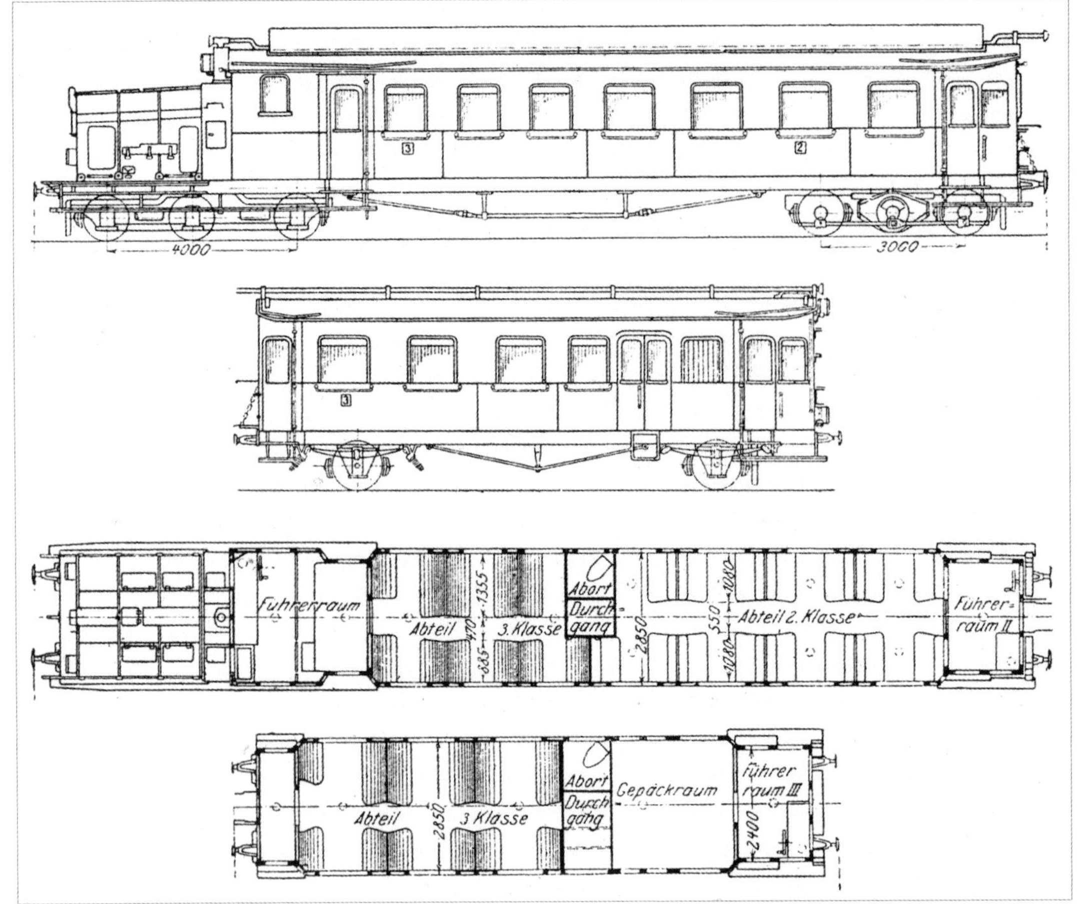

Skizze von Trieb- und Steuerwagen in der preußischen Ausführung als V.T. 101 bis 103.

mm Durchmesser und einem Hub von 300 mm. Zum Anlassen wurde Druckluft verwendet. Unmittelbar nach dem Anlassen führte man dem Motor in einem ersten Schritt Benzol aus einem Vergaser zu, erst wenn das Kühlwasser eine Temperatur von etwa 45 °C aufwies wurde das Kraftstoffgemisch aus etwa 85 bis 90 % Teeröl und 10 bis 15 % Benzol zugeführt. Der Motor leistete bei etwa 440 U/min 200 PS (147,1 kW) und konnte beim Anfahren kurzzeitig bis auf 250 PS (rd.

Blick in den erhöht liegenden Führerstand eines der beiden sächsischen DET. *Foto: Wf. Sulzer*

Werkfoto des DET 1. Auch hier ist der Motorvorbau in Glanzblech ausgeführt. *Sammlung Dirk Winkler (2)*

Einer der beiden sächsischen DET 1 oder 2 werksneu glänzend auf Probefahrt im Dresdener Raum.
Sammlung Günther Dietz

183,9 kW) überlastet werden. Ein fremderregter achtpoliger Generator mit unmittelbar angebauter Erregermaschine war mit dem Dieselmotor über eine Welle verbunden. Der Generator besaß eine Stundenleistung von 190 kW und eine Dauerleistung von 140 kW bei 300 V Klemmenspannung, die sechspolige Erregermaschine eine Dauerleistung von 7,5 kW bei etwa 70 V Klemmenspannung. Sie diente zudem zur Stromerzeugung für Kühlerlüfter, zur Ladung der Batterien von 35 Zellen mit einer Kapazität von 95 Amperestunden sowie zur Speisung des Hilfs- und Lichtstromkreises.

Die beiden Fahrmotoren wurden als Hauptstrommotoren ausgeführt, d.h., Gleichstrommotoren mit in Reihe geschalteten Anker- und Feldwicklungen. Sie besaßen eine gemeinsame Stundenleistung von 265 kW und eine Dauerleistung von 118 kW. Die Steuerung erfolgte über Fahrschalter sowie Fahrtrichtungsschalter mittels einer Leonard-Schaltung, wodurch eine Drehzahl- und Leistungsregelung von Dieselmotor und Generator unabhängig von der Fahrgeschwindigkeit möglich war.

Bei Störungen eines Fahrmotors ließen sich die Feld- und Ankerwicklungen sowie die Ausgleichsleitung durch je einen gemeinsamen Motorschalter abschalten. Der verbleibende Motor war dann noch in der Lage, den Wagen allein weiter anzutreiben. In dem zweiachsigen Triebdrehgestell waren die Fahrmotoren als Doppelmotor mittig untergebracht. Sie trieben über Zahnradgetriebe mit einem Übersetzungsverhältnis von 1:3, Blindwelle und Kuppelstangen die beiden Treibachsen im Drehgestell an.

Auf einem Bahnhof an der Strecke Coswig – Meißen – Naundorf – Weinböhla posiert die Mannschaft vor einem der beiden sächsischen Dieseltriebwagen.
Sammlung Dirk Winkler

Ebenfalls einer historischen Postkarte entstammt das winterliche Bild eines abgestellten sächsischen Wagens. *Sammlung Dirk Winkler*

An den Dieselmotor schloss sich ein dreistufiger Luftverdichter an. Er lieferte die Druckluft zum Anlassen, zum Einblasen des Brennstoffs, für Bremse, Pfeife und Besandungsanlage. Unmittelbar über dem Dieselmotor lag der zylinderförmige Brennstoffbehälter für Teeröl und Benzol, seitlich neben dem Motor die Druckluftflaschen zum Anlassen. Alle Zylinder des Dieselmotors und des Kompressors sowie die Kühler für die erzeugte Druckluft wurden durch Wasser gekühlt. Über dem Führerstand am Motorende des Fahrzeugs befand sich bei den sächsischen Triebwagen ein Wabenkühler, der durch einen elektrisch betriebenen Kühlerlüfter über vor und hinter dem Kühler befindliche Ansaugschlitze mit Frischluft versorgt wurde. Die preußischen Triebwagen besaßen einen über das Dach verteilten Röhrenkühler[316-317-318].

Die preußischen Steuerwagen besaßen bei 7900 mm Radsatzabstand und 12800 mm Länge bei 16 t Dienstmasse 30 Sitzplätze der 3. Klasse.

Einsatz und Verbleib

Erprobung und Einsatz der sächsischen Triebwagen

Erste Probefahrten absolvierte ein Triebwagen dieser Bauart vom 20. bis 25. April 1914 zwischen Rastatt und Gernsbach, wobei eine Höchstgeschwindigkeit von 75 km/h erreicht wurde. Der Wagenlauf wurde als ruhig beschrieben, Erschütterun-

DET 1 oder 2 abgestellt in Dresden-Friedrichstadt. *Sammlung Günther Dietz*

gen durch den Motor waren nicht zu bemerken[319]. Nach Fertigstellung des zweiten Triebwagens fanden ab dem Frühsommer 1914 Probefahrten zwischen Dresden und Meißen statt[320-321]. Weitere eingehende Probefahrten nahm man auf den Strecken von Dresden-Neustadt nach Leipzig sowie zwischen Dresden und Hof vor[322]. Dabei wurde auf einer Steigung von 5 Promille und einer Anhängerlast von 47 Tonnen noch eine Geschwindigkeit von 40 km/h erreicht. Die größte Geschwindigkeit ohne Anhänger wurde auf waagerechter Strecke mit 75 km/h und mit einer Anhängelast von 47 t mit 50 km/h erzielt[323]. Über die Erprobung der preußischen Triebwagen liegen keine Angaben in der zeitgenössischen Fachpresse vor.

Ob die sächsischen Triebwagen noch zu einem regulären Einsatz kamen, ist fraglich. Nach dem Ende des Probebetriebes war ihre Verwendung auf den Strecken Coswig – Meißen, Naundorf – Coswig und Naundorf – Weinböhla vorgesehen[324]. Eine zeitgenössische Postkarte verweist zwar auf diese Verbindungen, wesentlich wahrscheinlicher ist aber, dass die beiden Triebwagen aufgrund der Treibstoffrationierung im Ersten Weltkrieg abgestellt wurden. Dies wird so zumindest von Röll erwähnt: *„Mit Dieselwagen sind bei der sächsischen und der preußisch-hessischen Staatseisenbahn – infolge der Beschlagnahme der Öle – noch keine sicheren Betriebsergebnisse erzielt worden*[325]*.“*

Verkauf der sächsischen Dieseltriebwagen in die Schweiz

Unklar ist bisher, ob die Sächsischen Staatseisenbahnen die Triebwagen offiziell abnahmen und bezahlten, oder BBC die Fahrzeuge zurückkaufte. Einen Anhalt dafür, dass die beiden Fahrzeuge Eigentum der sächsischen Staatseisenbahnen waren, gibt die Statistik für den Zeitraum 1.1.1919 bis 31.3.1920, die einen Bestand von zwei Triebwagen für vollspurige Bahnen angibt[326].

Da keine weiteren Versuchsfahrten und Verbesserungen an den Triebwagen während des Krieges möglich waren, beschloss Sulzer schließlich, die beiden sächsischen Dieseltriebwagen zu kaufen. Sulzer rüstete anschließend den Motor mit einem elektrischen Anlasser aus. Zudem wurden neue Einspritzventile für eine Direkteinspritzung des Dieselkraftstoffs ohne zusätzliche Luftzufuhr eingebaut. Die Motorleistung blieb damit unverändert. Die Kühlanlage wurde so verändert, dass das Kühlwasser nun über auf dem Dach angeordnete Rippen-

Der RVT Nr. 9 steht heute im Verkehrshaus in Luzern. *Fotos: Günther Dietz*

In der Schweiz verkehrten beide sächsischen Triebwagen ab 1923 bei der Privatbahn Régional du Val-de-Travers (RVT) im Jura. *Slg. Dirk Winkler*

Die fünfachsigen dieselelektrischen V.T. 101/101a bis 103/103a folgten konstruktiv den beiden Fahrzeugen für Sachsen, besaßen jedoch eine andere Ausführung der Kühleranlage sowie Abteile 2. und 3. Klasse. Das Werkfoto der Waggonfabrik Gebrüder Gastell zeigt die Garnitur „101/101a Hannover“. *Sammlung Dr. Rolf Löttgers*

kühler geführt wurde. Der Fahrgastraum wurde so verändert, dass nunmehr 69 Sitzplätze in der 3. Klasse vorhanden waren sowie 16 Stehplätze. Eine erste Versuchsfahrt fand am 2. August 1922 auf der Strecke Wallisellen – Winterthur – Romanshorn statt. Anschließend gelangte ein Triebwagen für einen Monat in den regulären Einsatz auf der Strecke Baden – Wettingen – Niederglatt der SBB. Vorgesehen war zum Jahresende 1922 der Einsatz des zweiten Triebwagens auf der Strecke Baden – Neuchatel der Lötschbergbahn[327]. Bekannt ist zudem, dass BBC und Sulzer ab dem 23. Oktober 1922 Demonstrationsfahrten mit den Triebwagen auf der Strecke Bülach – Baden veranstalteten.

Da die SBB kein Interesse am Kauf zeigte, suchte man weiter nach einem neuen Nutzer der Fahrzeuge, der sich 1923 in der Privatbahn Régional du Val-de-Travers (RVT) im Schweizer Jura fand. Für 130.000 Schweizer Franken je Triebwagen übernahm sie die Fahrzeuge und führte sie als BCm 2/5 mit den Nummern 9 und 10. Dort wurde der erste Triebwagen 1939 nach einem Unfallschaden, der zweite Triebwagen erst 1966 außer Dienst gestellt. Der RVT Nr. 9 fand einen Platz im Verkehrshaus der Schweiz in Luzern[328].

Einsatz und Verbleib der preußischen Triebwagen

Über die Ablieferung der preußischen Triebwagen liegen widersprüchliche Aussagen vor. Guillery erwähnt, dass die preußischen Triebwagen 1915 noch im Bau waren und kriegsbedingt der erste Wagen erst Ende 1917 in Betrieb genommen wurde[329]. Im preußischen Fahrzeugmerkbuch von 1915 sind die Triebwagen mit den Nummern V.T. 101 bis 103 und dem Direktionsbezirk Hannover vermerkt, wobei die Heimatdirektion des V.T. 103 noch nicht feststand, da sich alle Wagen noch im Bau befanden[330]. Die Neuausgabe des Fahrzeugmerkbuchs von 1919 hält zu den drei Triebwagen weiterhin die nicht endgültige Festlegung der Heimatdirektionen fest[331].

Gesichert ist, dass während des Ersten Weltkrieges aus zwei dieser Triebwagen die Motor-Generator-Maschinensätze ausgebaut und zur Beleuchtung von Werkstätten benutzt wurden. Der dritte Wagen wurde im September 1920 nach längerer Abstell- und Ausbesserungszeit wieder betriebsfähig hergerichtet[332]. Wo und wann er wieder zum Einsatz gekommen sein könnte, ist nicht bekannt. Die Deutsche Reichsbahn entschloss sich auch bei zumindest einem der drei preußischen Dieseltriebwagen (V.T. 101 Hannover) zum Umbau, in diesem Falle in einen Unterrichtswagen. Hierfür wurde 1923/24 der V.T. 101 Hannover zur WUMAG nach Görlitz überführt[333].

Verbleib der Steuerwagen

Für die drei Steuerwagen fand sich nach Abstellung und Ausmusterung der Triebwagen eine neue Verwendung als Personenwagen. Hierfür ist zumindest das Führerpult entfernt worden. Die Weiterverwendung ist in nachfolgender Tabelle zusammengestellt[334-335].

ehem.	Beschaffungsnr.	Nr. 1930	Nr. u. RBD 1932	Lieferer, Lieferjahr	Bemerkung
	101a Han	80002	62979 Osten	Gastell 1915	
102a	5001 Mag	49012	95148 Halle	Gastell 1915	CCidPr15, Lieferer LH (LHL Köln)
103a	5002 Mag	49011	95147 Halle	Gastell 1915	Mittelwagen 0577 für 3 teil. AT

Der Wagen 5001 Magdeburg soll seit Anfang der 1920er-Jahre als Mittelwagen im Edison-Akkutriebzug 757/0757/767 verwendet worden sein. Nach dessen Abstellung soll er als elB 5001 zusammen mit den elT 501 und 502 gelaufen sein[336]. In der Skizzenblattsammlung wurde er als CCid Pr 15 unter der Nummer 95 148 Halle geführt. Äußerlich war der Wagen unverändert, im Inneren hatte man das Gepäckabteil zu einem Abteil 3. Klasse mit zwölf Sitzplätzen umgebaut. Ein weiteres Blatt aus den im Bundesarchiv liegenden Skizzen

Eine weitere Ansicht des V.T. 101, aus der die andere Ausführung der Fenster auf der Abortseite sichtbar wird. *Sammlung Günther Dietz*

Technische Daten

Bezeichnung ab 1915			V.T. 101 – V.T. 103 Hannover	DET 1 – 2
Gattungsbezeichnung			BC4vT	C4vT
Radsatzanordnung			3'B'	3'B'
Hersteller	Wagenteil		Waggonfabrik Gebr. Gastell, Mainz	Waggonfabrik Rastatt
	Motor		Gebr. Sulzer, Winterthur	Gebr. Sulzer, Winterthur
	Getriebe		-	-
	el. Ausrüstung		BBC	BBC
Höchstgeschwindigkeit		km/h	75 (56)*	70
Länge über Puffer		mm	21100	21395
ges. Radsatzabstand		mm	17635	17635
Drehzapfenabstand		mm	14340	14340
Radsatzabstand Motordrehgestell		mm	4100	4100
Radsatzabstand Triebdrehgestell		mm	2770	2770
Treibraddurchmesser		mm	1000	1000
Laufraddurchmesser		mm	1000	1000
Sitzplätze	2. Klasse		30	-
	3. Klasse		36	78
Stehplätze			10	10
Dienstmasse	unbesetzt	t	62	66,5
	besetzt	t	66,9	72,3
	je Sitzplatz	kg	939	852
	je lfd. m Wagenlänge	t	2,9	3,1
spez. Antriebsleistung		kW/t / PS/t	2,4/3,2	2,2/3,0
gr. Radsatzlast		t		
Steuersystem			elektrisch	elektrisch
Motor	Zyl./Durchm./Hub	mm	6 / 260 / 300	6 / 260 / 300
	Dauerleistung	PS	200	200
	Drehzahl	min-1	400	400
Art u. System d. Leistungsübertragung			elektrisch	elektrisch
Traktionsgenerator Bauart				
	Stundenstrom	A / V		
	Dauerstrom	A / V	/ 300	/ 300
	Leistung	kW	140	190
Hilfsgenerator	Bauart			
	Dauerleistung	kW	7,5	7,5
Fahrmotor	Zahl / Bauart		2	2
	Std.-/Dauerleist.	kW	118	118
Kraftstoffvorrat		l	450	450
Heizung			Whz	Whz
Beleuchtung, Stromart, Spannung			el.	el.
Bremse			Knorr-Druckluftbremse	Westinghouse-Druckluftbremse

führt ihn als CCitrea Halle 95148 und dem Vermerk *„Anhängerwagen Magdeburg No. 49012 für die Akkumulator Triebwagen auf Bf. Güsten"*[337].

Für den 103a ist überliefert, dass er zum BDi 49 011 Magdeburg und 1926 zum elB 5002 für o.g. Einsätze mit den Elektrotriebwagen hergerichtet wurde[338]. Nach Fiebig[339] wurde der Wagen unter seiner Nummer 49011 im Jahr 1929 als Ersatz für den ausgebrannten Mittelwagen des AT 577/0577/578/Sp.T.1 (Edison-Batterietender-Akkutriebwagen) umgebaut. Nach der Abstellung des Zuges 1931 wurde er 1934 im RAW Dessau nochmals umgebaut. Im Rahmen einer T4 verstärkte das RAW dabei den Rahmen des Mittelwagens, um die neuen Batterietröge aufnehmen zu können. Zudem wurde der zuvor antriebslose Mittelwagen mit Fahrmotoren und Tatzlagergetrieben ausgerüstet, so dass er als führerstandloser mittlerer Triebwagen innerhalb des Triebzuges mit der Achsfolge 1A+Bo+A1 verkehrte. Im neuen, triebwagentypischen Anstrich kehrte der Zug in die RBD Magdeburg zurück und versah hier Dienst bis 1950. Da ein Ersatz der Batterien nicht mehr wirtschaftlich vertretbar war, wurde der Zug dampflokbespannt eingesetzt, bis 1953 der Rückbau des Zuges in Reisezugwagen mit den Nummern Ci 99619, Ci 99620, Ci 99621 erfolgte. Die Wagen erhielten später die Nummern 351-219, -220, -222 und wurden in der RBD Magdeburg aufgebraucht.

Einer der drei Steuerwagen wurde als Bauzugwagen von der DR weiterverwendet. Mit der Nummer 834-307 stand er am 9. Juli 1960 in Niederschlema.
Foto: Günter Meyer. Sammlung Günther Dietz

Ein erster Schienenomnibus

In Hauswalde ist ein Omnibus der „Kgl. Sächs. Stb." (Königlich-Sächsische Staatseisenbahnen), wie Wappen und Anschrift an der Tür zeigen, unterwegs. Auf Basis eines dieser Daimler-Omnibusse entstand für die sächsischen Staatseisenbahnen ein Schienenomnibus.
Sammlung Dirk Winkler

Der II-9015 der Kgl. Sächs. Stb.

Entstehungsgeschichte

Einen Sonderplatz unter den Triebwagen der Länderbahnen nimmt der erste Schienenbus auf deutschen Gleisen ein, der in Sachsen zum Einsatz kam. Um seine Herkunft und Bauart zu beschreiben, muss ein wenig ausgeholt werden, da seine Geschichte eng mit der des sächsischen Busverkehres zusammenhängt.

Am 4. Dezember 1912 wurde die Staatliche Kraftwagen-Verwaltung (SKV) in Sachsen gegründet. Ziel war die Einführung eines staatlichen Kraftwagenbetriebes im Königreich Sachsen unter Oberaufsicht des sächsischen Finanzministeriums. Die Verwaltung wurde an die Sächsischen Staatseisenbahnen übertragen, um eine Einheit von Straßen- und Schienenverkehr zu schaffen. Die eingesetzten Busse waren mit *„Kgl. Sächs. Stb."* (Königlich-Sächsische Staatseisenbahnen) beschriftet. Erste Buslinien, die von Plauen ausgingen, wurden am 20. Mai 1913 eröffnet, fünf weitere Linien folgten im Laufe des Jahres, die zum Teil als *„Eilwagen"* bezeichnet wurden. Nach dem Ende des Ersten Weltkrieges schuf man 1919 die Kraft-Verkehrs-Gesellschaft Sachsen (KVG), die ab dem 1. Januar 1923 die Betriebsführung der SKV übernahm[340-341-342].

Zu den von der SKV beschafften Fahrzeugen gehörten auch Busse des Typs DC 3c von Daimler. Sie besaßen einen 35-PS-Ottomotor sowie Kardanwellenantrieb der Hinterachse. Die Aufbauten fertigte die Waggon- und Wagenfabrik Herrmann Schumann in Zwickau. Die SKV reihte die Busse dieses Typs unter den Nummern II - 9000 bis 9042 in ihren Betriebspark ein. Die römische II stand für die Kreishauptmannschaft Dresden, die Nummern der 9000er-Gruppe waren den Omnibussen der SKV/KVG vorbehalten[343]. Bereits im

Technische Daten

Betriebsnummer			9015
Gattungsbezeichnung			-
Radsatzanordnung			1 A
Hersteller	Wagenteil		Schumann
	Motor		Daimler
	Getriebe		Daimler
	el. Ausrüstung		-
Höchstgeschwindigkeit		km/h	28
Länge über Puffer		mm	unbek.
ges. Radsatzabstand		mm	4000
Drehzapfenabstand		mm	-
Radsatzabstand Drehgestell		mm	-
Treibraddurchmesser		mm	unbek.
Laufraddurchmesser		mm	unbek.
Sitzplätze	2. Klasse		-
	3. Klasse		18
Dienstmasse	unbesetzt	t	2,35
	besetzt	t	3,70
	je Sitzplatz	kg	130
	je lfd. m Wagenlänge	t	
spez. Antriebsleistung		kW/t / PS/t	11/14,9
gr. Radsatzlast		t	
Steuersystem			mechanisch (Hebelwerk)
Motor	Zahl / Bauart		1 / La 10854
	Masse	kg	unbek.
	Zyl./Durchm./Hub	mm	4 / 108 / 150
	Dauerleistung	PS	35
	Drehzahl	min^{-1}	
Art u. System d. Leistungsübertragung			mechanisch (Kardan)
Motorsteuerung			mechanisch
Getriebesteuerung			mechanisch
Wendegetriebesteuerung			-
Kraftstoffvorrat		kg	
Bremse			mech.

September 1912 bestellte das sächsische Innenministerium neben Daimler- und Saurer-Omnibussen auch zwei Wagen bei Nacke in Coswig.

Die Wagen wurden mit den Automobil-Kennzeichennummern II - 9200 und 9201 in Dienst gestellt. Auch für sie wurde der Aufbau bei Schumann gefertigt[344]. Daraus ergab es sich, dass bei den Daimler- und Nacke-Bussen der Aufbau gleich ausgeführt war.

Der Vergleich von Fotos und die überlieferte Fahrzeugnummer 9015 legen den Schluss nahe, dass der Schienenomnibus auf Basis eines Daimler-Omnibusses entstand. Er wurde für den Bahnbetrieb umgebaut und für einen unbekannten Zeitraum auf Schienen eingesetzt[345].

Aufbau und Technik

Der Fahrzeugrahmen bestand aus zwei Längsträgern mit Querversteifungen, die den Antriebsstrang mit Motor, Getriebe, Rädern und Bremsanlage trugen. Darauf aufgesetzt war die von Schumann gebaute Karosserie, die aus einem hölzernen Spantensystem bestand.

Der wassergekühlte Vier-Zylinder-Viertakt-Ottomotor von Daimler in Marienfelde leistete 35 PS (rd. 25,7 kW) und übertrug sein Drehmoment über eine Kardanwelle auf die Hinterachse. Der Motor selbst war auf dem vorderen Ende des Rahmens gelagert und unter einer Blechverkleidung mit seitlichen Klappen geschützt.

Für den Einsatz auf Schienen wurde die normale Straßenbereifung aus Hartgummireifen durch neue, mit Eisenbandagen und doppelten Spurkränzen versehene Räder ersetzt. Es ist anzunehmen, dass die Lenkung stillgelegt wurde. Der Fahrgastraum blieb unverändert und bot Sitzplätze für 18 Personen.

Für den Transport von sperrigem Reisegepäck besaß der Bus bereits eine Ablagefläche auf dem Dach, die mit einem Geländer versehen war. Das Fahrzeug erhielt zusätzlich für seinen Bahneinsatz ein Läutewerk, für die hintere Achse eine Besandungsanlage mit Sandkästen auf dem Wagendach und zusätzliche Laternen. Halter für Zugschlussscheibe am Fahrzeugende ergänzten die Umrüstung[346].

Einsatz und Verbleib

Weder über den Einsatz des Fahrzeuges noch seine Nutzungsdauer liegen Angaben vor. Geht man von einem Umbau eines Omnibusses aus, dürfte der Schienenomnibus nicht vor 1914/15 entstanden sein. Es bleibt zu vermuten, dass das Fahrzeug nach wenigen Versuchsfahrten wieder in einen Straßenomnibus zurückgebaut wurde.

Das einzig bekanntes Foto dieses Fahrzeuges zeigt es auf einem unbekannten Bahnhof. Vermutlich wurde der Wagen nach nur wenigen Versuchsfahrten wieder in ein Straßenfahrzeug zurückgebaut. *Sammlung Dirk Winkler*

4. Bauarten der Deutschen Reichsbahn

Allgemein

Nach der Seddiner Ausstellung begann die DRG mit der Beschaffung ihrer ersten Verbrennungs-Triebwagen. Die bis Anfang der 1930er-Jahre in Auftrag gegebenen Fahrzeuge zeichneten sich durch ihre noch stark an den klassischen Reisezugwagenbau angelehnte konstruktive Ausführung aus, die ein Mitführen in normalen Zügen erlauben sollte. Diese schwere Bauart von Unterkonstruktion und Wagenkästen war kennzeichnend für alle in diesem Abschnitt beschriebenen Fahrzeuge.

Die geringen Stückzahlen der einzelnen Ausführungen ergeben sich daraus, dass die DRG alle Wagen als Versuchsfahrzeuge ansah, mit denen vor allem Erfahrungen mit den neuartigen Antriebsanlagen gesammelt werden sollten. Die Fahrgasträume waren zumeist für die 3. und 4. Klasse oder nur die 3. Klasse ausgelegt und folgten in der Bestuhlung den damaligen Standards der Reisezugwagen mit recht geringen Abteillängen. Erst im Frühjahr 1929 wurde damit begonnen, auch Abteile für die 2. Klasse in diesen Triebwagen einzurichten.

Mit den erwähnten Fortschritten im Waggonbau Anfang der 1930er-Jahre und der Entscheidung, für Triebwagen künftig andere Anforderungen bei der Auslegung der Fahrzeugrahmen zuzulassen, wurde eine leichtere Bauweise neuer Triebwagen möglich. Mit den konstruktiven Vorarbeiten zum ersten Schnelltriebwagen der Reichsbahn und dessen Entwicklung durch die WUMAG in Görlitz wurde der Grundstein zum Leichtbau in Spantenbauart für alle weiteren Verbrennungs-Triebwagen gelegt. Auch diese ab 1931/32 von der DRG in Auftrag gegebenen Triebwagen in Leichtbauweise wurden anfangs nur in kleineren Stückzahlen als Versuchsfahrzeuge bestellt. Hier galt, wie bei den schweren Verbrennungs-Triebwagen, über mehrere Jahre noch die Prämisse, die von der Industrie angebotenen Motoren und Leistungsübertragungsanlagen zu erproben, bevor Entscheidungen über in großer Stückzahl zu beschaffende Fahrzeuge getroffen werden sollten. Hierdurch entstanden zum Teil zahlreiche Bauarten, die nur durch wenige Fahrzeuge vertreten waren. Trotzdem bereits Mitte der 1930er-Jahre einige Bauarten in nennenswerter Stückzahl vergeben wurden, zeichnete sich erst gegen Ende der 1930er-Jahre eine weitgehende Vereinheitlichung ab.

Die nachfolgenden Beschreibungen stützen sich, neben den in zeitgenössischen Fachartikeln erschienenen Darstellungen, auf die Skizzenblattsammlungen der Reichsbahn und die entsprechenden Merkbücher von 1932 und 1952[347-348]. Die in den Einzelbeschreibungen angeführten Beheimatungsangaben folgen, so nicht anders vermerkt, der RZA-Übersicht vom April 1929[349], den Aufstellungen des RZA Berlin vom September 1930[350], den Nummernplänen für Triebwagen der Jahre 1933[351], November 1934[352] und Januar 1937[353] sowie der Aufstellung des RZA München der im Betrieb befindlichen Triebwagen vom Januar 1941[354]. Angaben zu Bauartänderungen folgen, soweit keine anderen Quellen vorlagen, den Skizzenblättern, dem Merkbuch von 1952 und den Ausführungen von Kurz[355]. Alle anderen Quellen sind separat vermerkt.

Schwere Versuchsbauarten der DRG

701 - 704 (BCvT-24, CvT-24/28)

Entstehungsgeschichte

Unter dem Eindruck der Seddiner Ausstellung und der dort gezeigten Fahrzeuge übernahm die junge Reichsbahn einige Fahrzeuge, um die Bauarten erproben zu können. Zudem beauftragte sie 1924 die AEG mit der Konstruktion und dem Bau von vier Benzol-Triebwagen, die mit der von AEG/NAG seit mehreren Jahren beworbenen Antriebsanlage auszurüsten waren. Dass die Reichsbahn nicht Fahrzeuge in der in Seddin ausgestellten Form bestellte, lag vermutlich an ihrer leichteren Bauweise. Die vier bestellten Triebwagen wurden 1926 von den Linke-Hofmann-Werken in Köln als Waggonbauer angeliefert und sollten als 101 und 102 Osten sowie 101 und 102 Dresden in den entsprechenden Reichsbahndirektionen geführt werden. Die ursprüngliche Gattungsbezeichnung war CCvT-24.

Aufbau und Technik

Fahrgestell und Wagenkasten entsprachen dem damaligen Stand des Waggonbaus. Der Rahmen aus äußeren und mittleren Lang- sowie entsprechenden Querträgern und Konsolen sowie die Vorbauten bestanden aus vernieteten Stahlprofilen und Knotenblechen, ebenso waren die Wagenkastengerippe mit Kastensäulen, Ober- und Untergurten genietet. Bedingt durch den Einbau der Maschinenanlage mussten die schmaleren Vorbauten unterschiedlich lang ausgeführt werden. Der Wagenkasten war komplett mit angenieteten Blechen verkleidet. Das mit Holz verschalte Dach war mit Doppeldrell belegt, imprägniert und mit einem Bitumenanstrich versehen. Das Laufwerk war ebenfalls aus dem Waggonbau entlehnt und besaß genietete Achshalter aus Pressblech, in denen die in Gleitachslagern laufenden Achsen geführt wurden. Der Wagenkasten stützte sich über einfach aufgehängte mehrlagige Federpakete auf den Achslagern ab.

Noch mit der Nummer „101 Dresden“ ist hier der erste von AEG/NAG und LHW Köln gebaute Triebwagen zu sehen. Spätestens im Frühjahr 1927 endeten die Probefahrten in der RBD Dresden, dann ging das Fahrzeug in die RBD Stettin.
Sammlung Günther Dietz

Der Einstiegsraum im Vorbau am Motorende des Fahrzeugs war 2557,5 mm lang und beherbergte den NAG-Motor unter einer Motorhaube sowie den Führerstand. Durch eine Trennwand mit Schiebetür war der Fahrgastraum 3. Klasse mit 50 Sitzplätzen auf Holzlattensitzen in der Sitzteilung 2+3 zu erreichen. Es folgte der hintere Einstiegsraum mit 1777,5 mm Länge, in dem sich ebenfalls ein Führerpult befand. Die Fenster der Fahrgastabteile waren 600 mm breite Metallrahmenfenster mit Fenstergurt. Für die Entlüftung standen sechs Luftsauger der Bauart Wendler zur Verfügung. An der Stirnseite des Motorendes waren zwei feste Fenster vorhanden, mittig darunter der Lüftereinlass für die Motorkühlung, am hinteren Wagenende waren drei Fenster eingebaut. Das Fenster vor dem Führerpult besaß einen Blendschutz aus Blech. Auf dem Dach über dem vorderen Führerstand befand sich eine Luftansaugöffnung, über die durch einen Luftschacht bei Rückwärtsfahrt des Triebwagens Luft für den Motorkühler angesaugt werden konnte.

Die Maschinenanlage war zusammengesetzt aus handelsüblichen Lastwagen-Baugruppen. Lediglich die elektropneumatische Steuerung von Motor und Getriebe war eine Eigenentwicklung der AEG. Der Sechszylinder-NAG-Motor leistete 75 PS (55 kW) und übertrug sein Drehmoment über Kupplung und Gelenkwelle auf das vierstufige NAG-Schaltgetriebe und von dort zum Wendegetriebe, von wo es wiederum über eine Gelenkwelle auf das Radsatzgetriebe übertragen wurde. Das NAG-Getriebe WG 70 erlaubte ein Umlegen des Schalthebels erst nach Wahl der Fahrschalterstellung 0 bzw. 1. Die Endgeschwindigkeiten in den einzelnen Gangstufen waren 8,5 / 19,1 / 33 und 51,3 km/h. Der Motor besaß einen elektrischen Anlasser. Die Batterie mit 12 V Spannung wurde von einer Lichtmaschine mit 225 W Leis-

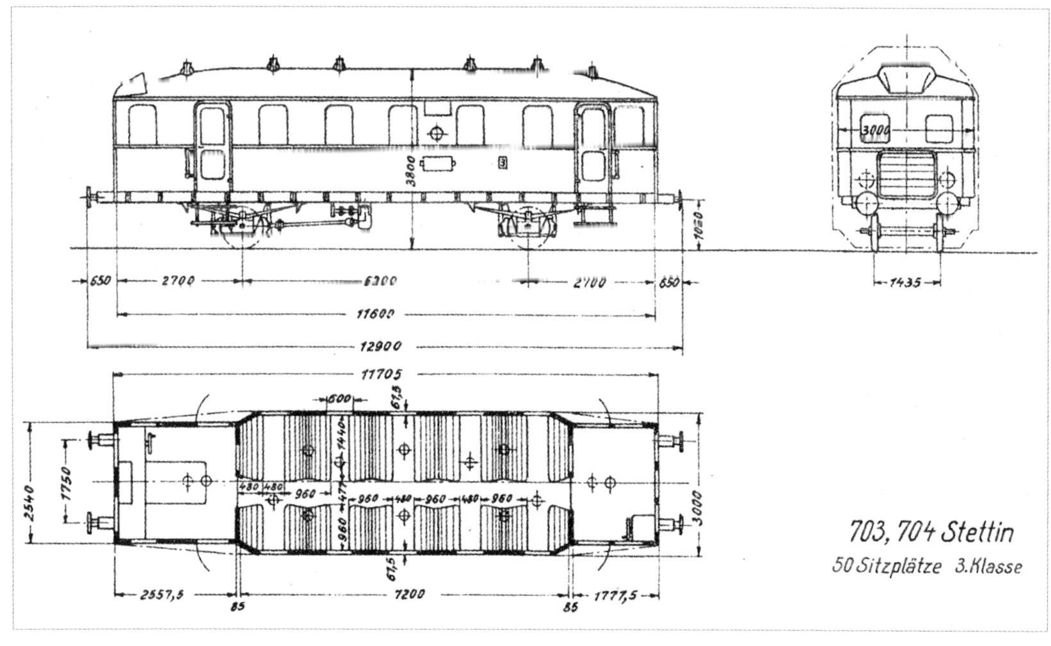

Skizzenblatt des CCvT-24 (701 – 704) in der Ursprungsausführung.
Sammlung Günther Dietz

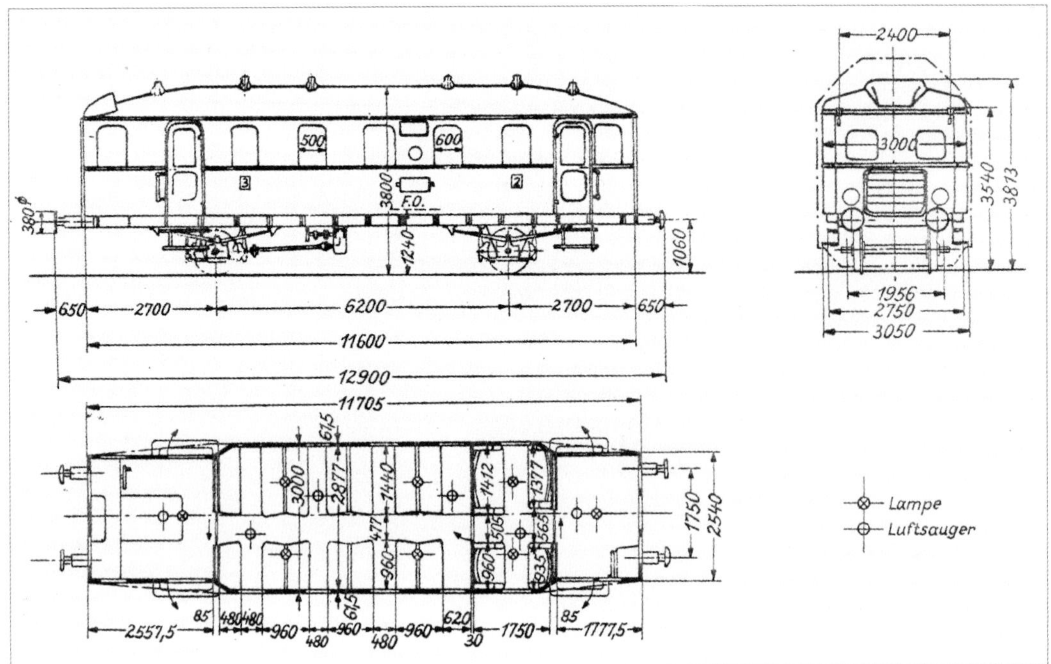

Skizzenblatt des BCvT-24 (701, 702) in der umgebauten Ausführung.

tung geladen. Der Luftverdichter war mit dem Getriebe zusammengebaut und wurde von diesem angetrieben.

Der Triebwagen besaß normale Zug- und Stoßvorrichtungen mit Hülsenpuffern, Siegener Bauart mit 370 mm Puffertellern, ein Druckluftläutewerk sowie zwei elektrische Scheinwerfer an jedem Fahrzeugende. Unter dem Fahrzeugrahmen waren die Batterie sowie Druckluft- und Kraftstoffbehälter angebracht. Das Fahrzeug war mit einer Knorr- Druckluftbremse ausgerüstet, die beidseitig die Räder abbremste. Als Feststellbremse war eine auf einen Radsatz wirkende Handspindelbremse vorhanden.

Der Fahrgastraum der beiden Triebwagen 701 und 702 Osten wurde 1929 umgebaut. Er wurde mit einer Trennwand so unterteilt, dass am Nichtmotorende des Fahrzeugs ein Abteil 2. Klasse mit geplant zehn, umgesetzt sechs Sitzplätzen entstand. Die beiden Wagen 703 und 704 blieben vorerst unverändert, da die RBD Stettin zunächst keine Notwendigkeit für Abteile der 2. Klasse sah[356-357].

Die beiden Wagen 703 und 704 wurden, so legt es das Skizzenblatt nahe, 1928 umgebaut, jedoch weisen die o.g. Umbauabsichten für die Fahrgasträume darauf hin, dass 1928 noch keine Veränderung vorgenommen war. Demzufolge muss der Umbau Ende 1929, Anfang 1930 vorgenommen worden sein. Dabei entfiel ein Teil des Abteils 3. Klasse zugunsten eines 2845 mm langen Traglastenraumes. Zwischen dem Abteil 3. Klasse und dem Traglastenraum wurden ein

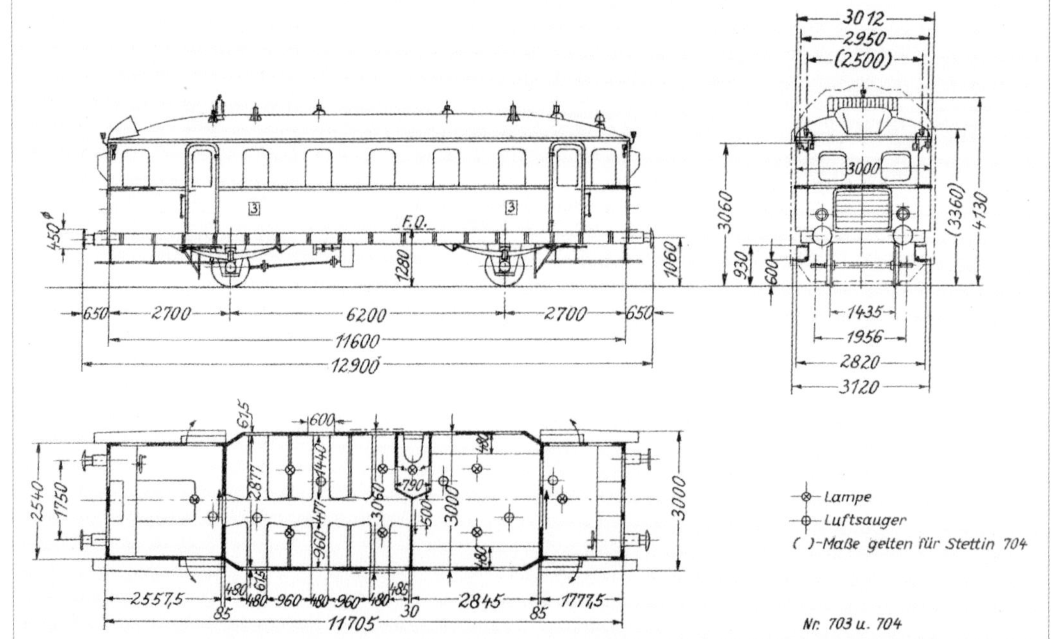

Skizzenblatt des BCvT-24 (703, 704) in der umgebauten Ausführung.

790 mm langer Abort mit Leibstuhl und Fallrohr sowie eine Trennwand mit Schiebetür eingebaut. Der Abort erhielt in der Seitenwand ein zusätzliches 400 mm breites Klappfenster. Die scheinbar ungenügende Leistung des Motorkühlers wurde durch den Einbau eines zusätzlichen kleinen Dachkühlers verbessert. Als neue Gattung führten die Fahrzeuge CvT-24/28.

Weitere Bauartänderungen waren der Einbau einer 24-V-Anlage und ab 1929 der Einbau einer Führerstandszusatzheizung. Zwischen Frühjahr und Sommer 1940 wurden alle vier Triebwagen auf Flüssiggasbetrieb umgebaut. Dafür erhielten sie unterflur vier kleine Gasflaschen[358].

Einsatz und Verbleib

Nach ihrer Ablieferung 1926 kamen zwei Wagen zur RBD Dresden und liefen dort unter den Nummern 101 und 102 Dresden. Anfang Mai 1926 fand eine erste Probefahrt eines der beiden Wagen zwischen Freiberg und Brand-Erbisdorf statt. Im Laufe der nächsten Wochen fanden weitere Probe- und Vorführfahrten statt. Ein versuchsweiser regelmäßige Einsatz sollte zum Fahrplanwechsel am 15. Mai 1926 auf den von Freiberg ausgehenden Strecken nach Nossen, Bienenmühle, Großhartmannsdorf und Brand-Erbisdorf – Langenau erfolgen. Auf einigen Relationen wurde anscheinend auch ein Beiwagen mitgeführt. Die Triebwageneinsätze in der RBD Dresden endeten etwa zwischen Dezember 1926 und März 1927[359]. Vermutlich waren die Triebwagen für die Steigungsstrecken zu schwach motorisiert.

Zum 29.03.1927 war der 102 Dresden der RBD Stettin zugeteilt und hatte als Heimatbahnhof Stettin Pbf. Triebwagen 101 Dresden ist 1929 bei der RBD Osten und dem Bw Meseritz nachgewiesen. Beide Triebwagen sollen nach der Umnummerung 704 und 701 geworden sein. Die beiden anderen Fahrzeuge gingen an

Technische Daten

Betriebsnummer			701, 702	703,704
Gattungsbezeichnung			BCvT-24	CvT-24/28
Radsatzanordnung			A1	A1
Hersteller	Wagenteil		LHB, Köln	LHB, Köln
	Motor		NAG	NAG
	Getriebe		NAG	NAG
	el. Ausrüstung		-	-
Höchstgeschwindigkeit		km/h	50	50
Länge über Puffer		mm	12900	12900
ges. Radsatzabstand		mm	6200	6200
Drehzapfenabstand		mm	-	-
Radsatzabstand Drehgestell		mm	-	-
Treibraddurchmesser		mm	850	850
Laufraddurchmesser		mm	850	850
Sitzplätze	2. Klasse		6	-
	3. Klasse		35	37
Stehplätze			20	70
Plätze gesamt			61	61
Dienstmasse	unbesetzt	t	19,2	19,2
	besetzt	t	23,9	24,5
	je Sitzplatz	kg	470	520
	je lfd. m Wagenlänge	t	1,49	1,49
spez. Antriebsleistung		kW/t / PS/t	2,9 / 4,0	2,9 / 4,0
gr. Radsatzlast		t	11,9	11,9
Steuersystem			elektr.-pneumatisch, mehrfach	elektr.-pneumatisch, mehrfach
Motor	Zahl / Bauart		1 / KL 10 Z	1 / KL 10 Z
	Masse	kg	650	650
	Zyl./Durchm./Hub	mm	6 / 120 / 170	6 / 120 / 170
	Dauerleistung	PS	75	75
	Drehzahl	min-1	950	950
Art u. System d. Leistungsübertragung			mechanisch	mechanisch
Getriebebauart			WG70	WG70
Zahl der Gänge			4	4
Motorsteuerung			elektr.-pneumatisch	elektr.-pneumatisch
Getriebesteuerung			elektr.-pneumatisch	elektr.-pneumatisch
Wendegetriebesteuerung			elektr.-pneumatisch	elektr.-pneumatisch
Kraftstoffvorrat		l	170	170
Heizung			Whz	Whz
Beleuchtung, Stromart, Spannung			el, = , 12 V	el, = , 12 V
Bremse			Kbr	Kbr

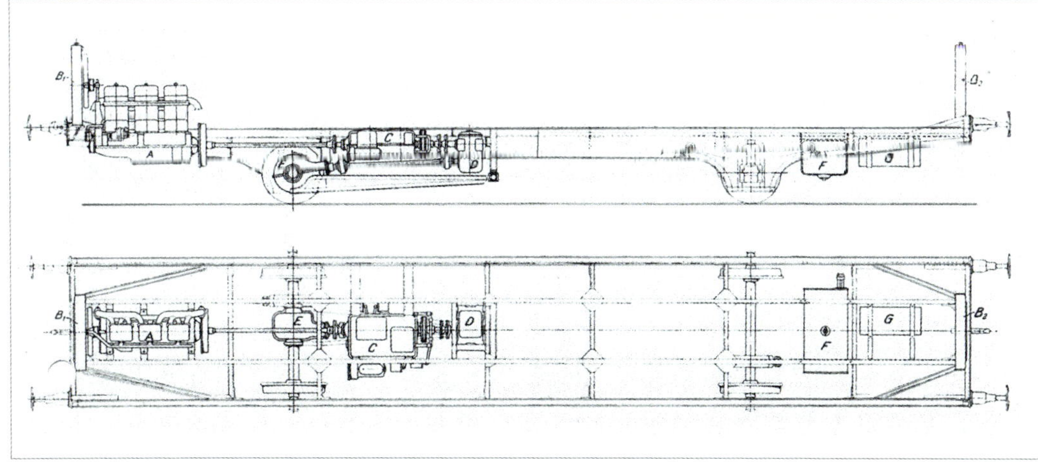

Anordnung der Antriebsanlage im Rahmen eines Triebwagens aus der Nummernreihe 701 bis 704. *Sammlung Günther Dietz (3)*

Der Triebwagen „703 Osten" besaß nach kleineren Umbauten 1932 einen zusätzlichen Dachkühler. Das Zuglaufschild des in Pyritz fotografierten Wagens weist den Einsatz zwischen Wriezen und Königsberg aus. *Sammlung Günther Dietz*

die RBD Osten, Bw Frankfurt/Oder Pbf und die RBD Stettin, Bf Pyritz. Die ersten Nummern dieser Fahrzeuge sind leider unbekannt. Sie dürften als 702 und 703 umgezeichnet worden sein[360]. Im September 1930 sind die Fahrzeuge 701 in Meseritz und 702 in Glogau bei der RBD Osten nachgewiesen, 703 und 704 werden in der RBD Stettin beim Bw Pyritz geführt. 1933 und 1934 waren die Triebwagen 701 und 702 in der RBD Osten mit Heimatort Meseritz und Frankfurt/Oder beheimatet, die 703 und 704 gehörten zur RBD Stettin und fuhren von Pyritz aus. Der VT des Bw Meseritz fuhr 1930 von dort nach Wierzebaum und Schwiebus. Der VT des Bw Frankfurt/Oder fuhr nach Fürstenwalde, Boosen, Pyritz und Landsberg. Die beiden VT des Bw Pyritz fuhren nach Stargard, Wriezen, Glasow und Königsberg/Neumark.

Zum Kriegsbeginn wurden die Fahrzeuge zunächst stillgelegt. Bereits im April 1940 wurde der Umbau auf Flüssiggasantrieb angeordnet. Nach dem Umbau auf Flüssiggasbetrieb gingen 701 - 704 zwischen August und Oktober 1940 wieder in den Betrieb zurück. Die Aufstellung vom Januar 1941 führt 701 und 702 in der RBD Osten, 703 und 704 in der RBD Stettin als im Betrieb befindlich auf. Wie lange die vier Triebwagen in ihren Heimatdirektionen fuhren, ist unbekannt.

Lediglich der Triebwagen 702 verblieb nach dem Krieg bei der DR. Er stand noch 1957 im Bw Dresden-Pieschen und wurde im selben Jahr verschrottet. Der Verbleib der anderen drei Fahrzeuge nach Kriegsende ist unbekannt. Ein Verbleib in Polen lässt sich nicht nachweisen.

Nochmals der Wagen 703 mit beigestelltem preußischen Abteilwagen. *Sammlung Günther Dietz*

Rechts: Nach Kriegsende verblieb nur der „702 Osten" auf dem Gebiet der SBZ. Georg Otte fotografierte ihn am 4. Mai 1957 in Dresden-Pieschen. *Sammlung Dirk Winkler*

705 - 708 (CvT-25, BCvT-25/30)

Entstehungsgeschichte

Im Jahr 1925 erteilte die Reichsbahn der Sächsischen Waggonfabrik Werdau den Auftrag (06.088/64.2048) zum Bau von vier zweiachsigen Verbrennungs-Triebwagen mit Benzolmotor. Die Wagen wurden 1927 geliefert und in der RBD Breslau in Dienst gestellt. Die ursprüngliche Gattungsbezeichnung lautete CCvT-25a.

Aufbau und Technik

Die Triebwagen wurden von Werdau noch in hölzerner Bauart ausgeführt. Der Rahmen aus äußeren und mittleren Lang- sowie entsprechenden Querträgern und Konsolen sowie die Vorbauten bestanden aus vernieteten Stahlprofilen und Knotenblechen. Aufgrund des großen Radsatzstandes war der Rahmen durch ein Sprengwerk verstärkt. Der Wagenkasten bestand aus einem hölzernen Kastengerippe mit Kastensäulen und Dachspriegeln mit eisernen Befestigungswinkeln. Die Bekleidungsbleche waren verschraubt. Das tonnenförmige Dach war als Doppeldecke ausgebildet und mit Doppeldrell belegt. Das Laufwerk besaß genietete Achshalter aus Pressblech, in denen die in Bundrollenlagern Bauart Jäger laufenden Achsen geführt wurden. Der Wagenkasten stützte sich über einfach aufgehängte mehrlagige Federpakete auf den Achslagern ab.

Der Wagenkasten war durch zwei Zwischenwände mit Schiebetüren in einen Innenraum und zwei Einstiegsräume geteilt. Die Einstiegsräume hatten Doppeltüren; der der Fahrtrichtung entgegengesetzt liegende Raum wurde als Gepäckraum verwendet. Der Innenraum war in ein Abteil 3. Klasse mit 30 Sitzplätzen in der Sitzteilung 2+3, einen mittleren Einstiegsraum sowie ein weiteres, kleineres Abteil 3. Klasse mit 16 Sitzplätzen aufgeteilt. Das kleinere Abteil 3. Klasse war zum mittleren Einstiegsraum durch eine Trennwand mit Schiebetür abgeschlossen. Innerhalb dieses Abteiles lag ein Abort mit Leibstuhl, der vom mittleren Einstiegsraum zugänglich war. Die hölzernen Innenwände waren naturlackiert, der doppelte Holzfußboden war mit Linoleum belegt.

Die Fenster der Abteile besaßen Ausgleichsvorrichtungen, während die Fenster der Vorräume, mit Ausnahme der Türfenster, fest waren. Das Fenster vor dem Führerpult besaß einen Blendschutz aus Blech. Für die Entlüftung waren neun Luftsauger der Bauart Wendler eingebaut. In den beiden Einstiegsräumen befand sich ein Führerpult, das über eine Jalousie verschlossen werden konnte. Jeder Einstieg besaß zwei hölzerne Trittbretter. Für die Fahrgäste stand in der Regel nur der mittlere Einstieg zur Verfügung. Die Heizung erfolgte über das Motorkühlwasser.

Die Maschinenanlage war in einem Maschinenrahmen eingebaut, der auf einer Seite federnd auf der Treibachse, auf der anderen Seite federnd am Untergestell aufgehängt war. Die gesamte Maschinenanlage konnte unter Verwendung einer Hilfsachse unter dem angehobenen Wagen herausgefahren werden.

Der Vierzylinder-Daimler-Motor leistete 100 PS (rd. 73,5 kW) und übertrug sein Drehmoment über eine Gelenkkupplung auf das Wendegetriebe und von dort über eine Lamellen-(Haupt-)Kupplung und eine Gelenkwelle zum vierstufigen, auf dem vorderen Radsatz angeordneten druckluftgesteuerten Wechselgetriebe der Bauart Werdau. Die Endgeschwindigkeiten betrugen 10/20/40/60 km/h. Die beiden an den Stirnseiten des Wagens eingebauten Kühler waren mit Rohrleitungen verbunden.

Die Batterie mit vorerst 12 V Spannung und einer Kapazität von 100 Ah wurde von einer Bosch-Lichtmaschine mit 225 W

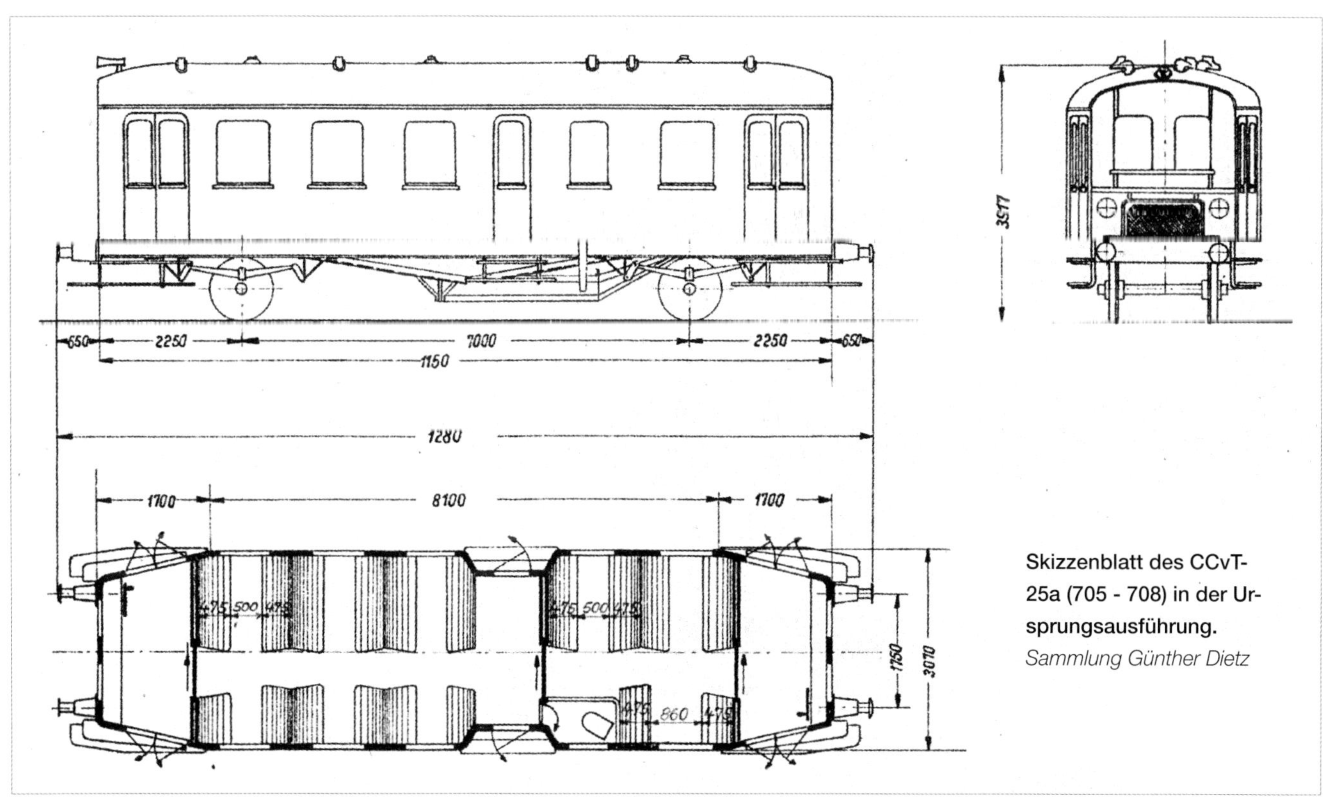

Skizzenblatt des CCvT-25a (705 - 708) in der Ursprungsausführung.
Sammlung Günther Dietz

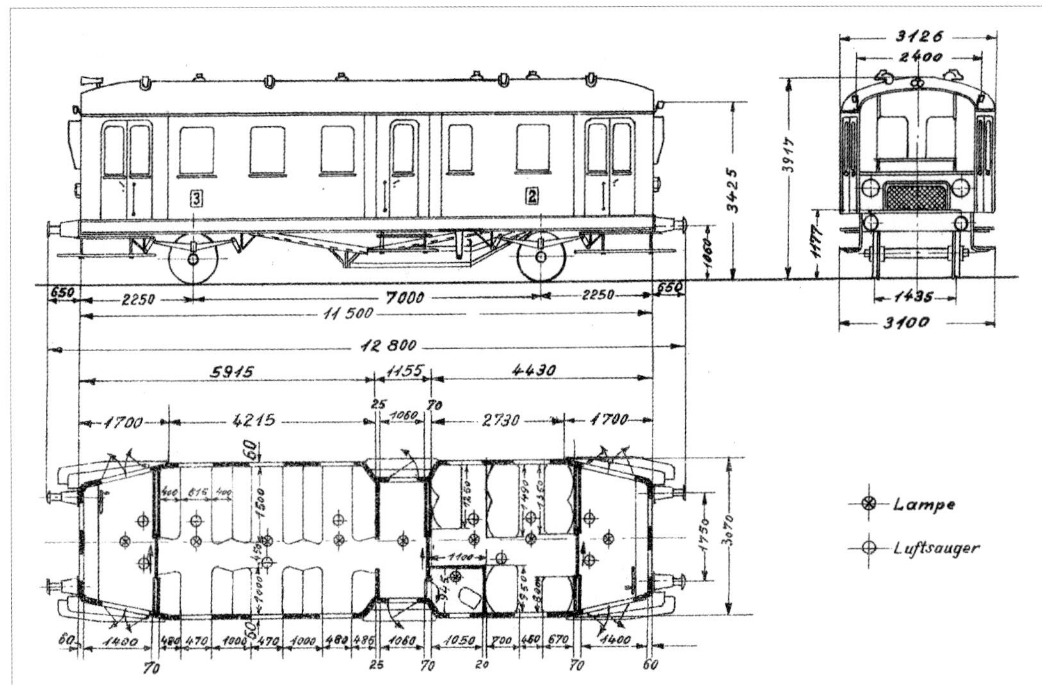

Skizzenblatt des BCvT-25/30 (705) in der umgebauten Ausführung.

Leistung geladen. Zum Anlassen des Motors diente ein Hand- und ein elektrischer Anlasser. Die Druckluft erzeugte ein vom Wendegetriebe angetriebener Knorr-Luftverdichter V56/60.

Der Triebwagen besaß normale Zug- und Stoßvorrichtungen mit Hülsenpuffern, Siegener Bauart mit 365 mm Puffertellern, ein Druckluftläutewerk, Typhon sowie zwei elektrische Scheinwerfer (mit weißen und roten Lampen) an jedem Fahrzeugende. Unter dem Fahrzeugrahmen waren die Batterie sowie Druckluftbehälter angebracht, die beiden Kraftstoffbehälter lagen unter dem Führerraum bei der 3. Klasse. Die elektrische Beleuchtung der Innenräume erfolgte über neun Lampen mit 15 W. Das Fahrzeug war mit einer Knorr-Druckluftbremse ausgerüstet, die beidseitig die Räder abbremste. Als Feststellbremse war eine auf einen Radsatz wirkende Handspindelbremse vorhanden[361-362].

Im Zuge des Schaffens von Abteilen 2. Klasse in den Verbrennungs-Triebwagen der schweren Versuchsbauarten wurden die beiden im April 1929 noch zur RBD Breslau gehörenden Wagen 705 und 706 für die 2. Klasse hergerichtet. Sie erhielten im kleineren Abteil 3. Klasse Flachpolster auf den Sitzbänken. Die RBD Oldenburg sah für ihre Wagen 707 und 708 keine Notwendigkeit für Abteile 2. Klasse, so dass die Wagen unverändert blieben[363-364]. Da die Notpolsterung

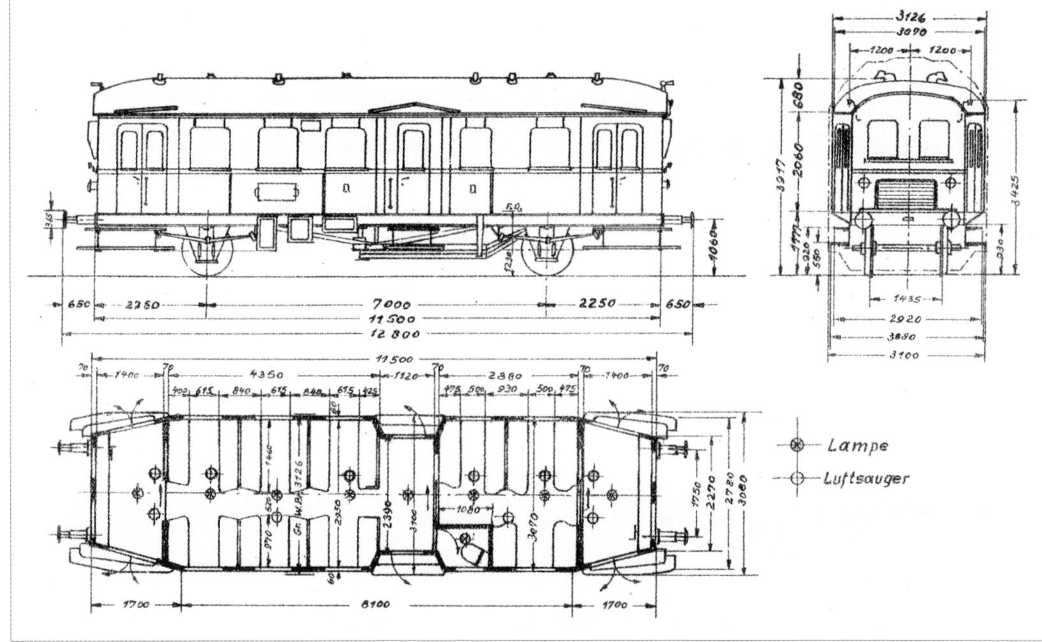

Skizzenblatt des CvT-25/30 (706 - 708) in der umgebauten Ausführung.
Sammlung Günther Dietz (3)

Triebwagen 707 nach seiner Überstellung in die RBD Altona im Herbst 1930. Der in den ersten Jahren vorherrschende grüne Anstrich lässt sich auf diesem Bild gut erkennen. *Sammlung Wolfgang-Dieter Richter*

scheinbar als ungeeignet angesehen wurde, erhielt der zur RBD Breslau gehörende Wagen 705 im Jahr 1930 im Abteil 2. Klasse neue gepolsterte Sitzbänke, so dass nun neun Sitzplätze in der Sitzteilung 1+2 für die 2. Klasse vorhanden waren. Die Gattungsbezeichnung wurde auf BCvT-25/30 geändert.

Da sich die ursprüngliche Antriebsanlage mit dem schweren, auf dem Radsatz angeordneten Wechselgetriebe nicht bewährte, erhielten zunächst die Wagen 706 - 708 ab 1932 eine neue, in einem Tragrahmen angeordnete Maschinenanlage. Der Tragrahmen war dabei mit Gummipuffern am Untergestell aufgehängt. Eingebaut wurde bei diesem Umbau das vierstufige Getriebe RG100 mit integriertem Wendegetriebe der Firma TAG. Bis 1934 waren die alten Daimler-Motoren so verschlissen, dass daraufhin die Wagen 706 bis 708 neue Büssing-DII-Motoren bekamen[366]. Die Triebwagen erhielten beim Umbau neue Radsatzgetriebe der Bauart AT 100 der Firma TAG.

Zwischen Frühjahr und Sommer 1940 wurden alle vier Triebwagen auf Flüssiggasbetrieb umgebaut. Für den Umbau waren acht große Gasflaschen vorgesehen[366]. In dem statistischen Monatsnachweis für Triebwagen vermerkt die RBD Nürnberg zum 31. Dezember 1940, dass 705 bis 708 auf Treibgasbetrieb umgebaut sind[367].

Die Bundesbahn plante noch den Austausch der Benzinmotoren gegen Dieselmotoren der Bauart A 6 M 617. Aufgrund der baldigen Ausmusterung wurde dieser jedoch nicht mehr durchgeführt.

Einsatz und Verbleib

Nach ihrer Anlieferung 1927 wurden die Triebwagen den Bw Liegnitz (705, 707) und Breslau Hbf (706, 708) zugeteilt. Wann eine Umsetzung von 707 und 708 erfolgte, ist nicht bekannt, jedoch gehörten sie im Dezember 1929 nachweislich zur RBD Altona, Bw Altona: 707 befand sich im RAW Wittenberge, 708 lief hier an 26 Tagen 1833 km, wovon 1375 km mit Beiwagen zurückgelegt wurden. Der Wagen 705 wies 19 Betriebs- und 9 Bereitschaftstage in Liegnitz auf und hatte 2709 km zurückgelegt, davon 1498 km mit Beiwagen[368]. Die RZA-Übersicht vom April 1929 hält für 705 und 706 als Heimat-RBD Breslau, für 707 und 708 die RBD Oldenburg fest. Im September 1930 gehören 705 zum Bw Liegnitz (RBD Breslau), 706 zum Bw Oldenburg und 707 und 708 zum Bw Altona.

Prinzipdarstellung der Antriebsanlage für die Triebwagen 705 - 708.

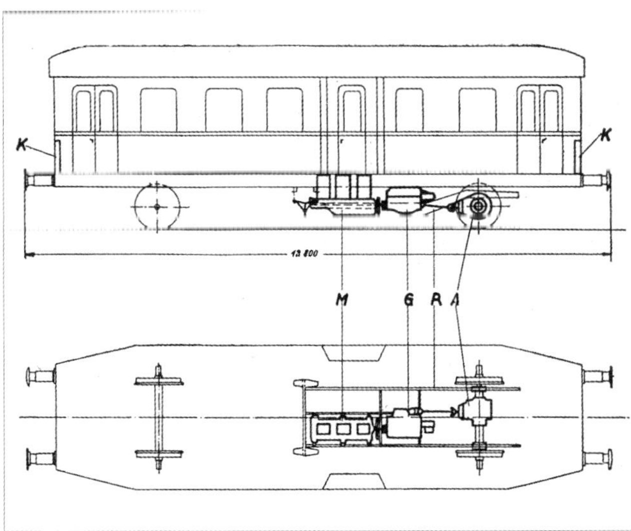

Der hier als „706 Breslau“ ausgewiesene Werdauer Triebwagen kam 1930 in die RBD Oldenburg und von dort in die RBD Nürnberg. Das zwischen 1927 und 1929 entstandene Foto zeigt ihn ebenfalls in grünem Anstrich.

Mitte der 1930er-Jahre gehörten die Triebwagen 706 - 708 zum Bw Bamberg und befuhren die zahlreichen Nebenbahnen in Franken. Wagen 707 ist hier am 8. Mai 1938 im Leinleitertal bei Heiligenstadt unterwegs. *Sammlung Dirk Winkler (2)*

Im Juni 1933 kam 705 nach Bamberg, später dann allerdings nach Liegnitz zurück. Dafür liefen 708 ab 1930 und 707 ab 1932 in Bamberg. Der 706 wurde 1930 von Breslau nach Liegnitz und spätestens 1933 auch nach Bamberg umbeheimatet. Nach dem Reichsbahn-Nummernplan für Triebwagen vom Januar 1937, der bis zirka 1942 nachgetragen wurde, waren die Benzol-Triebwagen dieser Bauart dann wie folgt verteilt: 705 in Liegnitz, 706 - 708 in Bamberg.

Neben den o.g. Umbauten war die Mitte der 1930er-Jahre durch geplante, durchgeführte und wieder aufgehobene Ausmusterungen zweier dieser Wagen geprägt. Die RBD Breslau wandte sich im Juli 1937 an das RVM mit dem Antrag, den 705 ausmustern und zum Bahndienstwagen umbauen zu dürfen. Die Maschinenanlage war *„überaltert und bis zur Grenzen ihrer Leistungsfähigkeit beansprucht“*. Das RZA München *„sah von dem Einbau eines 110 PS-Büssing-Motors mit Flüssigkeitsgetriebe ab und befürwortete die Ausmusterung“*[369].

Nachdem 706 durch einen Zusammenstoß mit einem Lkw schwer beschädigt war, wurde erwogen, den 705 an die RBD Nürnberg abzugeben, mit der Maschinenanlage des 706 instandzusetzen und den 706 auszumustern[370-371]. Da die Bamberger Wagen 706 - 708 in ständigem Planeinsatz standen und Ersatz nur mit Dampfzügen gestellt werden konnte, prüfte und befürwortete das RZA München 1938 die Instandsetzung des 705 mit vorhandenen Tauschteilen im RAW Nürnberg, um den Wagen als Reservewagen nutzen zu können[372]. Anfang Mai 1939 meldete die RBD Nürnberg die erfolgreiche Instandsetzung des 705 und seinen Betriebseinsatz seit dem 3. April 1939 in Bamberg[373]. Hingegen wurde der Unfallwagen 706 mit Verfügung vom 13.8.1937 ausgemustert. Allerdings hatte das RAW Nürnberg bereits den Wiederaufbau begonnen und soweit gefördert, dass die

Technische Daten

Betriebsnummer			705-708	705	706-708 (VT 86.9)
Gattungsbezeichnung			CDvT-25 / CvT-25	BCvT-25/30	CvT-25/30
Übersichtszeichnung			f 2107	f 2107	f 2107
Radsatzanordnung			A1	A1	A1
Hersteller	Wagenteil		Werdau	Werdau	Werdau
	Motor		Daimler	Daimler	Büssing
	Getriebe		Werdau	Werdau	Werdau
Höchstgeschwindigkeit		km/h	65	65	60
Länge über Puffer		mm	12800	12800	12800
ges. Radsatzabstand		mm	7000	7000	7000
Treibraddurchmesser		mm	1000	1000	1000
Laufraddurchmesser		mm	1000	1000	1000
Sitzplätze	2. Klasse		-	9	-
	3. Klasse		46	30	46
Stehplätze			14	27	31
Plätze gesamt			60	66	77
Dienstmasse	unbesetzt	t	19,7	19,8	21,0
	besetzt	t	23,2	24,8	24,5
	je Sitzplatz	kg	430	510	
	je lfd. m Wagenlänge	t	1,55	1,55	1,9
spez. Antriebsleistung		kW/t / PS/t	3,7 / 5,0	3,7 / 5,0	3,5 / 4,7
gr. Radsatzlast		t	12,5	12,5	10,8
Steuersystem			pneumatisch, einfach	pneumatisch, einfach	pneumatisch, einfach
Motor	Zahl / Bauart		1 / M 1574	1 / M 1574	1 / D2
	Masse	kg	660		
	Zyl./Durchm./Hub	mm	4 / 150 / 170	4 / 150 / 170	6 / 125 / 160
	Dauerleistung	PS	100	100	110
	Drehzahl	min^{-1}	1200	1200	1200
Art u. System d. Leistungsübertragung			mechanisch	mechanisch	mechanisch
Getriebebauart			Werdau		TAG RG 100
Zahl der Gänge			4	4	4
Motorsteuerung			mech., Seilzug	pneumatisch	pneumatisch
Getriebesteuerung			pneumatisch	pneumatisch	pneumatisch
Wendegetriebesteuerung			pneumatisch	pneumatisch	pneumatisch
Kraftstoffvorrat		l	2 x 90	2 x 90	2 x 90
Heizung			Whz	Whz	Whz
Beleuchtung, Stromart, Spannung			el, 12 V, sp. 24 V	el, 12 V, sp. 24 V	el, 12 V, sp. 24 V
Bremse			Kbr (Kl)	Kbr	Kbr

Einer der zur RBD Nürnberg gehörenden Wagen 706 – 708 wurde auch zeitweise auf der Sekundärbahn von Erlangen über Eschenau nach Gräfenberg eingesetzt. Im Bild ein Wagen vom Haltepunkt Zollhaus in Erlangen kommend, der gleich den unbeschrankten Übergang der Henkestraße passieren wird. *Sammlung Gerd Nowak*

Auf der Strecke von Forchheim nach Höchstadt an der Aisch war Wagen 708 eingesetzt. *Sammlung Dirk Winkler*

Ausmusterungsverfügung nicht mehr zur Ausführung kam[374]. Interessant ist in diesem Zusammenhang ein Vermerk auf dem erhaltenen Betriebsbuch des 706, der aufführt: *„Betriebsnummer 706 (jetzt 705)“*[375].

Die Benzolfahrzeuge konnten die Kriegsjahre über weiter verkehren. Im Laufe der zweiten Jahreshälfte 1940 erfolgte der Umbau auf Treibgasbetrieb. Die Aufstellung vom Januar 1941 nennt alle vier Fahrzeuge als im Betrieb befindlich in der RBD Nürnberg. Bis Dezember 1942 waren zumindest zwei der vier Fahrzeuge ständig in Betrieb[376-377]. Im August 1943 brannte 707 aus und musste daraufhin ausgemustert werden. Ende 1943 sowie im Frühjahr 1944 waren dann die drei übriggebliebenen Fahrzeuge weiterhin in der RBD Nürnberg im Einsatz[378-379].

Nach Kriegsende nennt eine erste Erfassung der RBD Nürnberg vom Juli 1945 die Wagen 705, 706 und 708 weiterhin als Fahrzeuge des Bw Bamberg[380]. Sie waren im November 1948 nachweislich im Betrieb und bereits mit den neuen Nummern 86 900 - 902 verzeichnet. Der 705 verfügte zu diesem Zeitpunkt über Salon, Schlafraum und Küche und war für das amerikanische Militär im Einsatz, die beiden anderen Wagen liefen im Planverkehr[381]. Der Rückumbau vom Gas- auf Flüssigkraftstoffbetrieb erfolgte beim Triebwagen 706 im RAW Nürnberg im Mai 1949[382].

Die DB setzte die Fahrzeuge bis Anfang der 50er-Jahre noch ein, dann erfolgte ihre Ausmusterung:

- 705 / 86 900: ausgemustert 20.09.1954
- 706 / 86 901: ausgemustert 05.01.1954
- 708 / 86 902: ausgemustert 20.07.1953

Der VT 86 902 wurde 1954 in nicht betriebsfähigem Zustand an die Niederweserbahn verkauft. Dort war ein Wiederaufbau als T 115 geplant, der jedoch nicht beendet wurde. Der geplante Weiterverkauf des unfertigen Wagens an die Wilstedt-Zeven-Tostedter Eisenbahn kam nicht zustande. 1961 wurde der ehemalige Triebwagen teilweise zerlegt - der Wagenkasten fand als Übernachtungsraum im Bahnhof Sandstedt Verwendung[383].

Eine besondere Rarität ist die vor Kriegsende entstandene Farbaufnahme des 708 bei Bamberg. *Sammlung Robin Garn*

709 - 712 (CvT-25a)

Entstehungsgeschichte

Neben den vier Benzol-Triebwagen, die in Werdau beauftragt wurden, gab die Reichsbahn auch an die Waggonfabrik Gotha 1925 einen Auftrag über vier Fahrzeuge. Die Gestaltung des Wagenkastens sollte den Werdauer Wagen folgen, der Motor wiederum von der NAG, das Getriebe aus Gotha kommen. Alle vier Wagen wurden unter der Gattung CCvT-25b im Jahr 1926 abgeliefert. Sie sollten ursprünglich mit den Nummern 101-104 Erfurt laufen, kamen jedoch zur RBD Oldenburg. Die Reichsbahn reihte sie 1927 als 709 - 712 ein. Später erhielten sie die Gattungsbezeichnung in CvT-25a.

Aufbau und Technik

Im Gegensatz zu den Werdauer Wagen wurden die vier Gothaer in Stahlbauweise ausgeführt. Rahmen und Vorbauten bestanden aus vernieteten Stahlprofilen und Knotenblechen. Aufgrund der Stahlbauweise des Wagenkastens konnte auf ein Sprengwerk verzichtet werden. Das Wagenkastengerippe mit Kastensäulen, Ober- und Untergurten war ebenfalls genietet und mit aufgenieteten Blechen verkleidet. Das als Doppeldecke ausgebildete Dach war mit Doppeldrell belegt. Im Laufwerk aus genieteten Pressblech-Achshaltern waren die Achsen in Rollenlagern Bauart Fichtel & Sachs geführt. Der Wagenkasten stützte sich über einfach aufgehängte mehrlagige Federpakete auf den Achslagern ab. Die Gestaltung des Wagenkastens entsprach weitgehend den Werdauer Wagen (s. dort). Für die Entlüftung waren nur sechs Wendlerlüfter vorhanden.

Die Maschinenanlage war in einem Maschinenrahmen eingebaut, der wiederum in einem Hilfsrahmen montiert war, der an den Längsträgern des Hauptrahmens hing. Bei Arbeiten an der Antriebsanlage konnte der Maschinenrahmen durch Ausbau von Zwischenstücken aus Gummi-Metall-Elementen nach unten herausgenommen werden. Der 75-PS-NAG-Motor (rd. 55,2 kW) übertrug die Leistung über Kupplung und Gelenkwelle auf das Gothaer Schaltgetriebe und von dort zum Wendegetriebe, von wo es wiederum über eine Gelenkwelle auf das Radsatzgetriebe übertragen wurde. Die Kühlung des Motorkühlwassers erfolgte durch zwei stehende Dachkühler.

Die Batterie mit 12 V Spannung und 80 Ah Kapazität wurde durch eine Bosch-Lichtmaschine mit 225 W Leistung geladen. Für den Benzolmotor war ein elektrischer Anlasser vorhanden. Die Druckluft erzeugte ein Knorr-Luftverdichter V56/60.

Der Triebwagen besaß normale Zug- und Stoßvorrichtungen mit Hülsenpuffern, ein Druckluftläutewerk, Typhon sowie zwei elektrische Scheinwerfer an jedem Fahrzeugende. Batterie, Druckluftbehälter sowie zwei Kraftstoffbehälter waren unter dem Rahmen montiert. Als Bremse wirkte eine Knorr-Druckluftbremse beidseitig auf alle Räder, zusätzlich war eine Handspindelbremse als Feststellbremse vorhanden[384].

Zwischen Anfang August und Anfang September 1934 wurde der NAG Motor des Triebwagens 712 für den Betrieb mit Wasserstoff umgebaut[385-386]. Die Versorgung mit Wasserstoff erfolgte über zwei am Untergestell befestigte Druckgasflaschen für 80 m³ Wasserstoff. Mit dem Umbau wollte das RZM untersuchen, ob der Betrieb mit reinem Wasserstoff oder einem Benzin-Benzol-Wasserstoffgemisch möglich wäre und wirtschaftliche Vorteile erbrächte[387]. Die drei verbliebenen Wagen wurden zwischen Frühjahr und Sommer 1940 für den

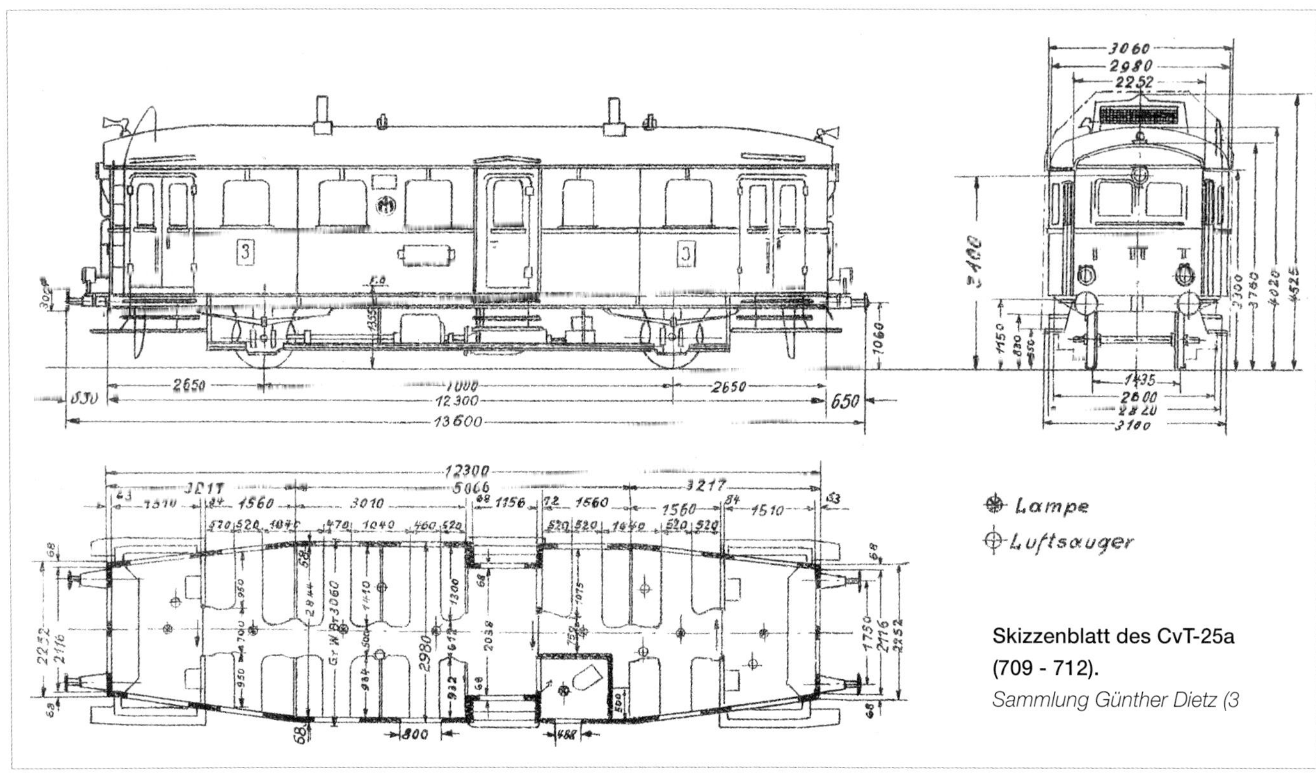

Skizzenblatt des CvT-25a (709 - 712).
Sammlung Günther Dietz (3

Von den Gothaer Triebwagen 709 - 712 existiert scheinbar nur diese eine Vorkriegsaufnahme, weshalb die schlechte Qualität entschuldigt werden mag. Das Bild zeigt den Wagen 709 der RBD Oldenburg. *Sammlung Günther Dietz*

Prinzipdarstellung der Antriebsanlage für die Triebwagen 709 - 712. *Sammlung Günther Dietz*

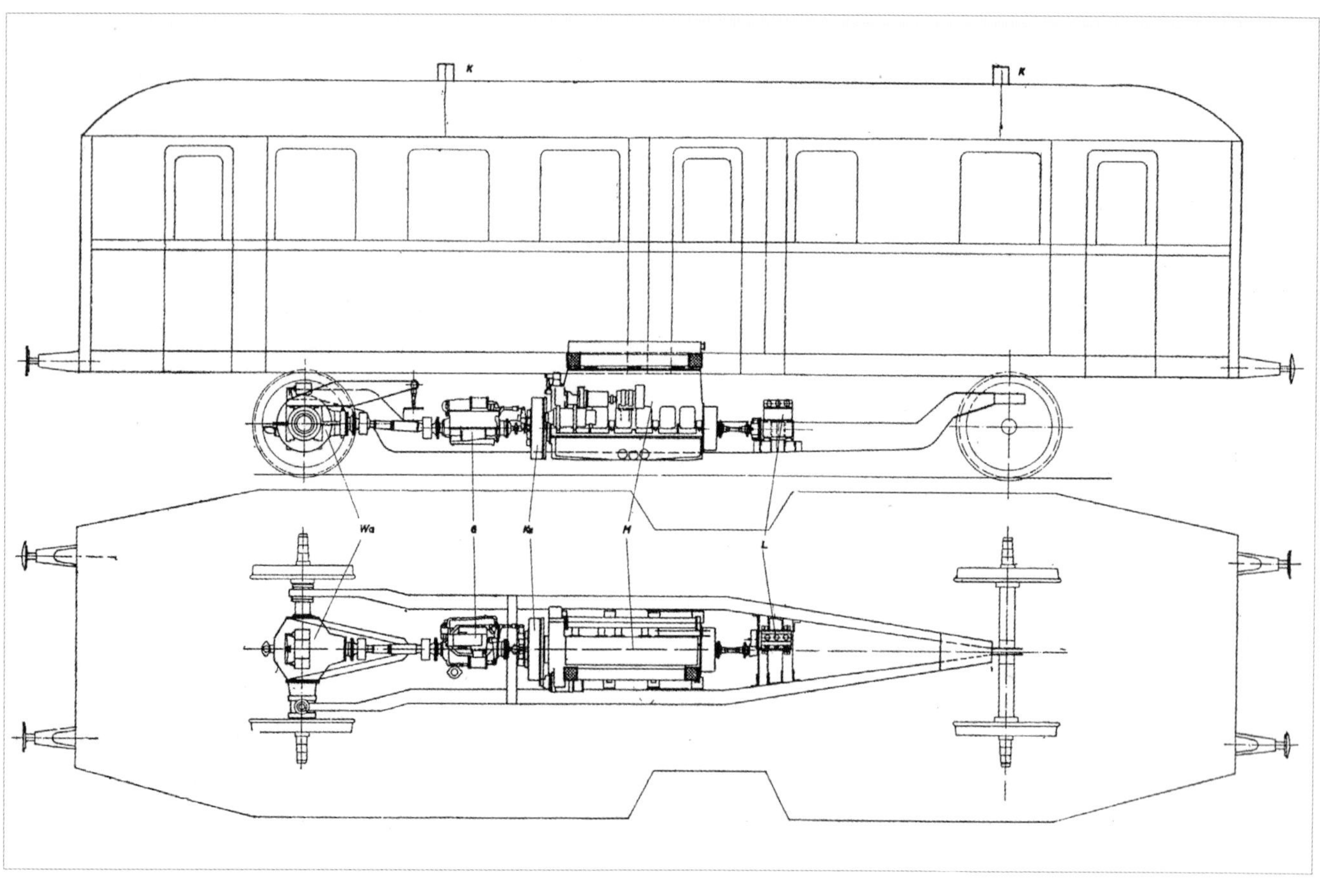

Betrieb mit Flüssiggas umgebaut. Für den Umbau der Wagen 709 sowie 711 und 712 auf Flüssiggasbetrieb waren vier kleine Gasflaschen notwendig[388].

Einsatz und Verbleib

Ursprünglich war die Zuordnung der vier Gothaer Wagen zur RBD Erfurt geplant. Unter den Nummern 101 - 104 Erfurt sollten die ersten beiden Triebwagen nach Coburg, die anderen beiden Fahrzeuge nach Saalfeld kommen. Der Aufnahmezettel der RBD Erfurt für die Wagen datiert auf den 29.11.1926 – sie wurden jedoch umgehend an das RAW Leinhausen überstellt[389]. Nach der Abnahme im RAW Leinhausen kamen sie dann nach Oldenburg, wo sie auch im September 1930 nachgewiesen sind.

Waren alle vier Wagen im Nummernplan 1933 noch in Oldenburg verortet, wies der Plan von 1934 die beiden Wagen 709 und 710 in Bremen aus, VT 711 und 712 gehörten weiterhin nach Oldenburg. Diese zweiachsigen Triebwagen hatten die gleichen Schwierigkeiten wie die anderen Fahrzeuge der ersten Versuchsbauarten, die kaum befriedigende Betriebsergebnisse vorweisen konnten. Probleme mit dem Maschinentragrahmen, den Speichenradsätzen, dem Wendegetriebe und den Drehmomentstützen führten zu häufigen Abstellzeiten. Die beschriebenen Schwierigkeiten und die Art ihrer Nutzung waren Veranlassung, Fahrzeuge dieser Bauart für Versuche zur Verfügung zu stellen.

Ende September 1933 wandte sich das zuständige RAW Wittenberge an das RZM mit dem Vorschlag, die *„stark verschlissenen Motoren“* der im wagenbaulichen Teil noch guten Triebwagen durch 100/110-PS-Büssing-Motoren (rd. 73,5/80,9 kW) zu ersetzen[390]. Befürchtungen der RBD Oldenburg, die höhere Motorleistung könnte zu Schäden an Kupplung und Getrieben führen, sah das RZM nicht[391]. Bis Ende November 1934 waren die Wagen allerdings noch nicht auf Büssing-Motoren umgebaut. Geplant war nun, die vier Triebwagen mit 180-PS-Vomag-Dieselmotoren (rd. 132,4 kW) auszurüsten[392]. Daraufhin ordnete die Reichsbahn-Hauptverwaltung Anfang 1935 an, in einen der beiden Triebwagen, 709 oder 710, einen Vomag-Dieselmotor einzubauen[393]. Ende März 1935 entschied das RZA München, dass der Motorenumbau für die Wagen 709, 711, 712 nicht mehr erfolgen solle, da sie nur für Personalzüge genutzt würden und hierfür ohne Umbau brauchbar wären. Zudem fiele aus dem Umbau des 710 eine Maschinenanlage als Ersatzteil ab[394].

Der Triebwagen 710 wurde von 1934 bis 1936 auf hydrodynamischen Antrieb mit Dieselmotor umgebaut. Er erhielt daraufhin die neue Betriebsnummer 820. Im Spätsommer 1934 erfolgte der Umbau des Wagens 712 zum versuchsweisen Betrieb u.a. mit Wasserstoff. Erste Versuchsfahrten des zur RBD Hannover gehörenden Triebwagens fanden im September 1934 statt. Aufgrund eines Motorschadens mussten die Versuche unterbrochen werden und konnten erst Anfang Dezember fortgesetzt werden[395-396]. Nochmalige Fahrten erfolgten Mitte Januar 1935[397].

Die beiden Wagen 711 und 712 blieben weiterhin im Einsatz und wurden vor 1937 nach Bremen Hbf umgesetzt. 709 befand sich 1937 in Oldenburg. Auch diese Otto-Motor-Triebwagen waren in den Kriegsjahren teilweise weiter eingesetzt und wurden ebenfalls im Laufe der zweiten Jahreshälfte 1940 auf Treibgasbetrieb umgebaut. Alle vier Gothaer Triebwagen sind in der Werksstatistik vom März, Juni und September 1940 als betriebsfähig abgestellt aufgeführt[398]. Das RZA München wies im Januar 1941 den 709 in der RBD Münster und 711 sowie 712 in der RBD Hannover als im Betrieb befindlich nach. Nach der Statistik vom September 1942 waren alle vier Fahrzeuge in Betrieb. Die Werksstatistik vom September 1944 weist hingegen 711 und 712 wieder als betriebsfähig abgestellt aus[399]. Die beiden Triebwagen 711 und 712 erhielten Bombenschäden und wurden am 25. Oktober 1944 vom RZA München ausgemustert. Auch 709 erlitt schwere Kriegsschäden. Nach Kriegsende standen die völlig ausgebrannten 709 und 711 im RAW Wittenberge. Beim Besuch der Ausmusterungskommission am 30. Juli 1949 wurde ihre Ausmusterung und Zerlegung vorgeschlagen[400]. Diese erfolgte wenig später.

Technische Daten

Betriebsnummer bei DRB und DR			709-712
Gattungsbezeichnung			BCvT-25a / CvT-25a
Übersichtszeichnung			A1-145 Gotha
Radsatzanordnung			1A
Hersteller	Wagenteil		Gotha
	Motor		NAG
	Getriebe		Gotha
Höchstgeschwindigkeit		km/h	60
Länge über Puffer		mm	13600
ges. Radsatzabstand		mm	7000
Treibraddurchmesser		mm	1000
Laufraddurchmesser		mm	1000
Sitzplätze	3. Klasse		44
Stehplätze			33
Plätze gesamt			77
Dienstmasse	unbesetzt	t	21,8
	besetzt	t	27,6
	je Sitzplatz	kg	495
	je lfd. m Wagenlänge	t	1,6
spez. Antriebsleistung		kW/t / PS/t	2,5 / 3,4
gr. Radsatzlast		t	13,8
Steuersystem			elektr.-pneumatisch, mehrfach
Motor	Zahl / Bauart		1 / KL 10 Z
	Masse	kg	700
	Zyl./Durchm./Hub	mm	8 / 120 / 170
	Dauerleistung	PS	75
	Drehzahl	min-1	950
Art u. System d. Leistungsübertragung			mechanisch
Getriebebauart			3.01
Zahl der Gänge			4
Motorsteuerung			elektr.-magnetisch
Getriebesteuerung			elektr.-pneumatisch
Wendegetriebesteuerung			elektr.-pneumatisch
Kraftstoffvorrat		l	160
Heizung			Whz
Beleuchtung, Stromart, Spannung			el. = 12 V
Bremse			Kbr (Klotz)

Werkaufnahme eines Triebwagens aus der Nummernreihe 713/714 bis 715/716, hier noch in der Ausführung mit Abteilen 3. und 4. Klasse. *Sammlung Günther Dietz*

713/714 - 715/716 (CüvT+BCüvT-24/30, BCüvT+CütrvT-24/29)

Entstehungsgeschichte

Zu den im Beschaffungsjahr 1924 vergebenen ersten Aufträgen für Verbrennungs-Triebwagen gehörten auch zwei Doppeltriebwagen, die 1926 von Wegmann in Kassel an die Reichsbahn geliefert wurden. Die Doppelwagen wurden als Gattung CD4vT-24c in Dienst gestellt und erhielten die Nummern 101/102 Halle und 101/102 Cassel. Infolge des neuen Nummernplanes wurden sie 1927 als 713/714 und 715/716 geführt, 1928 als Gattung CC4vT-24c. Ein erster Wagen war bereits 1925 auf der Deutschen Verkehrsausstellung in München ausgestellt[401].

Aufbau und Technik

Das mit Blech verkleidete Wagenkastengerippe und der Rahmen mit Vorbauten bestanden aus vernieteten Stahlprofilen. Die innere Verkleidung sowie das Dach waren aus Holz. Genietete Pressblech-Achshalter führten die in Rollenlagern Bauart Norma gelagerten Achsen. Der Wagenkasten stützte sich über einfach aufgehängte mehrlagige Federpakete auf den Achslagern ab. Beide Einzelwagen waren durch eine Kurzkupplung miteinander verbunden und besaßen Übergangsbrücken und Faltenbalg. An den äußeren Fahrzeugenden besaßen sie Zug- und Stoßeinrichtungen der Regelbauart.

Im Bereich der Vorbauten befanden sich die Führerstände mit der Motorenanlage, die mit einer Haube abgedeckt war. Der linke Bereich im Führerstand diente dabei als Gepäckraum. Hinter dem folgenden Einstiegsbereich waren im ersten Wagen zwei Abteile 3. Klasse mit insgesamt 50 Sitzplätzen auf Bänken aus Eschenholz in der Sitzteilung 2+3 vorhanden. Zwischen den Sitzbänken waren halbhohe Trennwände montiert, über den Bänken befanden sich die Gepäcknetze, die an Messingstangen montiert waren. Die Trennwände zu den Einstiegsräumen besaßen Schiebetüren und Fenster in den festen Bereichen. Es folgte ein kleiner Einstiegsraum, der einseitig in Fahrtrichtung links eine Dreh-

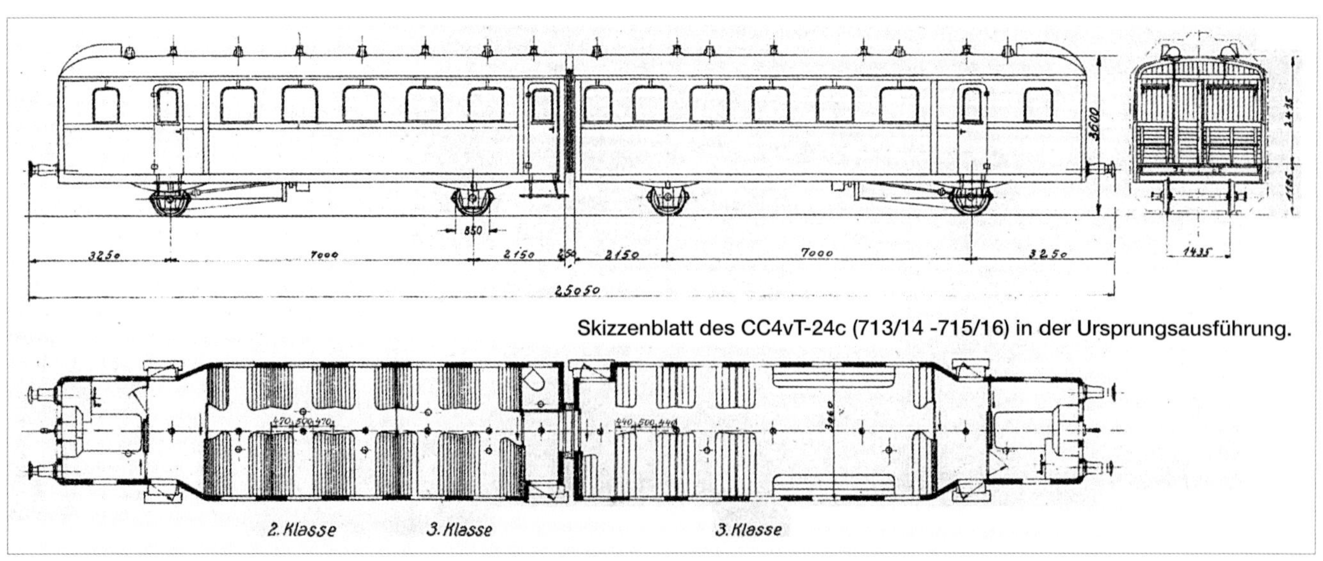

Skizzenblatt des CC4vT-24c (713/14 -715/16) in der Ursprungsausführung.

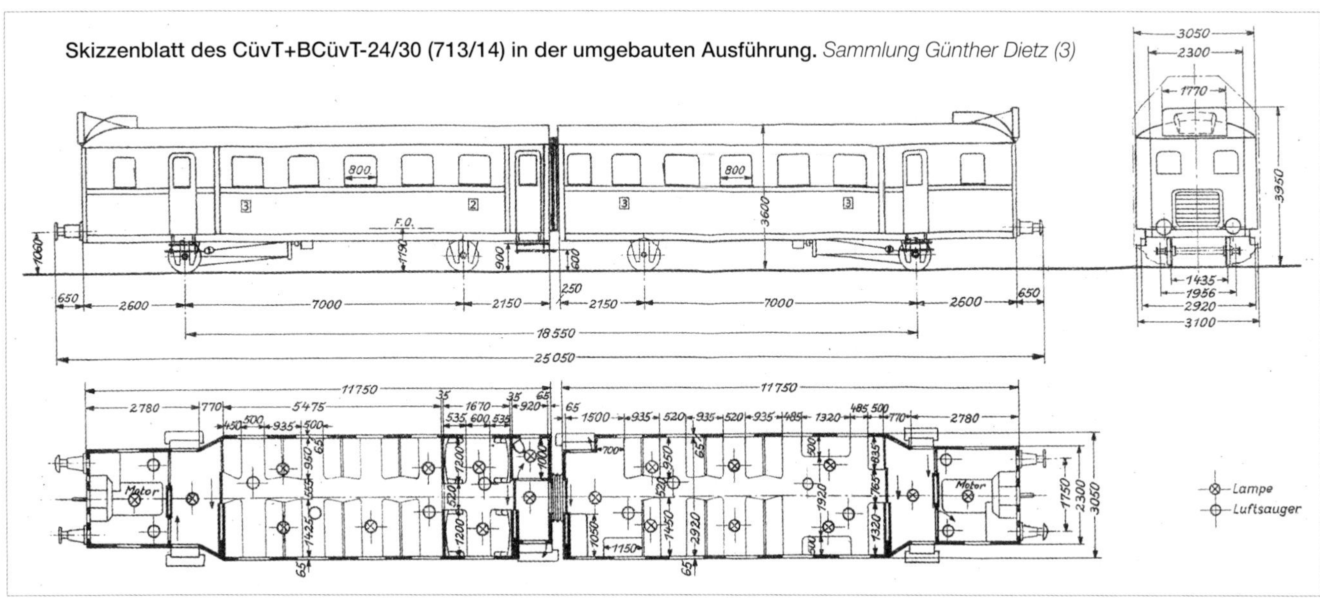

Skizzenblatt des CüvT+BCüvT-24/30 (713/14) in der umgebauten Ausführung. *Sammlung Günther Dietz (3)*

tür besaß, auf der gegenüberliegenden Seite befand sich ein Abort mit Leibstuhl. Im darauf folgenden Wagen 4. Klasse folgte dem Einstiegsraum mit einseitiger Tür (rechts) ein Traglastenabteil mit Holzlattenbänken an der Wagenlängsseite sowie ein abgetrennter Bereich mit Querbänken. Die 4. Klasse besaß insgesamt 42 Sitz- und 34 Stehplätze. An der Wagenlängsseite waren über den Fenstern Gepäckablagebretter montiert.

Die Fußböden waren mit Triolinbelag versehen, einem Kunststoffmaterial, das hauptsächlich aus Nitrozellulose, Füllstoffen und Gelatinierungsmitteln auf einem Gewebe aus Hanffasern basierte. Die Fenster der Fahrgasträume waren herablassbar und mit Feststellvorrichtungen der Bauart Pintsch und Ausgleichsvorrichtung der Bauart Wegmann versehen. Alle Druckrahmen und Leisten wurden aus naturlasiertem Eichenholz gefertigt, die Zwischen- und Kopfwände besaßen Rahmen aus Eichenholz mit Füllung. Die kurzgekuppelten Wagenenden waren mit einer Übergangseinrichtung ohne Türen sowie einem Faltenbalg ausgestattet.

Antriebsanlage und Motorkühlung entsprachen den Triebwagen 701 bis 704 (s. dort). Die Triebwagen besaßen Druckluftläutewerke, Typhone sowie zwei elektrische Scheinwerfer an jedem Fahrzeugende. Die Batterie, Druckluftbehälter so-

Der NAG-Sechszylindermotor. *Sammlung Günther Dietz*

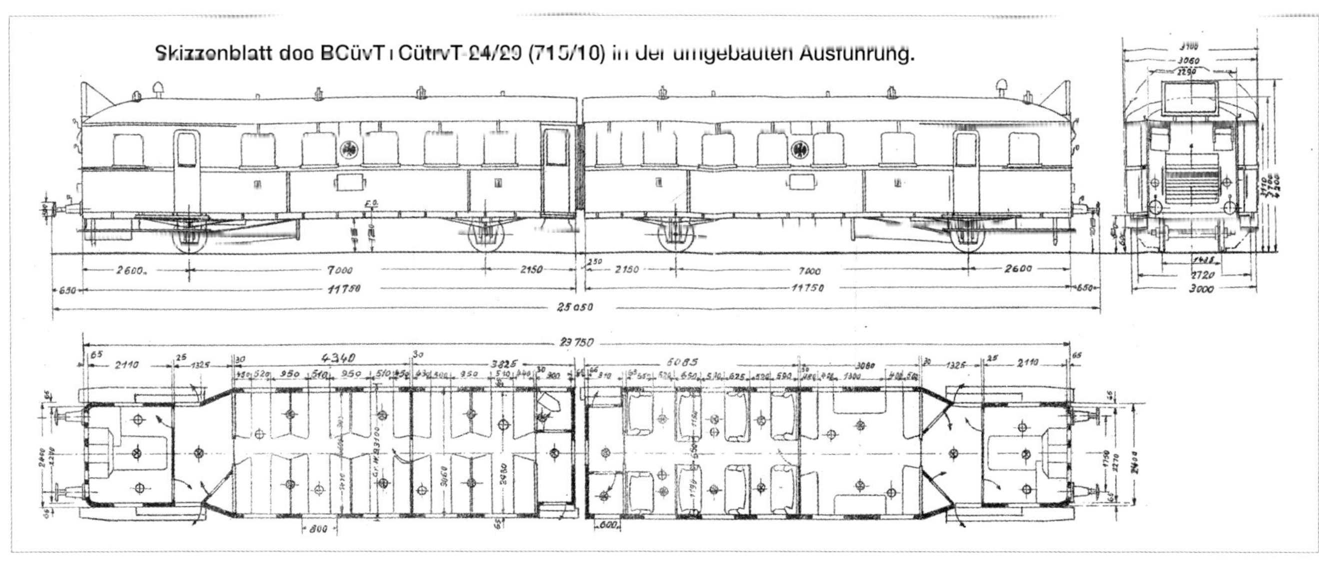

Skizzenblatt des BCüvT+CütrvT-24/29 (715/10) in der umgebauten Ausführung.

Blick in ein Abteil 3. Klasse mit den seinerzeit typischen Holzlattenbänken.

wie zwei Kraftstoffbehälter waren unter dem Rahmen montiert. Die Knorr-Druckluftbremse wirkte beidseitig auf alle Räder, zusätzlich war eine Handspindelbremse als Feststellbremse vorhanden[402-403-404].

Ab Winterfahrplan 1928 liefen die Triebwagen als reine 3.-Klasse-Wagen. Bis April 1929 wurden in beiden Doppeltriebwagen Abteile 2. Klasse durch Auflegen von Flachpolstern geschaffen. Der 713/714 Halle erhielt dadurch 30 Sitzplätze, der Wagen 715/716 Kassel 16 Sitzplätze 2. Klasse[405-406].

Da beiden Direktionen diese Variante als nicht ausreichend erschien, erfolgte Ende 1929/Anfang 1930 ein genereller Umbau der Fahrgasträume. Für den Doppeltriebwagen 715/716 Kassel wurde im Wagen 3. Klasse am Wagenende ein Abteil 2. Klasse mit acht gepolsterten Sitzplätzen eingebaut. Im Wagen 4. Klasse wurden die Holzlattensitzbänke entfernt und durch Bänke aus Eschenholzleisten ersetzt sowie der Traglastenbereich verkleinert. Der Doppelwagen verfügte nun über acht Sitzplätze 2. Klasse und 35+43 Sitzplätze 3. Klasse. Die Gattungsbezeichnung wurde auf BCüvT+CütrvT-24/29 geändert.

Der Doppeltriebwagen 713/714 Halle wurde 1930 umgebaut. Im 3.-Klasse-Wagen wurden die Flachpolster wieder entfernt, so dass nun zwei durch eine Trennwand geteilte Ab-

Wesentlich spartanischer war die Einrichtung in der 4. Klasse. Im Vordergrund die Längsbänke im Traglastenbereich.
Sammlung Günther Dietz (2)

teile 3. Klasse vorhanden waren. Im Wagen 4. Klasse wurden die Holzlattenbänke entfernt und im hinteren Fahrgastraum ein Abteil 2. Klasse mit 14 gepolsterten Sitzplätzen in der Sitzteilung 2+2 eingerichtet. Hinter einer Trennwand mit Drehtür folgte ein Traglastenraum 3. Klasse mit neuen Holzleistensitzen. Der umgebaute Doppeltriebwagen führte nun die Gattung CüvT+BCüvT-24/30.

715/716 erhielt später zusätzlich auf dem Dach vor der Ansaughutze Wabenkühler zur Verbesserung der Motorkühlleistung. Auch hier erfolgte der Umbau auf Flüssiggas zwischen Frühjahr und Sommer 1940. Für den Umbau auf Treibgasbetrieb waren acht kleine Gasflaschen notwendig[407]. Zudem wurden 1941 Dampfheizanschlüsse mit Einblasventil montiert.

Einsatz und Verbleib

Die beiden Doppeltriebwagen 101/102 Halle und 101/102 Kassel wurden nach ihrer Ablieferung dem Bw Torgau und dem Bww Kassel Hbf zugeteilt. Der Torgauer Doppeltriebwagen leistete im Dezember 1929 an 22 Tagen 6144 km, dabei 4688 km mit Beiwagen[408].

Für den September 1930 ergeben sich folgende Zuteilungen: 713/714 Bw Torgau (RBD Halle), 715/716 Bw Nordhausen (RBD Kassel). In den Nummernplänen von 1933 und 1934 ist 713/714 in der RBD Münster, Bw Gronau, der 715/716 weiterhin in der RBD Kassel, Bw Nordhausen, verzeichnet. Das Bw Gronau nahm den Wagen zum 17. März 1932 auf[408]. Der Nummernplan von 1937 nennt für 713/714 das Bw Gronau, mit der handschriftlichen Änderung in Bw Rheine. 715/716 war dem Bw Nordhausen zugeteilt. Im Januar 1941, nach dem Flüssiggasumbau, scheint sich an dieser Zuordnung nichts geändert zu haben. 713/714 ist ab Frühjahr 1942 in Rheine P betriebsfähig abgestellt[410].

Beide Fahrzeuge überstanden den Krieg. 713/714 wurde in der Bi-Zone im Bw Rheine erfasst und erhielt im Umzeichnungsplan von 1947 noch die Nummer 87 900 a/b, wurde jedoch im Juli 1950 von der DB ausgemustert. 715/716 verblieb bei der Deutschen Reichsbahn, und wurde zum 1.7.1946 im Bw Gotha als Fahrzeug im Betriebspark erfasst[411]. Trotz der recht störanfälligen Antriebsanlage soll er vom Bw Nordhausen aus bis 1958 meist auf der Strecke Berga-Kelbra – Stolberg gelaufen sein. Im Bw Erfurt G soll er anschließend auf Antrieb mit Mercedes-Benz-Dieselmotoren umgebaut worden sein. Nach dem Umbau gelangte 715/716 zum Bahnhof Ebeleben, wo er bis 1960 verblieb. Anfänglich lief er als FDJ-Jugendzug in elfenbein/blauer Farbgebung. Später erhielt die Garnitur wieder ihre alte elfenbein/rote Farbgebung zurück. Da sich die geänderte Antriebsanlage scheinbar nicht bewährte, wurde der Triebwagen ausgemustert und 1960/61 im Raw Dessau zu einem Doppel-Beiwagen umgebaut.

Unter der neuen Nummer 140 604/605 war der Doppelbeiwagen zunächst im Bw Naumburg stationiert, kam 1962 wieder nach Nordhausen und war ab etwa 1964 wieder in Ebeleben[412]. Beheimatet war das Gespann beim Bw Gotha. Bespannt mit einer V15 sowie später einer Diesellok der BR 102 wurde er bis 1973 auf den von Ebeleben ausgehenden Strecken eingesetzt. Anschließend kam er nach Jerichow und ab 1974 nach Saalfeld. Beide Teilwagen trugen ab 1970 die

Technische Daten

Betriebsnummer			713/714, 715/716
Gattungsbezeichnung			CüvT+DütrvT-24
Übersichtszeichnung			1686a Wegmann
Radsatzanordnung			A1+1A
Hersteller	Wagenteil		Wegmann
	Motor		NAG
	Getriebe		NAG
Höchstgeschwindigkeit		km/h	60
Länge über Puffer		mm	25050
ges. Radsatzabstand		mm	7000+4550+7000
Treibraddurchmesser		mm	850
Laufraddurchmesser		mm	850
Sitzplätze	3. Klasse		50
	4. Klasse		42
Stehplätze			42
Plätze gesamt			134
Dienstmasse	unbesetzt	t	18,7+18,7 = 37,4
	besetzt	t	44,3
	je Sitzplatz	kg	407
	je lfd. m Wagenlänge	t	1,49
spez. Antriebsleistung		kW/t / PS/t	2,9 / 4,0
gr. Radsatzlast		t	12,3
Steuersystem			elektr.-pneumatisch, mehrfach
Motor	Zahl / Bauart		2 / KL 10 Z
	Masse	kg	700
	Zyl./Durchm./Hub	mm	6 / 120 / 170
	Dauerleistung	PS	75
	Drehzahl	min-1	950
Art u. System d. Leistungsübertragung			mechanisch
Getriebebauart			WG70
Zahl der Gänge			4
Motorsteuerung			elektr.-pneumatisch
Getriebesteuerung			elektr.-pneumatisch
Wendegetriebesteuerung			elektr.-pneumatisch
Kraftstoffvorrat		l	300
Heizung			Whz
Beleuchtung, Stromart, Spannung			el. = 12 V
Bremse			Kbr (Kl)

Nach Kriegsende verblieb der Wagen 715/716 bei der DR. Mit großem FDJ-Emblem und in blauem, statt weinrotem Anstrich unterhalb der Fenster steht der Doppelwagen hier 1955 in Crossen.
Sammlung Günther Dietz

Am 22. April 1979 war der Doppelbeiwagen bei Lichte Ost hinter einer der Saalfelder 95 im Schlepp.
Foto: Michael Malke. Sammlung Günther Dietz

neuen EDV-Nummern 190 854-0 und 190 855-7. Der 190 855-7 war bis 2004 als Ferienheim in Lichtenhain genutzt und wurde anschließend verschrottet, der 190 854-0 stand zunächst in Schwarze Pumpe und später ohne Fahrgestell in Probstzella als Bahnhofswagen.

Das Raw Dessau baute den Wagen 1960/61 in den Doppelbeiwagen 140 604/605 um. Ab 1970 als 190 854-0 und 190 855-7 geführt, weilte er im September 1974 in Ebeleben.
Foto: Bernd Schröder. Sammlung Dirk Winkler

717 (CDvT-24a)

Entstehungsgeschichte

Die Gothaer Waggonfabrik hatte 1923 nach mehrjährigem Studium einen ersten Benzol-Triebwagen (Werk-Nr. 105) gebaut, der 1924 auf der Seddiner Ausstellung gezeigt wurde. Das Fahrzeug, das sich eng an den damaligen Stand des Waggonbaus anlehnte, besaß einen 75-PS-NAG-Motor und war so ausgelegt, daß es bis zu zwei Wagen mitführen konnte[413]. Trotz zahlreicher Probefahrten auf Reichsbahnstrecken mit und ohne angehängte Wagen blieb der Seddiner Triebwagen vorerst Eigentum der Waggonfabrik. Erst im Sommer 1927 entschloss sich die Reichsbahn, den Probewagen (Werk-Nr. 105) zu übernehmen[414]. Der von der DRG angekaufte Triebwagen wurde unter der Nummer 717 eingereiht. Als Gattung war CCvT-24a angegeben.

Aufbau und Technik

Die Konstruktion des Triebwagens war eng an den damaligen Stand des Waggonbaus angelehnt. Rahmen und Wagenkastongerippe bestanden aus vernietetem Profilstahl. Das Wagenkastengerippe war außen mit Stahlblech verkleidet. Zu den Wagenenden hin war der Wagenkasten abgeschrägt und ähnolte in der Bauform den zwischen 1922 und 1925 gelieferten vierachsigen Reisezugwagen der DRG, den sogen. „*Hechtwagen*". Das Dach bestand im Bereich des abgeschrägten Einstiegsbereiches aus Stahlblech, dazwischen bestand es aus mit Segeltuch bespannten Holzlatten.

Der Fahrgastraum gliederte sich in ein Abteil 3. Klasse und ein Abteil 4. Klasse und bot insgesamt 45 Sitzplätze. Die 3. Klasse verfügte über Holzlattensitzbänke in der Sitzeinteilung von 2 zu 2. In der 4. Klasse waren acht Sitzplätze auf vier Bretterbänken quer zur Fahrzeuglängsachse an den Trennwänden angebracht, ansonsten waren zwei Brettersitzbänke längs an den Fahrzeugwänden montiert. Die Fenster waren herablassbar ausgeführt. Zwischen den Fenstern befanden sich Gepäcknetze. Für die Belüftung waren acht Lüfter der Bauart Wendler installiert. Für die Heizung besaß der Triebwagen einen Abgas-Wärmetauscher, in dem die Abwärme der Auspuffgase zum Erzeugen von Niederdruckdampf verwendet wurde. Zwischen den Einstiegsräumen sowie den beiden Abteilen befanden sich Trennwände mit Schiebetüren. In den Einstiegsräumen befanden sich die mittig angeordneten Führerstände. Sämtliche Hebel und Schalter sowie die Anzeigeinstrumente waren in einem Pult eingebaut, das mit einem Rolladen verschlossen werden konnte.

Motor und Getriebe waren in einem eigenen Tragrahmen montiert, der in der Mitte unterhalb des Wagenkastenrahmens fest mit den Längsträgern vernietet war und zum Gleis mit einem Schutzblech abgeschlossen wurde, wobei der Motor so eingebaut war, daß er nicht in den Wagenkasten hineinragte. Über Bodenklappen konnten vom Wageninneren Wartungsarbeiten durchgeführt werden. Der Triebwagen besaß einen Sechszylinder-Viertakt-Benzolmotor mit 75 PS (rd. 55,2 kW) Leistung. Direkt am Motor angebracht waren Kühlwasserpumpe, Lichtmaschine und Anlasser; der Druckluftkompressor wurde ebenfalls direkt vom Motor angetrieben. An den Motor war ein Viergang-Zahnradgetriebe angeflanscht, das über eine mit Rudge-Hardy-Scheiben versehene Welle das Drehmoment auf das Kegelrad-Radsatzwendegetriebe übertrug. Das Motorkühlwasser wurde in zwei Rippenrohrkühlern rückgekühlt, die unterhalb der Führerstände aufgehängt waren. Die Auspuffgase wurden über das Wagendach abgeleitet.

Der Wagen besaß normale Zug- und Stoßvorrichtungen, Druckluftläutewerke sowie drei elektrische Stirnlampen an jedem Fahrzeugende. Unter dem Rahmen waren Batterie sowie Druckluft- und Kraftstoffbehälter angebracht. Das Fahrzeug war mit einer Knorr-Druckluftbremse ausgerüstet, die beidseitig die Räder abbremste; als Feststellbremse war eine auf einen Radsatz wirkende Handspindelbremse vorhanden[415-416-417].

Einsatz und Verbleib

Die Gothaer Waggonfabrik führte mit dem Triebwagen 1925 zahlreiche Probefahrten in der RBD Erfurt durch[418]. Erst 1927 wurde das Fahrzeug „*durch Herrn Oberbaurat Breuer käuflich erworben*"[419]. Im Frühjahr 1929 wurde der Triebwagen 717 in

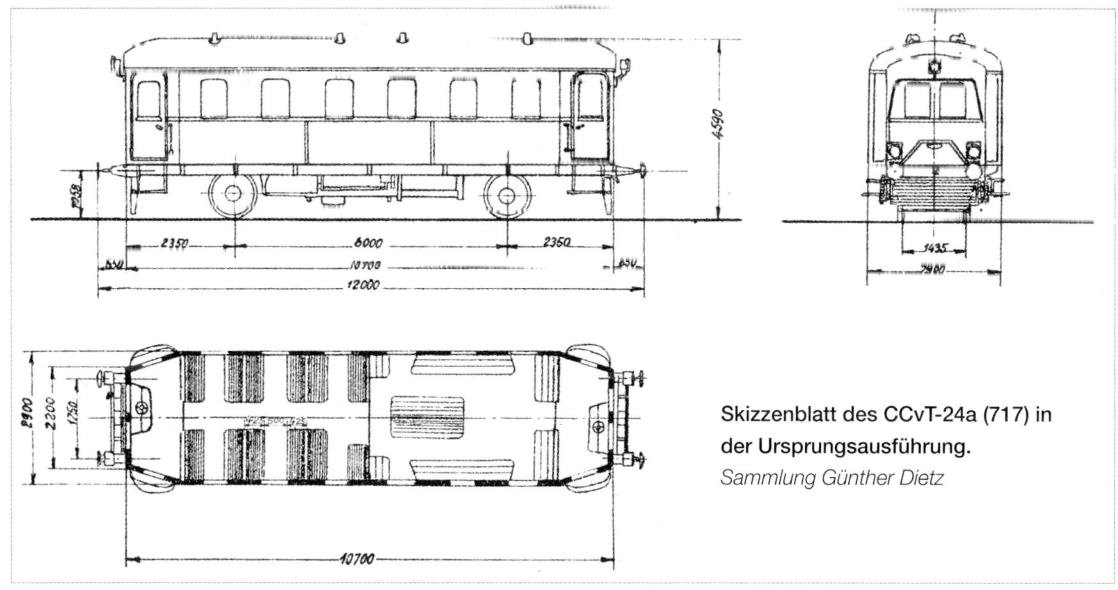

Skizzenblatt des CCvT-24a (717) in der Ursprungsausführung.
Sammlung Günther Dietz

Vom in Gotha gebauten Wagen 717 sind bisher keine weiteren Bilder bekannt. Einzig diese Reproduktion zeigt den erst 1927 von der DRG erworbenen und dann in den Direktionen Altona und Oldenburg eingesetzten Wagen.

Innenaufnahme des Fahrgastraumes des 717.
Sammlung Dirk Winkler (2)

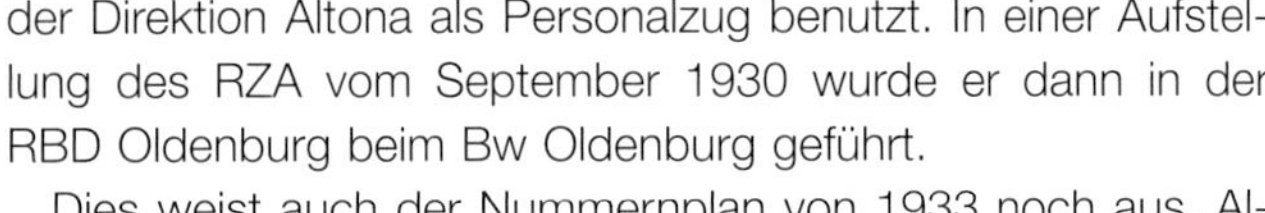

der Direktion Altona als Personalzug benutzt. In einer Aufstellung des RZA vom September 1930 wurde er dann in der RBD Oldenburg beim Bw Oldenburg geführt.

Dies weist auch der Nummernplan von 1933 noch aus. Allerdings findet sich hier bereits der Vermerk, dass der Wagen an Maybach zur Erprobung eines neuen Getriebes verliehen und die Maschinenanlage dafür ausgebaut war. Wann dies geschah, ist nicht bekannt. Das Merkbuch von 1932 weist ihn als CdT16 aus. Vermerkt ist, dass der Triebwagen *„als Dampftriebwagen vom RAW Tempelhof umgebaut"* sei und eine Ölfeuerung von Borsig erhalten hatte. Als Umbaujahr wurde 1931/32 vermerkt[420]. Allerdings bleibt fraglich, ob der Umbau erfolgte, da als DT 16 später ein Neubaufahrzeug eingereiht wurde. Vermutlich hatte man beim beginnenden Umbau festgestellt, daß sich das alte Fahrzeug nicht für den Einbau der gewünschten Doble-Anlage eignete. Die Zählliste von 1934 hält zu dem Fahrzeug nur weiterhin den Verleih an Maybach fest. Welche Versuche damit unternommen werden sollten, ist unbekannt. In der Aufstellung der Reichsbahn-Triebwagen vom Januar 1937 ist er nicht mehr aufgeführt.

Der zweite Gothaer Probewagen bei der DRG

Nach Seddin zeigte die Zweigniederlassung der Gothaer Waggonfabrik, die Bayerischen Waggon- und Flugzeugwerke Fürth, auf der Deutschen Verkehrsausstellung in München 1925 einen zweiten Benzol-Triebwagen (vmtl. Werk-Nr. 106). Dieses Fahrzeug war ebenfalls mit einem 75-PS-Motor ausgerüstet, besaß jedoch einen Radsatzabstand von 7000 mm und bot 50 Sitzplätze. Die Höchstgeschwindigkeit betrug 60 km/h[421]. Dieser zweite zweiachsige Benzol-Triebwagen war mit einem MAN-Motor ausgerüstet. Anders als beim ersten Wagen war die Rückkühlung des Motorkühlwassers hier über ein System von Rippenrohren auf dem Wagendach gelöst worden, die über einen Ventilator belüftet wurden und mit einer Blechhaube abgedeckt waren. Zudem war im Fahrgastraum bei diesem Wagen ein Abort eingebaut worden. Der zweite Probewagen wurde vorerst von der Reichsbahn nicht übernommen und 1927 der Westfälischen Landes-Eisenbahn (WLE) zum Kauf angeboten, der jedoch nicht zustande kam[422]. Allerdings muss zu einem späteren Zeitpunkt doch noch ein Ankauf durch die DRG erfolgt sein, denn der in der RBD Hannover unter der Nummer 724 001 eingesetzte Turmwagen entstand aus diesem zweiten Gothaer Probewagen. Wie auch bei anderen älteren Verbrennungs-Triebwagen wurde durch Umbau des Fahrzeuges ein Dienstfahrzeug für die Fahrleitungsmeistereien geschaffen[423].

Technische Daten

Betriebsnummer			717
Gattungsbezeichnung			CDvT-24a
Radsatzanordnung			1A
Hersteller	Wagenteil		Wf. Gotha
	Motor		NAG
	Getriebe		Wf. Gotha
Höchstgeschwindigkeit		km/h	60
Länge über Puffer		mm	12000
ges. Radsatzabstand		mm	6000
Treibraddurchmesser		mm	1000
Laufraddurchmesser		mm	1000
Sitzplätze	3. Klasse		45
Stehplätze			15
Plätze gesamt			60
Dienstmasse	unbesetzt	t	19,5
	besetzt	t	22,9
	je Sitzplatz	kg	365
	je lfd. m Wagenlänge	t	1,625
spez. Antriebsleistung		kW/t / PS/t	2,8 / 3,8
gr. Radsatzlast		t	
Motor	Zahl / Bauart		1 / KL 10 Z
	Masse	kg	700
	Zyl./Durchm./Hub	mm	6 / 120 / 170
	Dauerleistung	PS	75
	Drehzahl	min^{-1}	950
Art u. System d. Leistungsübertragung			mechanisch
Zahl der Gänge			4
Motorsteuerung			pneumatisch
Getriebesteuerung			pneumatisch
Wendegetriebesteuerung			pneumatisch
Kraftstoffvorrat		l	
Heizung			Whz
Beleuchtung, Stromart, Spannung			el. = 12 V
Bremse			Kbr (Klotz)

751 - 754 (BuC4vT-24/29, BC4vT-24/31, BC4vT-24/29/32)

Entstehungsgeschichte

Zu den ebenfalls bereits 1924 in Anschluss an die Seddiner Ausstellung bestellten Triebwagen gehören vier vierachsige Benzol-Triebwagen der DWK in Kiel. Die DWK war seit 1921 sehr aktiv im Bau von Triebwagen mit Verbrennungsmotoren und hatte bis 1925 bereits mehr als 50 Fahrzeuge ausgeliefert. So wundert es kaum, daß sich auch die Reichsbahn dazu entschloss, Triebwagen aus Kiel zu beziehen. Die vier mit Vertrag 03087/35.5.0002 bestellten Fahrzeuge wurden 1925 ausgeliefert und als C4vT-24 mit den Nummern 101 und 102 Altona sowie 101 und 102 Stettin in Dienst gestellt.

Aufbau und Technik

Die Fahrzeuge verfügten über einen Rahmen aus Eisenprofilen, an dem die Säulen der Seiten- und Stirnwände mit umlaufendem Dachspriegel aus Z- und Winkeleisen angenietet waren. Die aus 2 mm starkem Blech bestehenden Seitenwände waren tragend ausgebildet. Im Bereich der Vorbauten war der Wagenkasten von 2980 mm auf 2100 mm eingezogen. Der Wagenfußboden bestand aus 30 mm starkem Kiefernholz, das über einer 5 mm starken Schicht aus Wasserglas und Sand mit 7 mm starkem Linoleum belegt war. Unterhalb der Fensterbrüstungen waren die Seitenwände mit Kiefernholz, oberhalb mit poliertem Sperrholz bekleidet. Das Doppeldach bestand außen aus verzinktem Eisenblech, die innere, kassettenförmig aufgeteilte Decke aus Sperrholz.

Die an den Wagenenden befindlichen Einstiegsräume waren zugleich als Führerstand ausgebildet. Sie konnten über nach außen aufschlagende Holzdrehtüren betreten werden. Trennwände mit Schiebetüren teilten die Einstiegsräume von den Fahrgasträumen ab. In den beiden Abteilen 3. Klasse standen insgesamt 78 Sitzplätze auf Eschenholzlatten-Sitzbänken in der Sitzteilung 2+3 sowie der über der Motorhaube befindlichen Doppel-Längsbank (darauf zwölf Sitzplätze) und zehn Stehplätze in den Fahrzeugen zur Verfügung. Im größeren Abteil befand sich neben dem Einstiegsraum ein Abort mit Leibstuhl. Am gegenüberliegenden Fahrzeugende befand sich ein Postraum mit Scherengitter. Die Seitenwandfenster mit oberen Lüftungsklappen sowie die Mittelfenster der Stirnwände waren herablassbar. Für die Entlüftung standen neun Grove-Luftsauger zur Verfügung. Über den Fenstern waren Gepäcknetze montiert.

Die Drehgestelle bestanden aus genietetem Profileisen. Der Wagenkasten war in kugelförmigen Drehpfannen auf den auf außen liegenden Blattfedern aufgesetzten Drehgestellwiegen abgestützt. Der Drehgestellrahmen stützte sich über Schraubenfedern und mehrlagige Blattfedern auf den in SKF-Norma-Rollenlagern laufenden Radsätzen ab.

Die Maschinenanlage ruhte in einem besonderen Maschinenrahmen, der an seinen Enden auf den Drehgestellen in den Spurpfannen abgestützt war. Der 150-PS-DWK-Benzolmotor (rd. 110,3 kW) übertrug sein Drehmoment über eine Gelenkwelle zum Wechsel-/Wendegetriebe und von dort über Gelenkwellen zu den Radsatzgetrieben der innen liegenden Achsen. Die jeweiligen Endgeschwindigkeiten der Gänge waren 12/24/38/60 km/h. Im Maschinenrahmen war auch der Brennstoffbehälter befestigt. Zur Rückkühlung des Motorkühlwassers waren auf dem Fahrzeugdach drei parallel geschaltete Lamellenkühler installiert.

Die Wagen verfügten über normale Zug- und Stoßvorrichtungen. An den Kopfenden waren zwei Scheinwerfer montiert, mittig am Dachspriegel eine Signalstütze. Ferner besaßen die Fahrzeuge druckluftbetätigte Läutewerke und Typhone[424-425-426].

Die beiden zur RBD Altona gehörenden Wagen 751 und 752 sowie der Stettiner Wagen 754 erhielten bis April 1929 Sitzplätze 2. Klasse durch Einlegen von Flachpolstern. Für die Wagen 751 und 752 erfolgte dies nach Einbau einer Trennwand mit Schiebetür etwa mittig für 30 Sitzplätze, bei dem

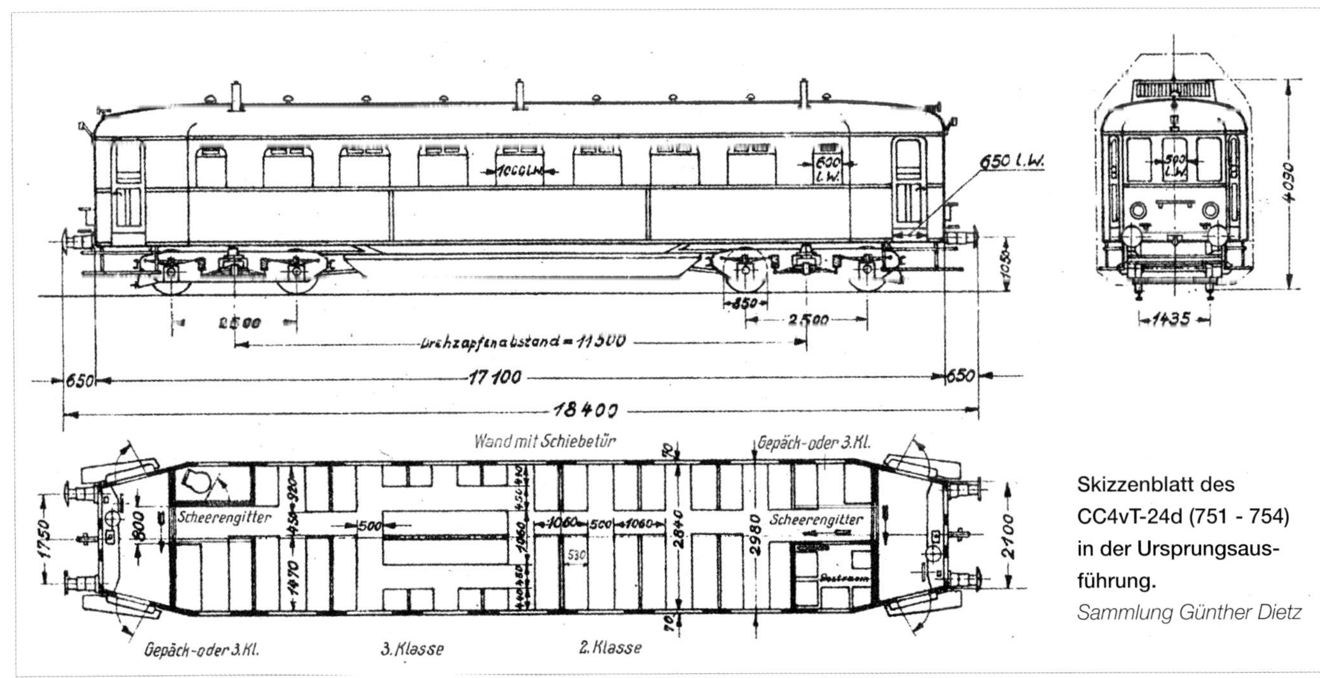

Skizzenblatt des CC4vT-24d (751 - 754) in der Ursprungsausführung.
Sammlung Günther Dietz

Skizzenblatt des BuC4vT-24/29 (751, 752) in der umgebauten Ausführung.

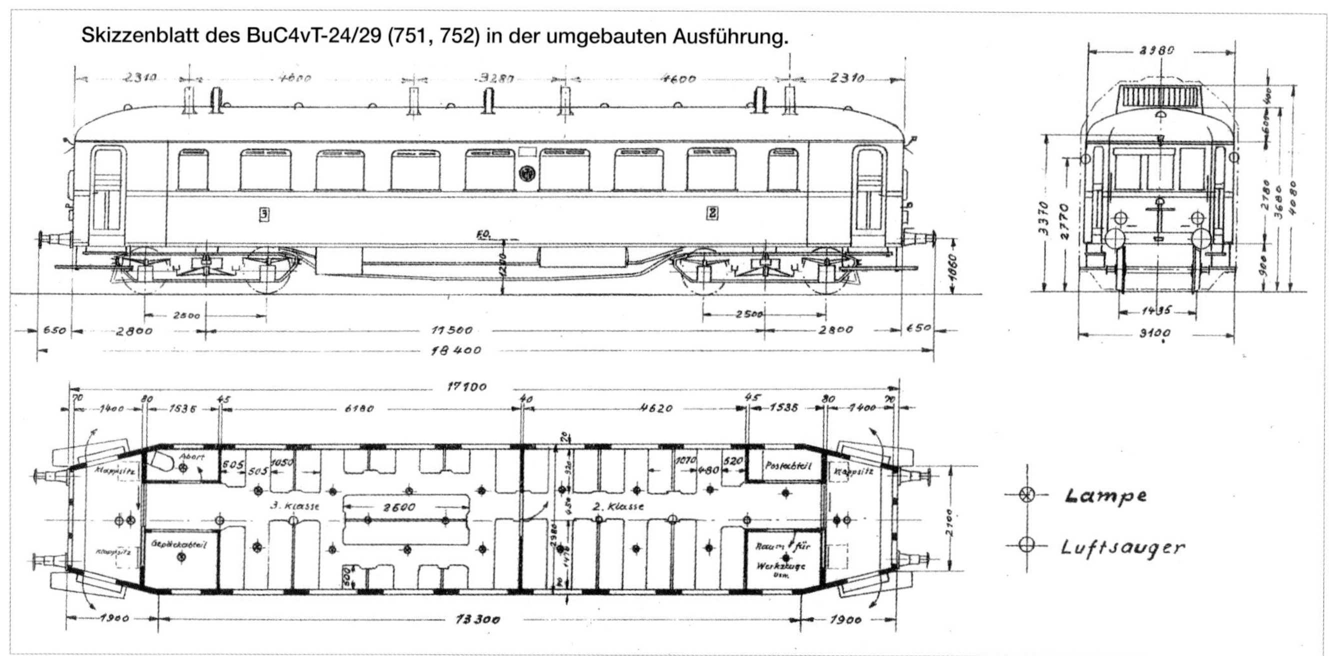

Wagen 754 etwa zu einem Drittel für 24 Sitzplätze[427]. Im Laufe des Jahres wurden dann alle drei Fahrzeuge umgebaut. Bei 751 und 752 (neue Gattung: BuC4vT-24/29) wurden bis Ende 1929 im nunmehrigen Abteil 2. Klasse das für Gepäck oder 3.-Klasse-Sitzplätze vorhandene Kleinabteil als Postabteil hergerichtet, der gegenüberliegende ehemalige Postraum wurde als Raum für Werkzeuge umgebaut. In dem gegenüber dem Abort befindlichen für Gepäck oder als 3.-Klasse-Sitzplätze vorhandene Kleinabteil wurden die Sitzbänke entfernt und der Raum als Gepäckabteil abgetrennt. Die Wagen verfügten nun über 30 Sitze 2. Klasse in der Sitzteilung 2+3 sowie 40 Sitzplätze 3. Klasse. Anfang 1930 erhielten beide Wagen neue, druckluftbetätigte Getriebe der TAG[428].

Nach einem Brandschaden im August 1928 wurde 753 ab 1931 zum BC4vT-24/31 wieder aufgebaut. Das Postabteil wurde verkleinert und an dessen Außenwand wurden zwei Sitze 3. Klasse eingebaut. Die beiden Abteile 3. Klasse wurde soweit umgebaut, dass das größere Abteil drei Sitzbankreihen mehr erhielt und auf 57 Sitzplätze vergrößert wurde. Die Trennwand wurde versetzt, so dass ein Bereich mit zwölf Sitzplätzen 2. Klasse auf gepolsterten Sitzbänken in der Sitzteilung 1+3 entstand.

754 wurde ab 1932 zum zweiten Mal umgebaut (neue Gattung BC4vT-24/29/31). Dabei entfiel das Postabteil und wurde durch Sitze der 3. Klasse ersetzt. Die Trennwand wurde verschoben, so dass nun 56 Plätze 3. Klasse sowie zwölf Sitzplätze 2. Klasse auf gepolsterten Bänken zur Verfügung standen. Der zweite Einstiegsraum wurde soweit vergrößert, dass ein großes Traglastenabteil für den Fahrradtransport entstand.

Skizzenblatt des BuC4vT-24/29/35 (751, 752) in der zweiten Umbauausführung.

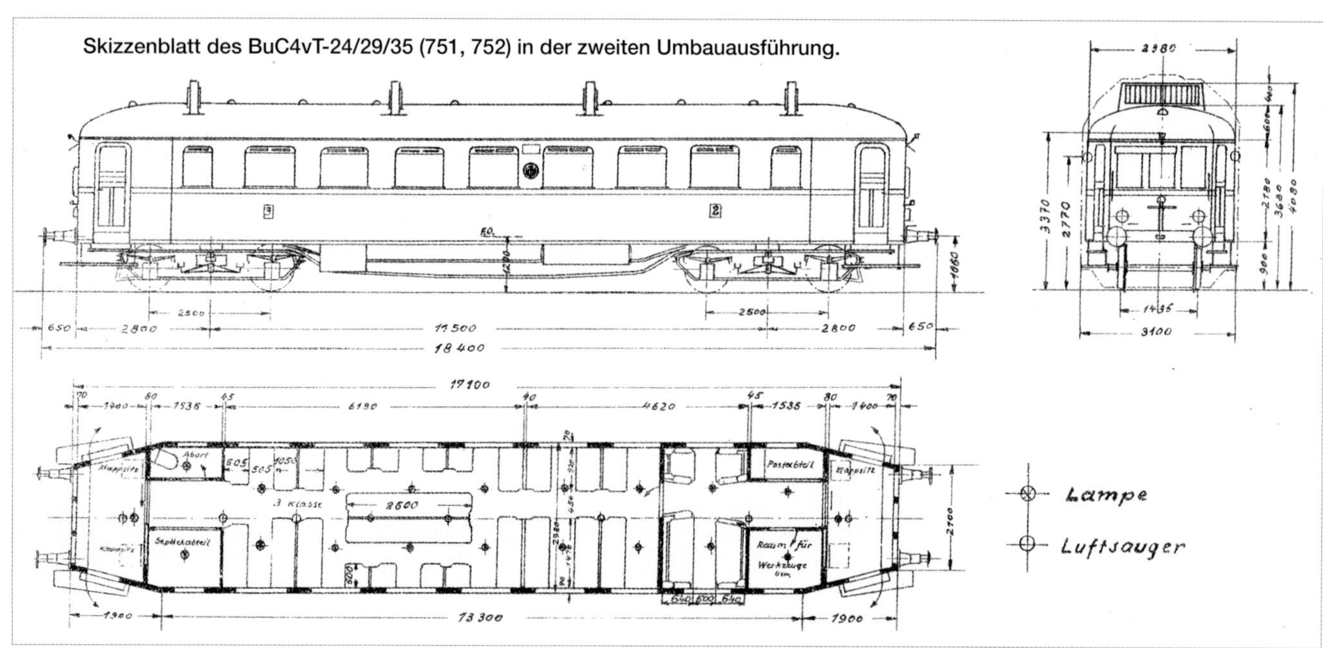

DWK-Werkfoto mit drei der vier für die DRG gebauten Triebwagen vom Typ V. Vorn der „101 Altona", dahinter „101 Stettin" und „102 Stettin", ersterer nur mit der 3. Klasse ausgestattet, die beiden anderen Wagen mit 3. und 4. Klasse. *Sammlung Dr. Rolf Löttgers*

Zudem erhielten alle Wagen bis 1934 neue Sechszylinder-Vergasermotoren der Bauart T VI b, ein neues Wechsel-Wendegetriebe Bauart RG 200 sowie neue Radsatzgetriebe[429]. Im Frühsommer 1940 erfolgte in allen vier Wagen der Einbau von acht kleinen Gasflaschen für den Betrieb mit Flüssiggas[430].

Einsatz und Verbleib

Nach ihrer Ablieferung kamen die Wagen mit den Nummern 101 und 102 zur RBD Altona, Bw Husum, die beiden Wagen 101 und 102 zur RBD Stettin nach Neustrelitz und Templin. Einer der Wagen wurde vom 29.9. bis 7.11.1925 von der LVA Grunewald eingehend untersucht. Dabei erzielte der Wagen gute Ergebnisse und wies nur kleine Mängel auf[431].

Alle vier Fahrzeuge erhielten 1927 die neuen Nummern 751 - 754. Im Dezember 1929 gehörten 751 und 752 zum Bw Husum. 751 befand sich zum Umbau bei den DWK, 752 war in diesem Monat an 25 Tagen in Betrieb und lief dabei 5744 km, davon 5228 mit Beiwagen, was einer täglichen Laufleistung von 195 km entsprach[432]. Im August 1928 brannte 753 ab. Die fast unversehrte Maschinenanlage wurde im RAW

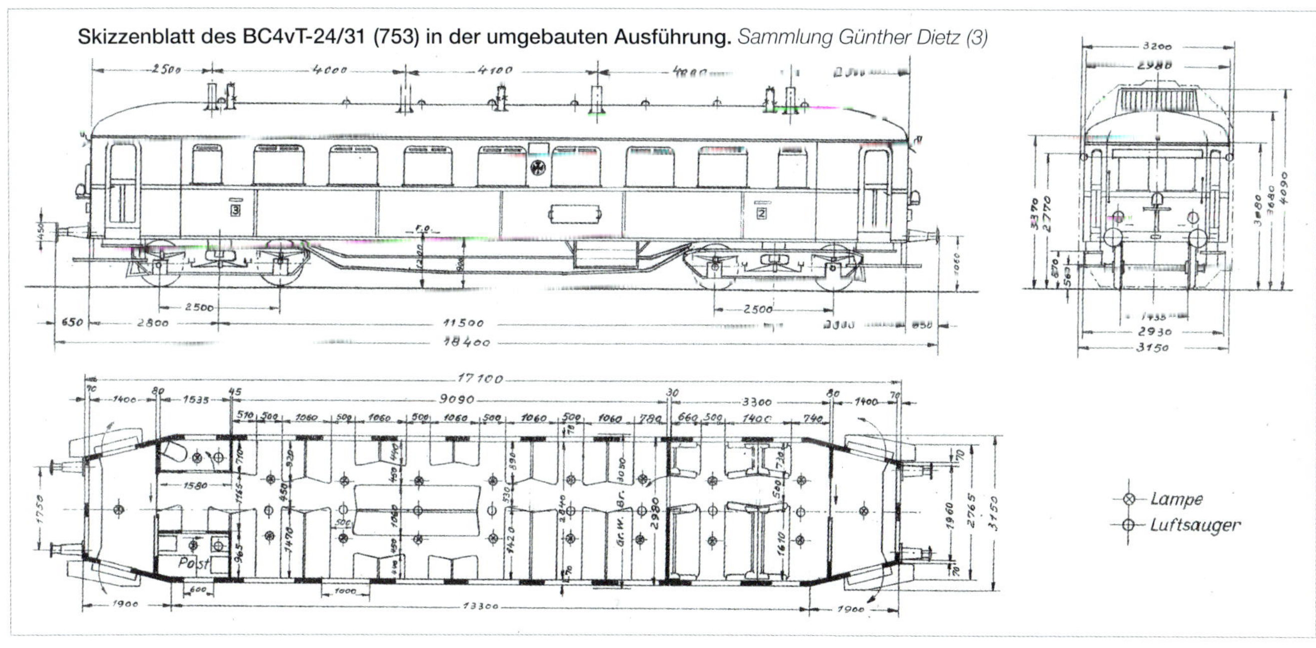

Skizzenblatt des BC4vT-24/31 (753) in der umgebauten Ausführung. *Sammlung Günther Dietz (3)*

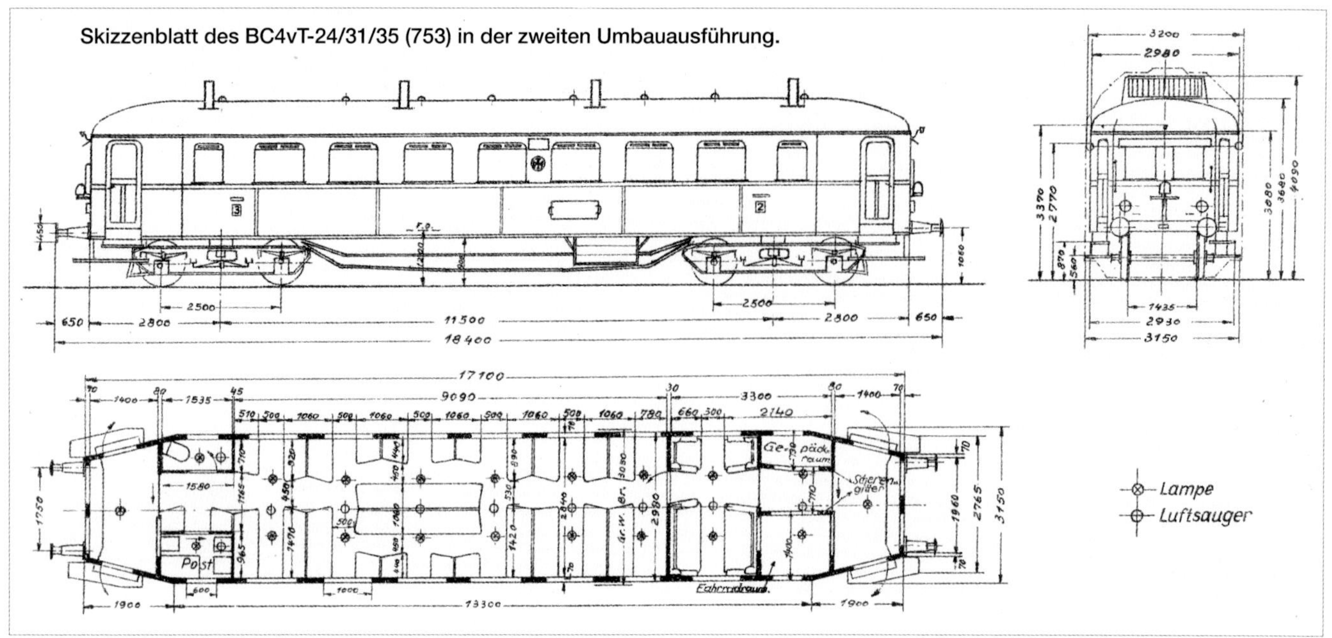

Skizzenblatt des BC4vT-24/31/35 (753) in der zweiten Umbauausführung.

Stargard als Ersatz für 754 eingelagert. Ein Wiederaufbau wurde im Februar 1929 abgelehnt, da noch drei baugleiche Wagen vorhanden waren. Später erhielten 751 und 752 neue TAG-Druckluftgetriebe, wodurch ein Wiederaufbau interessanter wurde. Allerdings schlug die RBD Stettin vor, aus den noch vorhandenen Resten (u.a. Untergestell mit Drehgestellen, Benzolmotor, Getriebe) einen Gütertriebwagen für den Leig-Verkehr aufzubauen. Aufgrund des in den Wagenkasten hineinragenden Motors wurde dies abgelehnt, jedoch ein Wiederaufbau als 2./3.-Klasse-Triebwagen durch die TAG in Kiel vorgeschlagen[433]. Aufgrund des Bedarfes für den Wagen in Husum wurde der Wiederaufbau im November 1930 genehmigt[434].

Im September 1930 befanden sich 751 und 752 im Bw Husum, 754 gehörte zum Bw Neustrelitz. Erst der Plan vom November 1934 weist wieder alle vier Fahrzeuge dann in der RBD Altona aus: 751 und 753 befinden sich in Neumünster, 752 in Husum, für den 754 fehlt ein Vermerk. Vermutlich war er noch im Umbau. Die RBD Stettin gab ihn offiziell erst 1935 an die RBD Altona ab[435]. Schließlich werden alle vier Fahrzeuge im Bw Husum konzentriert, wie der Plan von 1937 ausweist. Nach Umbau auf Flüssiggasbetrieb waren alle vier Fahrzeuge weiterhin in der nunmehrigen RBD Hamburg im Einsatz. Die Husumer Wagen liefen auf den Strecken Husum – Jübek – Schleswig – Rendsburg – Kiel, Husum – Bredstedt – Löwenstedt – Flensburg oder Husum – St. Peter-Ording.

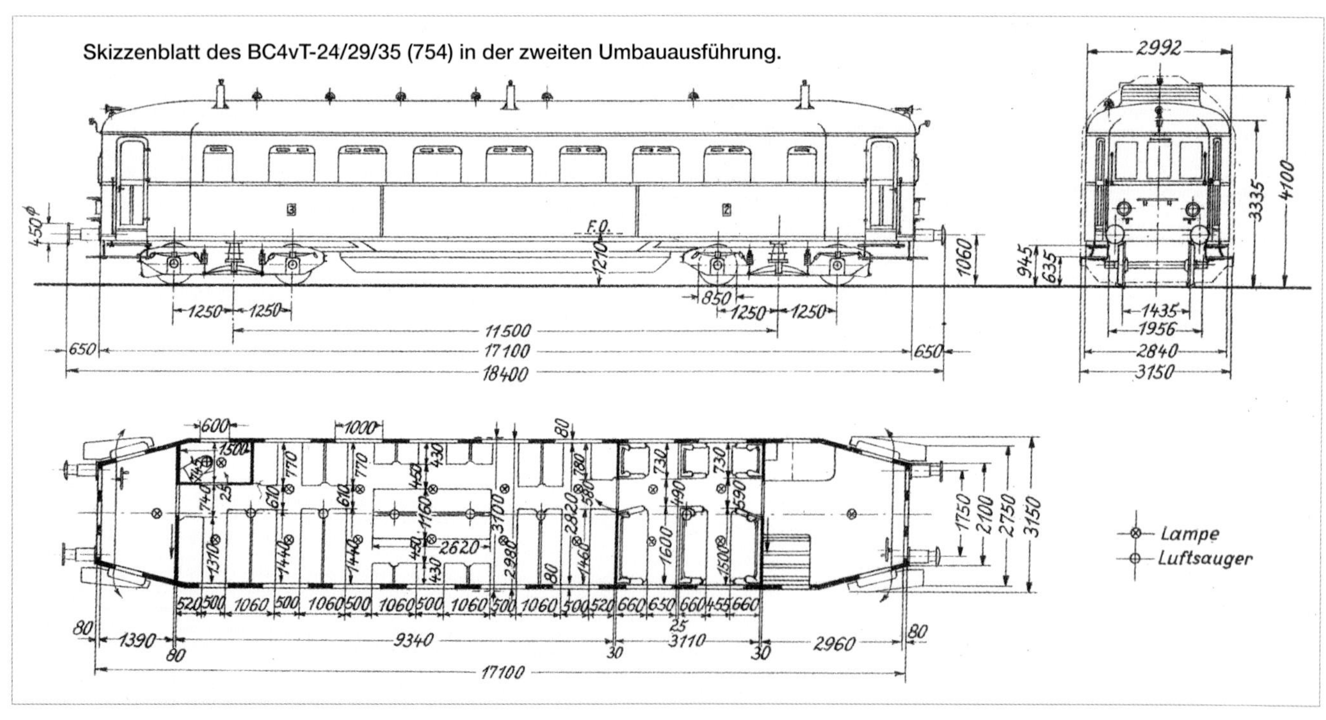

Skizzenblatt des BC4vT-24/29/35 (754) in der zweiten Umbauausführung.

Blick in die Kieler Werkhalle mit einem aufgebockten Wagenkasten des 1925 auf der Münchener Verkehrsaustellung gezeigten Typ-V-Wagens. *Sammlung Dr. Rolf Löttgers*

Prinzipdarstellung der Antriebsanlage für die Triebwagen 751 - 754. *Sammlung Günther Dietz (3)*

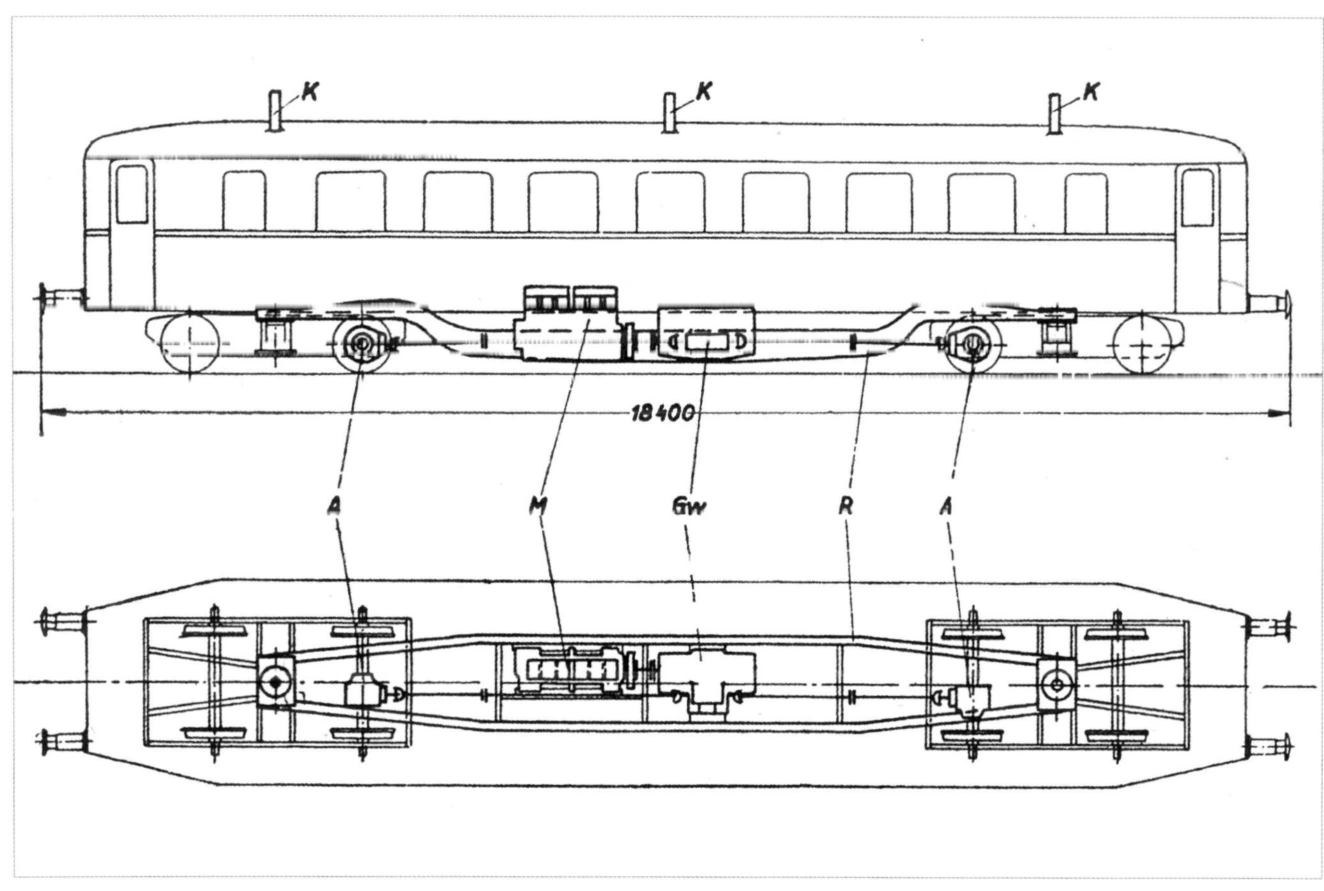

Blick auf die Antriebsanlage. *Sammlung Dr. Rolf Löttgers (2)*

Technische Daten

Betriebsnummer			751 - 754	751, 752	753	754
Gattungsbezeichnung			C4vT-24	BuC4vT-24/29	BC4vT-24/31	BC4vT-24/29/32
Übersichtszeichnung			A205 T.A.G.	A205 T.A.G.	A205 T.A.G.	A205 T.A.G.
Radsatzanordnung			(1A)'(A1)'	(1A)'(A1)'	(1A)'(A1)'	(1A)'(A1)'
Hersteller	Wagenteil		DWK	DWK	DWK	DWK
	Motor		DWK	DWK	DWK	DWK
	Getriebe		DWK	DWK	DWK	DWK
Höchstgeschwindigkeit		km/h	60	60	60	60
Länge über Puffer		mm	18400	18400	18400	18400
ges. Radsatzabstand		mm	14000	14000	14000	14000
Drehzapfenabstand		mm	11500	11500	11500	11500
Radsatzabstand Drehgestell		mm	2500	2500	2500	2500
Treibraddurchmesser		mm	850	850	850	850
Laufraddurchmesser		mm	850	850	850	850
Sitzplätze	2. Klasse		-	30	12	12
	3. Klasse		78	40	57	56
Stehplätze			10	-	-	-
Plätze gesamt			88			
Dienstmasse	unbesetzt	t	32,5	36,3	34,0	32,5
	besetzt	t	38,3	41,6	39,2	37,5
	je Sitzplatz	kg	417	519	493	478
	je lfd. m Wagenlänge	t	1,77	1,97	1,85	1,77
spez. Antriebsleistung		kW/t / PS/t	3,4 / 4,6	3,0 / 4,1	3,2 / 4,4	3,4 / 4,6
gr. Radsatzlast		t	9,5	9,5	9,5	9,5
Steuersystem			mechanisch	mechanisch	mechanisch	mechanisch
Motor	Zahl / Bauart		1 / T VI	1 / T VIb	1 / T VIb	1 / T VIb
	Masse	kg	900	900	900	900
	Zyl./Durchm./Hub	mm	6 / 150 / 180	6 / 150 / 180	6 / 150 / 180	6 / 150 / 180
	Dauerleistung	PS	150	150	150	150
	Drehzahl	min^{-1}	1000	1000	1000	1000
Art u. System d. Leistungsübertragung			mechanisch	mechanisch	mechanisch	mechanisch
Getriebebauart			TAG RG 150	TAG RG 150	TAG RG 150	
Zahl der Gänge			4	4	4	4
Motorsteuerung			mechanisch, Seilzug	mechanisch	mechanisch	mechanisch
Getriebesteuerung			mechanisch	pneumatisch	pneumatisch	pneumatisch
Wendegetriebesteuerung			mechanisch	mechanisch	mechanisch	mechanisch
Kraftstoffvorrat		l	220	220	220	220
Heizung			Whz, Kühlwasser	Whz, Kühlwasser	Whz, Kühlwasser	Whz, Kühlwasser
Beleuchtung, Stromart, Spannung			el. = 12 V	el. = 12 V	el. = 12 V	el. = 12 V
Bremse			Kbr (Klotz)	Kbr (Klotz)	Kbr (Klotz)	Kbr (Klotz)

Abteil 3. Klasse des Münchener Ausstellungswagens mit den längs angeordneten Bänken über der Motorschutzhaube.

Die Fahrzeugzählung vom 23.3.1947 erfasste 751 - 753 im RAW Opladen. Auch 754 war noch in Husum vorhanden und erhielt wie die drei anderen Wagen die neuen Nummern VT 85 901 - 904. Der VT 85 901 gehörte Anfang 1948 zum Bw Rheine, war aber an die RBD Hannover ausgeliehen, VT 85 902 - 904 waren im AW Opladen. VT 85 901 und 904 waren bis Mitte 1949 im Einsatz, die beiden anderen Wagen standen weiterhin in Opladen. Zum 21.12.1950 musterte die DB VT 85 901, 902 und 904 aus, nur VT 85 903 war noch im BW Oldenburg im Einsatz. Er wurde am 22.12.1952 ausgemustert.

Der Wagen „754 Stettin" steht hier nach dem Umbau des Fahrgastraumes für die 2. Klasse Anfang der 1930er-Jahre in Neustrelitz.
Sammlung Dirk Winkler

Alle vier Triebwagen dieser Bauart standen nach Ende des Zweiten Weltkrieges in den westlichen Besatzungszonen. Die DB musterte die inzwischen als VT 85 901, 902, 903 und 904 bezeichneten Wagen 1950/52 aus und verkaufte drei an das Niedersächsische Landeseisenbahnamt. VT 85 901 kam zur Niederweserbahn und lief dort als T 157, hier in Sandstedt am 13. April 1963. *Foto: Dr. Rolf Löttgers*

Die DB behielt den ehemaligen VT 85 904 (VT 754) in ihrem Bestand und baute ihn zum Bahndienstwagen um. Als Küchenwagen Mainz 8216 wurde er beim Gleislager Darmstadt genutzt. Mit Schwanenhalsdrehgestellen, neuem Anstrich und EDV-Nummer existierte er noch bis in die 1970er-Jahre. Die anderen drei Wagen kaufte das Niedersächsische Landeseisenbahnamt (NLEA) und setzte sie auf der Niederweserbahn ab März 1953 (T157), der Steinhuder Meer-Bahn ab September 1953 (T58) und der Kleinbahn Ihrhove-Westrhauderfehn ab August 1954 (T159) ein. Alle drei Wagen wurden umgebaut und erhielten zwei 145-PS-Deutz-Dieselmotoren (rd. 106,6 kW) mit Mylius-Getriebe. Die Dachkühlanlagen entfielen, außerdem wurden die alten Frontpartien so umgebaut, dass die Frontscheibenanordnung

Der ehemalige VT 85 903 kam zur Kleinbahn Ihrhove-Westrhauderfehn und lief hier als T159. Die Aufnahme zeigt ihn in Westrhauderfehn. *Sammlung Dirk Winkler*

Der VT 85 902 kam zur Steinhuder Meer-Bahn und lief nach entsprechendem Umbau auf 1000 mm Spurweite ab September 1953 als T58.
Foto: Dr. Rolf Löttgers

mit drei Fenstern durch ein großes Fenster ersetzt wurde, die Drehtüren der Einstiege wurden durch Schiebetüren ersetzt, der Innenraum aufgearbeitet. Zudem war der ehemalige VT 85 902 für die Steinhuder Meer-Bahn mit meterspurigen Drehgestellen auszurüsten. Für den T157 (VT 85 901) folgte im Oktober 1963 der Verkauf an die Verkehrsbetriebe der Grafschaft Hoya, wo er als T3 lief. Im Januar 1974 erfolgte sein Verkauf an die Stichting Stoomtram Goes-Borsele, Holland. Die Ausmusterung musste 1982 nach einem Unfall vorgenommen worden. Der T58 (ex. VT 85 902) der Steinhuder Meer-Bahn wurde 1970 abgestellt und 1972 verschrottet. Der T159 (ex VT 85 903) wurde 1961 an die Wittlager Kreisbahn weitergegeben, 1967 abgestellt und nach einem Brand 1973 verschrottet[436].

Die DB behielt VT 85 904. Er wurde zum Bahndienstwagen umgebaut. Als Küchenwagen Mainz 8216 stand er am 23. Februar 1971 in Koblenz-Lützel.
Sammlung Günther Dietz

Nach Einbau eines 2.-Klasse-Abteils sowie dem Aufbau zusätzlicher Stirnkühler war der Triebwagen „756 Kassel“ Anfang der 1930er-Jahre wieder im Einsatz. Das Zuglaufschild weist „Niederhone/Ershausen“ aus. *Sammlung Günther Dietz (4)*

755 - 756 (BC4vT-24/30)

Entstehungsgeschichte

Neben den zweiachsigen LHB/AEG-Triebwagen (spätere 701-704) und den Doppeltriebwagen (spätere 713/714, 715/716) bestellte die Reichsbahn 1924 bei der AEG als Gesamtauftragnehmer mit Vertrag 03.006/35.5.0008 auch eine vierachsige Fahrzeugvariante. Gefertigt wurden die beiden Triebwagen wiederum bei LHL in Köln, die Maschinenanlage lieferte die AEG-Tochter NAG in Berlin. Beide Fahrzeuge wurden 1926 abgeliefert und als Gattung CD4vT-24b mit den Nummern 103 Halle und 103 Cassel in Dienst gestellt. Später führte die Reichsbahn sie unter der Gattung BC4vT-24.

Aufbau und Technik

Der wagenbauliche Teil folgte der Konstruktion der zweiachsigen Fahrzeuge, besaß aufgrund der vierachsigen Ausführung jedoch einen stärkeren Rahmen. Die Vorbauten waren dies-

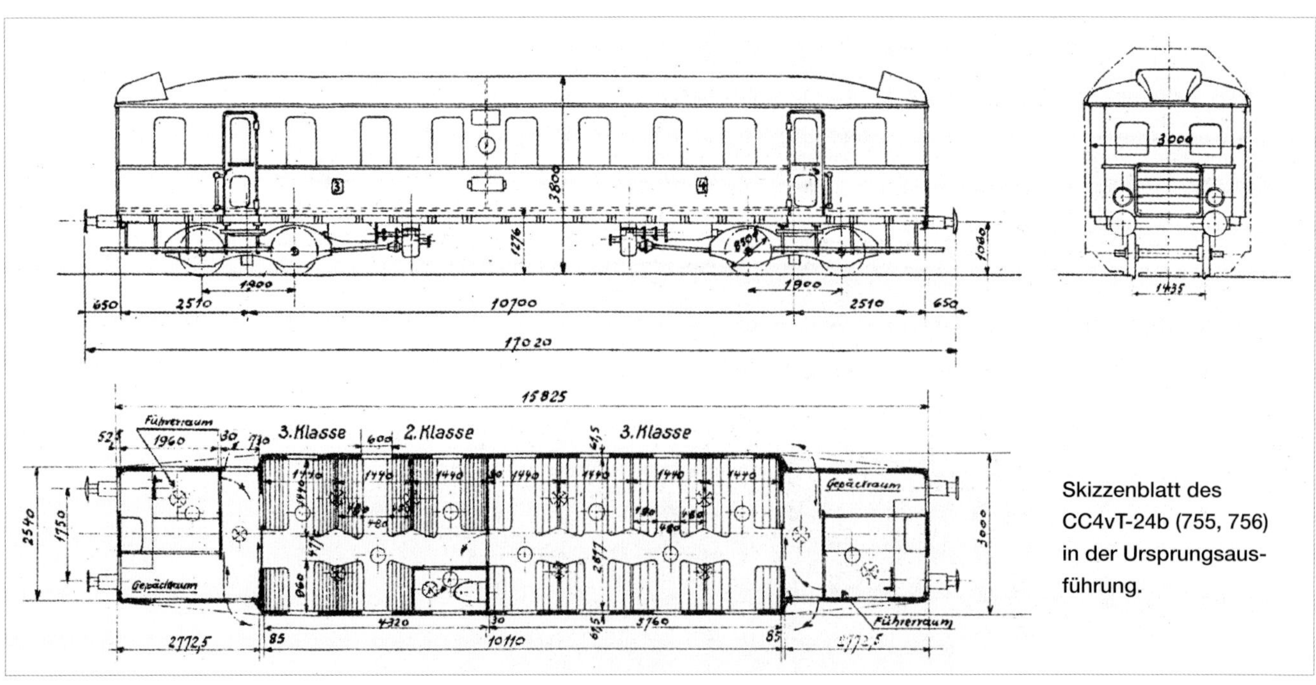

Skizzenblatt des CC4vT-24b (755, 756) in der Ursprungsausführung.

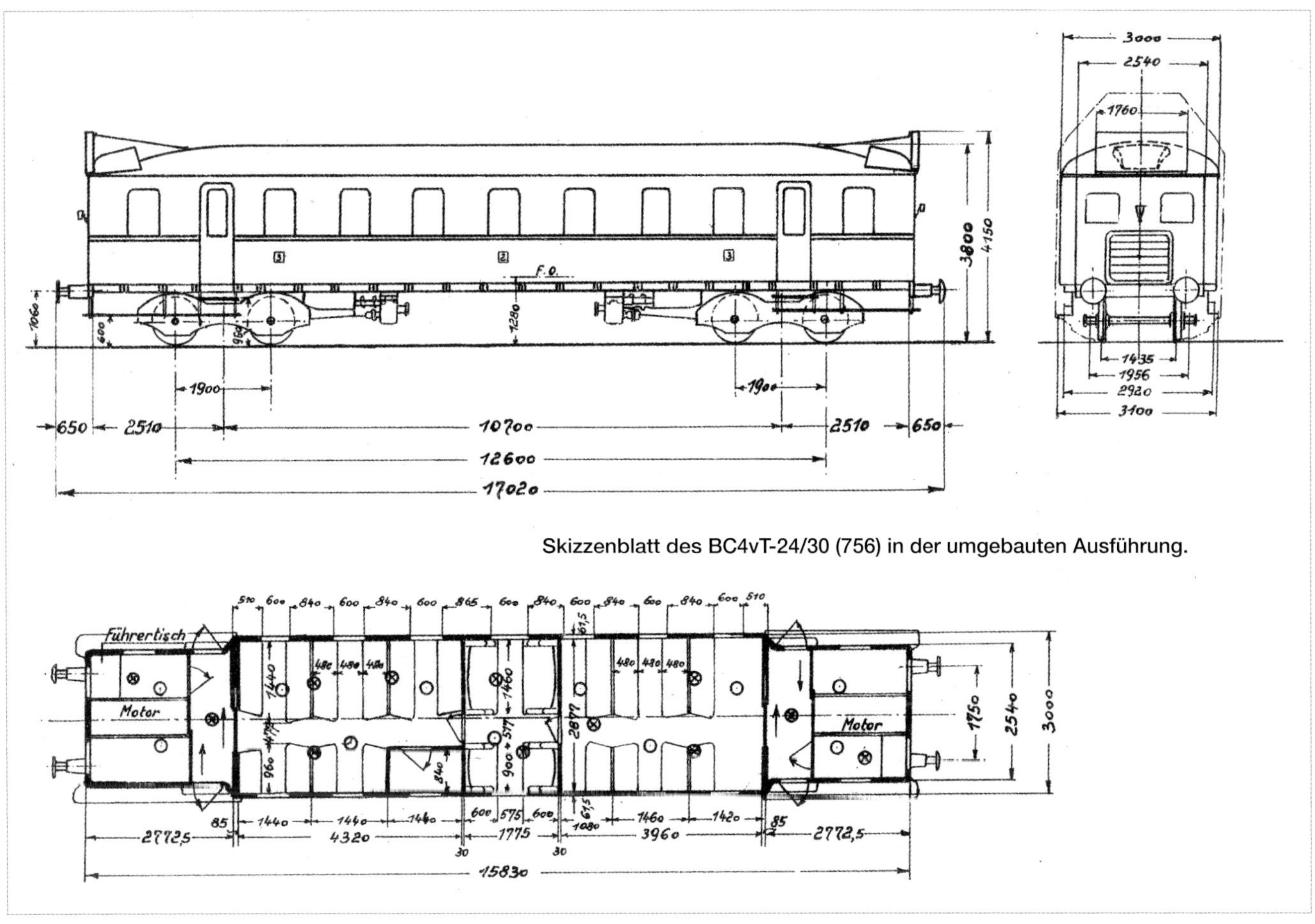

Skizzenblatt des BC4vT-24/30 (756) in der umgebauten Ausführung.

mal mit 2772,5 mm gleich lang ausgeführt. Im Bereich der Vorbauten befanden sich vom Einstiegsbereich durch eine Trennwand abgetrennt der Führerstand sowie der Gepäckraum, in den der Motor unter einer Abdeckhaube hineinragte. Der Führerraum war über eine zum Einstiegsraum öffnende Drehtür zu erreichen, der Zugang zum Gepäckraum erfolgte über eine Schiebetür. Von dem recht schmalen Einstiegsraum konnten die beiden Abteile 3. und 4. Klasse über eine Schiebetür betreten werden. Im Abteil 3. Klasse befand sich ein Abort. Die schweren Drehgestelle aus Pressblech in Walzprofilen waren genietet. Die Radsätze waren in SKF-Norma-Rollenlagern gelagert und stützten sich über Blattfedern ab.

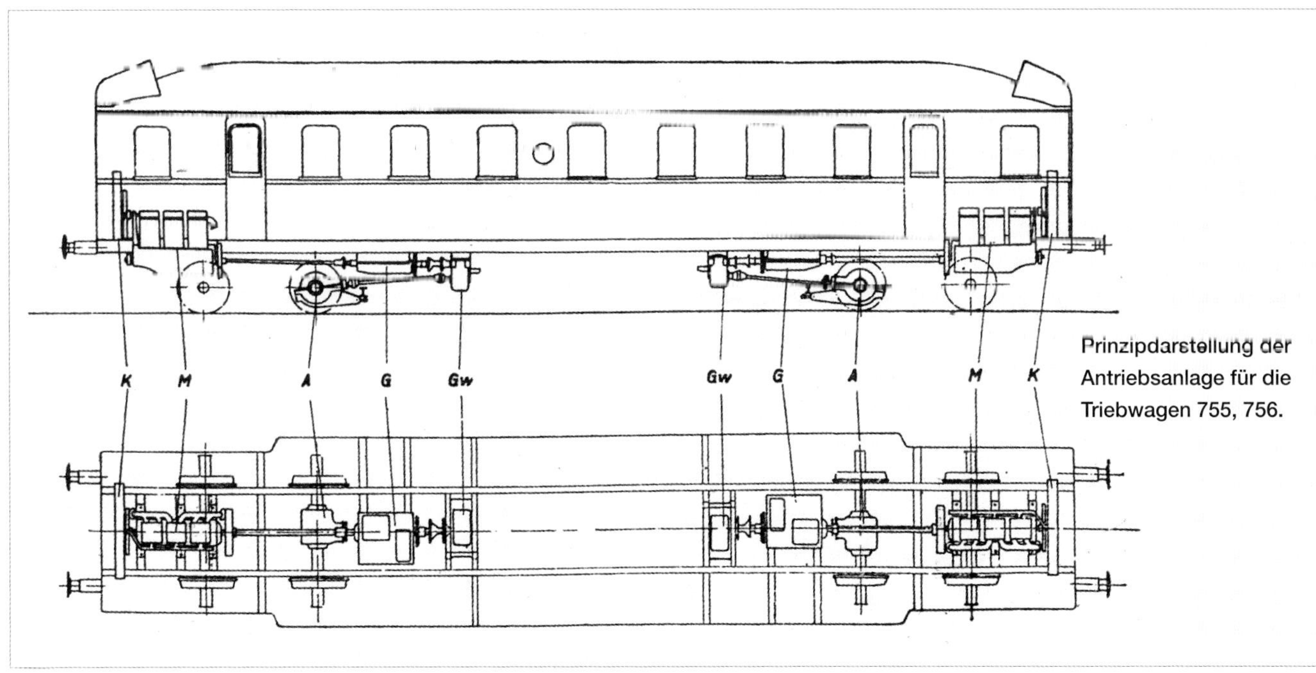

Prinzipdarstellung der Antriebsanlage für die Triebwagen 755, 756.

Die Antriebsanlage entsprach der Ausführung der 701 - 704 (s. dort) und wirkte auf die innen liegende Treibachse des Drehgestells. Die Kühlung erfolgte ebenfalls über Frontkühler mit zusätzlicher Luftzufuhr über Stauhauben auf dem Wagendach über den Führerständen. Die weitere Ausrüstung der Triebwagen entsprach ebenfalls den 701 - 704.

Nach Abschaffung der 4. Wagenklasse fuhren die Fahrzeuge als reine 3.-Klasse-Wagen. Der im April 1929 in der RBD Kassel vorhandene Triebwagen 756 erhielt zu diesem Zeitpunkt gegenüber dem Abort durch Auflegen von Flachpolstern vier Sitzplätze 2. Klasse[437]. Im Zuge eines Umbaus erhielt der Wagen 756 bis 1930 in Wagenmitte ein Abteil 2. Klasse mit zehn gepolsterten Sitzplätzen in der Sitzteilung 2+3. Die Gattungsbezeichnung des Skizzenblattes wurde auf BC4vT-24/30 geändert. Weiterhin wurde die nicht ausreichende Motorkühlung durch Aufbau von zwei Stirnkühlern vor den Stauhauben verbessert.

Im Zuge des Umbaus auf Flüssiggasbetrieb erfolgte zwischen Frühjahr und Sommer 1940 der Einbau von acht kleinen Gasflaschen[438].

Einsatz und Verbleib

Nach ihrer Ablieferung 1926 waren der Wagen 103 Halle in Halle P und 103 Cassel in Kassel (Bahndreieck) beheimatet. Nach ihrer Umzeichnung als 755 und 756 blieben sie dort weiter in Betrieb. Für den September 1930 ist nur 756 im Bw Eschwege (RBD Kassel) nachgewiesen. Der Wagen 755 soll 1932 ausgebrannt sein, woraufhin er ausgemustert wurde, 756 war später in Niederhone und ab 1936 wieder in Eschwege in der RBD Kassel im Einsatz. Im Januar 1941 war 756 weiterhin in der RBD Kassel im Betrieb. Er stand nach Kriegsende im Bahnhof Eschwege. Aufgrund erheblicher Schäden durch Fliegerbeschuss musterte die RBD Kassel ihn zum 16.05.1946 aus. Zerlegt wurde er am 11.07.1946.

Technische Daten

Betriebsnummer			755, 756
Gattungsbezeichnung			CD4vT-24 / BC4vT-24/30
Übersichtszeichnung			4355 LHB.Köln
Radsatzanordnung			(1A)'(A1)'
Hersteller	Wagenteil		LHL, Köln
	Motor		NAG
	Getriebe		NAG
Höchstgeschwindigkeit		km/h	60
Länge über Puffer		mm	17020
Drehzapfenabstand		mm	10700
Radsatzabstand Drehgestell		mm	1900
Treibraddurchmesser		mm	850
Laufraddurchmesser		mm	850
Sitzplätze	2. Klasse		- / 10
	3. Klasse		26 / 46
	4. Klasse		40 / -
Stehplätze			31
Plätze gesamt			87
Dienstmasse	unbesetzt	t	30,38 / 30,8
	besetzt	t	35,3 / 37,3
	je Sitzplatz	kg	461 / 550
	je lfd. m Wagenlänge	t	1,79 / 1,89
spez. Antriebsleistung		kW/t / PS/t	3,6 / 4,9
gr. Radsatzlast		t	
Steuersystem			elektr.-pneumatisch
Motor	Zahl / Bauart		2 / KL 10 Z
	Masse	kg	650
	Zyl./Durchm./Hub	mm	6 / 120 / 170
	Dauerleistung	PS	75
	Drehzahl	min^{-1}	950
Art u. System d. Leistungsübertragung			mechanisch
Getriebebauart			WG70
Zahl der Gänge			4
Motorsteuerung			elektr.-pneumatisch
Getriebesteuerung			elektr.-pneumatisch
Wendegetriebesteuerung			elektr.-pneumatisch
Kraftstoffvorrat		l	2 x 150
Heizung			Whz
Beleuchtung, Stromart, Spannung			el. = 12 V
Bremse			Kbr (Kl)

Nochmals „756 Kassel", hier vermutlich nach einer RAW-Ausbesserung auf Probefahrt. *Foto: Sammlung Dirk Winkler*

761, 762 (BC4vT-27d/29, BC4vT-29)

Entstehungsgeschichte

An dieser Stelle soll die Beschreibung der Fahrzeuge in unmittelbarer Abfolge der Reichsbahn-Nummerierung unterbrochen werden. Warum kommen die Triebwagen mit den Nummern 761 und 762 in der Beschreibung vor den Fahrzeugen 757 bis 760? Der Grund liegt in der Beschaffungspolitik der Reichsbahn, die diese beiden Fahrzeuge bei der WUMAG eher in Auftrag gab.

Obwohl die WUMAG auf der Seddiner Ausstellung nicht mit Triebwagen vertreten war, baute sie bereits 1924/25 auf eigene Rechnung einen zwei- und vmtl. auch einen vierachsigen Benzol-Triebwagen[439]. Der zweiachsige Wagen wurde u.a. im Dezember 1925 und Januar 1926 auf benachbarten Strecken in Niederschlesien getestet[440]. Später unternahm die WUMAG mit ihm mehrere Vorführungsfahrten in Skandinavien, bevor er 1926 an die Stolper Kreisbahnen verkauft wurde und dort unter der Nummer 801 lief[441]. Über die Ausführung des vierachsigen Wagens ist bisher wenig bekannt. Einziger Hinweis ist eine Maßskizze des Wagens, in der eine starke Anlehnung an die Ausführung des zweiachsigen Wagens zu erkennen ist[442]. Charakteristischer Unterschied in der Gestaltung des Wagenkastens sind die breiten Schiebetüren zu den Einstiegsräumen, wie sie später bei den ausgeführten Benzol-Triebwagen, wie auch den Elektro-Triebwagen ET 89 zur Ausführung kamen.

Vor dem Hintergrund dieser Aktivitäten und einer vermutlich aktiven Akquisitionspolitik der WUMAG darf die Auftragsvergabe des RZA zu sehen sein. Das RZA Berlin bestellte 1924 mit Vertrag 04 074/64.5.2002 zwei vierachsige Benzol-Triebwagen in Görlitz. Auch diese beiden Wagen reihen sich ein in die von der Reichsbahn beschafften Versuchsfahrzeuge, mit denen Erfahrungen mit der Technik wie auch der sinnvollen Gestaltung des Fahrgastraumes gesammelt werden sollten. Der Auftrag umfasste einen vierachsigen Triebwagen mit Antrieb durch zwei Benzolmotoren sowie einen gleichartigen Triebwagen, dessen Motoren mit einer Sauggasanlage der Bauart Pintsch ausgestattet sein sollte[443]. Der erste der beiden für die Reichsbahn gebauten Benzol-Triebwagen, der als 101 Königsberg (später 761) eingereiht wurde, kam 1927 zur Ablieferung. Der Wagen wurde 1929 unter der Gattung CC4vT-24g geführt. Erst Ende 1929 folgte der zweite Wagen, der die Nummer 762 erhielt. Diesen beiden Probewagen folgte 1925 ein Auftrag für die WUMAG über weitere vier vierachsige Benzol-Triebwagen. Die beiden zuerst gebauten Triebwagen wiesen bauliche Unterschiede gegenüber den 1925 nachbestellten Wagen auf, die sich vor allem in der Gestaltung des Wagenkastens sowie der Steuerung der Antriebsanlage ausdrückten.

Aufbau und Technik

Das Untergestell der Triebwagen war aus Profilstahl genietet und besaß an seinen Enden Hülsenpuffer und Schraubenkupplungen mit Sicherheitskupplung. Auch das stählerne Kastengerippe war genietet und mit Blech verkleidet. Die stählernen Dachspriegel des gewölbten Tonnendaches besaßen eine an den Wagenenden herabgezogene Kiefernholzverschalung und eine Verkleidung aus Doppeldrell. Auf dem Dach waren zwölf Luftsauger der Bauart Wendler vorhanden. Zur Kühlung für die Maschinenanlage dienten zunächst zwei auf dem Dach aufgebaute Kühlerblöcke.

Beide Wagen wurde als 3./4.-Klasse-Wagen fertiggestellt. Die mit einer Trennwand von den Einstiegsräumen abgeteilten Führerstände waren mit 1150 bzw. 1225 mm Länge nicht sehr geräumig. Die Einstiegräume besaßen jeweils eine Länge von 2037 mm und verfügten neben den Einstiegstüren über längs angeordnete Sitzbänke mit zwei Sitzplätzen. Die Einstiegstüren mit 1000 mm Breite waren als Taschenschiebetüren mit festen Fenstern ausgerüstet. Hinter den Trennwänden mit Schiebetüren lagen ein Abteil 4. Klasse mit Holzbretterbänken und ein Abteil 3. Klasse mit Holzlattensitzen. Ungefähr mittig lag innerhalb des Abteils 4. Klasse der 920 mm lange Abort mit Leibstuhl, der vom Mittelgang aus zugänglich war. Zwischen den Abteilen 3. und 4. Klasse lag ein 1350

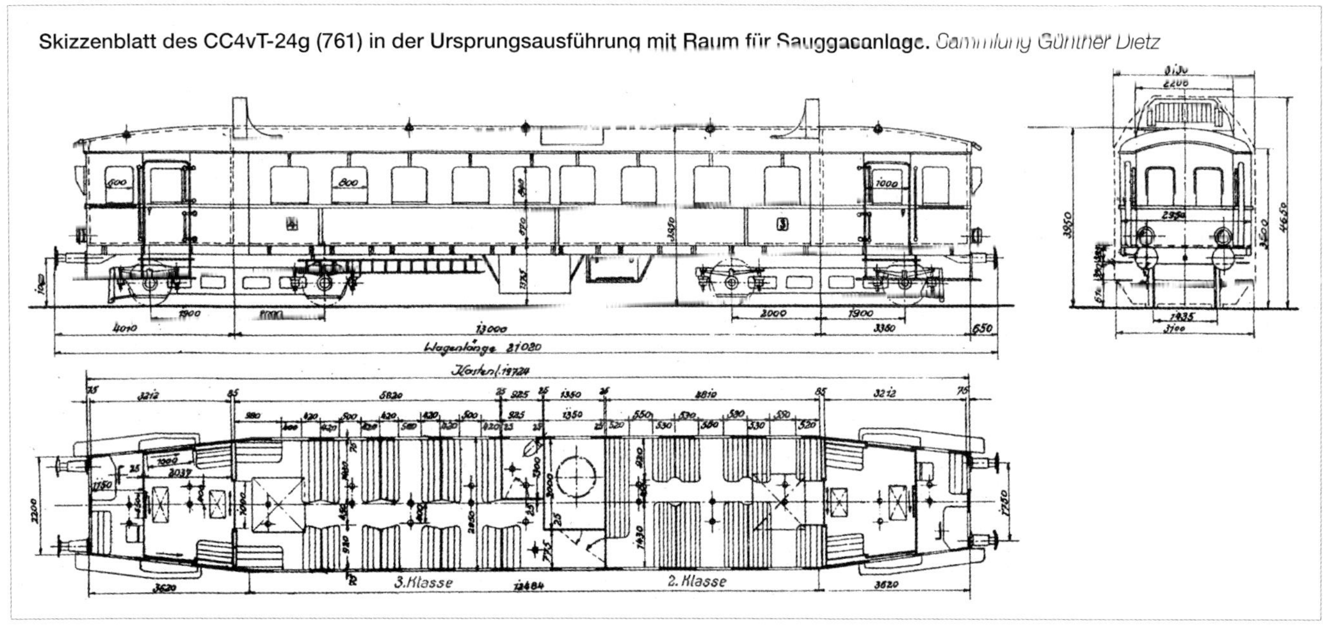

Skizzenblatt des CC4vT-24g (761) in der Ursprungsausführung mit Raum für Sauggasanlage. Sammlung Günther Dietz

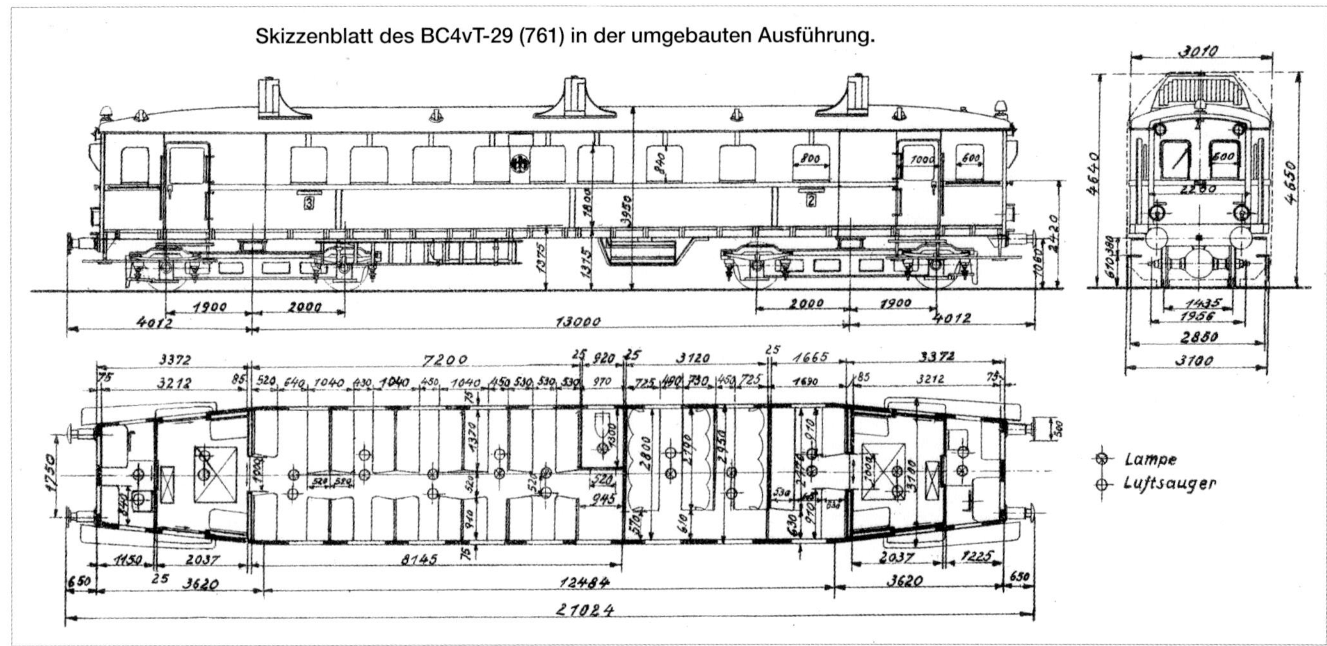

Skizzenblatt des BC4vT-29 (761) in der umgebauten Ausführung.

mm langer Raum, der für die Sauggasanlage vorgesehen war. Dieser Raum ist auch auf der ursprünglichen Skizze für den Wagen 761 zu sehen.

Der Einbau der Maschinenanlagen in die Drehgestelle erforderte einen mit 3900 mm recht großen Radsatzabstand. Auch die stehend im Maschinentriebdrehgestell angeordneten Antriebsmotoren erforderten mit 1375 mm über Schienenoberkante eine recht große Fußbodenhöhe. Die Radsätze mit 1000 mm Durchmesser und Rollenlagern wurden über Blattfedern und Schraubenfedern abgefedert. Die Drehgestellwiege mit unsymmetrisch angeordnetem Drehzapfen war auf vier innerhalb des Rahmens befindlichen Blattfedern abgestützt. Die Einkammerklotzbremse der Bauart Knorr mit Spindelhandbremse wirkte beidseitig auf jeden Radsatz.

Der Büssing-Vergasermotor vom Typ D2 der Doppelmaschinenanlage war jeweils hinten im Drehgestell stehend auf einem Tragrahmen angeordnet. Von ihm wurde über eine Trockenlamellenkupplung Bauart Soden das fünfgängige Getriebe Bauart Soden TS 18,5 der Zahnradfabrik Friedrichshafen angetrieben. Es wurden folgende Geschwindigkeiten bei neuen Radreifen und Höchstdrehzahl von 1000 Umdrehungen des Motors erreicht: 10,1/16,4/26,9/44,2/71,8 km/h. Vom Getriebe wurde das am vorderen Radsatz angeordnete Radsatzwendegetriebe TW 18,5 der Bauart Soden mit einer kurzen Gelenkwelle mit Kirchbach-Gummigelenklaschen angetrieben. Beide Wagen erhielten eine elektromotorische Riegelwalzensteuerung. Die Drosselklappen der Vergaser wurden vom Brennstoffhebel auf dem Führerstand über ein Druckminderventil pneumatisch betätigt.

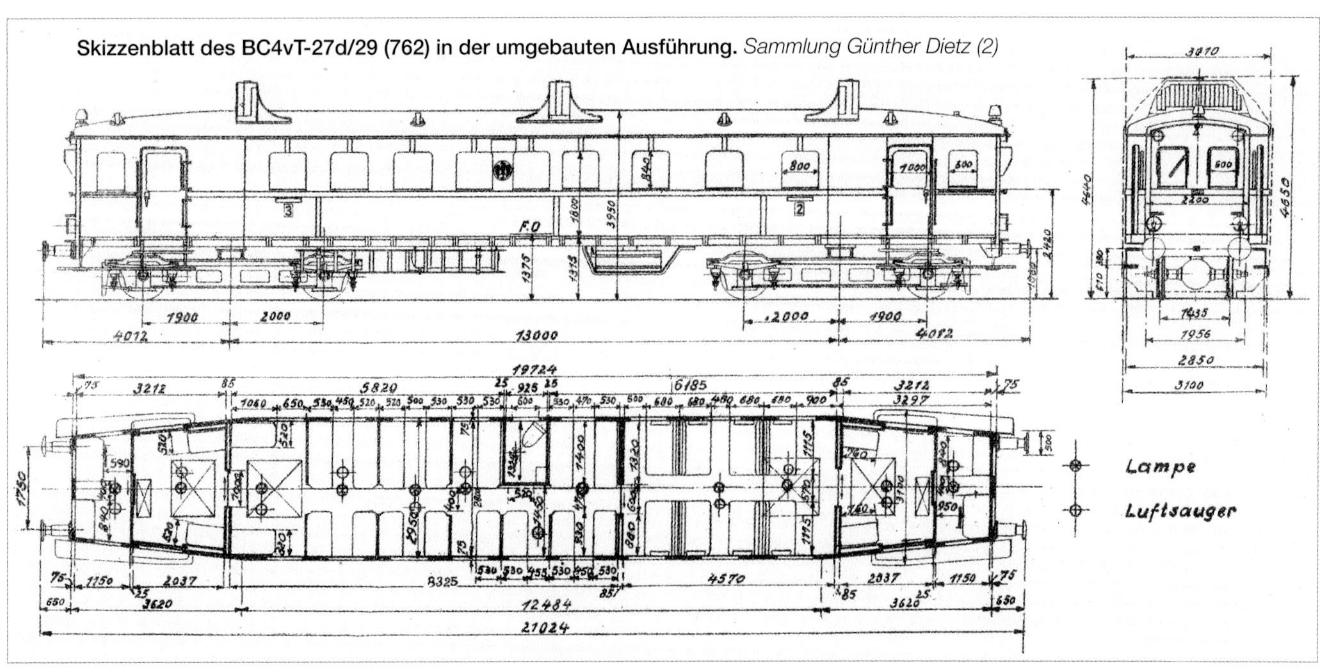

Skizzenblatt des BC4vT-27d/29 (762) in der umgebauten Ausführung. *Sammlung Günther Dietz (2)*

Auf der Alle-Brücke hielt der Fotograf des RVM „761 Königsberg" 1928 oder 1929 fest. Bereits 1930 war er nach Trier überwiesen worden.
Foto: RVM, Sammlung Dirk Winkler

Die Kraftstoffbehälter mit 150 Litern Benzol-Benzingemisch im Verhältnis 1:1 waren jeweils ebenfalls im Drehgestell angeordnet. Die Stromversorgung der 24-Volt-Batterie mit einer Kapazität von 160 Ah erfolgte durch zwei Lichtmaschinen mit je 225 Watt Leistung. Von der Welle der Lichtmaschine wurden die beiden Knorr-Luftverdichter V 56/60 angetrieben. Angelassen wurden die Motoren mit einem Anlasser. Über die Ausführung der Sauggasanlage in dem zweiten Wagen ist nichts bekannt.

Bis April 1929 hatte die RBD Trier im Wagen 761 das ursprüngliche Abteil 3. Klasse durch Auflegen von Notpolstern als Abteil 2. Klasse für 20 Sitzplätze hergerichtet. Das ehemalige Abteil 4. Klasse blieb für die 3. Klasse unverändert[444]. Bis Ende 1929 wurde der Wagen 761 im Fahrgastraum umgebaut. Der nun als Gattung BC4vT 27d/29 bezeichnete Wagen erhielt in dem zuvor für die 2. Klasse ausgewiesenen Fahrgastraum in Richtung der Fahrzeugmitte ein Abteil 2. Klasse mit gepolsterten Sitzen in der Sitzteilung 4+0 für zwölf Sitzplätze. Neben dem Einstiegsraum blieb ein kleines Abteil für die 3. Klasse erhalten. Der Raum für den Sauggasgenerator wurde entfernt, die Lage des Aborts verschoben und somit das Abteil 3. Klasse vergrößert, so dass nun 60 Sitzplätze in der 3. Klasse in der Sitzteilung 2+3 zur Verfügung standen.

Aufgrund der verzögerten Auslieferung des zweiten Wagens (762) wurde dessen Fahrgastraum vor der Übergabe auf Wunsch der Reichsbahn im Jahr 1929 umgestaltet. Der für die RBD Oldenburg vorgesehene Wagen erhielt neben einem großen Abteil 3. Klasse mit 49 Sitzplätzen in der Sitzteilung 2+3 auch ein kleineres Abteil 2. Klasse mit 16 Sitzplätzen in der Sitzteilung 2+2. Das Skizzenblatt mit der Gattung BC4vT-29 lässt darauf schließen, dass in der 2. Klasse gepolsterte Sitzbänke vorhanden waren.

Das Skizzenblatt des nach dem Krieg bei der DB verbliebenen VT 66 905 (ex 762) weist auf einen nochmaligen Umbau 1942 hin und zeigt eine Änderung der Sitzplatzanordnung im ehemaligen 2.-Klasse-Abteil, in dem nun weitere 29 Sitzplätze der 3. Klasse eingerichtet waren. Damit hätte die Gattungsbezeichnung auf C4vT-29/42 geändert werden müssen.

Auch an der Maschinenanlage wurden 1931/32 umfangreiche Änderungen durchgeführt. Die Drehzahl der Büssing-Motoren konnte auf 1200 Umdrehungen erhöht und die Geschwindigkeit bei gleichzeitiger Steigerung der Leistung auf 110 PS (rd. 80,9 kW) von 72 km/h auf 85 km/h angehoben werden. Die erhöhte Motorleistung erforderte nun einen dritten Dachkühler. Die Lamellenkupplung des Sodengetriebes wurde durch eine Myliuskupplung der Deutschen Getriebe GmbH ausgetauscht. Weiterhin wurden die Drehmomentstützen der Radsatzgetriebe verstärkt. Der Wagenkasten erhielt Sekurit-Sicherheitsglas und der Führerstand elektrische Scheibenwischer.

In den Jahren 1939/40 erhielten die Triebwagen anstelle der gegenüber Schaltfehlern als empfindlich geltenden Sodengetriebe die robusteren viergängigen Myliusgetriebe cv2. Alle Triebwagen dieser Bauart wurden ab der zweiten Jahreshälfte 1940 auf Treibgasbetrieb umgebaut. Hierbei sollten acht Gasflaschen mit je 60 Litern Inhalt den Tagesbedarf an Energie decken. Im Januar 1941 war 761 bereits auf Flüssiggasbetrieb umgebaut, bei 762 war der Umbau noch nicht vorgenommen worden[445]. Während der Kriegszeit wurde eine Vorwärmmöglichkeit zur Kühlwasservorwärmung und Warmhaltemöglichkeit mit Fremddampf eingebaut.

Nach dem Krieg erhielt VT 66 905 einen auf 105 PS (rd. 77,2 kW) gedrosselten Daimler-Benz-Dieselmotor vom Typ OM 54. Weiterhin wurde 1950 nach dem Bruch eines Lagerzapfens an einem Bremsdreieck, der die Bremse des ganzen Triebwagens unbrauchbar machte, in jedes Drehgestell eine unabhängige Bremse eingebaut. Durch die Umbauten des VT 66 905 stieg die Dienstmasse auf 45 t. Auch die Sitzplatzzahlen waren zuletzt reduziert. Beim VT 66 905 waren 65 Sitzplätze neben 13 Klappsitzen vorhanden.

Einsatz und Verbleib

Noch vor seiner amtlichen Abnahme wurde der erste fertiggestellte Wagen, der als 101 Königsberg lief, durch das Versuchsamt Grunewald Messfahrten unterzogen. Die Fahrten auf den von Berlin ausgehenden Strecken fanden vom 14. August bis 27. November 1926 statt. Dabei befriedigten insbesondere die Steuerung und Schaltung des Wende-, als auch des Wechselgetriebes durch elektrische Hilfsmotoren nicht. Daher entschied man sich, für die Wagen der folgenden Bauserie (757 - 760) eine elektropneumatische Steuerung einzubauen[446]. Nach kurzer Einsatzzeit in Ostpreußen kam der ursprünglich dem Bw Allenstein zugeordnete 101 Königsberg nach Trier und lief hier bereits unter der neuen Nummer 761, wo er auch 1930 nachgewiesen ist.

Für den zweiten Wagen aus der ersten Bestellung (späterer 762) war der Einbau eines Sauggasgenerators der Firma Pintsch vorgesehen. Betriebsergebnisse erwartete das RZA Berlin erst Ende des Jahres 1927[447]. Da jedoch die Versuche mit der Sauggasanlage nicht befriedigten, wurde auch für diesen Wagen der Einbau der Büssing-Benzolmotoren beauftragt. Dadurch verzögerte sich die amtliche Inbetriebnahme bis Ende 1929[448]. Er wurde der RBD Oldenburg zugewiesen und dort dem Bw Oldenburg zugeteilt.

Anfang der 1930er-Jahre wurden alle schweren WUMAG-Triebwagen dieser Bauart auf Wunsch der Gruppenverwaltung Bayern in der RBD Nürnberg zusammengezogen, *„um sämtliche Wagen der gleichen Bauart in einem Bezirk zu ver-*

Oben: Blick auf den Führerstand des 761. Zwischen den Stirnfenstern u.a. Manometer und Kühlwassermessgeräte, rechts die elektrische Schalttafel oberhalb vom Führerbremsventil.

Das Abteil 3. Klasse mit seinen Holzlattenbänken sowie den halbhohen Trennwänden zwischen den Lehnen. Im Hintergrund sind noch die Bänke des Abteils 4. Klasse zu erkennen.
Werkfoto. Sammlung Wolfgang Theurich (2)

Ab Dezember 1931 bzw. März 1932 waren die Wagen 761 und 762 in der RBD Nürnberg im Einsatz. Diese setzte die VT u.a. auf der Wiesenttalbahn zwischen Forchheim und Behringersmühle ein, hier unterhalb der Burg Gößweinstein im Bild festgehalten. *Foto: RVM. Sammlung Dirk Winkler*

einen". Die RBD Nürnberg wollte *„mit diesem damals viel umstrittenen Betriebsmittel … auf einigen Strecken selbst Versuche anstellen …, um so auf Grund eigener Erfahrungen ein zuverlässiges Urteil über die Brauchbarkeit und Wirtschaftlichkeit von Triebwagen, wenigstens für die in ihrem Bezirk vorliegenden Verhältnisse, zu gewinnen"*[449]. Die beiden Wagen 761 und 762 kamen am 15.12.1931 sowie dem 23.03.1932 zur RBD Nürnberg[450]. Damit waren ab März 1932 alle sechs WUMAG-Triebwagen in Nürnberg vorhanden. Durch intensive Pflege und Verbesserung dieser beiden, wie auch der vier Wagen der Nachfolgebauart (neue Lagermetalle der Pleulstangen, Tausch der Lamellenkupplung Bauart Soden gegen Mylius-Mehrscheibenkupplung, Verbesserungen an den Wechsel- und Wendegetrieben) sowie Schulung des Personals konnte der Ausnutzungsgrad von rd. 50 % Anfang 1931 auf über 90 % in der ersten Jahreshälfte 1933 gehoben werden[451].

Nach Kriegsende sind in der ersten Erfassung der RBD Nürnberg vom 15. Juli 1945 alle Fahrzeuge beim Bw Nürnberg Hbf verzeichnet[452]. Eine Aufstellung vom 20.7.1946 weist 761 als schadhaft aus, 762 ist betriebsfähig und läuft im Planverkehr[453]. Im November 1948 werden alle schweren WUMAG-Triebwagen als im Betrieb befindlich ausgewiesen. Für 762 ist ein Umbau auf 2 x 135-PS-Daimler-Dieselmotoren (rd. 2 x 99,3 kW) vermerkt[454]. Zeitgleich erfolgte der Rückbau auf Dieselbetrieb[455].

1931/32 wurde die Antriebsanlage umgebaut, so dass ein dritter Dachkühler in Fahrzeugmitte erforderlich wurde. Wagen „761 Nürnberg" weist bereits den neuen Anstrich auf. *Sammlung Dirk Winkler*

Am 15. Juli 1935 hielt Carl Bellingrodt den Triebwagen „762 Nürnberg“ im Bw Nürnberg Hbf. fest. *Sammlung Dirk Winkler*

Ab 1948 waren beide Triebwagen von Nürnberg aus wieder im Einsatz. Der inzwischen als VT 66 905 bezeichnete Wagen 762 ist 1950 bei Oberasbach in Richtung Ansbach unterwegs. *Foto: Peter Ramsenthaler. Sammlung Günther Dietz*

Fast acht Jahre später steht der VT 66 905 kurz vor seiner Ausmusterung. *Foto: Ulrich Montfort*

Im Zuge der Umzeichnung der Verbrennungs-Triebwagen bei der DR in den drei Westzonen wurden 1947 die beiden WUMAG-Triebwagen 761 und 762 zu VT 66 904 und 905. Nach seiner Ausmusterung am 5.12.1955 verkaufte die DB den VT 66 904 zum 21.12.1956 an die Buxtehude-Harsefelder Eisenbahn (BHE). Dort lief er nach Umbau als T175. Im Eigentum der Verkehrsbetriebe Elbe/Weser ist er zurzeit noch betriebsfähig erhalten und wird von den Buxtehude-Harsefelder Eisenbahnfreunden betreut. Um ihn äußerlich wieder weitgehend in den Zustand zur Reichsbahnzeit zurückzuversetzen, erhielt er hölzerne Dachkühlerattrappen. Der VT 66 905 diente nach seiner Ausmusterung am 12.1.1959 ohne Maschinenanlage und umgebaut zu einem provisorischen Reisebüro und zu einer Fahrkartenausgabe ab 1960 noch eine Reihe von Jahren diesen Zwecken.

Nach seiner Ausmusterung wurde der Wagenkasten als mobiles *„Amtliches Bayerisches Reisebüro“* weiterverwendet. Die Aufnahme entstand am 25. Mai 1963 vor dem Augsburger Hauptbahnhof. 1971 stand der Wagen in Garmisch-Partenkirchen. Anschließend erfolgte seine Verschrottung. *Foto: Joachim Claus. Sammlung Günther Dietz*

Die DB verkaufte VT 66 904 nach seiner Ausmusterung an die Buxtehude-Harsefelder Eisenbahn, die ihn nach Umbau als T175 einsetzte. Am 30. April 1966 steht er in Appensen. *Foto: Dr. Rolf Löttgers*

Der Triebwagen ist heute noch erhalten und wurde weitgehend in den Ursprungszustand der 1930er-Jahre versetzt. Am 9. Juli 2009 verkehrte er mit zweiachsigem Beiwagen wie fast 70 Jahre zuvor auf der Wiesenttalbahn. *Foto: Ralf Lüderitz*

757 - 760 (BC4vT-25/30)

Entstehungsgeschichte

Noch während des Baus der zuvor beschriebenen ersten beiden vierachsigen WUMAG-Triebwagen bestellte das RZA Berlin 1925 mit Vertrag 04.074/64.2054 in Görlitz weitere vier benzolmechanische Verbrennungs-Triebwagen. Bei ihrem Entwurf hatte das RZA einige Änderungen durchgesetzt. So erhielten die Führerstände separate Einstiegstüren, die Einstiegs- und Fahrgasträume wurden verändert und die Steuerung der Antriebsanlage modifiziert. Die ersten Triebwagen aus dieser kleinen Bauserie wurden 1927 mit den späteren Nummern 757 bis 760 abgeliefert. Sie wurden ursprünglich unter der Gattung CD4vT-25e geführt.

Aufbau und Technik

Konstruktion und Ausführung von Rahmen und Wagenkasten entsprachen weitgehend den beiden Probewagen (761, 762). Allerdings war der sich in der Breite verjüngende Bereich des Wagenkastens mit 4400 mm um 780 mm länger ausgeführt als bei den vorangegangenen Wagen. Die Führerstände waren um jeweils 350 mm verlängert, dagegen der Einstiegsraum verkürzt worden.

Sämtliche Sitzplätze befanden sich nun innerhalb der beiden abgeschlossenen Abteile. Das Abteil 4. Klasse mit Holzbretterbänken besaß 49 Sitzplätze, das Abteil 3. Klasse mit Holzlattensitzen verfügte über 27 Sitzplätze. Der im Bereich der Trennwand zwischen den Abteilen gelegene Abort mit Leibstuhl war geringfügig vergrößert worden und hatte einen anderen Grundriss erhalten. Für die Entlüftung waren 16 Luftsauger der Bauart Wendler vorhanden.

Die Drehgestelle sowie die Antriebsanlage folgten konstruktiv weitgehend den beiden Probewagen. Da bei den von der LVA Grunewald durchgeführten Versuchsfahrten mit dem Triebwagen 101 Königsberg sich die elektromotorische Steuerung der Riegelwalze des Getriebes nicht bewährt hatte, wurden die vier Wagen der neuen Bauserie mit einer elektropneumatischen Getriebesteuerung versehen.

Die RBD Breslau richtete bis April 1929 in den bei ihr eingesetzten Wagen 757 - 760 in dem Abteil 3. Klasse Sitzplätze für die 2. Klasse durch Einlegen von Flachpolstern her. Das ursprüngliche Abteil 4. Klasse blieb für die 3. Klasse unverändert[456].

Nach der Überweisung in die RBD Nürnberg ließ diese die Wagen im RAW Nürnberg umbauen. Neben der Änderung der Fahrgasträume (Einbau eines Abteils 2. Klasse mit 13 Sitzen in der Sitzteilung 1+2) wurde auch die Maschinenanlage überarbeitet und verändert (erhöhte Motorleistung, dritter Dachkühler, Einbau Mylius-Kupplung, Mylius-Getriebe)[457]. Aufgrund der veränderten Fahrgasträume lautete die neue Gattungsbezeichnung BC4vT-25/30.

Ab dem Frühsommer 1940 wurden alle vier Triebwagen auf Treibgasbetrieb umgebaut. Für diesen Umbau waren acht große Gasflaschen vorgesehen[458]. Zudem wurde ein Vorwärmer zur Kühlwasservorwärmung und Warmhaltemöglichkeit mit Fremddampf eingebaut. Kriegsbedingt wurden die Sitzbänke der 2. Klasse bei 757 bis 760 ausgetauscht, so dass noch 74 Sitzplätze 3. Klasse vorhanden waren.

Nach dem Krieg erhielt der VT 66 902 Daimler-Benz-Dieselmotoren OM 54. Gleichfalls erfolgte der Bremsumbau, wie im VT 66 905. Die Bundesbahn plante weiterhin den Austausch der Benzinmotoren in VT 66 901, 903 - 905 gegen Dieselmotoren der Bauart A 6 M 617.

Aufgrund der baldigen Ausmusterung wurde dies jedoch nicht mehr durchgeführt. Zudem reduzierte die DB die Zahl der Sitzplätze: VT 66 901, 903 und 904 verfügten zuletzt über 61 Sitzplätze, zuzüglich 17 Klappsitze, VT 66 902 besaß 51 Sitzplätze und 24 Klappsitze.

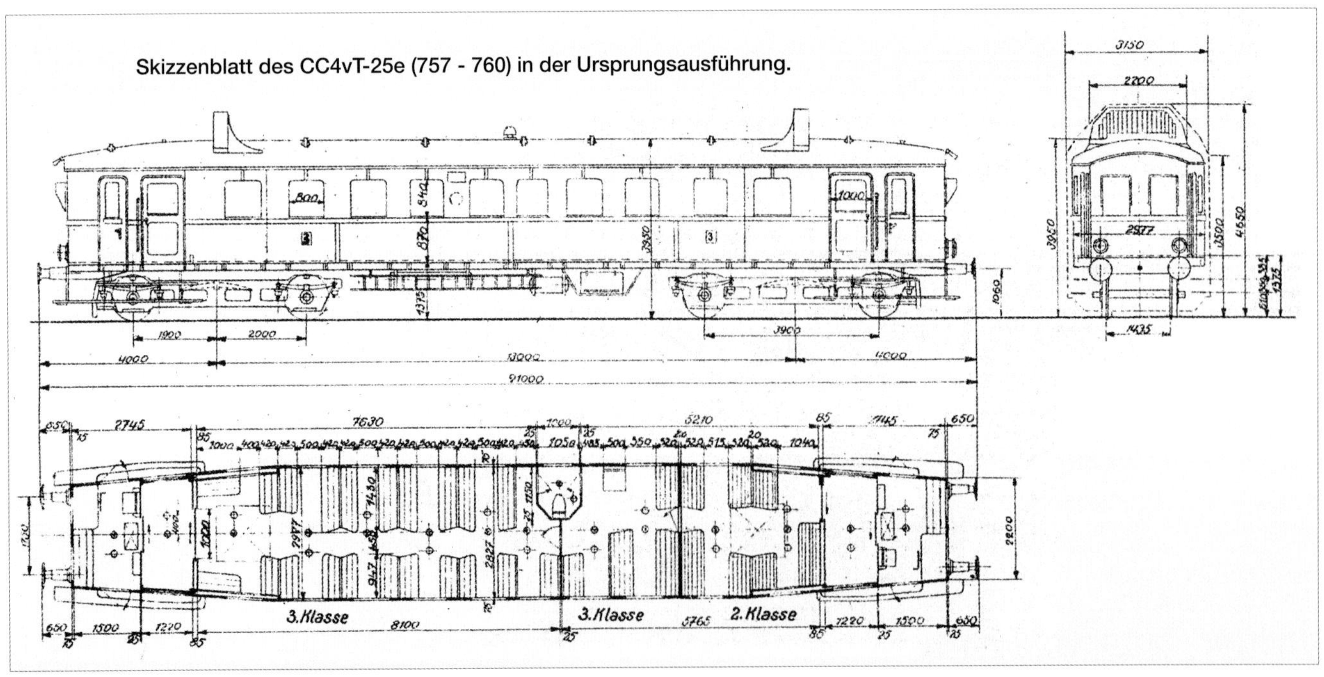

Skizzenblatt des CC4vT-25e (757 - 760) in der Ursprungsausführung.

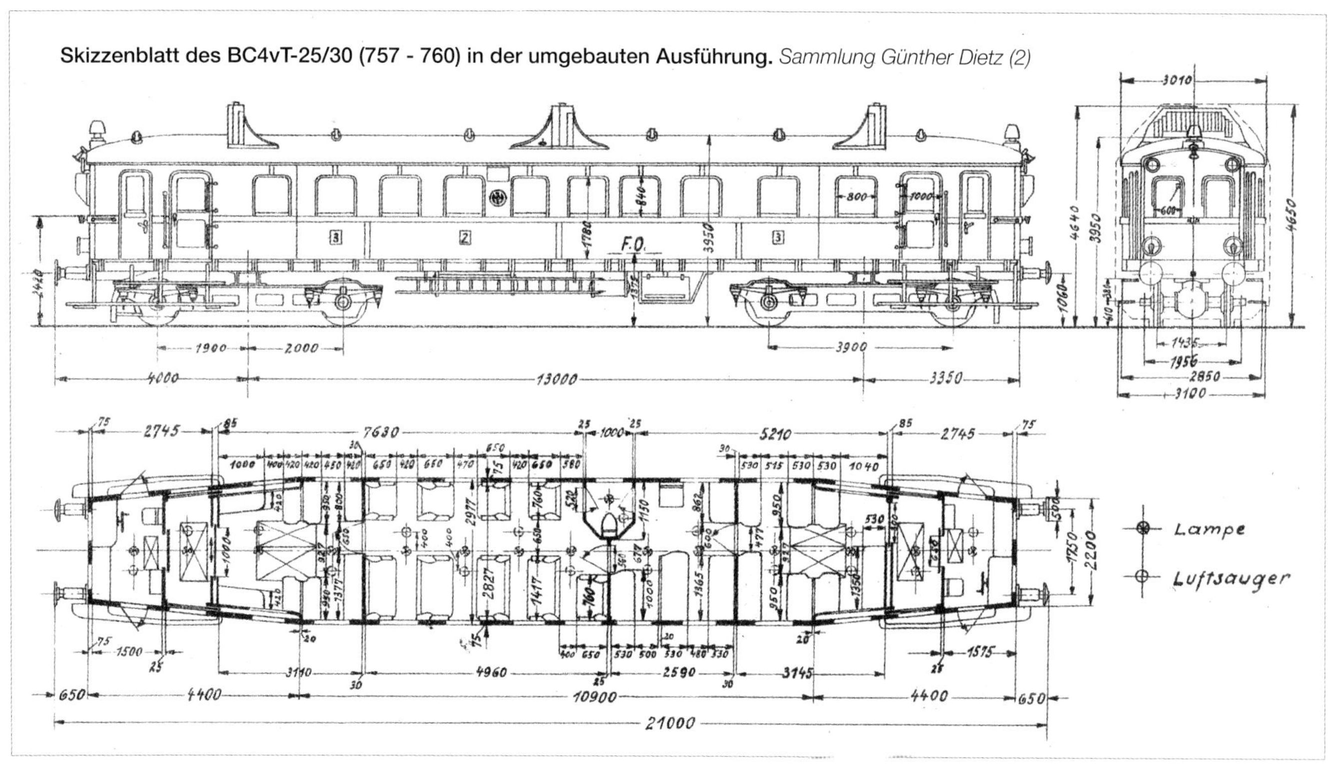

Skizzenblatt des BC4vT-25/30 (757 - 760) in der umgebauten Ausführung. *Sammlung Günther Dietz (2)*

Einsatz und Verbleib

Die vier WUMAG-Triebwagen der zweiten Ausführung wurden nach Anlieferung und Inbetriebnahme zunächst 1927 in Frankfurt/Oder (757 und 758) und Breslau Hbf (759 und 760) eingesetzt. Die ersten Fahrzeugnummern sind hierbei nicht bekannt.

Spätestens im Juni 1928 waren alle vier Wagen im Bw Breslau Hbf beheimatet und wurden *„ausschließlich für … Züge verwendet, die nach einem Abkommen mit dem Breslauer Vorortverkehrsverband zu fahren sind“*. Allerdings zeichneten sich die Wagen durch größere Ausfallzeiten aus, wie ein Schreiben der RBD Breslau vom Januar 1929 über die Nutzung der 757 - 760 in den Monaten ab August 1928 berichtete. Mehrfache Brüche der Kompressor-Welle, Schäden an den Soden-Getrieben, der Lamellenkupplung und der Schaltgetriebe zum Wendegetriebe sowie zerfrorene Kühler-

„757 Osten“ vor der Ablieferung Anfang 1927 auf dem Werkgelände der WUMAG in Görlitz. Er wurde anschließend in Frankfurt/Oder beheimatet. *Werkfoto. Sammlung Wolfgang Theurich*

Blick aus einer anderen Perspektive auf den „757 Osten“. Auf dieser Ansicht sind gut die breiten Sonnenblenden über den Führerstandsfenstern zu erkennen. Die mitgeführte Holzleiter sollte dem Triebwagenführer zur Kontrolle des Daches dienen. *Werkfoto. Sammlung Wolfgang Theurich*

Blick auf das Führerpult im Führerstand eines der von der WUMAG gebauten Triebwagen. *Repro Dirk Winkler*

Im Abteil 4. Klasse, das sich durch die einfachen Bretterbänke auszeichnete, konnte eine Fußbodenklappe herausgenommen werden, um für Wartungsarbeiten an den Büssing-Vergasermotor gelangen zu können. *Repro Dirk Winkler*

Im August 1930 kam der Wagen 759 aus der RBD Breslau in die RBD Nürnberg. Wenige Monate später dürfte Ernst Schörner ihn hier im Bahnhof Rothenburg ob der Tauber festgehalten haben. *Sammlung Dirk Winkler*

elemente infolge des strengen Winters 1928/29 waren zu beklagen. 757 war von August bis September 1928 im RAW, 758 von November bis Dezember, 759 im Dezember 1928 und 760 fiel wegen Schäden nach einem Zusammenstoß bei der Überführung aus dem RAW Delitzsch von Juli bis September 1928 aus[459]. Einsatzwerte für Dezember 1929 können folgender Tabelle entnommen werden[460].

Fahrzeugnr.	in Betrieb [Tage]	in RAW / Bw [Tage]	mtl. Leistung [km]	mtl. Leistung mit Beiwagen [km]	tgl. Laufleistung [km]
757	18	0 / 13	4414	939	245
758	23	8 / 0	6155	1390	268
759	8	23 / 0	1661	362	208
760	20	0 / 11	4950	1204	248

Ab Mai 1930 waren 757 und 758 beim Bw Angermünde und dem Bw Templin eingesetzt. Die beiden anderen Wagen kamen im Sommer 1930 in die RBD Nürnberg. Wie erwähnt, wurden Anfang der 1930er Jahre alle schweren WUMAG-Triebwagen in der RBD Nürnberg zusammengezogen[461]. Die Zuweisungsdaten zur RBD Nürnberg gibt nachfolgende Aufstellung wieder[462].

Fahrzeugnr.	Zuweisungsdatum	Zuweisung von
760	23.07.1930	RBD Breslau
759	08.1930	RBD Breslau
758	07.10.1931	RBD Stettin
757	24.03.1932	RBD Stettin

Insgesamt suchte die RBD Nürnberg bei allen vierachsigen WUMAG-Benzol-Triebwagen nach Wegen zur Verbesserung ihrer Einsatzfähigkeit, wie oben beschrieben[463]. Befahren wurden vor allem die von Nürnberg ausgehenden eingleisigen Nebenbahnen, wo die Wagen sich mit und ohne Beiwagen im Betrieb bewährten. Alle Triebwagen dieser Bauart wurden ab der zweiten Jahreshälfte 1940 auf Gasbetrieb umgebaut. Im Januar 1941 liefen 757 - 760 bereits mit Flüssiggas.

Nach Kriegsende sind in der ersten Erfassung der RBD Nürnberg vom 15. Juli 1945 alle Wagen beim Bw Nürnberg Hbf verzeichnet[464]. Eine Aufstellung vom 20.7.1946 weist 757 und 758 als stark beschädigt aus, 759 ist schadhaft, nur 760 ist betriebsfähig und läuft im Planverkehr[465].

Im Zuge der Umzeichnung von Verbrennungs-Triebwagen bei der DR in den drei Westzonen 1947 wurden 757 - 760 zu VT 66 900 bis 903. Im November 1948 werden 758 - 760 als im Betrieb befindlich ausgewiesen, 757 wurde aufgrund zu großer Schäden zum 11.7.1949 ausgemustert[466]. Die Ausmusterung setzte sich bis Januar 1959 fort. Vier Triebwagen wurden davon an Privatbahnen verkauft (VT 66 900, 901, 903, 904) und dort maschinell umgebaut, so dass die Dachkühlanlagen entfallen konnten. Sie hatten zum Teil bei den Privatbahnen noch ein längeres Leben.

Technische Daten

Betriebsnummer			761	762	757 - 760	757 - 760
Gattungsbezeichnung			CD4vT-25d	BC4vT-29	CD4vT-25	BC4vT-25/30
Übersichtszeichnung			GT 37 Wumag	GT 37 Wumag	41-CD-VT-Wumag	41-CD-VT-Wumag
Radsatzanordnung			(1A)'(A1)'	(1A)'(A1)'	(1A)'(A1)'	(1A)'(A1)'
Hersteller	Wagenteil		Wumag	Wumag	Wumag	Wumag
	Motor		Büssing	Büssing	Büssing	Büssing
	Getriebe		ZF Friedrichshafen	ZF Friedrichshafen	ZF Friedrichshafen	ZF Friedrichshafen
Höchstgeschwindigkeit		km/h	65	65	65	70
Länge über Puffer		mm	21024	21024	21000	21000
ges. Radsatzabstand		mm	16800	16800	16800	16800
Drehzapfenabstand		mm	13000	13000	13000	13000
Radsatzabstand Drehgestell		mm	3900	3900	3900	3900
Treibraddurchmesser		mm	1000	1000	1000	1000
Laufraddurchmesser		mm	1000	1000	1000	1000
Sitzplätze	2. Klasse		-	16	-	13
	3. Klasse		28	52	26	43
	4. Klasse		51	-	49	-
Stehplätze			62		64	
Plätze gesamt			130		120	
Dienstmasse	unbesetzt	t	41,5	41,5	41,5	41,5
	besetzt	t	47,4	51,3	47,1	50,5
	je Sitzplatz	kg	525	610	553	740
	je lfd. m Wagenlänge	t	1,97	1,98	1,98	1,98
spez. Antriebsleistung		kW/t / PS/t	3,2/4,4	3,2/4,4	3,2/4,4	3,2/4,4
gr. Radsatzlast		t	12,8	12,8	12,1	12,1
Steuersystem			Einzel	Einzel	Einzel	Einzel
Motor	Zahl / Bauart		2 / D2	2 / D2	2 / D2	2 / D2
	Masse	kg	650	650	650	650
	Zyl./Durchm./Hub	mm	6 / 125 / 160	6 / 125 / 160	6 / 125 / 160	6 / 125 / 160
	Dauerleistung	PS	90	90	90	90
	Drehzahl	min^{-1}	1000	1000	1000	1000
Art u. System d. Leistungsübertragung			mechanisch	mechanisch	mechanisch	mechanisch
Getriebebauart			Soden TS 18,5	Soden TS 18,5	Soden TS 18,5	Soden TS 18,5
Zahl der Gänge			5	5	5	5
Motorsteuerung			pneumatisch	pneumatisch	pneumatisch	pneumatisch
Getriebesteuerung			el.-motorisch	el.-motorisch	el.-pneumatisch	el.-pneumatisch
Wendegetriebesteuerung			el.-pneumatisch	el.-pneumatisch	el.-pneumatisch	el.-pneumatisch
Kraftstoffvorrat		l	300	300	300	300
Heizung			Whz, Kühlwasser	Whz, Kühlwasser	Whz, Kühlwasser	Whz, Kühlwasser
Beleuchtung, Stromart, Spannung			el. = 24 V	el. = 24 V	el. = 24 V	el. = 24 V
Bremse			Kbr (Klotz)	Kbr (Klotz)	Kbr (Klotz)	Kbr (Kl)

Nach Kriegsende weiterhin in Nürnberg vorhanden, wurden 757 - 760 zu VT 66 900 bis 903 umgezeichnet. VT 66 903 ist hier 1950 bei Weinzierlein auf der Bibertbahn unterwegs, die von Stein nach Unternbibert-Rügland führte.
Foto: Peter Ramsenthaler, Sammlung Dirk Winkler

Bereits in neuem Anstrich wartet „759 Nürnberg“ auf seinen nächsten Einsatz. *VM Nürnberg. Sammlung Dirk Winkler*

Nach dem Umbau der Antriebsanlage verfügten auch die Triebwagen 757 bis 760 über einen dritten Dachkühler, wie „760 Nürnberg“, der hier vor Rothenburg o.d. Tauber festgehalten wurde. *Sammlung Günther Dietz*

Bei Unternbibert-Rügland gelang Peter Ramsenthaler ebenfalls 1950 noch ein Foto von einem der Nürnberger Triebwagen. *Sammlung Dirk Winkler*

Der VT 66 901 wurde an die Delmenhorst-Harpstedter Eisenbahn verkauft, wo er als T 172 eingesetzt war. *Foto: Dr. Rolf Löttgers*

Nach ihrem Umbau kamen die nun als 764 und 765 bezeichneten Triebwagen zur RBD Stettin. „764 Stettin" steht hier im Bahnhof Angermünde um 1933. *Sammlung Günther Dietz*

763 - 765 (BC4vT-29/31)

Entstehungsgeschichte

Die Triebwagen mit den Nummern 763 bis 765 entstanden 1931/32 durch Umbau aus den Fahrzeugen 862 bis 864. Nachdem sich die ursprünglich eingebauten Körting-Dieselmotoren nicht bewährt hatten, erhielten sie Benzinmotoren, zusätzlich wurde der Fahrgastraum verändert.

Aufbau und Technik

Der mechanische Aufbau der Fahrzeuge blieb unverändert. Der Fahrgastraum wurde dahingehend geändert, dass alle drei Wagen im Bereich des größeren 3.-Klasse-Abteils neben dem Einstiegsraum ein Abteil 2. Klasse mit zehn Sitzplätzen erhielten. Dafür wurde eine neue Trennwand zum nachfolgenden 3.-Klasse-Abteil mit Drehtür eingebaut. Die Zahl der Sitzplätze in der 3. Klasse reduzierte sich damit auf 62.

Die Körting-Motoren wurden durch Sechszylinder-Büssing-Motoren ersetzt. Die Soden-Getriebe blieben bis 1941 erhalten. Aufgrund ihrer Störanfälligkeit wurden sie gegen Mylius-Getriebe getauscht, wodurch die Höchstgeschwindigkeit auf 80 km/h gesteigert werden konnte.

Die Entlüftungsstutzen der passiven Kühlanlage wurden nach dem Umbau topfförmig ausgeführt. In der Mitte des Kühleraufbaues befand sich ein Kühlwasserausgleichsbehälter, dessen Füllstand von außen erkennbar war. Beiderseits

Stirnansicht des selben Triebwagens. *Sammlung Heinz Kurz*

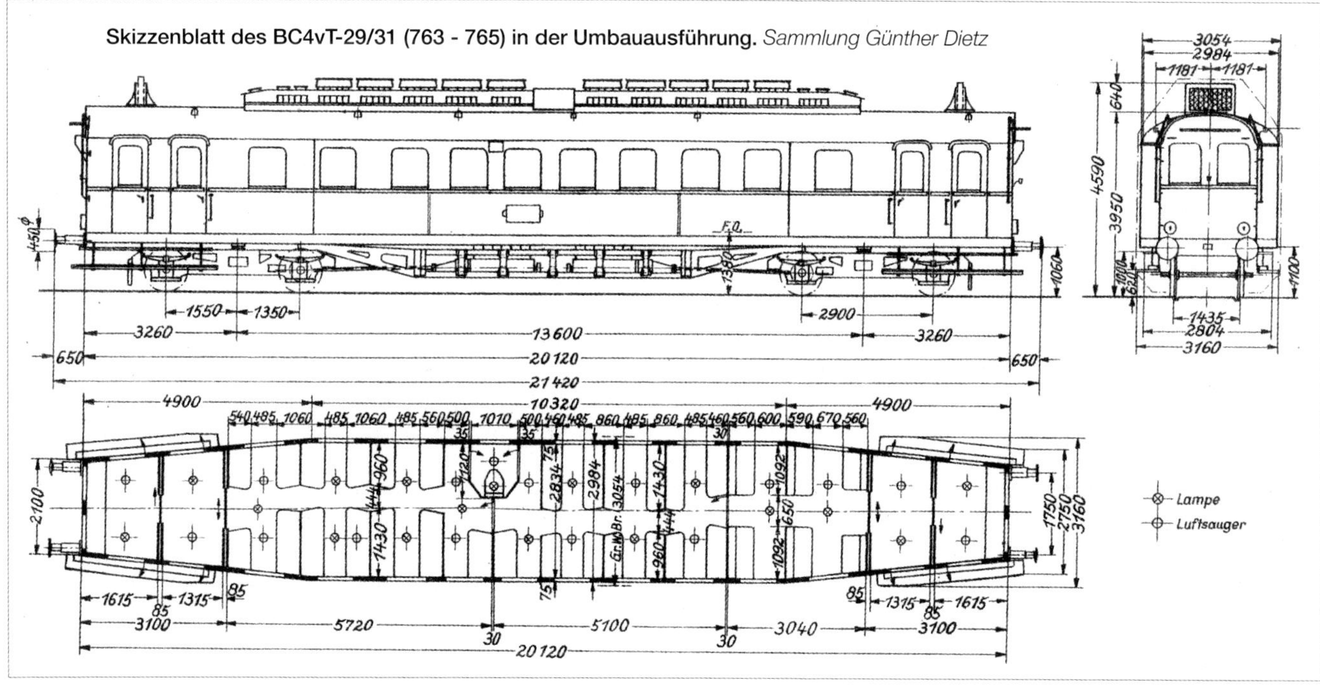

Skizzenblatt des BC4vT-29/31 (763 - 765) in der Umbauausführung. *Sammlung Günther Dietz*

Technische Daten

Betriebsnummer			763 - 765
Gattungsbezeichnung			BC4vT-29/31
Radsatzanordnung			1A+A1
Hersteller	Wagenteil		Dessau
	Motor		Büssing
	Getriebe		ZF Friedrichshafen
Höchstgeschwindigkeit		km/h	70
Länge über Puffer		mm	21420
ges. Radsatzabstand		mm	16700
Drehzapfenabstand		mm	13600
Radsatzabstand Drehgestell		mm	2900
Treibraddurchmesser		mm	1000
Laufraddurchmesser		mm	1000
Sitzplätze	2. Klasse		10
	3. Klasse		62
Stehplätze			20
Plätze gesamt			92
Dienstmasse	unbesetzt	t	47,0
	besetzt	t	53,9
	je Sitzplatz	kg	650
	je lfd. m Wagenlänge	t	2,19
spez. Antriebsleistung		kW/t / PS/t	3,4 / 4,2
gr. Radsatzlast		t	14,3
Steuersystem			Einzel
Motor	Zahl / Bauart		2 / D2
	Masse	kg	640
	Zyl./Durchm./Hub	mm	6 / 125 / 160
	Dauerleistung	PS	110
	Drehzahl	min^{-1}	1200
Art u. System d. Leistungsübertragung			mechanisch
Getriebebauart			Soden
Zahl der Gänge			5
Motorsteuerung			pneumatisch
Getriebesteuerung			pneumatisch
Wendegetriebesteuerung			pneumatisch
Kraftstoffvorrat		l	320
Heizung			Whz, Kühlwasser
Beleuchtung, Stromart, Spannung			el.
Bremse			Kbr (Kl)

der Kühlanlage waren Laufbretter auf dem Dach angebracht, um diese während des Betriebes kontrollieren zu können. Zusätzlich wurden über den Führerständen zwei stehende Dachkühler aufgebaut. 1940/41 erfolgte auch für diese Fahrzeuge der Umbau auf Flüssiggasbetrieb. Sie erhielten dafür acht kleine Gasflaschen.

Die Bundesbahn plante noch den Austausch der Benzinmotoren im VT 66 906 gegen Dieselmotoren der Bauart A 6 M 617. Aufgrund der baldigen Ausmusterung wurde dies jedoch nicht mehr durchgeführt.

Nach dem Verkauf des 763 / VT 66 906 an die WEG wurde die Antriebsanlage des Fahrzeugs komplett umgebaut. Es erhielt Einzelachsantrieb, der auf vier 150-PS-Büssing-Dieselmotoren basierte. Für die Leistungsübertragung wurden Differentialwandlergetriebe mit nachgeschaltetem Stufengetriebe für Normalfahrt und Bergfahrt eingebaut. 1958 erhielt der Triebwagen neue Motoren mit 210 PS (rd. 154,4 kW) Leistung. Zudem wurden die Führerstandsenden verändert. Die Profilrahmen sowie die Verblechung wurden entfernt und durch neue Schweißkonstruktionen ohne Einstiegstüren sowie mit großen Seitenfenstern und zwei breiten Frontfenstern ersetzt.

Einsatz und Verbleib

Nach ihrem Umbau im Herbst 1931 kamen der 763 zur RBD Oldenburg und 764 und 765 zur RBD Stettin. Die Umnummerierung der drei Fahrzeuge erfolgte in der ursprünglichen Reihenfolge (862 - 864). Aufgrund des jeweiligen Umbauendes wies das RAW Wittenberge den ursprünglich der RBD Oldenburg zugedachten 765 der RBD Stettin zu[467].

Für 1934 ist vermerkt, dass die Wagen weiterhin in Oldenburg und Stettin beheimatet waren. Die RBD Stettin gibt ihre beiden Triebwagen 764 und 765 innerhalb des Jahres 1935 an die RBD Münster ab[468]. In der nächsten Erfassung im Januar 1937 sind alle drei Fahrzeuge in der RBD Münster im

Der Wagen 763 kam in die RBD Oldenburg. Das Foto zeigt ihn auf dem Verschiebebahnhof Oldenburg.
Sammlung Stadtmuseum Oldenburg

Bw Oldenburg beheimatet. Die Fahrzeuge blieben nach Umrüstung auf Flüssiggasbetrieb im öffentlichen Personenverkehr der RBD Münster.

Alle drei Triebwagen befanden sich nach Kriegsende im Bereich der späteren Bundesbahn. 763 musste aufgrund schwerer Schäden 1946 in Bielefeld ausgemustert werden. Die beiden anderen Wagen 764 und 765 erhielten 1947 die neuen Nummern VT 66 906 und VT 66 907. Der VT 66 907 wurde bereits 1950 abgestellt. Der VT 66 906 war noch bis 1952 in der RBD Nürnberg im Einsatz. Auch seine Ausmusterung ließ aufgrund der Splittergattung nicht lange auf sich warten. 1954 verkaufte ihn die DB an die Württembergische Eisenbahn-Gesellschaft (WEG). Die WEG bezeichnete den Triebwagen als T 11 und setzte ihn von 1958 bis 2000 auf der Strecke Nürtingen – Neuffen ein. Im Jahr 1984 wurde er als VT 401 umgezeichnet[469]. Aufgrund der neuen Antriebsanlagen

Um 1950/51 ist VT 66 906 (ex 764) bei Fürth unterwegs.
Foto: Peter Ramsenthaler. Sammlung Dirk Winkler

Nochmals der VT 66 906, hier am Haltepunkt Fürth-Süd.
Foto: Peter Ramsenthaler, Sammlung Günther Dlotz

wurde der Triebwagen als Schlepptriebwagen eingesetzt und beförderte von Neuffen nach Nürtingen schwere Kalksteinzüge. Diese Einsätze endeten 1972 mit der Schließung des Zementwerks in Nürtingen[470].

Anschließend wurde er meist als Reserve im Personenverkehr vorgehalten, kam aber ab 1990 wieder in den Plandienst, nachdem ein Anstieg des Güterverkehrsaufkommens eingetreten war. Ab 2000 übernahm eine Diesellokomotive den Güterverkehr. Die geplante Vorhaltung des VT 401 als Reservefahrzeug wurde nach einem Unfall im selben Jahr aufgegeben. Zwei Jahre später kauften die Ulmer Eisenbahnfreunde (UEF) den Triebwagen, um ihn nach Aufarbeitung auf der Lokalbahn Amstetten – Gerstetten im Museumsbetrieb einzusetzen[471]. 2009 wurde der Triebwagen an die *„Freunde der Halle-Hettstedter-Eisenbahn e.V."* verkauft, die ihn originalgetreu wieder aufarbeiten wollen[472].

Die DB verkaufte den Triebwagen an die Württembergische Eisenbahn-Gesellschaft, wo er als T 11 lief. Die WEG baute u.a. die Führerstände komplett um, wie auf dem Bild zu erkennen ist. Am 31. Mai 1967 steht er in Neuffen mit einer stattlichen Garnitur von vierachsigen Selbstentladewagen. *Foto: Dr. Rolf Löttgers*

766 (BC4vT-31a)

Entstehungsgeschichte

Der unter der Nummer 766 eingeordnete vierachsige Triebwagen wurde 1932 von der DRG als fertiges Fahrzeug mit Vertrag 03.077/64.9662 angekauft. Der Wagen war ursprünglich 1930 im Auftrag einer ausländischen Bahnverwaltung von der Triebwagenbau AG (TAG) gebaut worden. Infolge von Schwierigkeiten in der Abnahme des Fahrzeugs übernahm ihn die Reichsbahn[473]. Drei baugleiche Fahrzeuge hatte die Altona-Kaltenkirchener Eisenbahn-Gesellschaft im Mai 1930 in Betrieb genommen. Für wen der spätere Reichsbahn-766 bestimmt war, bleibt unklar.

Aufbau und Technik

Rahmen und Wagenkastengerippe waren als Nietkonstruktion ausgeführt. Der Rahmen war im Bereich der Vorbauten leicht eingezogen, zudem war der Rahmen im Bereich des Einstiegs im größeren Führerstand nach innen eingezogen. Die Bekleidungsbleche waren aufgenietet, das Dach war in Holzbauweise mit Doppeldrellbezug ausgeführt.

Ein Führerraum mit 1760 mm Länge war durch eine Trennwand mit Doppelschiebetür vom Einstiegsraum abgetrennt. Dieser besaß eine Länge von 1200 mm und war über nach außen aufschlagende Drehtüren mit aufklappbarem Seitenteil zugänglich. Damit war es möglich, auch sperrige Gepäckstücke einzuladen, die in dem großen Führerstand mit befördert werden konnten. Es schloss sich ein Abteil 3. Klasse mit 34 Sitzplätzen in der Sitzteilung 2+3 an, in dem ein Abort mit Leibstuhl eingebaut war. Vom Abort war ein Bereich für die Motorabdeckung sowie Abgas- und Kühlwasserrohre abgeteilt. Hinter einer Trennwand mit Drehtür folgte das Abteil 2. Klasse mit 16 gepolsterten Sitzplätzen in der Sitzteilung 2+2. Über eine Schiebetür gelangte man in den zweiten Führerstand mit 1385 mm Länge, der über einfache, nach außen aufschlagende Drehtüren zu betreten war. Die Heizung des Fahrgastraumes erfolgte über das Motorkühlwasser, die Führerstände wurden über die Auspuffanlage beheizt. Die Fenster besaßen eine einheitliche Breite von 1000 mm und waren herablassbar. Für die Entlüftung standen fünf Luftsauger zur Verfügung.

Die genieteten Preßblechdrehgestelle besaßen eine mittig auf außenliegenden Blattfedern abgestützte Drehgestellwiege. Der Drehgestellrahmen stützte sich über mehrlagige Blattfedern auf den in Rollenlagern laufenden Speichenradsätzen ab.

Die Antriebsanlage war in einem Maschinenrahmen gelagert, der an vier Punkten über Gummielemente am Fahrzeugrahmen aufgehängt war. Der DWK-Motor leistete 150 PS und übertrug sein Drehmoment auf das Vierganggetriebe sowie per Gelenkwellen auf die Kegelrad-Radsatzgetriebe der innen liegenden Treibradsätze. Das Motorkühlwasser wurde in zwei auf dem Dach montierten Wabenkühler rückgekühlt. Ebenfalls auf dem Dach befanden sich zwei jeweils 100 Liter fassende Kraftstoffbehälter.

Der Wagen besaß eine Knorr-Einkammer-Druckluftbremse, mit der die Radsätze jeweils einseitig abgebremst wurden. Die Reichsbahn ließ die vorhandenen Puffer mit 400 mm Tellerdurchmesser gegen 650 mm lange mit 420 mm Tellerdurchmesser ersetzen.

Die Regelschraubenkupplung besaß eine Sicherheitskupplung. Der Wagen verfügte an den Frontseiten jeweils unterhalb der Führerstandsfenster über zwei Signallampen, am

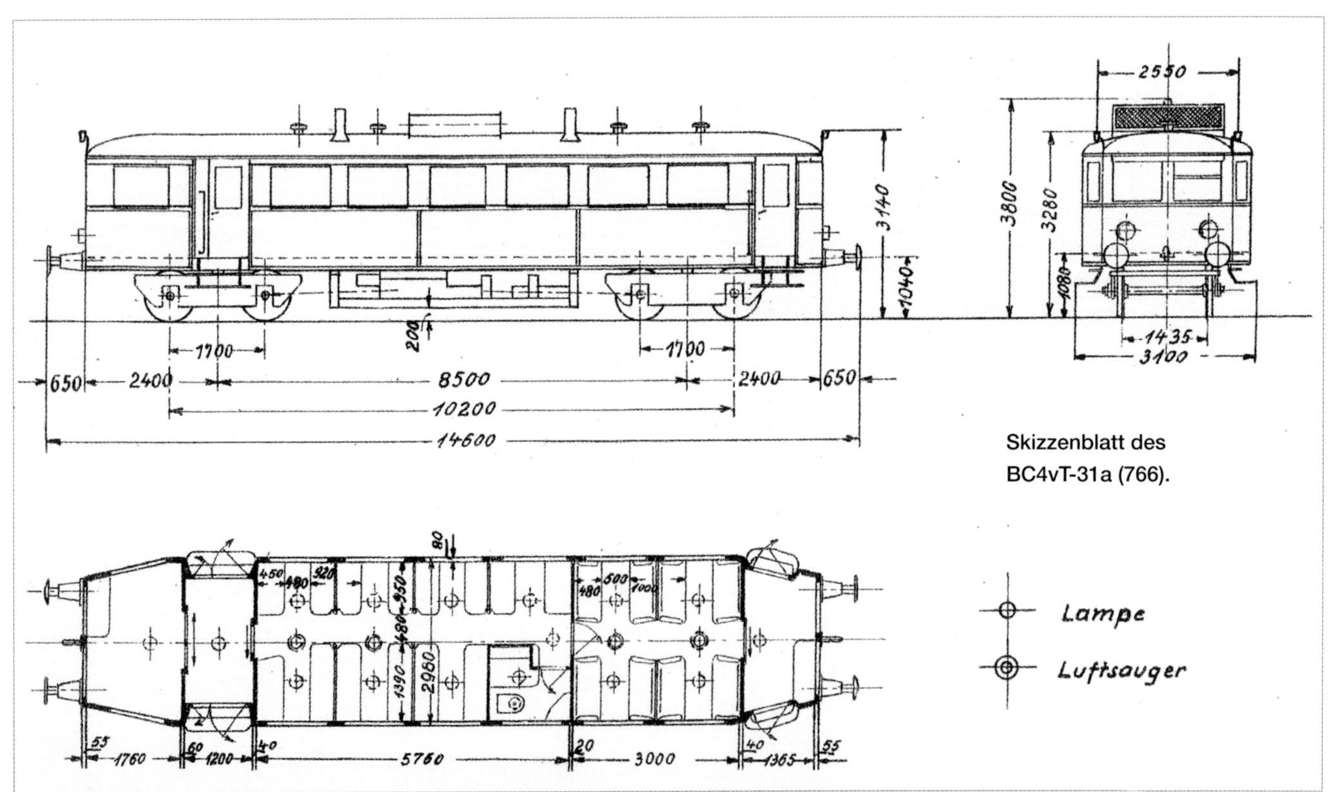

Skizzenblatt des BC4vT-31a (766).

Der „766 Altona" wurde 1930 von der DWK beschafft. Der Wagen war ursprünglich 1930 im Auftrag einer ausländischen Bahnverwaltung gebaut worden.

Obergurt über zwei Signalstützen sowie auf dem Dach über dem Führerstand über doppelte Typhone.

Als Fahrzeug mit Ottomotor wurde auch für 766 der Umbau auf Flüssiggasbetrieb mit acht kleinen Gasflaschen vorgenommen, der Mitte September 1940 beendet war.

Nach Übernahme des motorlosen Fahrzeuges durch die Westerwaldbahn wurde der Triebwagen mit einem 180-PS-KHD-Dieselmotor (rd. 132,4 kW), einem neuen Dieseltank unter dem Fahrzeugrahmen sowie sechs neuen Wabenkühlern auf dem Dach ausgerüstet. Weiterhin erfolgte an den Stirnseiten der Einbau von Übergangstüren mit Übergangsblechen.

Einsatz und Verbleib

Der Wagen wurde im Januar 1932 angeliefert und am 20.02.1932 im RAW Wittenberge in Betrieb genommen. Als Heimatbahnhof war Husum verzeichnet. Aufnahmen zeigen ihn mit einem Zuglaufschild Husum – Schleswig. Er soll auch auf der Strecke Bredstedt – Löwenstedt eingesetzt worden sein. Einen Versuchseinsatz hatte er vom 4. bis 9. Januar 1934 auf der Windbergbahn nahe Dresden von Freital Ost nach Possendorf, zusammen mit einem zweiachsigen Beiwagen[474-475]. Der Nummernplan von 1934 weist den 766 weiterhin bei der RBD Altona im Bw Husum aus. Hier war er auch

Blick von der anderen Seite auf den Triebwagen vor seiner Ablieferung, noch ohne Anschriften. *Sammlung Günther Dietz (3)*

Vom 4. bis 9. Januar 1934 fanden Probefahrten auf der Windbergbahn statt, um Fahrzeuge für die Strecke Heidenau – Altenberg zu testen, die von Schmalspur auf Regelspur umgebaut wurde. Hierbei kam auch der 766 zum Einsatz. Vertreter des RZA und der RBD Dresden hatten sich hier zum Gruppenbild versammelt. *Sammlung Günther Dietz*

Nach Kriegsende in der britischen Besatzungszone abgestellt, wird er 1947 zum VT 85 905 umgezeichnet. Nach langjähriger Abstellzeit wurde er von der Westerwaldbahn ohne Maschinenanlage angekauft. Mit neuer Motoranlage ausgerüstet, wurde er als VT 103 eingesetzt. Das Foto zeigt ihn in Bindweide am 16. August 1957. *Foto: Kurt Eckert. Sammlung Günther Dietz*

Technische Daten

Betriebsnummer			766
Gattungsbezeichnung			BC4vT-31a
Übersichtszeichnung			TK-A-918
Radsatzanordnung			(1A)'(A1)'
Hersteller	Wagenteil		TAG (DWK)
	Motor		DWK
	Getriebe		DWK
Höchstgeschwindigkeit		km/h	60
Länge über Puffer		mm	14600
ges. Radsatzabstand		mm	10200
Drehzapfenabstand		mm	8500
Radsatzabstand Drehgestell		mm	1700
Treibraddurchmesser		mm	900
Laufraddurchmesser		mm	900
Sitzplätze	2. Klasse		16
	3. Klasse		34
Stehplätze			35
Plätze gesamt			85
Dienstmasse	unbesetzt	t	21,8
	besetzt	t	28,2
	je Sitzplatz	t	435
	je lfd. m Wagenlänge	t	1,49
spez. Antriebsleistung		kW/t / PS/t	5,0 / 6,9
gr. Radsatzlast		t	7,1
Steuersystem			Einzel
Motor	Zahl / Bauart		1 / T VI b
	Masse	kg	900
	Zyl./Durchm./Hub	mm	6 / 150 / 180
	Dauerleistung	PS	150
	Drehzahl	min^{-1}	1000
Art u. System d. Leistungsübertragung			mechanisch
Getriebebauart			RG 150
Zahl der Gänge			4
Motorsteuerung			mechanisch, Seilzug
Getriebesteuerung			pneumatisch
Wendegetriebesteuerung			pneumatisch
Kraftstoffvorrat		l	200
Heizung			Whz, Kühlwasser
Beleuchtung, Stromart, Spannung			el. = 24 V
Bremse			Kbr (Kl)

Mit zweiachsigem Beiwagen steht 766 vor dem Bahnhof Possendorf. *Sammlung Günther Dietz*

1937 vermerkt sowie nach dem Umbau auf Flüssiggasbetrieb 1941 in der nunmehrigen RBD Hamburg.

Nach Kriegsende findet sich der Triebwagen in der britischen Besatzungszone und wird 1947 zum VT 85 905 umgezeichnet. Das Fahrzeug befand sich 1948 im Schadpark des RAW Opladen. Nach langjähriger Abstellzeit wurde der Einzelgänger am 6. Mai 1951 von der Westerwaldbahn ohne Maschinenanlage für 10.000 DM angekauft[476]. Dort wurde er in der Betriebswerkstatt Bindweihe mit einem neuen Motor ausgerüstet und umgebaut. Nach längerem Betriebseinsatz auf der Westerwaldbahn mit der Fahrzeugnummer 103^{II} wurde der Wagen am 31.10.1960 abgestellt und 1962 verschrottet.

Vier Monate vor seiner Abstellung, am 14. Juni 1960, steht der VT 103 mit einem der beiden ehemals der Lausitzer Eisenbahn-Gesellschaft gehörenden, 1939 von der Reichsbahn übernommenen und seit 1941 bei der Westerwaldbahn laufenden VS 201 und VS 202 im Bahnhof Bindweide. *Foto: Carl Bellingrodt. Sammlung Dirk Winkler*

Die vor dem Triebwagen versammelten Herren lassen eine Versuchsfahrt vermuten, die der hier zu sehende 803 im Herbst 1928 zurücklegte. *Sammlung Dirk Winkler*

801 - 804 (CvT-25b/34)

Entstehungsgeschichte

Unter dem Aspekt der Erprobung möglicher Bauarten bestellte das RZA Berlin Mitte der 1920er-Jahre auch eine Reihe von Verbrennungs-Triebwagen mit Dieselmotoren. Das gesteigerte Interesse an der damals noch recht jungen Motorenbauart lag vor allem an dem spezifisch günstigeren Kraftstoffverbrauch und -preis sowie der geringeren Brandgefahr des Kraftstoffs. Um eine gewisse Vergleichbarkeit in der Erprobung zu erzielen, wurden die Dieseltriebwagen in annähernd gleicher wagenbaulicher Ausführung wie die Benzol-Triebwagen bestellt.

In diesem Sinne erhielt Wegmann in Kassel im Herbst 1925 den Auftrag zum Bau von vier zweiachsigen Dieseltriebwagen, die nach Ablieferung im Spätsommer 1927 kurzzeitig als Gattung CDvT-25b liefen und die Nummern 801 bis 804 nach dem damals gültigen alten Nummernplan erhielten. Sie glichen äußerlich bis auf die einteiligen Drehtüren als Zugang zum Führerstand den Werdauer Wagen 705 - 708.

Aufbau und Technik

Das Untergestell dieser Triebwagen war genietet und bestand aus St37-Walzprofilen mit zwei äußeren und zwei inneren Langträgern nebst den entsprechenden Querträgern. Die Langträger trugen das mit Stahlblech verkleidete Kastengerippe. An den Wagenenden befanden sich Stangenpuffer und eine Schraubenkupplung mit Sicherheitskupplung. Das tonnenförmige Dach war zur guten Wärmeisolierung doppelt ausgeführt und besaß für die Entlüftung des Fahrgastraumes sieben Wendlerlüfter.

Der Fahrgastraum mit etwas mehr als acht Metern Länge besaß neben einem zusätzlichen Mitteleinstieg fünfeinhalb zum Teil recht kurze und damit enge Abteile, zunächst mit 16 Sitzplätzen 3. und 30 Sitzplätzen 4. Klasse in Sitzteilung 3+2. Nach der Abschaffung der 4. Klasse 1928 blieben die 4.-Klasse-Bretterbänke zunächst erhalten. Erst später wurden sie durch Lattensitzbänke ersetzt. Die Sitzplatzzahl der nun als CvT-25b geführten Wagen blieb dieselbe. Der Abort befand sich im kleineren Großraum 3. Klasse. Der Großraum der 4. Klasse war gegen den Mitteleinstieg offen, während der kleinere Großraum 3. Klasse an beiden Enden Schiebetüren besaß. Die Fenster der Einstiegstüren und des Fahrgastraumes waren herablassbar. Der mittlere Einstiegsraum war gewählt worden, da im Einsatz der jeweils hintere Einstiegsraum mit Führerstand als Gepäckraum genutzt und zum Fahrgastraum abgeschlossen werden sollte.

Die mit Blattfedern abgefederten Radsätze liefen in Rollenlagern der Bauart SKF-Norma und waren als Vereins-Lenk-

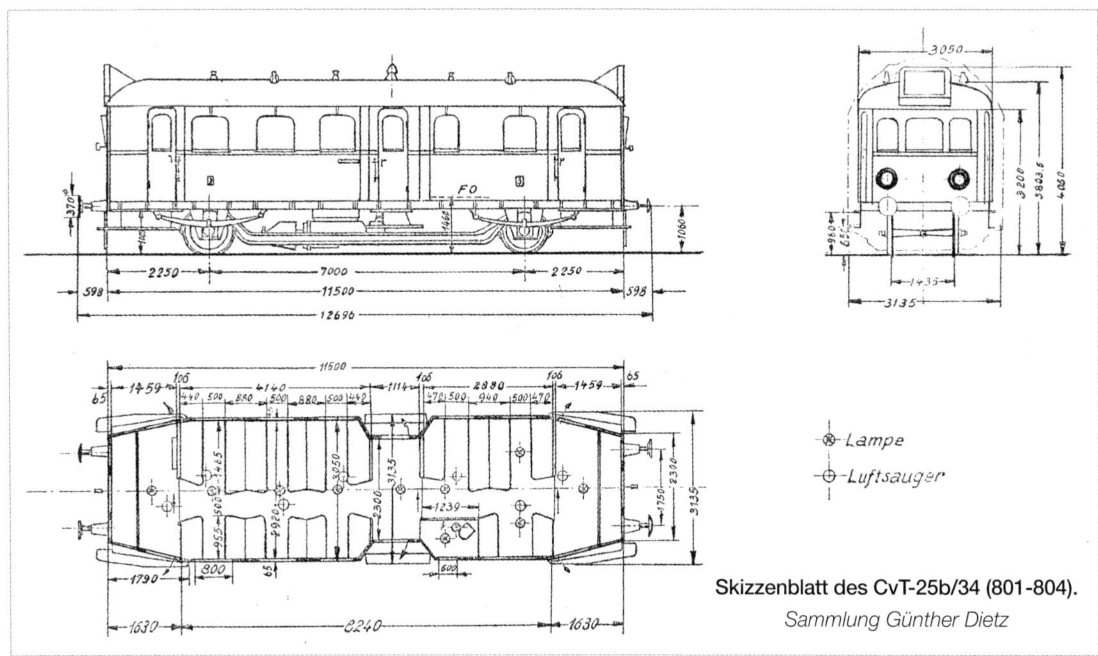

Skizzenblatt des CvT-25b/34 (801-804).
Sammlung Günther Dietz

achsen ausgebildet. Als Bremse war eine Knorr-Ksbr-Klotzbremse bzw. bei VT 803 bis 804 eine Kbr-Klotzbremse vorhanden, über die die Radsätze beidseitig abgebremst wurden. Im Führerstand befand sich das Handrad der Spindelhandbremse.

Die Maschinenanlage fand in einem aus Walzprofilen und Blechen genieteten Tragrahmen unter dem Wagenkasten ihre Aufnahme. Der schwanenhalsförmige Tragrahmen stützte sich in zwei Punkten über Doppelschraubenfedern und gleitgelagerte Sattelstücke auf dem Treibradsatz und in einem Punkt auf dem Laufradsatz ab. Der 75 PS (rd. 55,2 kW) starke Sechszylinder-Dieselmotor W 6 V 11/18 der Firma MAN war in acht Punkten auf dem Maschinentragrahmen gelagert. Die Nenndrehzahl war 1100 Umdrehungen pro Minute. Betrieben wurde der Motor mit Füllungsregelung. Die Füllungs- bzw. Leistungsverstellung erfolgte mechanisch mit Gestänge vom Führerstand aus. Angelassen wurde der Dieselmotor elektrisch mit einem Anlasser der Firma Bosch. Der Kraftstoffbehälter mit 150 Litern Inhalt befand sich im Fahrgastraum 4. Klasse und war mit einer Doppelsitzbank abgedeckt. Die Leistung des Dieselmotors wurde vom Schwungrad über die Soden-Hauptlamellenkupplung auf das fünfgängige von der Zahnradfabrik Friedrichshafen hergestellte Getriebe der Bauart Soden übertragen. Es war in vier Punkten im Maschinentragrahmen gelagert. Von der Getriebeabtriebswelle wurde über Gelenkwelle das druckluftgesteuerte Radsatzwendegetriebe des vorderen Radsatzes angetrieben. Die Riegelwalze des Soden-Getriebes wurde hierbei mechanisch

Um 1933 weilte „803 Hannover“ in seinem Heimat-Bw Bremen P und zeigt sich vor dem dortigen Lokschuppen. Auf dem Langträger ist angeschrieben, dass er zu diesem Zeitpunkt bereits mit dem 90-PS-Körting-Dieselmotor ausgerüstet war.
Foto: Hermann Maey. Sammlung Günther Dietz

Mitte der 1930er-Jahre ist 801 in der RBD Oldenburg im Einsatz.
Sammlung Dirk Winkler

vom Führerstand betätigt, während die Betätigung der Hauptlamellenkupplung mit Druckluft erfolgte.

Die Kühlung des Motorkühlwasserkreislaufes geschah mit je einem an jedem Dachende angeordneten Lamellen-Dachkühler. Geheizt wurden die Wagen mit dem Motorkühlwasser. Die Druckluft wurde von einem vom Dieselmotor angetriebenen dreizylindrigen, einstufigen Knorr-Luftverdichter V 56/60 erzeugt. Zur Ladung der zwei 12-V-Batterien mit einer Kapazität von je 100 Ah diente eine 225 W leistende Bosch-Lichtmaschine.

Im Laufe der Jahre wurden an den Triebwagen umfangreiche Bauartänderungen zur Verbesserung der Betriebstüchtigkeit ausgeführt. Schon um 1929/30 wurde der Maschinentragrahmen verstärkt und eine Sicherheitsrutschkupplung eingebaut. Im Laufe der Jahre wurden im 803 zwei unterschiedliche neue Motorenbauarten erprobt. Einerseits erhielt er einen Körtin-Dieselmotor mit 90 PS (rd. 66,2 kW), andererseits im Oktober 1931 einen MAN-Dieselmotor der Versuchsbauart W6V 12/18.

Der Triebwagen 803 erhielt ab Sommer 1933 ein hydromechanisches Trilok-Getriebe, Bauart A der Firma Klein, Schanzlin & Becker nebst Radsatzwendegetriebe Bauart H der Deutschen Getriebe GmbH. Dieses Getriebe erforderte für die Leistungsregelung einen sechsstufigen elektrischen Drehzahlsteller zur jetzt erforderlichen Drehzahlregelung, der von der Firma Becker, Elektrobahnen Berlin, hergestellt wurde. Das Trilok-Getriebe eignete sich aber wegen zu großer Drehzahldrückung im Kupplungsbereich und damit verbundenem Leistungsverlust nicht für Gebirgsstrecken.

Technische Daten

Betriebsnummer			801 - 804	801 - 804 (VT 70.9)
Gattungsbezeichnung			CDvT-25b / CvT-25b	CvT-25b/34
Radsatzanordnung			A1	A1
Hersteller	Wagenteil		Wegmann	Wegmann
	Motor		MAN	MAN
	Getriebe		ZF	ZF
	Höchstgeschwindigkeit	km/h	70	85
Länge über Puffer		mm	12696	12696
ges. Radsatzabstand		mm	7000	7000
Treibraddurchmesser		mm	1000	1000
Laufraddurchmesser		mm	1000	1000
Sitzplätze	2. Klasse		-	-
	3. Klasse		16 / 46	46
	4. Klasse		30 / 0	-
Stehplätze			14	29
Plätze gesamt			75	-
Dienstmasse	unbesetzt	t	21,3	23,9
	besetzt	t	24,7	27,4
	je Sitzplatz	kg	463	
	je lfd. m Wagenlänge	t	1,67	2,2
spez. Antriebsleistung		kW/t / PS/t	5,2 / 7,0	4,6 / 6,3
gr. Radsatzlast		t	13,4	12,1
Steuersystem			Einzel	Einzel
Motor	Zahl / Bauart		1/W 6 V 11/18	1/W 6 V 15/18b
	Masse	kg	840	840
	Zyl./Durchm./Hub	mm	6 / 115 / 180	6 / 150 / 180
	Dauerleistung	PS	75	150
	Drehzahl	min^{-1}	1100	1500
Art u. System d. Leistungsübertragung			mechanisch einzeln	mechanisch einzeln
Getriebebauart			Soden	Mylius cv2a
Zahl der Gänge			5	4
Motorsteuerung			mechanisch, Gestänge	mechanisch, Gestänge
Getriebesteuerung			mechanisch, Gestänge	mechanisch, Gestänge
Wendegetriebesteuerung			pneumatisch	pneumatisch
Kraftstoffvorrat		l	150	290
Heizung			Whz	Whz
Beleuchtung, Stromart, Spannung			el. = 12 V	el. = 24 V
Bremse			Ksbr (Kl)	Kpbr (Kl)

Der in Bremen beheimatete 801 wurde 1947 zum VT 70 900 umgezeichnet und kam nach kurzzeitigem Einsatz für die britischen Besatzungstruppen zum Bw Wuppertal-Steinbeck. Am 13. Mai 1945 war er bei Wuppertal-Hammerstein unterwegs.
Foto: Carl Bellingrodt. Sammlung Günther Dietz

Der Umbau diente der praktischen Erprobung der Getriebebauart im Vorfeld der Beschaffung von zwei Neubautriebwagen mit einem gleichartigen Getriebe[477-478-479]. Das Trilok-Getriebe wurde im November 1938 wieder gegen ein mechanisches Mylius-Getriebe ausgetauscht.

Da die Maschinenanlage für die relativ schweren Triebwagen recht schwach war, was durch zu geringe Beschleunigung und zu geringe Geschwindigkeit auf Steigungen zum Ausdruck kam, wurde zunächst bei 803 und 804 im Oktober 1934 bzw. April 1934 die Maschinenanlage bei der Herstellerfirma Wegmann umgebaut. Vermutlich erfolgte im September und Mai 1934 ebenfalls der Umbau von 801 und 802 bei Wegmann. Zum Einbau kam nun der ebenfalls füllungsgeregelte Sechszylinder-Nachkammer-Dieselmotor W 6 V15/18b mit 150 PS (rd. 110,3 kW) Leistung bei 1500 Umdrehungen pro Minute und das viergängige Mylius-Getriebe cv2a der Deutschen Getriebe GmbH mit Radsatzwendegetriebe Bauart H derselben Firma bei 801, 802 und 804. Alle Triebwagen wurden daraufhin unter der Gattung CvT-25b/34 geführt[480].

Trotz der 1929/30 durchgeführten Verstärkung des Motortragrahmens war dieser den Beanspruchungen nicht gewachsen. Im Sommer 1936 stellte das RZA München fest, dass die Maschinentragrahmen aller Fahrzeuge dieser Gattung gerissen waren und regte deren Ersatz an[481]. Die neuen Rahmen konnten erst Anfang Dezember 1937 in 801 bis 803 eingebaut werden. Der Ersatz für den Wagen 804 stand erst Anfang 1938 bereit[482].

Weiterhin wurden die Bremse durch Einbau größerer Bremszylinder verstärkt und Sekurit-Sicherheitsglas sowie Scheibenwischer eingebaut. Durch größere Motorleistung wurde der Kraftstoffvorrat von 150 auf 285 Liter sowie der Kühlwasserinhalt der Maschinenanlage von 80 auf 170 Liter vergrößert. Die elektrische Anlage wurde bei dem Umbau auf 24-V-Spannung umgestellt. Zum Einbau kam nun eine Bosch-Lichtmaschine vom Typ GT 4 500/24.900 mit 500 W Leistung. Sie diente zur Ladung der Afa-Batterie mit einer Kapazität von 285 Ah. Die neue elektrische Ausrüstung wurde ebenfalls von der Firma Becker, Elektrobahnen Berlin, geliefert. Durch den Umbau stieg die Dienstmasse leer auf 23.950 kg. Die Höchstgeschwindigkeit konnte durch die höhere Motorleistung auf 85 km/h gesteigert werden. Die Stangenpuffer wurden später durch Hülsenpuffer ersetzt.

Einsatz und Verbleib

Noch vor dem Einsatz wurde ein Triebwagen durch das LVA Grunewald im August 1927 vor dem Messwagen eingehend untersucht[483]. Ab Oktober 1927 waren die Fahrzeuge zunächst in Frankfurt/M Hbf (801 und 802) und Bremen P (803 und 804) beheimatet. Nachweislich sind 803 und 804 von Anfang des Jahres bis mindestens April 1928 im Bw Braunschweig beheimatet[484]. Im März 1929 wechselten 801 und 802 von Frankfurt/M nach Oldenburg Hbf. Für den September 1930 sind 801 in Varel und 802 in Oldenburg, 803 und 804 in Bremen nachgewiesen. Bis 1934 wurden dann alle Wagen in Oldenburg zusammengezogen.

Zu Kriegsbeginn wurden die Fahrzeuge zunächst außer Betrieb genommen. Die RBD Münster schickte ihre beiden Wa-

Die Wagen 803 und 804 befanden sich nach Kriegsende in Güstrow. Der noch betriebsfähige 804 wurde zunächst als Dienstwagen der RBD Schwerin verwendet und kehrte später wieder in den normalen Betriebspark zurück. Das Foto zeigt „804 Schwerin" im August 1961 im Raw Dessau.
Foto Günther Fiebig, Sammlung Günther Dietz

Der 803 wurde Ende 1950 zum Beiwagen 140 602 umgebaut. Nach seiner Umzeichnung zum 190 851-6 im Jahr 1970 wurde er 1977 ausgemustert und in der Rbd Berlin als Unterkunftswagen des Bauamtes genutzt. Das Bild zeigt ihn am Unterwerk nördlich des Bahnhofs Schönhauser Allee. *Sammlung Günther Dietz*

gen 803 und 804 Ende 1941 in die RBD Schwerin, wo sie vom Bw Waren/Müritz im Bf Malchow hinterstellt wurden[485-486]. 801 und 802 sollen 1943 noch im öffentlichen Reiseverkehr eingesetzt gewesen sein.

Zum Kriegsende befanden sich 801 und 802 in der Britischen Besatzungszone und waren in Varel (801) bzw. Oldenburg (802) abgestellt, die anderen beiden Wagen befanden sich in der RBD Schwerin und standen in Güstrow (Mecklenburg).

Im Jahr 1947 wurden die Triebwagen der westlichen Besatzungszonen umgezeichnet. Wegen der weitgehenden Gleichheit der Maschinenanlage mit der der Einheitsnebenbahntriebwagen 135 061 ff (spätere VT 70 918 - 951 der DB), erhielten 801 und 802 der späteren DB die neuen Nummern VT 70 900 und 901. Der nunmehrige VT 70 900 der späteren DB war 1948 beim Bw Bremen Hbf beheimatet und ab Frühjahr im Militärverkehr eingesetzt, während der VT 70 901 im RAW Opladen abgestellt war. Ab Februar 1949 sind beide VT beim Bw Wuppertal-Steinbeck eingesetzt. Sie liefen hier häufig mit den leichten, vorwiegend für die Einheitsnebenbahntriebwagen gebauten Beiwagen, aber auch mit den leichten, vierachsigen Beiwagen, die für die 175/210-PS-VT gebaut wurden, zusammen. 1950/52 wurden die beiden VT zur ED (BD) Nürnberg umbeheimatet und liefen ab 26. August 1950 (VT 70 900) beim Bw Coburg bzw. ab 1952 (VT 70 901) beim Bw Bamberg. Hier waren sie vorwiegend zwischen Forchheim und Höchststadt im Einsatz.

Beide VT musterte die DB am 26. Juni 1953 aus und verkaufte sie am 5. Januar 1954 an die Württembergische Eisenbahngesellschaft (WEG). Bei der WEG erhielten sie die Nummer T 03 (ex VT 70 901) und T 04 (ex VT 70 900). Die WEG rüstete die Triebwagen mit je zwei 110-kW-(150-PS)-Büssing-Motoren und Voith-Diwabus-Getrieben aus und setzte sie auf den Strecken Gaildorf – Untergröningen und Vaihingen – Enzweihingen nach Modernisierung u. a. auch im leichten Güterzugdienst ein. Zur Zeit ist wohl noch der ehemalige VT 70 900 in Privatbesitz vorhanden. Über den derzeitigen Zustand ist nichts bekannt[487].

Die beiden Triebwagen 803 und 804 befanden sich im Juli 1946 in Güstrow als Wagen des Betriebsparks[488]. Für den 803 dürfte dies unwahrscheinlich sein, da in dem Verzeichnis der in der SBZ vorhandenen Triebwagen von September 1949 bis Mai 1950 der Hinweis auf fehlende Ersatzteile und eine nicht mögliche Ausbesserung zu finden ist[489]. Beim 803 erfolgte Ende 1950 der Umbau zum Beiwagen 140 602, der 1970 noch zu 190 851-6 umgezeichnet wurde. Beim Umbau wurden die mittleren Einstiege entfernt und die Seitenwände der sonstigen Wagenkastenebene angeglichen. In den Bereich der früheren Einstiege wurde auf einer Wagenseite ein Abort mit schmalem Klappfenster eingebaut, gegenüber entstand ein Heizraum ohne Fenster. Die Fahrgasträume besaßen zwei bzw. drei Abteile mit Sitzbänken. In den Einstiegsräumen an den Wagenenden wurden sämtliche Führerstandseinrichtungen entfernt. Der Wagen erhielt einen Anstrich in Rot/Elfenbein. Nach dem Umbau betrug die Dienstmasse 17 t bei 40 Sitzplätzen und 16 Stehplätzen. Zum Einsatz gelangte er auf Nebenbahnen im Norden, u.a. auf der Strecke Rövershagen –

Im August 1980 war 190 851-6 am Bahnhof Wannsee abgestellt.
Sammlung Dirk Winkler

Die DB musterte beide VT im Juni 1953 aus und verkaufte sie an die Württembergische Eisenbahngesellschaft. 1959/60 fuhr der als T 04 bezeichnete ehemalige VT 70 900 auf der Strecke Gaildorf – Untergröningen. *Foto: Harald Herrmann. Sammlung Günther Dietz*

Graal-Müritz, wie auch in der Prignitz. Nach der Umzeichnung zum 190 851-6 war er in der Rbd Berlin vorwiegend für Personalfahrten zwischen West-Berlin und Ost-Berlin eingesetzt. Später wurde er als Wagen des Bauamtes der RBD Berlin verwendet und erhielt seine letzte Untersuchung am 28.2.76 beim RAW Schöneweide. Als Exponat des Museums für Verkehr und Technik in Berlin ist er in dieser Form noch erhalten.

Der Triebwagen 804 wurde Mitte September 1949 als Dienstwagen der RBD Schwerin genutzt[490]. Später war er in den Bahnbetriebswerken Wittenberge und Schwerin eingesetzt und wurde am 21. März 1960 abgestellt. Anschließend wurde er zum Aufenthaltswagen 60 50 99-23 705-5 des Stahlbau Dessau, Außenstelle Dessau, umgebaut und war noch einige Jahre vorhanden.

Nummer	Verbleib	Ablieferung	Beheimatungen	Bemerkung
801	DB VT 70 900	24.10.1927[1)]	25.10.27 Bw1 Ffm, 23.03.29 OdgH, 01.02.49 Bw St, 26.08.50 Cb	+ 26.06.53, 05.01.54 an WEG T 04
802	DB VT 70 901	27.10.1927[1)]	10.27 ? Bw1 Ffm, 23.02.29 OdgH, 25.02.49 Bw St, 1952 B	+ 26.06.53, 05.01.54 an WEG T 03
803	DR VB 140 602, 190 851-6	10.10.1927	13.10.27 Brm-Hbf, 1934 OdgH, 1946 G	1950 Ub. zu VB 140 602 ?? an Technikmuseum Berlin
804	DR VT 804	13.10.1927[2)]	13.10.27 Brm-Hbf, 29.04.34 OdgH, 1946 G, 22.04.47 Sw, 10.07.50 Betr R, 27.04.51 Witt, 19.07.52 Sw, 22.08.52 Witt, 15.09.54 Sw, 22.10.54 Witt, 22.04.55 Sw	abgest. 21.03.60, ?? Ub. zu Aufenthaltswg. 605099-23705-5

[1)] Abnahme [2)] Inbetriebnahme

804 wurde nach seiner Ausmusterung zum Bauzugwagen umgebaut und diente in den 1970er-Jahren noch als Aufenthaltswagen mit der Nummer 60 50 99-23 705-5 dem Stahlbau Dessau. Im Juni 1974 stand der Wagen in Leipzig-Mockau. *Foto: Michael Malke. Sammlung Günther Dietz*

Die beiden Werkfotos der Maschinenfabrik Esslingen zeigen den CvTWü25 805^{I} vor der Ablieferung noch ohne Anschriften.
Sammlung Günther Dietz

805^{I} - 806^{I} (CvTWü 25)

Entstehungsgeschichte

In die Reihe der vom RZA Berlin Mitte 1925 bestellten Verbrennungs-Triebwagen gehören auch zwei 1927 von der Maschinenfabrik Esslingen gelieferte Dieseltriebwagen. Trotz der Erfahrungen, die Esslingen im Bau von Triebwagen besaß, und der ins Ausland gelieferten vierachsigen Triebwagen konnte sich die Konstruktion der Fahrzeuge nicht durchsetzen. So blieben die beiden Zweiachser als Versuchsbauarten Einzelstücke. Die Reichsbahn führte sie als Gattung CCvT-25c unter den Nummern 805 und 806.

Aufbau und Technik

Fahrzeugrahmen mit Vorbauten sowie der Wagenkasten bestanden aus genieteten Stahlprofilen mit Blechverkleidung („*eisernes Kastengerippe nach Reichsbahnausführung*"), doppeltem Dachaufbau aus Holz mit Doppeldrellbezug und Imprägnierung. Im Laufwerk aus genieteten Pressblech-Achshaltern waren die Achsen in Rollenlagern der Bauart SKF-Norma geführt. Der Wagenkasten stützte sich über einfach aufgehängte, mehrlagige Federpakete auf den Achslagern ab.

An den Wagenenden befanden sich die Führerstände mit Steuer-, Brems- und Anzeigeapparaten. Der jeweils nicht besetzte Führerstand konnte als Gepäckraum verwendet werden.

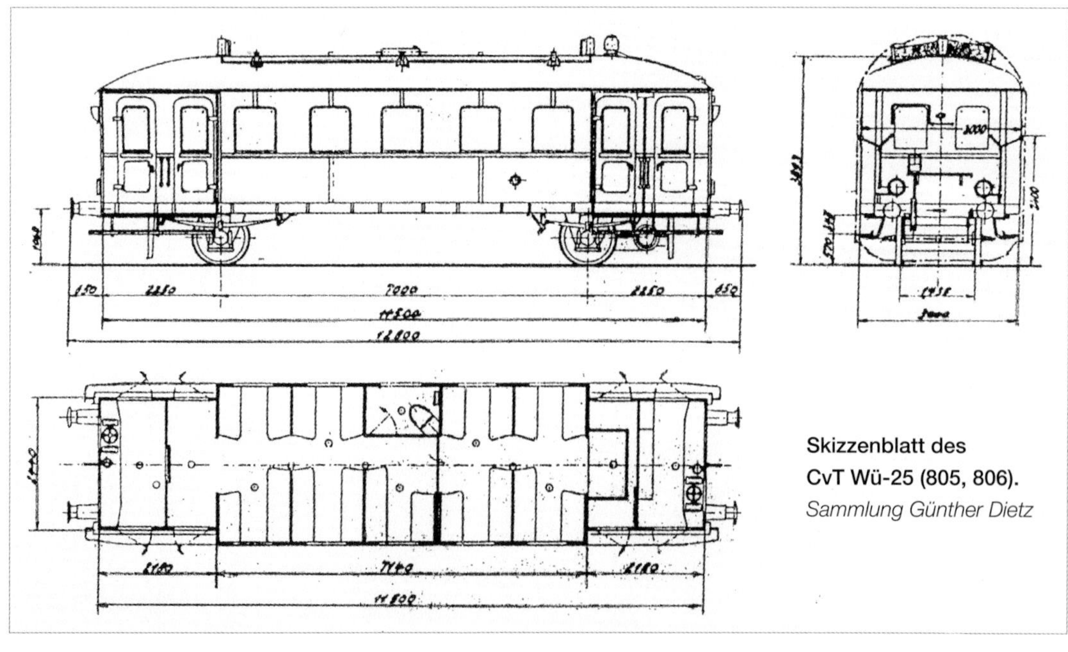

Skizzenblatt des CvT Wü-25 (805, 806).
Sammlung Günther Dietz

Die Führerstände waren durch Trennwände mit Schiebetüren von den Einstiegsräumen abgeteilt. Zwischen den Einstiegsräumen lagen zwei Fahrgastabteile 3. Klasse. Das kleinere Raucherabteil besaß 18 Sitzplätze in der Sitzteilung 2+3, das größere Nichtraucherabteil 24 Sitzplätze. 28 Stehplätze waren zudem in den Einstiegsräumen vorhanden. Zwischen beiden Abteilen befand sich eine Trennwand mit Drehtür, an die ein Abort mit Leibstuhl angrenzte. Im Bereich der eingezogenen Vorbauten befanden sich je eine Drehtür für die Führerstände mit herablassbaren Fenstern sowie die Drehtüren für den Einstiegsraum mit durchgehenden Trittbrettern unter den Türen.

Der Sechszylinder-MAN-Motor leistete 90 PS (rd. 66,2 kW) und war quer zur Fahrtrichtung eingebaut. Die Leistungsübertragung erfolgte über ein Stirnradgetriebe mit schräg verzahnten Zahnrädern über zwei Übersetzungswellen auf die Treibachse. Die einzelnen Räder des Getriebes konnten je nach Bedarf durch Öldruckkupplungen ein- bzw. ausgeschaltet werden. Die Steuerung erfolgte mittels Druckluft vom Führerstand aus. Das Wendegetriebe bestand aus je einem Stirnrad mit eingebauter Kupplung auf der ersten Übersetzungswelle. Motorkurbelgehäuse und Getriebekasten bildeten ein Gehäuse, das vor der Treibachse unter dem Fußboden des Führerstands lag. Durch eine Bodenklappe war der Motor zugänglich. Der Motor besaß eine Wasserumlaufkühlung, die Wabenkühler für die Rückkühlung befanden sich auf dem Dach. Das Kühlwasser wurde zugleich für die Heizung des Fahrgastraumes verwendet.

Die Triebwagen verfügten über normale Zug- und Stoßvorrichtungen mit Hülsenpuffern, ein Druckluftläutewerk, Typhon sowie zwei elektrische Scheinwerfer an jedem Fahrzeugende. Batterie, Druckluftbehälter sowie Kraftstoffbehälter waren unter dem Rahmen montiert. Die Kuntze-Knorr-Bremse wirkte beidseitig auf jedes Wagenrad. Eine Handspindelbremse war in jedem Führerstand als Feststellbremse vorhanden[491-492].

Von einem der beiden zum Fahrleitungsprüfwagen 701 405 / 701 406 umgebauten Esslinger Zweiachser war noch im März 2009 der Wagenkasten mit erkennbarer deutscher Beschriftung in Beslan vorhanden. *Sammlung Axel Guttmann*

Einsatz und Verbleib

Die beiden Triebwagen kamen am 30. September und 1. Oktober 1927 zum Bw Tübingen. Sie dürften als 101 und 102 Stuttgart gelaufen sein, bestätigt sind diese Nummern nicht. Ab 1927 wurden sie unter den Nummern 805 und 806 geführt. Im April 1929 weist sie das RZA noch als Fahrzeuge der RBD Stuttgart aus. Da die Bauart von Motor und Getriebe sich im Betrieb scheinbar nicht bewährte, wurden die beiden Esslinger Triebwagen Ende 1929 / Anfang 1930 ausgemustert. In der Aufstellung des RZA Berlin vom September 1930 sind sie nicht mehr vermerkt.

Das Merkbuch von 1932 wie auch der Nummernplan von 1933 führen sie ebenfalls nicht mehr auf. Der Nummernplan vermerkt bereits ihren erfolgten Umbau in Fahrleitungsuntersuchungswagen (Flu) der RBD Halle. Als Flu liefen sie unter den Nummern 701 405 und 701 406[493]. Vermutlich wurden beide Fahrleitungsuntersuchungswagen nach Kriegsende aus der SBZ als Reparationsleistung in Richtung UdSSR verbracht. Von mindestens einem der beiden Wagen stand im März 2009 noch ein Wagenkasten in Beslan in der zur Russischen Föderation gehörenden Republik Nordossetien-Alanien.

Technische Daten

Betriebsnummer			805 - 806
Gattungsbezeichnung			CCvT-25c
Radsatzanordnung			A1
Hersteller	Wagenteil		Esslingen
	Motor		MAN
	Getriebe		Esslingen
Höchstgeschwindigkeit		km/h	60
Länge über Puffer		mm	12800
ges. Radsatzabstand		mm	7000
Treibraddurchmesser		mm	1000
Laufraddurchmesser		mm	1000
Sitzplätze	3. Klasse		42
Stehplätze			28
Plätze gesamt			70
Dienstmasse	unbesetzt	t	23,0
	besetzt	t	26,15
	je Sitzplatz	kg	548
	je lfd. m Wagenlänge	t	1,80
spez. Antriebsleistung		kW/t / PS/t	2,9 / 3,9
gr. Radsatzlast		t	
Steuersystem			Einzel
Motor	Zahl / Bauart		1 / W6V 11/18
	Masse	kg	840
	Zyl./Durchm./Hub	mm	6 / 115 / 180
	Dauerleistung	PS	90
	Drehzahl	min-1	1250
Art u. System d. Leistungsübertragung			mechanisch
Getriebebauart			75/90 W1
Zahl der Gänge			4
Motorsteuerung			mechanisch
Getriebesteuerung			pneumatisch
Wendegetriebesteuerung			pneumatisch
Kraftstoffvorrat		l	240
Heizung			Whz
Beleuchtung, Stromart, Spannung			el = 12 V
Bremse			Kbr

807 - 811 (BCvT-26/29)

Entstehungsgeschichte

Nachdem Wegmann bereits 1925 den Auftrag über vier zweiachsige Dieseltriebwagen (801 - 804) mit einmotoriger Antriebsanlage erhalten hatte, entschloss sich das RZA 1926 dazu, weitere fünf Fahrzeuge mit stärkerem Antrieb durch zwei Dieselmotoren bei Wegmann in Auftrag zu geben. Alle fünf Dieseltriebwagen wurden als so genannte Hochleistungstriebwagen 1929 ausgeliefert und unter den Nummern 807 bis 811 geführt. Die ursprüngliche Gattungsbezeichnung war CCvT-26.

Der von Wegmann gebaute Hochleistungstriebwagen „810 Frankfurt" vor seiner Ablieferung an die DRG noch mit Abteilen 3. und 4. Klasse. Im September 1930 gehörte er bereits zur RBD Magdeburg und war im Bw Braunschweig stationiert.
Sammlung Günther Dietz

Aufbau und Technik

Im Grundkonzept ähnelte die Konstruktion des Wagenkastens den Fahrzeugen der Bauart der Triebwagen 801 - 804. Allerdings hatte man hier auf den mittleren Einstieg verzichtet. Der Fahrgastraum war ursprünglich in ein größeres Abteil 4. Klasse mit Holzbrettersitzbänken sowie ein kleineres Abteil 3. Klasse mit Holzlattensitzen unterteilt. Im Abteil 4. Klasse befand sich neben der Trennwand zur 3. Klasse ein Abort. Da noch während des Baus die 4. Klasse abgeschafft wurde, kamen die Fahrzeuge als reine 3.-Klasse-Wagen mit 51 Sitzplätzen in der Sitzteilung 2+3 zum Einsatz. Die Einstiegsbereiche waren mit rund 1,8 Metern Länge großzügig bemessen, so dass der Führerstand über einen Vorhang jeweils abgeteilt werden konnte. Die Fenster der Einstiegstüren und des Fahrgastraumes waren herablassbar.

Auch für diese Triebwagen wurde Mitte 1929 das Schaffen von gepolsterten Sitzplätzen in den Abteilen geprüft. Zwar wies die im Juni 1929 vom RZA Berlin vorgelegte Skizze noch keine 2.-Klasse-Abteile auf, zeigen aber später durch die Direktionen Magdeburg, Breslau und Wuppertal eingereichte Skizzen Varianten für einen Umbau des ehemaligen 3.-Klasse-Abteils in ein Abteil 2. Klasse mit Polstersitzen[494]. Die erforderlichen Umbauten erfolgten noch 1929. Dabei wurde das ehemalige 4.-Klasse-Abteil zur 3. Klasse und mit Holzlattenbänken in Sitzteilung 3+2 ausgerüstet, das ehemalige 3.-Klasse-Abteil zum Abteil 2. Klasse und mit gepolsterten Sitzen in der Sitzteilung 1+2 ausgerüstet. Nach dem Umbau führten die Wagen die Gattungsbezeichnung BCvT-26/29.

Fahrwerk und Bremse entsprachen ebenfalls den Fahrzeugen 801 - 804. Im Gegensatz zu diesen erhielten die 807 - 811 zwei Antriebsanlagen, die in der Bauart mit 75-PS-MAN-Dieselmotor (rd. 55,2 kW) und Soden-Getriebe ebenfalls den 801 - 804 entsprachen, jedoch so gegeneinander versetzt im Motortragrahmen eingebaut waren, dass sie jeweils auf eine der Achsen wirken konnten. Die Leistungsverstellung und die Steuerung des Getriebes erfolgte mechanisch. Auch hier saßen die Maschinenanlagen in einem aus Walzprofilen und Blechen genieteten schwanenhalsförmigen Tragrahmen unter dem Wagenkasten, der sich ebenfalls in zwei Punkten über Doppelschraubenfedern und gleitgelagerte Sattelstücke auf den Radsätzen abstützte. Für die Kühlung wurden erstmals Unterflurkühler verwandt, die unterhalb der Führerstände angebracht waren. Die Druckluft wurde

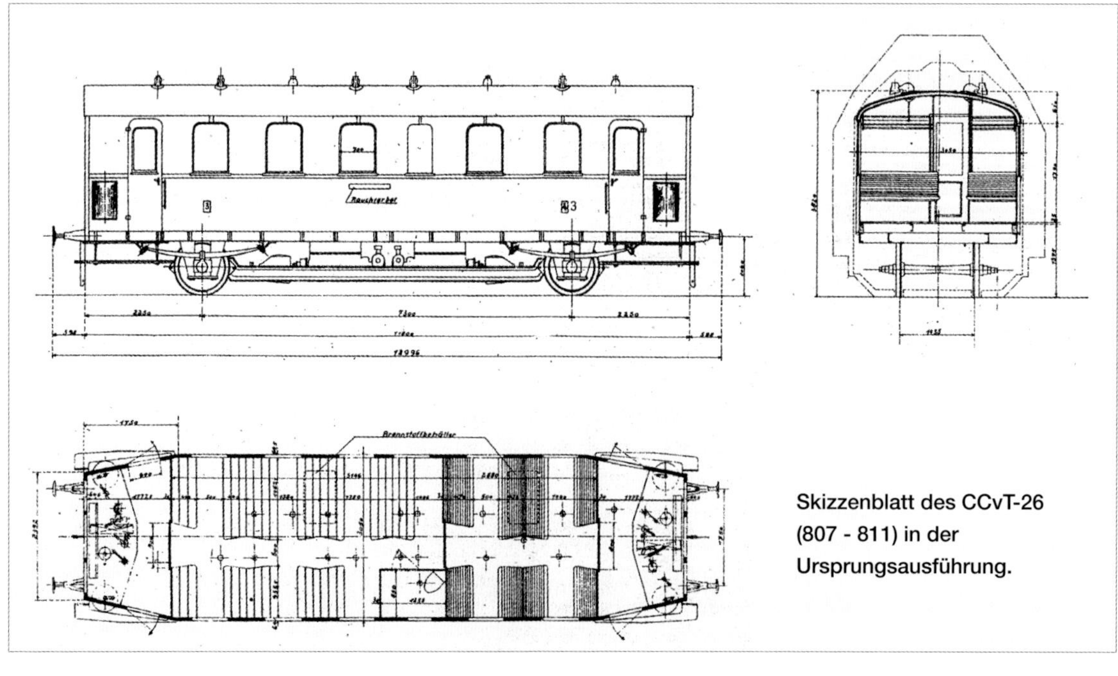

Skizzenblatt des CCvT-26 (807 - 811) in der Ursprungsausführung.

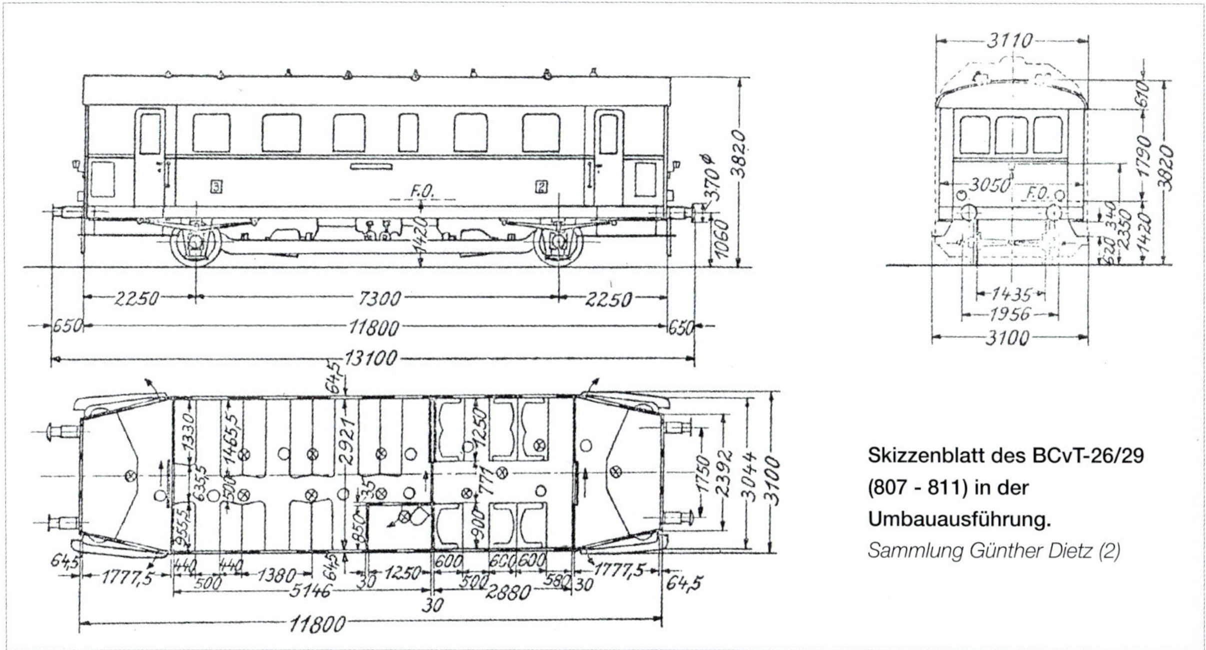

Skizzenblatt des BCvT-26/29 (807 - 811) in der Umbauausführung.
Sammlung Günther Dietz (2)

von einem vom Getriebe angetriebenen Knorr-Luftverdichter V56/60 erzeugt. Die Beleuchtung erfolgte elektrisch.

Für ihren späteren Einsatz im Bahnschutz wurden die Triebwagen vermutlich Mitte der 1930er-Jahre umgebaut. Sie erhielten teilweise an den Fahrzeugstirnseiten Kurbelmasten für Funkantennen und einen beweglichen Suchscheinwerfer. Das Fahrwerk wurde mit einer Panzerung verkleidet. Zudem ersetzte man die Fenster durch Panzerblenden mit Gewehrluken und baute eine feste Bewaffnung ein. Die BBC legte 1935 einen Umbauvorschlag vor, der den Einbau von zwei Motoren mit 150 PS (rd. 110,3 kW) Leistung und elektrischer Leistungsübertragung vorsah. Um eine freizügige Einsetzbarkeit weiterhin gewährleisten zu können, wurde zur Kompensation des höheren Gewichts eine Laufachse mittig unter dem Wagen vorgesehen. Dass dieser Vorschlag umgesetzt wurde, zeigen Fotos des 811 aus den Kriegsjahren.

Einsatz und Verbleib

Die fünf Triebwagen wurden Ende 1929/Anfang 1930 von Wegmann geliefert. In einer Übersicht des RZA vom April 1929 wird darauf verwiesen, dass der Entwurf zur Ausführung der Fahrzeuge erst Ende März 1929 zur Genehmigung vorgelegt wurde. Für den 810 ist bekannt, daß er der RBD Frankfurt (M.) zugeteilt werden sollte[495]. Für September 1930 sind folgende Standorte überliefert: 807 Bw Glogau (RBD Breslau), 808, 810 und 811 im Bw Braunschweig (RBD Magdeburg), 809 Bw Siegen (RBD Wuppertal).

Die zweiachsigen Triebwagen 807 - 811 gehörten zu den Dieseltriebwagen, die aufgrund zahlreicher Mängel zu Beginn der 1930er-Jahre aus dem Betriebsbestand der Heimat-Direktionen ausschieden. In einem Schreiben wies das RZM darauf hin, dass die Hochleistungstriebwagen im Winter 1930/31 *„an andere Stellen überwiesen"* wurden *„und für besondere Zwecke abgestellt gewesen"* waren. Zudem war der Triebwagen 811 inzwischen von der RBD Magdeburg an die RBD Königsberg überwiesen worden[496]. Bekannt ist, dass

Technische Daten

Betriebsnummer			807 - 811
Gattungsbezeichnung			BCvT-26/29
Übersichtszeichnung			302 b Wegmann
Radsatzanordnung			AA
Hersteller	Wagenteil		Wegmann
	Motor		MAN
	Getriebe		ZF
Höchstgeschwindigkeit		km/h	70
Länge über Puffer		mm	13100
ges. Radsatzabstand		mm	7300
Treibraddurchmesser		mm	1000
Sitzplätze	2. Klasse		9 / 12
	3. Klasse		31 / 31
Stehplätze			25 / 22
Plätze gesamt			65 / 65
Dienstmasse	unbesetzt	t	33,7
	besetzt	t	38,6
	je Sitzplatz	kg	840 / 786
	je lfd. m Wagenlänge	t	2,59
spez. Antriebsleistung		kW/t / PS/t	3,2 / 4,4
gr. Radsatzlast		t	19,3
Steuersystem			mechanisch einzeln
Motor	Zahl / Bauart		2 / W6V 11/18
	Masse	kg	840
	Zyl./Durchm./Hub	mm	6 / 115 / 180
	Dauerleistung	PS	2 x 75
	Drehzahl	min^{-1}	1100
Art u. System d. Leistungsübertragung			mechanisch
Getriebebauart			Soden
Zahl der Gänge			5
Motorsteuerung			mechanisch (Gestänge)
Getriebesteuerung			pneumatisch
Wendegetriebesteuerung			pneumatisch
Kraftstoffvorrat		l	300
Heizung			Whz
Beleuchtung, Stromart, Spannung			el
Bremse			Kbr (Kl)

Als Bahnschutz-Triebwagen ist hier der „809 Wuppertal“ zu sehen. Neben Panzerblenden mit Gewehr-/MG-Luken an den Fenstern, Funkmasten vorn und hinten, besaß das Fahrzeug auch zusätzliche Scheinwerfer an der Front. Interessant ist, dass die Klassen-Beschilderung noch nicht entfernt worden war. *Sammlung Dirk Winkler*

diese Triebwagen zwischen 1931 und 1934 dem Bahnschutz zur Verfügung gestellt wurden. Der Bahnschutz umfasste 1933 rund 50.000 Mann und verfügte über 22 kugelsichere Panzerzüge sowie fünf gepanzerte Triebwagen[497].

Der Nummernplan von 1933 hält folgende Heimatdirektionen fest: 807 RBD Breslau, 808 RBD Dresden, 809 RBD Wuppertal, 810 RBD Oppeln, 811 RBD Königsberg. Im offiziellen Nummernplan von 1934 wurden sie im Gegensatz zu allen anderen Triebwagen nicht mehr mit Direktion und Heimatort geführt. Als Bahnschutzzug-Triebwagen (Bzt) waren die alten VT teilweise in umgebautem Zustand bereits 1932 im Einsatz – eine bis zu 40 Mann starke Bahnschutzgruppe sollte mit diesen Fahrzeugen schnell zu möglichen Krisenherden fahren können. Die Fahrzeuge standen bis 1935/36 im Einsatz und wurden dann ausgemustert[498]. Der Nummernplan der Reichsbahn vom Januar 1937 führte sie dementsprechend nicht mehr. Wann letztlich ihre Ausmusterung erfolgte, bleibt offen.

Beim Vergleich mit Fotos des Tunneluntersuchungswagens 700 505 Karlsruhe liegt die Vermutung nahe, dass dieses Fahrzeug aus einem der Hochleistungstriebwagen umgebaut wurde. Der Umbau soll bereits 1932 bei Fuchs in Heidelberg erfolgt sein, was sich allerdings damit zeitlich nicht mit der Nutzung der Bahnschutz-Triebwagen decken würde. Der Tunneluntersuchungswagen erhielt für seinen Verwendungszweck eine dieselelektrische Antriebsanlage mit 100-PS-Maybach-Motor (rd. 73,5 kW) und Generator, der zum Speisen der Akkumulatoren diente. Der Antrieb erfolgte über zwei Tatzlagermotoren. Zudem wurden Teile des Wagenkastens entfernt und durch Gerätekästen und eine Lichtraumprofilmesslehre ersetzt. Der Wagen brannte 1945 aus[499-500-501].

Einzig von dem Königsberger Triebwagen 811 ist der weitere Werdegang bekannt: Er wurde als Panzertriebwagen PT 15 von der Wehrmacht verwendet. Sawodny erwähnt, dass der in Allenstein abgestellte 811 von der Wehrmacht 1938 übernommen und dem Panzerzug 7 zugeteilt wurde[502]. Es wird vermutet, daß er nach seinen Einsätzen bei den Überfällen auf Luxemburg (April-Juli 1940), die Niederlande und Frankreich erst umgebaut wurde[503]. Als mögliche Zeiträume bieten sich RAW-Aufenthalte von Oktober 1940 bis November 1941 sowie von Oktober 1942 bis März 1943 an. Dabei erhielt er einen dieselelektrischen Antrieb mit 150-PS-Motor, eine mittlere dritte Achse sowie in Wagenmitte auf dem Dach einen Beobachtungsturm[504]. In Archivunterlagen des OKH findet sich der Hinweis, dass der *„ehemalige“* Panzertriebwagen 15 Anfang Oktober 1941 im Bezirk der RBD Königsberg stand. Es wurde vorgeschlagen, *„den ehemaligen Panzertriebwagen 15 … sofort auszurüsten und ebenfalls zur Streckensicherung einzusetzen“*[505]. Dies lässt darauf schließen, dass das Fahrzeug bis dahin nur abgestellt war und erst anschließend für Wehrmachteinsätze hergerichtet wurde.

Nach Einsätzen beim Überfall auf die Sowjetunion sowie später auf dem Balkan und in Griechenland kapitulierte die letzte Besatzung des PT 15 am 9. Mai 1945 in Graz in Österreich[506]. Die BBÖ erfassten das Fahrzeug in ihrem Bestand mit einer Bahndienstfahrzeugnummer (975 371) und gaben es per 27.08.1948 an die RBD München zurück[507]. Es wurde hier am 23.12.1948 ausgemustert.

Der ehemalige „811 Königsberg“ wurde Anfang der 1940er-Jahre zum Panzertriebwagen PT 15 umgebaut. Das Foto zeigt ihn in der bis Kriegsende bestehenden Ausführung. *Sammlung Dirk Winkler*

Der von Wegmann in Kassel gebaute dieselmechanische Doppeltriebwagen „815/816 Breslau", hier in der Ursprungsausführung mit 3.- und 4.-Klasse-Wagen. *Sammlung Günther Dietz*

812/813 - 818/819 (BCüvT+CüvT-25/29, CüvT+BCüvT-25/30, BCüvT+CüvT-25a/29)

Entstehungsgeschichte

Zeitgleich mit der Beschaffung von Doppeltriebwagen mit Benzolmotor gab das RZA Berlin 1925 vier Doppeltriebwagen in Auftrag, die mit Dieselmotoren ausgerüstet werden sollten. Mit Auftragsnummer 05.080/64.2039 wurde erneut Wegmann in Kassel mit dem Bau der Fahrzeuge betraut. Die Fahrzeuge folgten im Aufbau den anderen bei Wegmann laufenden Aufträgen und wurden 1928 ausgeliefert. Die ursprünglich als Gattung CC4vT-25d bezeichneten Fahrzeuge wurden unter den Nummern 812/813 bis 818/819 eingereiht.

Aufbau und Technik

Fahrzeugseitig entsprachen die vier Doppeltriebwagen weitgehend den ebenfalls bei Wegmann im Bau befindlichen Benzol-Doppeltriebwagen 713/714 und 715/716. Durch die andere Ausführung der Maschinenanlage konnten die kombinierten Führerstände/Gepäckräume anders ausgeführt werden. Die Trennwände zu den Einstiegsräumen erhielten mittig angeordnete Drehtüren, der Wagenfußboden war durchgehend, da keine Motorhaube in den Raum hineinragte, auch fehlten die Stirnwandkühler. Zudem erhielten die Führerstände separate einflügelige Einstiegstüren auf jeder Fahrzeugseite. Die Ausführung der Fahrgasträume folgte den Benzol-Doppeltriebwagen. Demzufolge war eine Wagenhälfte mit einem

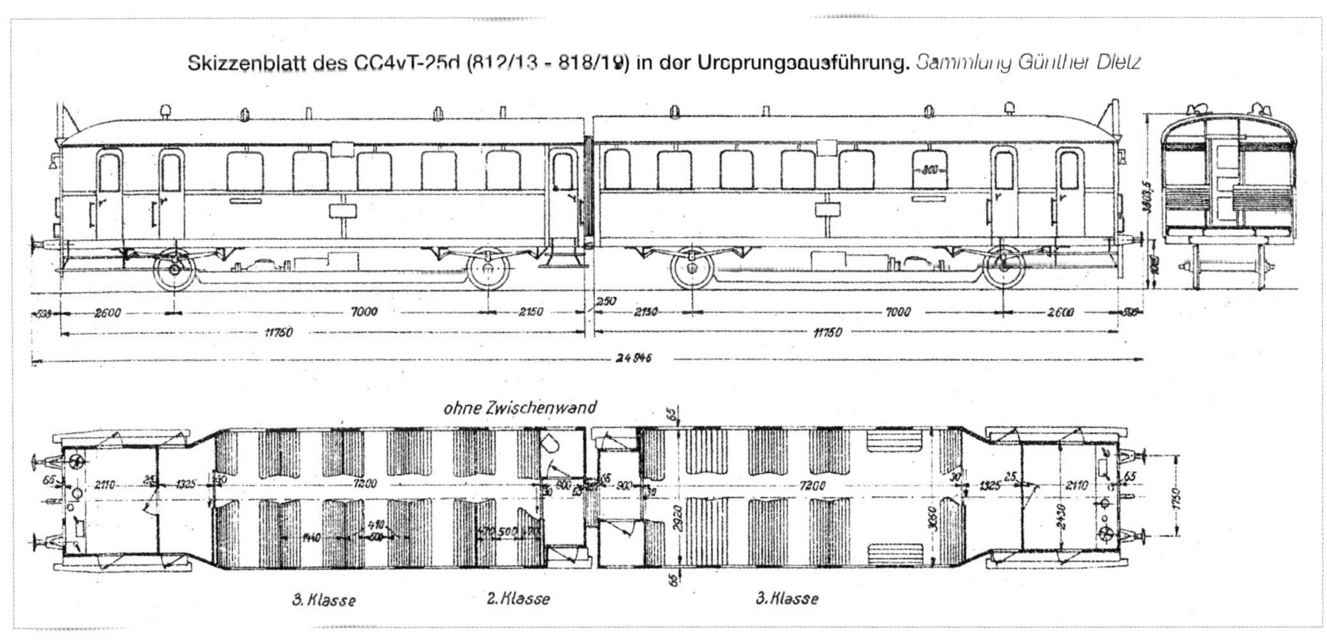

Skizzenblatt des CC4vT-25d (812/13 - 818/19) in der Ursprungsausführung. *Sammlung Günther Dietz*

Skizzenblatt des BCüvT+CüvT-25/29 (812/13) in der Umbauausführung.

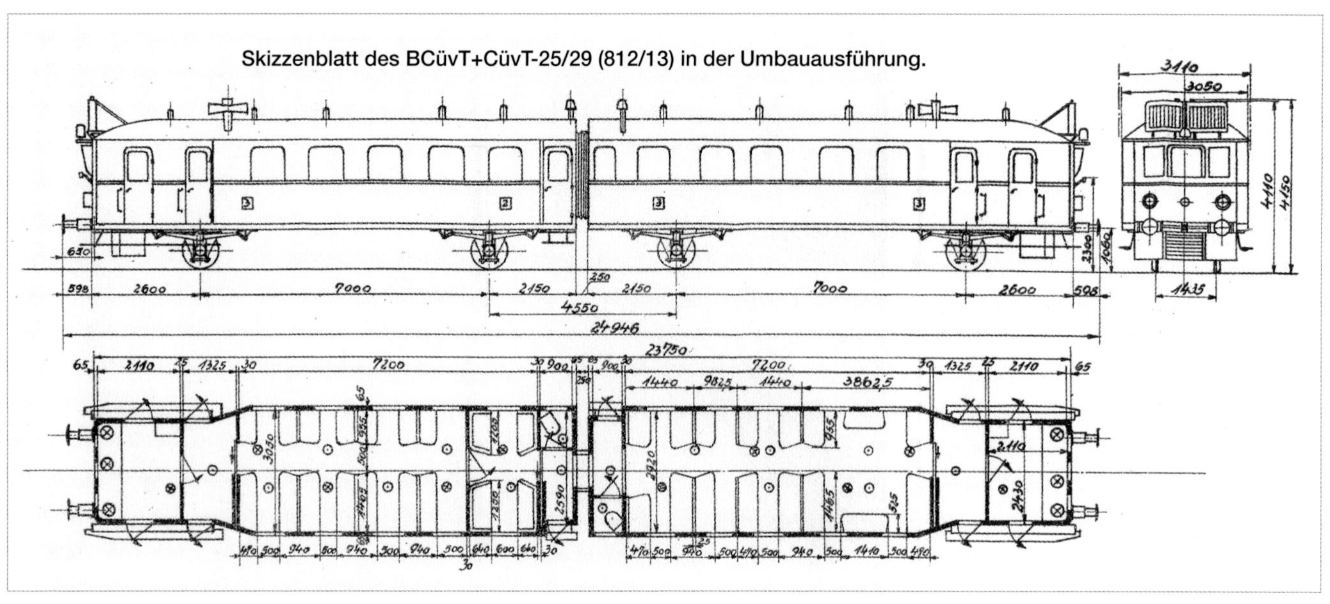

Skizzenblatt des CüvT+BCüvT-25/30 (814/15) in der Umbauausführung.

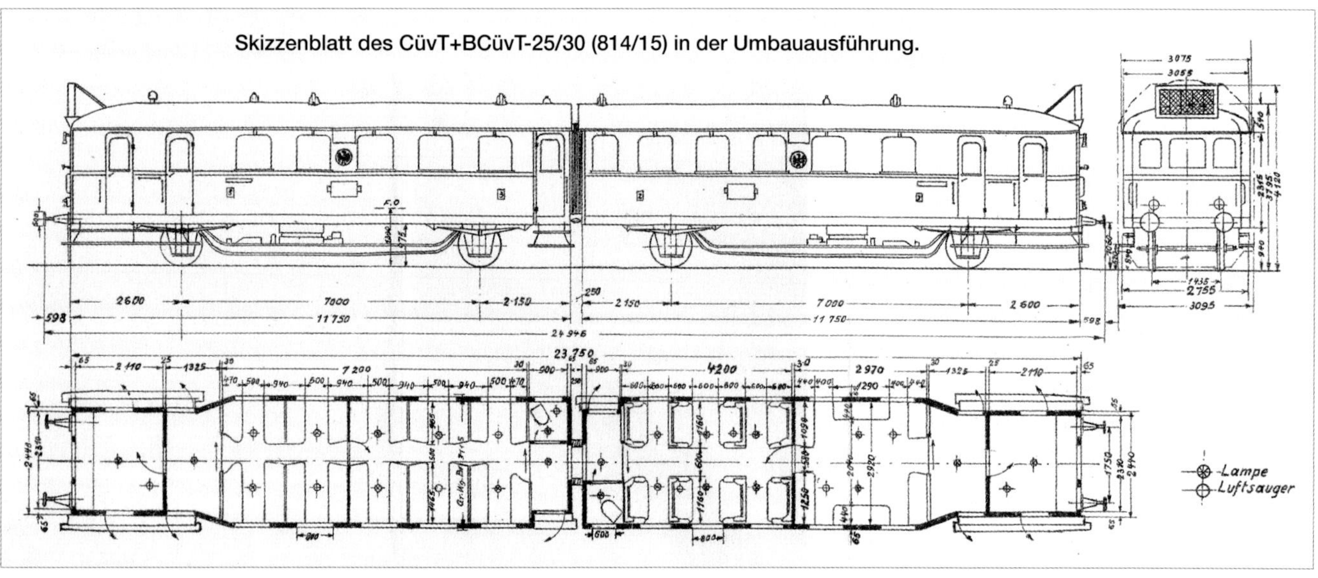

Skizzenblatt des BCüvT+CüvT-25a/29 (818/19) in der Umbauausführung.

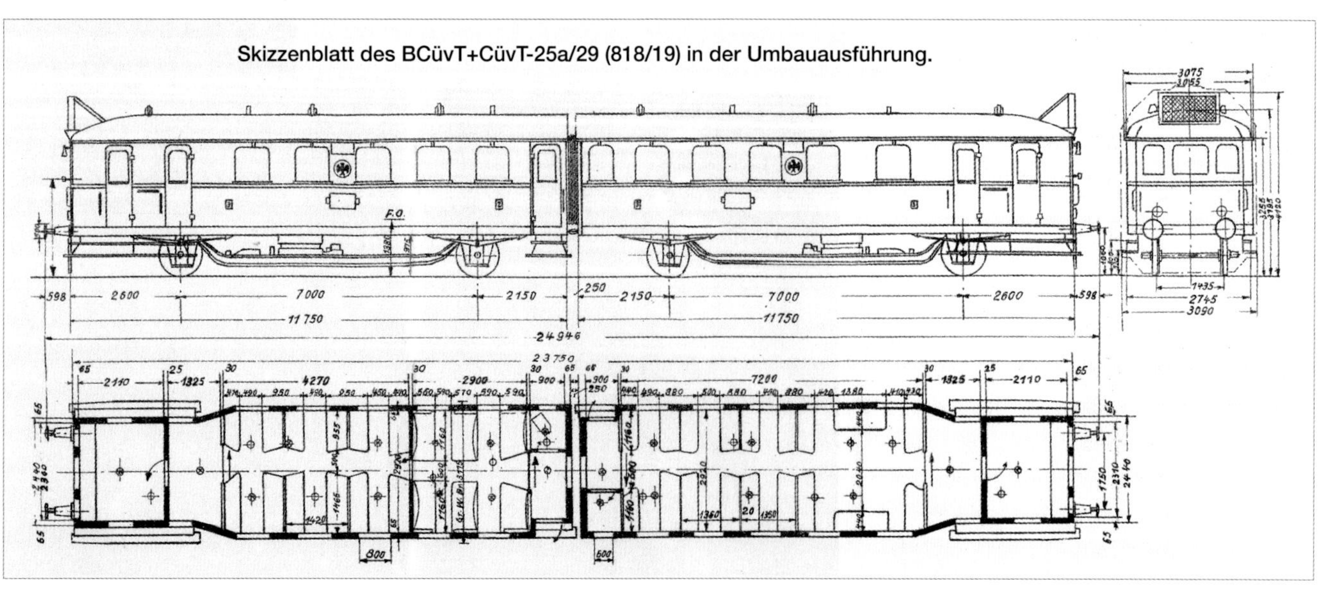

Das Bild des „812/813 Kassel" zeigt den Wagen vermutlich 1929 oder 1930 nach Umbau der Fahrgasträume für die 2. und 3. Klasse sowie mit neuer Abgasführung auf dem Dach.

Nach Umbau der Maschinenanlage bei Wegmann 1934 entstand ein neuerliches Werkfoto des „812/813 Kassel" im neuen Anstrich. *Sammlung Günther Dietz (5)*

Fahrgastraum 3. Klasse, die andere Wagenhälfte als Fahrgastraum 4. Klasse mit Traglastenabteil ausgeführt.

Jede Wagenhälfte erhielt eine eigene Maschinenanlage, die in der Ausführung des Maschinenrahmens sowie der Motor- und Getriebeausrüstung den 801 bis 804 entsprach. Für die Kühlung des Motorkühlwassers war über jedem Führerstand ein Wabenkühler installiert.

Alle vier Doppeltriebwagen erhielten bis April 1929 provisorische 2.-Klasse-Sitzplätze, die durch Auflegen von Flachpolstern auf die Sitzbänke der 3. Klasse entstanden: 812/813 mit acht Sitzplätzen, 814/815 mit 20 und 816/817, 818/819 mit zwölf[508]. Allerdings legten alle drei Direktionen später Skizzen für einen Umbau vor, durch den gepolsterte Sitzbänke und Trennwände in die Wagen eingebaut werden sollten[509]. Der erforderliche Umbau in den Werkstätten zog sich bis 1930 hin. Die nachfolgende Tabelle gibt eine Übersicht über die vorgenommenen Umbauten am Fahrgastraum bis Mitte der 30er-Jahre.

Nr.	Gattung	Sitzplätze 2. Kl.	Sitzplätze 3. Kl.
812/813	BCüvT+CüvT-25/29	8	35 + 40
814/815	CüvT+BCüvT-25/30	16	65
816/817	BCüvT+CüvT-25a/29	12	75
818/819	BCüvT+CüvT-25a/29	12	75

Aufgrund ständiger Probleme mit den ursprünglich eingebauten Soden-Getrieben wurden 1931 in 812/813 zwei verstärkte Soden-Getriebe eingebaut. Da jedoch auch dieser Umbau keine dauerhafte Behebung der Mängel erbrachte, wurde 1934 in allen drei Doppelwagen die Maschinenanlage bei Wegmann komplett umgebaut. Die Wagen erhielten neue MAN-Dieselmotoren sowie Mylius-cv-Getriebe.

Auch für diese Triebwagen wurde im Sommer 1936 der Austausch der gerissenen Maschinentragrahmen beantragt[510]. Im Mai 1937 waren die ersten neuen Rahmen von Krauss-Maffei in 814/815 verbaut, im Dezember hatte auch 812/813 neue Rahmen erhalten[511-512]. Bis zum Sommer 1938 erhielt auch 818/819 neue Rahmen. Zusätzlich bekam 814/815 zwei neue Unterflurkühler unter den Führerständen.

Einsatz und Verbleib

Nach ihrer Abnahme zwischen Februar und Juni 1928 kamen die Wagen nach Kassel (812/813), Breslau (814/815) sowie Leinhausen (816/817, 818/819). Bereits im April 1929 war der Doppeltriebwagen 814/815 bei der RBD Osten im Einsatz. Die amtliche Verteilung der Fahrzeuge entsprechend der RZA-Aufstellung vom September 1930 sowie der Nummernpläne für die Jahre 1933, 1934 und 1937 zeigt nachfolgende Tabelle.

Betriebsnr.	1930		1933	1934		1937	
	RBD	Bw	RBD	RBD	Bw	RBD	Bw
812/813	Kassel	Kassel Hbf	Kassel	Kassel	Kassel	Kassel	Paderborn
814/815	Osten	Frankfurt/Oder	Münster	Kassel	Kassel	Kassel	Paderborn
816/817	Münster	Rheine	Münster	-	-	-	-
818/819	Münster	Rheine	Münster	Kassel	Kassel	Kassel	Paderborn

Das Bild zeigt sehr schön die Ausführung des Maschinentragrahmens mit Motor, Getriebe und Radsatzgetriebe sowie dessen Lagerung auf den Radsätzen. *Werkfoto Wegmann. Sammlung Günther Dietz*

Technische Daten

Betriebsnummer			812/813 – 818/819	812/813, 814/815, 818/819
Gattungsbezeichnung			CvT+CüvT-25	BCüvT+CüvT-25/29, -30
Übersichtszeichnung			2836a Wegmann	2836a Wegmann
Radsatzanordnung			1A-A1	1A-A1
Hersteller	Wagenteil		Wegmann	Wegmann
	Motor		MAN	MAN
	Getriebe		ZF	DGG
Höchstgeschwindigkeit		km/h	70	85
Länge über Puffer		mm	24946	24946
ges. Radsatzabstand		mm	7000+4550+7000	7000+4550+7000
Treibraddurchmesser		mm	1000	1000
Laufraddurchmesser		mm	1000	1000
Sitzplätze	2. Klasse		-	s.o.
	3. Klasse		50	s.o.
	4. Klasse		42	-
Stehplätze			42	
Dienstmasse	unbesetzt	t	39,9	47,0
	besetzt	t	46,8	50,2 – 54,0
	je Sitzplatz	kg	433	455 - 490
	je lfd. m Wagenlänge	t	1,88	1,88
spez. Antriebsleistung		kW/t / PS/t	2,76 / 3,75	4,7 / 6,4
gr. Radsatzlast		t	12,9	12,5
Steuersystem			Einzel	Einzel
Motor	Zahl / Bauart		2 / W 6 V 11/18	2 / W 6 V 15/18
	Masse	kg	2 x 840	2 x 840
	Zyl./Durchm./Hub	mm	6 / 115 / 180	6 / 150 / 180
	Dauerleistung	PS	2 x 75	2 x 150
	Drehzahl	min^{-1}	1100	1500
Art u. System d. Leistungsübertragung			mechanisch	mechanisch
Getriebebauart			Soden	Mylius cv
Zahl der Gänge			5	4
Motorsteuerung			mechanisch, Gestänge	mechanisch
Getriebesteuerung			mechanisch, Gestänge	mechanisch
Wendegetriebesteuerung			pneumatisch	pneumatisch
Kraftstoffvorrat		l	2 x 300	600
Heizung			Whz	Whz
Beleuchtung, Stromart, Spannung			el. = 12 V	el. = 24 V
Bremse			Ksbr (Klotz), Kbr	Kpbr (Kl)

Der Doppeltriebwagen 816/817 brannte 1932 aus und wurde daraufhin ausgemustert. Für 812/813 ist der Eintrag in der 1937er-Übersicht handschriftlich durchgestrichen und durch RBD München, Bw Ingolstadt ersetzt worden.

Während der Kriegsjahre zunächst abgestellt, liefen alle drei Doppelwagen 1943 im Personalverkehr der Munitionsfabrik Desching bei Ingolstadt. Nach dem amerikanischen Luftangriff auf die Muna Desching und Ingolstadt waren 812/813 und 818/819 mit Totalschaden in Ingolstadt abgestellt. 1946 erfolgte ihre amtliche Ausmusterung.

814/815 wird im Juli 1945 in Nürnberg erfasst[514]. Die Aufstellung vom 20.7.1946 weist ihn als stark beschädigt aus. Der auf dem Nürnberger Rangierbahnhof stehende Wagen sollte, wie auch andere Fahrzeuge, wegen fehlender Ersatzteile ausgemustert werden[515]. Für den August 1947 ist für den im Nürnberger Verzeichnis bereits durchgestrichenen Wagen handschriftlich vermerkt: *„am 15.9.47 an Frf t abgegeben“*[516]. Im Verzeichnis vom 1.11.1948 ist er dann wieder als Wagen des Bw Nürnberg Hbf enthalten[517]. Bereits 1947 hatte ihm das RZA München die neue Nummer VT 72 900 a/b zugeteilt. In seinen letzten Dienstjahren wurde er als Dienstpendel eingesetzt. Im September 1956 erfolgte seine Ausmusterung.

Als VT 72 900 a/b fuhr der ehemalige 814/815 Mitte der 1950er-Jahre im Raum Nürnberg.
Foto: Carl Bellingrodt, Sammlung Dirk Winkler

Leider sind bisher keine Aufnahmen des zum Dieseltriebwagen 820 umgebauten 710 bekannt. Er wurde bereits im Juni 1941 an die Kahlgrundbahn verkauft, wo diese Aufnahme kurz nach Kriegsende entstand. Bis 1954 trug er die Betriebsnummer 201. *Foto: K. F. Heck. Sammlung Günther Dietz*

820 (CvT-25a/34)

Entstehungsgeschichte

Aufgrund der erfolgreichen Einführung der hydraulischen Leistungsübertragung bei den Österreichischen Bundesbahnen in den zweiachsigen Austro-Daimler-Triebwagen[518] entschloss sich das RZM dazu, auch für die DRG Versuche mit hydraulischer Leistungsübertragung in Triebwagen durchzuführen. Für erste Versuche sollten vorhandene Fahrzeuge umgebaut werden. Dazu gehörten vorgenannter 803 sowie der Triebwagen 710, dessen Antriebsanlage komplett umzubauen war. Der Umbau des 710 dauerte von 1934 bis 1936. Dabei erhielt er einen Vomag-Dieselmotor sowie ein hydrodynamisches Getriebe der Voith-Getriebe KG. Aufgrund des Umbaus wurde dem Fahrzeug die neue Nummer 820 zugeteilt.

Interessant ist in diesem Zusammenhang, dass das RZM bereits 1933 zwei Versuchsfahrzeuge mit hydraulischer Leistungsübertragung in Auftrag gab (135 046 und 047 mit Trilok-Getriebe) und 1934 bei MAN weitere drei Triebwagen (135 048 - 050) mit einem Zweigang-Strömungsgetriebe der Firma Voith beauftragte, also vor Abschluss der Versuche mit den beiden Umbauwagen.

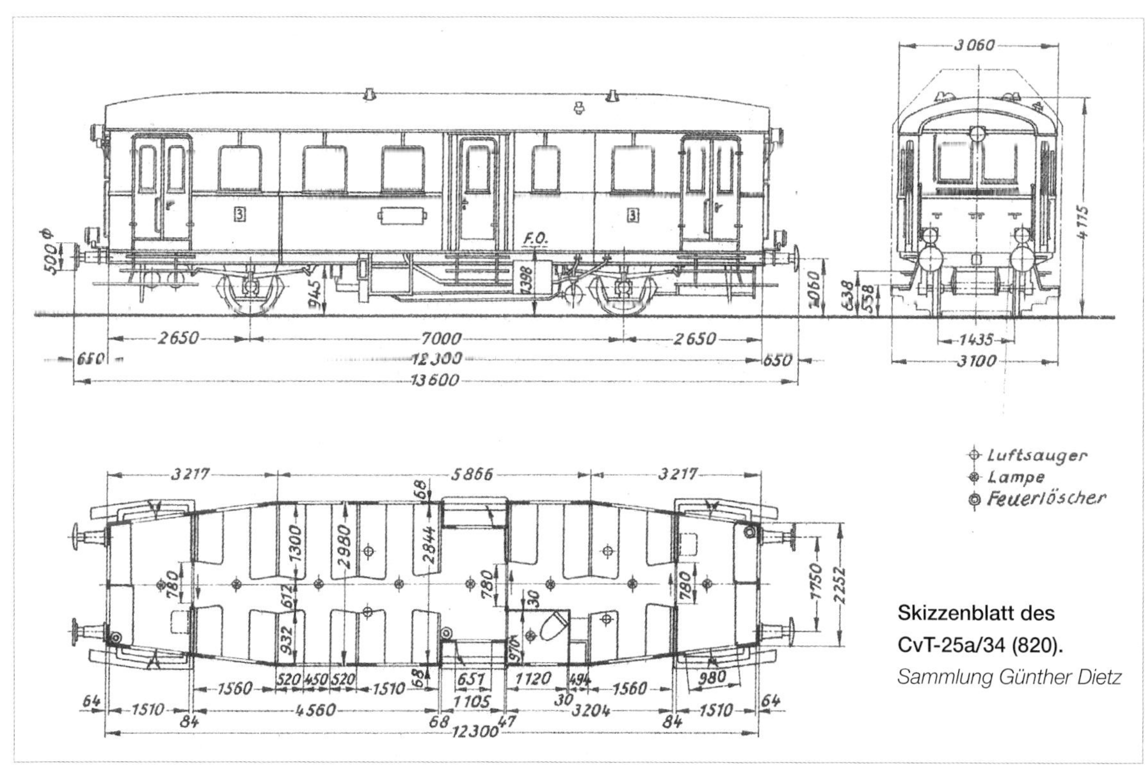

Skizzenblatt des CvT-25a/34 (820).
Sammlung Günther Dietz

Aufbau und Technik

Der wagenbauliche Teil des Fahrzeugs blieb gegenüber den 709 - 712 unverändert (s. dort). Nach Entfernen der alten Antriebsanlage erhielt der Triebwagen einen neuen 180-PS-Vomag-Dieselmotor (rd. 132,4 kW) mit *„liegenden"* Zylindern sowie ein Doppelturbogetriebe von Voith.

Zudem wurde ein neues Radsatzwendegetriebe der Bauart Stoeckicht eingebaut[519]. Die beiden Dachkühler wurden entfernt und durch eine Unterflurkühlanlage ersetzt. Durch den Umbau vergrößerte sich die Fahrzeugmasse, gleichzeitig ermöglichte die höhere Leistung des Motors eine größere Fahrgeschwindigkeit.

Einsatz und Verbleib

Der 1934 begonnene Umbau dauerte bis November 1936. Nach ersten Probefahrten zeigte sich, dass die Kühlung nicht ausreichend war und ein zusätzlicher Röhrenkühler installiert werden musste. Anfang 1937 begannen neue Probefahrten. Anschließend kam der 820 wieder nach Oldenburg in den Planeinsatz zurück.

Der Umbau wurde Ende 1939 / Anfang 1940 scheinbar wieder rückgängig gemacht. Löttgers erwähnt, dass die Werksstatistik von 1939 den 820 im RAW Dessau ausweist, in der Statistik von März 1940 jedoch das Fahrzeug wieder als 710 im RAW Wittenberge nachgewiesen wird, das auch die anderen drei baugleichen Triebwagen unterhielt. Dies könnte auch der Vermerk der RBD Münster vom September 1944 untermauern, der im Zusammenhang mit dem Verkauf an die Kahlgrundbahn vom 820 mit Otto-Motor spricht[520]. Dies würde insofern auch plausibel erscheinen, als 803 ebenfalls wieder auf mechanisches Getriebe zurückgebaut wurde. Kurz hingegen verweist darauf, dass 820 in einer Bestandsliste des RZA München vom 23.12.1940 als dieselhydraulischer Triebwagen mit 180-PS-Vomag-Motor geführt wurde[521].

Der Triebwagen wurde im Krieg zeitweise an die Kahlgrundbahn vermietet und im Juni 1941 dorthin verkauft. Bei der Kahlgrundbahn wurde er mit der Nummer 201 geführt. Nach Kriegsende erhielt er 1946 einen 220-PS-MAN-Dieselmotor (rd. 161,8 kW). Ob erst zu dieser Zeit der mittlere Einstiegsraum verschlossen wurde, ist nicht bekannt. Ab 1954 war er als Nummer 51 unterwegs. Er fuhr auf der Strecke Kahl (Rhein) – Schöllkrippen. Er wurde erst 1975 ausgemustert.

Technische Daten

Betriebsnummer			820
Gattungsbezeichnung			CvT-25a
Übersichtszeichnung			A1-145 Gotha
Radsatzanordnung			A1
Hersteller	Wagenteil		Gotha
	Motor		Vomag
	Getriebe		Voith
Höchstgeschwindigkeit		km/h	80
Länge über Puffer		mm	13600
ges. Radsatzabstand		mm	7000
Treibraddurchmesser		mm	1000
Laufraddurchmesser		mm	1000
Sitzplätze	3. Klasse		46
	Stehplätze		-
Dienstmasse	unbesetzt	t	25,63
	besetzt	t	29,0
	je Sitzplatz	kg	557
	je lfd. m Wagenlänge	t	1,88
spez. Antriebsleistung		kW/t / PS/t	5,1 / 7,0
gr. Radsatzlast		t	
Steuersystem			Einzel
Motor	Zahl / Bauart		1 / 8 R 3580 L
	Masse	kg	1940
	Zyl./Durchm./Hub	mm	8 / 135 / 180
	Dauerleistung	PS	180
	Drehzahl	min^{-1}	1500
Art u. System d. Leistungsübertragung			hydraulisch
Getriebebauart			Voith JJ 5,4 VV 3,3
Zahl der Gänge			W/K/K
Motorsteuerung			mechanisch (Seilzug)
Getriebesteuerung			pneumatisch
Wendegetriebesteuerung			pneumatisch
Kraftstoffvorrat		l	
Heizung			Whz
Beleuchtung, Stromart, Spannung			el = 24 V
Bremse			Kbr (Klotz)

Als VT 51 bezeichnet lief der ehemalige 820 später bei der Kahlgrundbahn, hier im Juni 1959 unterwegs. Ob der Mitteleinstieg bereits beim Umbau durch die Reichsbahn verschlossen wurde, ist nicht bekannt.
Sammlung Dirk Winkler

Der KLVG 51 am 1. Mai 1970 in Schöllkrippen. Foto: Joachim Claus. *Sammlung Günther Dietz*

Ein Bild aus den letzten Einsatzjahren, inzwischen im zweifarbigen Anstrich. Er wurde 1975 ausgemustert.
Foto: H. Ott. Sammlung Günther Dietz

851 (C4vT-24/35)

Entstehungsgeschichte

Im Jahre 1924 fand in Berlin die bekannte Eisenbahntechnische Tagung statt. In diesem Zusammenhang wurde auf dem Gelände des damals im Entstehen begriffenen Rangierbahnhofs Seddin auch eine Ausstellung gezeigt. Neben einer größeren Zahl von Lokomotiven und Wagen waren außerdem acht Verbrennungsmotor-Triebwagen (VT) zu sehen. Während sieben Triebwagen überwiegend mit Motoren und Getrieben aus dem Kraftfahrzeugbau ausgerüstet waren, besaß das von der Waggonfabrik Wismar ausgestellte und achte Fahrzeug eine eigens für Triebwagen konstruierte Antriebsanlage mit einem von der Firma Maybach entwickelten Dieselmotor und dem ebenfalls dort entstandenen Getriebe. Dadurch wurde dieser VT richtungweisend für die Zukunft.

Die Ausstellung in Seddin gab also auch wichtige Impulse für die Verwendung des Triebwagens als billiges und schnell einsatzfähiges Verkehrsmittel. Vor allem in Anbetracht des ständig zunehmenden Wettbewerbs mit dem Kraftwagen ging es in jenen Jahren darum, zur Beschleunigung und Verdichtung des Reiseverkehrs in der Fläche beizutragen. Obwohl die preußische Staatsbahn mit ihren benzolelektrischen Triebwagen vor dem ersten Weltkrieg eigentlich auf dem richtigen Weg war, gab man zunächst der mechanischen Leistungsübertragung bei der DRG den Vorzug.

Nach erfolgreichen Probefahrten wurde 1926 dieser 150-PS-VT mit der Nummer 851 und der Gattung C4vT-24e in den Bestand der DRG übernommen.

Aufbau und Technik

Das aus Stahlprofilen zusammengesetzte Gerippe des Wagenkastens war ineinander und mit den Bekleidungsblechen vernietet. Beim Rahmen handelte es sich um eine kräftige aus Stahlblechen und Winkelprofilen genietete Konstruktion. Die Seitenwände waren im Bereich der Einstiege eingezogen und die Stirnwände abgeschrägt. Eine Übergangsmöglichkeit zu den anderen Fahrzeugen gab es nicht. Die Zug- und Stoßvorrichtung bildeten die Schraubenkupplung und Stangen- bzw. später Hülsenpuffer.

Die Drehgestelle, beim 851 mit 3700 mm Radsatzabstand, bestanden aus 12 mm dicken Blechen, die durch Winkelprofile versteift und genietet waren. Die Radsatzgleitlager waren im Maschinentriebdrehgestell als Innen- und im Laufdrehgestell als Außenlager ausgeführt. Zur Radsatzfederung dienten 1300 mm lange Blatt- und als Wiegenfederung 1700 mm lange Blattfedern.

Der 851 hatte im Anschluss an den Maschinenraum mit Führerstand einen Einstiegsraum mit Sitzbank und fünf Sitzplätzen. Im anschließenden Großraum 3. Klasse gab es sechs Abteile in Sitzteilung 2+3 mit 58 Sitzplätzen. Es folgte nach dem hinteren Einstieg der Gepäckraum mit Toilette und dem hinteren Führerstand. Maschinen- und Gepäckraum verfügten über zweiflügelige Drehtüren.

Im Spätsommer 1933 erhielt der Triebwagen eine Trennwand im Fahrgastabteil, so dass ein Raucher- und ein Nichtraucherabteil geschaffen wurden[522]. Auf Antrag der RBD Schwerin erfolgte 1935 der Einbau eines abgeschlossenen Abteils 2. Klasse mit Seitengang vor dem hinteren Einstieg mit sechs Sitzplätzen, und die Sitzplatzzahl änderte sich auf 6/49 Sitzplätze 2./3. Klasse[523-524]. Der Anstrich entsprach zunächst dem Grün der Reisezugwagen und wurde ergänzt mit einer schwarzen Absetzlinie unter den Fenstern sowie einem silberfarbenen Dach und schwarzen Langträgern sowie Drehgestellen. Vermutlich zur Zeit dieses Umbaus erhielt der Wagen den Anstrich in Rot/Elfenbein. Seine Gattungsbezeichnung wurde auf BC4vT-24/35 geändert.

Der Sechszylinder-Reihenmotor der Firma Maybach vom Typ G4a war stehend im Maschinentriebdrehgestell angeordnet und auf einem Hilfsrahmen befestigt, der in drei Punkten im Drehgestell gelagert war. Mit ihm war der zur Kraftstoffeinblasung und Druckluftversorgung dienende und vor dem Mo-

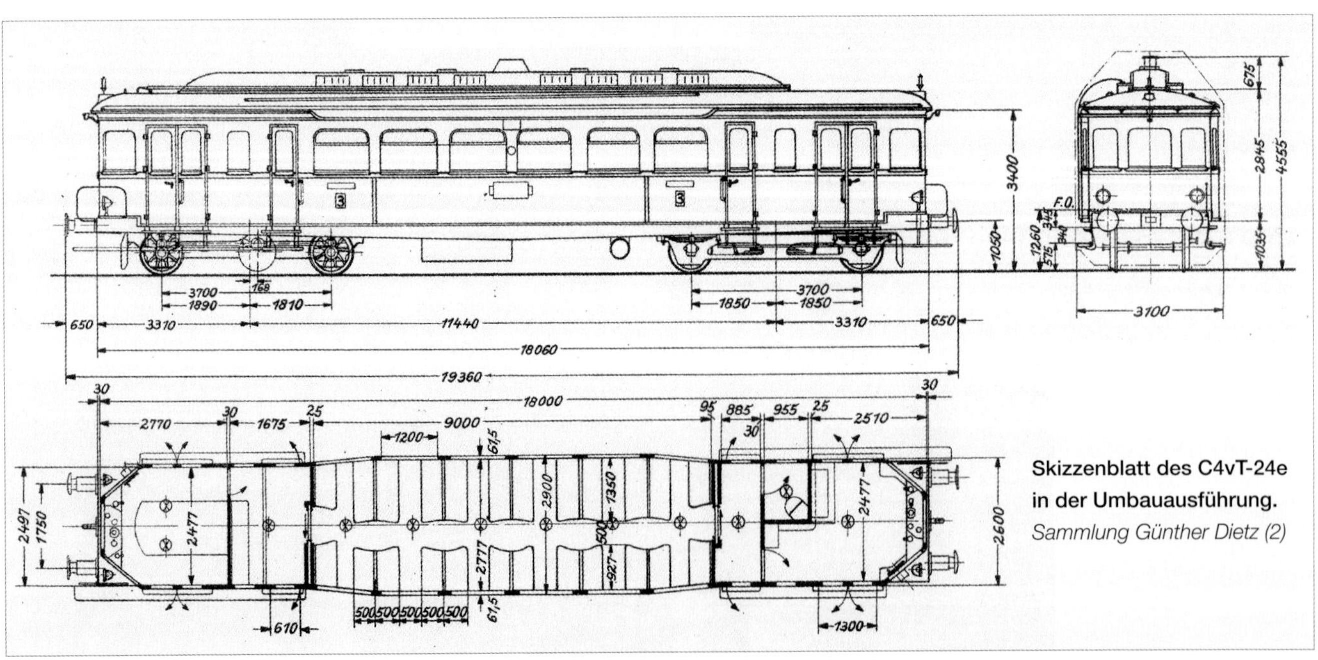

Skizzenblatt des C4vT-24e in der Umbauausführung.
Sammlung Günther Dietz (2)

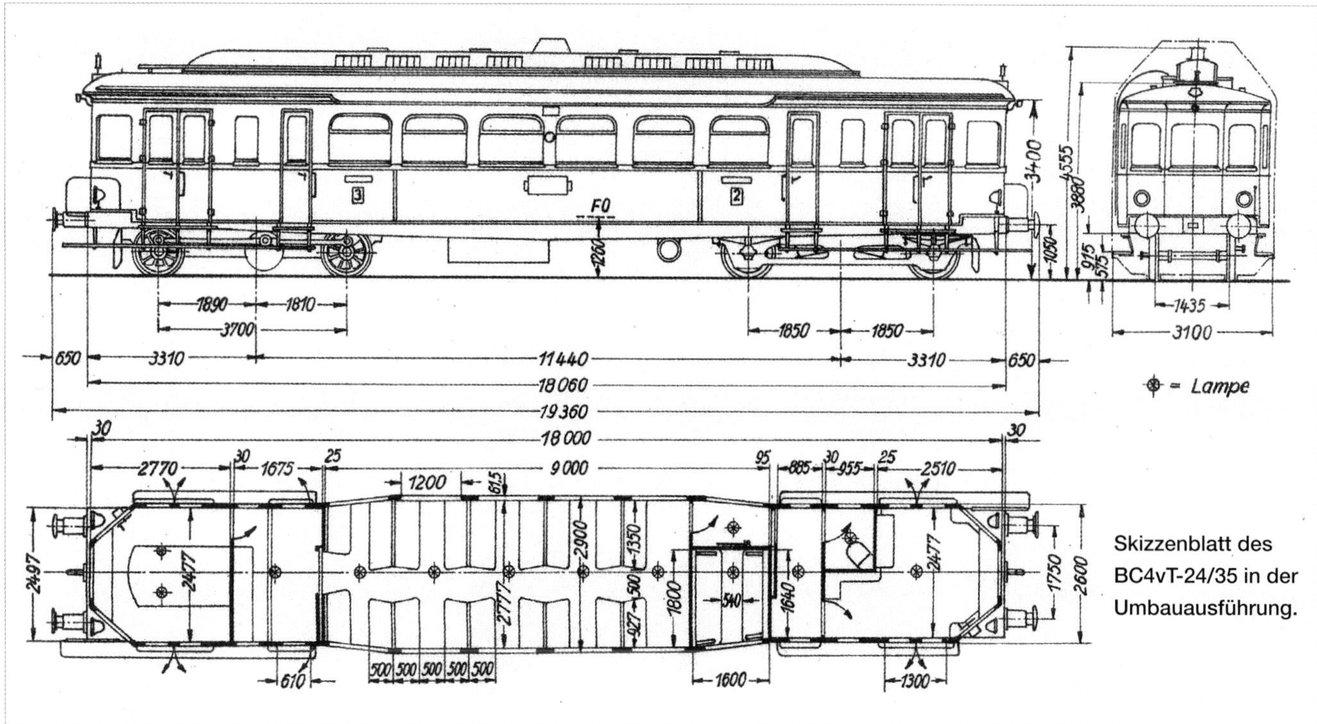

Skizzenblatt des BC4vT-24/35 in der Umbauausführung.

tor angeordnete Hochdruckluftverdichter der Firma Maybach, Bauart K2a, gekoppelt. Der Viertakt-Dieselmotor ragte dabei in den Wagenkasten hinein und war durch zwei aufklappbare Hauben abgedeckt. Das im Drehgestell angeordnete Getriebe befand sich unter dem Wagenfußboden. Das erzeugte Drehmoment wurde auf das ausschließlich für Triebwagenzwecke konstruierte Viergang-Lamellen-Kupplungs-Wechsel- und Wendegetriebe der Firma Maybach, Bauart T1 (alt), über eine Gelenkwelle mit zwischengeschalteten Gewebescheibenkupplungen übertragen.

Der Dieselmotor leistete bei zunächst 1300 Umdrehungen in der Minute 150 PS (rd. 110,3 kW) und wurde später durch verschiedene Verbesserungen auf 165 PS (rd. 121,4 kW) bei 1380 Umdrehungen gebracht. Etwa ab 1931 kamen dann generell 175-PS-Motoren (rd. 128,7 kW) der Bauart G4b zum Einbau. Hier lag die Höchstdrehzahl bei 1400 min^{-1}. Der Einblasdruck des Kraftstoffes betrug 80 bis 85 bar (kp/cm^2). Die Kupplungslamellen für die vier Geschwindigkeitsstufen wurden zunächst mit Druckluft beaufschlagt. 1927 wurde ein druckölgesteuertes Getriebe T1 eingebaut.

Im Getriebe befand sich das Wendegetriebe, das das Drehmoment über Blindwellen und Kuppelstangen auf die beiden Treibradsätze übertrug. Die Geschwindigkeitsstufen waren im ersten Gang 10,5 km/h, im zweiten Gang 19,5 km/h, im drit-

Bereits auf der Internationalen Eisenbahntechnischen Ausstellung Seddin vom 21. September bis zum 5. Oktober 1924 hatte die EVA einen vierachsigen „*Rohöl-Triebwagen*" ausgestellt. *Sammlung Günther Dietz*

ten Gang 39,5 km/h und im vierten Gang 61 km/h, jeweils bei der Höchstdrehzahl des Motors.

Gegen Fehlschaltungen in Form eines nicht zur momentanen Geschwindigkeit passenden Ganges war das Getriebe geschützt. Die Steuerung der Füllungsverstellung des Motors und der Schaltstufen des Getriebes sowie der Fahrtrichtung des Wendegetriebes erfolgte in Einfachsteuerung mittels über Rollen laufender stählerner Seilzüge und endloser Ketten am Motor und Getriebe vom Führerstand aus. Zur Vermeidung von Fehlschaltungen war die Kurbel für die Wendeschaltung im Führerstand dieselbe wie für die Schaltung der einzelnen Gänge. Dadurch konnte die Wendeschaltung nur bei Stillstand betätigt werden.

Das Anlassen unter Last bei gleichzeitigem Anfahren erfolgte nach Einlegen des ersten Ganges mit drei unter dem Wagen vorhandenen Luftflaschen, wobei eine als Reserve diente. Ein Druck von 60 bis 65 bar (kp/cm²) unter Betätigung eines Fußventils auf dem Führerstand gewährleistete das Anfahren und Einblasen des Kraftstoffs. Nach Aufnahme der Zündung des Dieselmotors wurde dieses Ventil selbsttätig abgesperrt und die Fahrt unter ausschließlichem Einblasen von Kraftstoff fortgesetzt.

Die Kühlanlage befand sich auf dem Dach und wurde zunächst mit dem Fahrtwind belüftet. Da diese Lösung bei langsamen Steigungsfahrten nicht befriedigte, mussten in der Folgezeit vier elektrische Kühlerlüftermotoren angeordnet werden. Sie wurden von einem vom Getriebe angetriebenen Generator der Firma BBC mit 1,5 kW Leistung mit Strom versorgt. Der Auspufftopf befand sich auf dem Dach unter dem oberlichtartigen Aufbau, und die beiden Kraftstoffbehälter waren im Maschinenraum unter der Decke befestigt. Die anfangs vorhandene Kühlwasserheizung wurde im März 1940 zur kombinierten Kühlwasser-Ofenheizung umgebaut.

Die Hauptluftbehälter wurden vom Hochdruckluftverdichter über ein Überschleusventil auf dem Führerstand mit Druckluft versorgt. Am Maschinentriebdrehgestell war eine Druckluftsandstreuanlage und zur Signalgabe eine später durch ein Typhon ersetzte Druckluftpfeife vorhanden. Als Bremse dienten eine Klotzbremse der Bauart Knorr (Kbr) und eine Handspindelbremse. Ab 1937 wurde eine Ks-Bremse verwendet. Die

Technische Daten

Betriebsnummer			851
Gattungsbezeichnung			D4vT-24 / C4vT-24 / BC4vT-24/35
Übersichtszeichnung			tl7907a Wismar
Radsatzanordnung			B'2'
Hersteller	Wagenteil		Wismar
	Motor		Maybach
	Getriebe		Maybach
Höchstgeschwindigkeit		km/h	65
Länge über Puffer		mm	19360
ges. Radsatzabstand		mm	15180
Drehzapfenabstand		mm	11440
Radsatzabstand Drehgestell		mm	3700
Treibraddurchmesser		mm	1000
Laufraddurchmesser		mm	1000
Sitzplätze	2. Klasse		- / - /
	3. Klasse		- / 58 / 63
	4. Klasse		58 / - / -
Stehplätze			... / ... / 37
Plätze gesamt			... / ... / 100
Dienstmasse	unbesetzt	t	36,9
	besetzt	t	41,2 / 41,2 / 44,4
	je Sitzplatz	kg	636 / 636 / 590
	je lfd. m Wagenlänge	t	1,9
spez. Antriebsleistung		kW/t / PS/t	3,0 / 4,0
gr. Radsatzlast		t	11,2
Steuersystem			Einzel
Motor	Zahl / Bauart		1 / G4a
	Masse	kg	1200
	Zyl./Durchm./Hub	mm	6 / 140 / 180
	Dauerleistung	PS	150
	Drehzahl	min^{-1}	1300
Art u. System d. Leistungsübertragung			mechanisch
Getriebebauart			T1 alt
Zahl der Gänge			4
Motorsteuerung			mechanisch, Seilzug
Getriebesteuerung			mechanisch
Wendegetriebesteuerung			mechanisch, Seilzug
Kraftstoffvorrat		l	340
Heizung			Whz, Kühlwasser
Beleuchtung, Stromart, Spannung			el. = 24 V
Bremse			Kbr (Kl)

Der Triebwagen wurde im Sommer 1925 umfangreichen Messfahrten auf den Strecken Genthin – Güsten und Sandersleben – Hettstedt durch die LVA Grunewald unterzogen.

Nach Übernahme durch die DRG kam der Wagen als „101 Stuttgart" zum Bw Ulm. Das Bild zeigt ihn noch ohne Reichsbahnbeschriftung.

Stromversorgung der Batterie mit 200 Ah für die Beleuchtung übernahmen zwei Generatoren der Firma Bosch mit 225 W Leistung, die vom Dieselmotor angetrieben wurden[525-526-527].

Einsatz und Verbleib

Der *„EVA-Maybach-Dieseltriebwagen"* wurde vom 30.07. bis 28.08.1925 umfangreichen Messfahrten durch die LVA Grunewald unterzogen. Die Fahrten fanden auf den Strecken Genthin – Güsten und Sandersleben – Hettstedt statt[528]. Im Anschluss an die Messfahrten wurde der Triebwagen zunächst mit der Nummer 101 Stuttgart abgenommen und beim Bw Ulm stationiert, wo er auch im September 1930 noch beheimatet war. Für den Einsatz mit Beiwagen wurden dem Fahrzeug leichte zweiachsige Reisezugwagen mit eigener Heizung beigegeben. Zwischen 1933 und 1934 erfolgte seine Umstationierung zum Bw Waren/Müritz in der RBD Schwerin.

Auch der Seddiner Austellungswagen wurde an die Wehrmacht für den Kriegseinsatz abgegeben. Die RBD Schwerin führte ihn bereits im statistischen Jahresnachweis für 1941 als für Sonderzwecke Wehrmacht an RBD Mainz abgegeben[529]. Der Triebwagen wurde der Eisenbahnbatterie 655 zugeteilt und fuhr bei deren Einsätzen von März 1940 bis Juni 1944 rund 70.000 km. Während dieses Kriegseinsatzes wurde der Triebwagen so schwer beschädigt, daß er am 28. November 1944 ausgemustert werden musste.

Triebdrehgestell des EVA-Maybach-Triebwagens.

Der inzwischen als 851 geführte Triebwagen kam 1933/34 zur RBD Schwerin. Am 23. Mai 1937 entstand diese Aufnahme in Ludwigslust.
Foto: Carl Bellingrodt. Sammlung Günther Dietz (4)

Der zweite von EVA und Maybach gebaute Probetriebwagen war anfangs in der RBD München im Einsatz. Ab Februar 1929 kam er beim Bw Schwerin zum Einsatz, hier mit einem preußischen Ci-Wagen als Beiwagen. *Werkfoto Maybach. Sammlung Günther Dietz*

852 (BC4vT-24/33)

Entstehungsgeschichte

Unter der selben Vertragsnummer (03.599/33.5.1003 vom 6. Oktober 1924), unter der das RZA Berlin den Seddiner EVA-Ausstellungswagen erwarb, beauftragte es die EVA 1924 mit dem Bau eines zweiten vierachsigen Dieseltriebwagens. Er sollte zwar der Ausführung des Ausstellungswagens folgen, jedoch über mehr Sitzplätze verfügen, was eine größere Wagenlänge erforderlich machte. Der Wagen wurde am 8. Juli 1926 als CD4vT-24f geliefert und am 12. Juli 1926 abgenommen. Anfangs als 100 München geführt, erhielt er 1927 die neue Nummer 852.

Weitgehend unbekannt ist, dass ein weitgehend baugleicher Triebwagen 1926 von der ungarischen Staatsbahn MÁV beschafft wurde. Der Triebwagen wurde als BCa mot 304 in Dienst gestellt. Er verkehrte auf der Strecke Budapest Ostbahnhof – Tapolca[530].

Aufbau und Technik

Rahmen und Wagenkasten entsprachen in der genieteten Konstruktion weitgehend dem Seddiner Austellungswagen. Der Wagenkasten aus dem genieteten Profilgerippe mit Bekleidungsblechen und kräftigem Obergurt wies mit 19740 mm eine um 1680 mm größere Länge auf. Damit war es möglich, im Fahrgastraum zwei Sitzabteile mehr unterzubringen.

Im Bereich des geringfügig längeren Vorbaus war der Führerstand mit Maschinen- und Gepäckraum untergebracht. Dem 915 mm langen Einstiegsraum folgte (ohne Abtrennung) ein Abteil 3. Klasse mit 35 Sitzplätzen in der Sitzteilung 2+3. Hinter einer Trennwand mit Drehtür lag das größere Abteil 4. Klasse mit 42 Sitzplätzen in gleicher Sitzteilung. Von diesem Abteil war ein Abort abgeteilt, der an der Trennwand mittig im Fahrzeug lag. Über dem kürzeren Vorbau folgten der Einstiegsraum sowie ein Traglastenabteil mit zehn Sitzplätzen auf Quer- und Längsbänken und davon abgetrennt und mit einer Schiebetür abschließbar der zweite Führerstand.

Der Maschinen-/Gepäckraum besaß auf beiden Seiten doppelflügelige, nach außen aufschlagende Drehtüren. Die Einstiegsräume besaßen einfache Drehtüren. Fahrgastraum und Traglastenabteil verfügten über feste Doppelfenster mit jeweils 500 mm Breite und oberen Klappfenstern, die durch einen schmalen Steg getrennt waren. Das Fenster im Bereich des Aborts war 600 mm breit. Für die Belüftung von Fahrgast- und Maschinenraum waren zehn Luftsauger auf dem Dach angeordnet.

Die Drehgestellbauart entsprach dem Ausstellungswagen, jedoch war der Achsstand auf 3500 mm verkürzt worden. Die Achsen im Triebdrehgestell besaßen Gleit-, die des Laufdrehgestells Rollenlager.

Die Maschinenanlage und deren Anordnung entsprachen dem Ausstellungswagen (s. dort). Allerdings besaß der neue

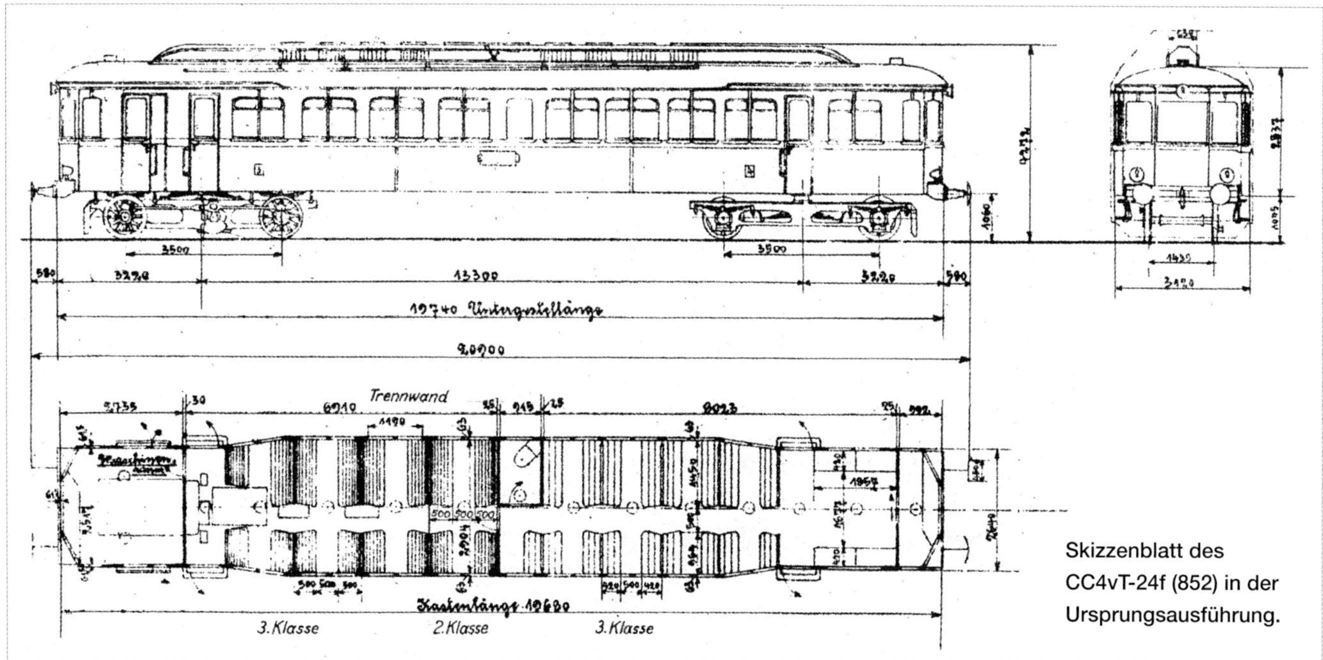

Skizzenblatt des CC4vT-24f (852) in der Ursprungsausführung.

Triebwagen ein modifiziertes mechanisches Viergang-Getriebe T1 sowie eine durch Seilzug gesteuerte und druckölbetätigte Lamellenkupplung. Neu waren die elektrisch angetriebenen Kühlerlüfter für die auf dem Dach angeordnete Motorkühlanlage. Der 150-PS-Maybach-Dieselmotor G 4a wurde 1932 gegen einen weiterentwickelten Dieselmotor vom Typ G 4b mit 175 PS (rd. 128,7 kW) ausgetauscht.

Eine erste Veränderung des Fahrgastraumes fand 1929 statt. Hierbei erhielt der Triebwagen im Fahrgastraum 3. Klasse auf zehn Sitzplätzen eine Notpolsterung für die 2. Klasse[531]. Die Sitze und Rückenlehnen waren mit *„grau gestreiftem Plüsch überzogen und die Sitze mit Roßhaar untergepolstert"*[532]. Der Wagengrundriss wurde 1933 erneut geändert (neue Gattung BC4vT-24/33). Neben der Trennwand entstand ein größeres Abteil 2. Klasse mit 15 Sitzplätzen. Dabei wurden die Abteillängen von 500 auf 650 bzw. 700 mm vergrößert, wodurch sich die Zahl der Sitzplätze in der 3. Klasse auf 73 reduzierte.

Die ursprüngliche Kühlwasserheizung wurde 1939 zur kombinierten Kühlwasser-Ofenheizung umgebaut. An weiteren Bauänderungen wurden durchgeführt:

- Motor-Hörrohr zur Überwachung des Motors eingebaut
- Abgasanlage geändert
- Batteriehauptschalter eingebaut
- Rollvorhänge im Führerstand angebracht
- Druckluftscheibenwischer angebaut
- Signalstützen angebaut
- Einbau der Warmwasserheizung mit Unterflur-Koksofen 1939
- Einbau der Ks-Bremse
- Einbau der Kühlwasserstandsüberwachung
- Einbau von Drehfenstern

Skizzenblatt des DC4vT-24/33 (852) in der Umbauausführung. *Sammlung Günther Dietz (2)*

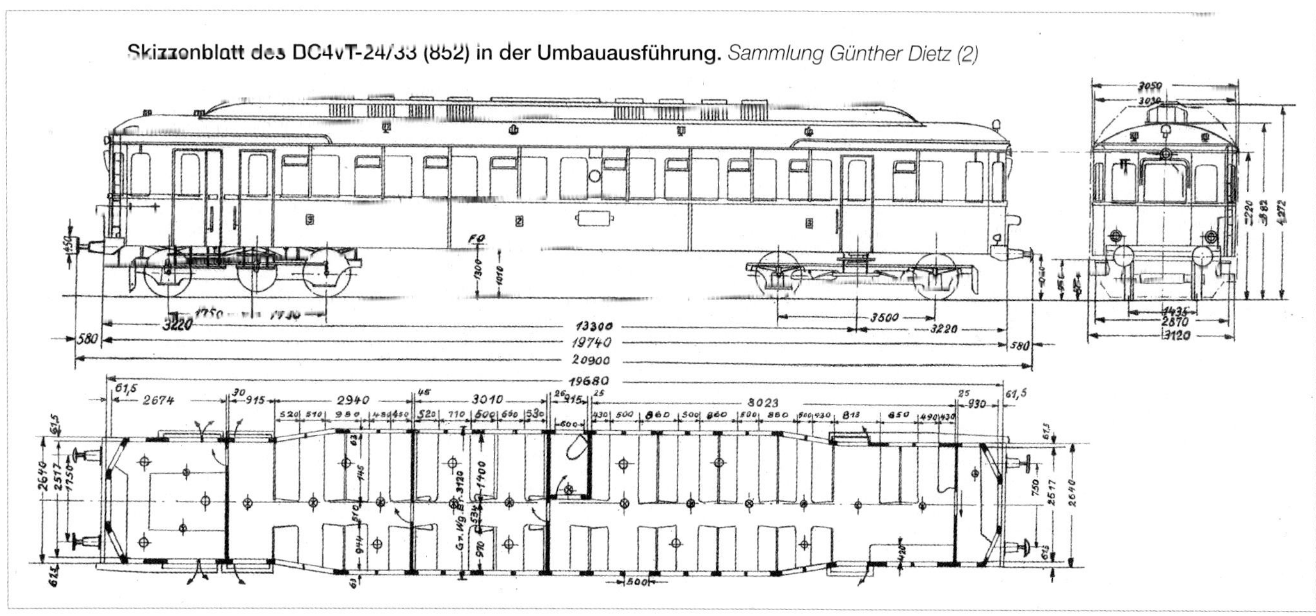

Technische Daten

Betriebsnummer			100 München	852	BCa mot 304 (MÁV)
Gattungsbezeichnung			BC4vT-24	BC4vT-24/33	
Übersichtszeichnung			tl11436 Wismar	tl11436 Wismar	
Radsatzanordnung			B'2'	B'2'	B'2'
Hersteller	Wagenteil		Wismar	Wismar	Wismar
	Motor		Maybach	Maybach	Maybach
	Getriebe		Maybach	Maybach	Maybach
Höchstgeschwindigkeit		km/h	60	65	60
Länge über Puffer		mm	20900	20900	21040
ges. Radsatzabstand		mm	16800	16800	16900
Drehzapfenabstand		mm	13300	13300	13300
Radsatzabstand Drehgestell		mm	3500	3500	3500 (2500 Laufdrehg.)
Treibraddurchmesser		mm	1000	1000	1000
Laufraddurchmesser		mm	1000	1000	1000
Sitzplätze	2. Klasse		10	20	24
	3. Klasse		79	73	56
Stehplätze				20	
Plätze gesamt				113	
Dienstmasse	unbesetzt	t	38,3	38,3	
	besetzt	t	45	46,8	40
	je Sitzplatz	kg	430	410	
	je lfd. m Wagenlänge	t	1,83	1,83	
spez. Antriebsleistung		kW/t / PS/t	2,9 / 3,9	3,4 / 4,6	
gr. Radsatzlast		t	11,7	11,7	11,46
Steuersystem			Einzel	Einzel	Einzel
Motor	Zahl / Bauart		1 / G4a	1 / G4b	1 / G4a
	Masse	kg	1200	1200	1200
	Zyl./Durchm./Hub	mm	6 / 140 / 180	6 / 140 / 180	6 / 140 / 180
	Dauerleistung	PS	150	175	150
	Drehzahl	min^{-1}	1300	1400	1300
Art u. System d. Leistungsübertragung			mechanisch	mechanisch	mechanisch
Getriebebauart			T1 alt	T1 alt	T1 alt
Zahl der Gänge			4	4	4
Motorsteuerung			mechanisch, Seilzug	mechanisch, Seilzug	mechanisch, Seilzug
Getriebesteuerung			pneumatisch	pneumatisch	pneumatisch
Wendegetriebesteuerung			mechanisch, Seilzug	mechanisch, Seilzug	mechanisch, Seilzug
Kraftstoffvorrat l			340	340	340
Heizung			Whz, Kühlwasser	Whz, Kühlwasser	Whz, Kühlwasser
Beleuchtung, Stromart, Spannung			el. = 24 V	el. = 24 V	el. = 24 V
Bremse			Kbr (Klotz)	Kbr (Klotz)	Kbr (Klotz)

Bei seinem Einsatz von Wismar nach Parchim machte „852 Schwerin" im Schweriner Hauptbahnhof Halt. Das Foto vom Beginn der 1930er-Jahre zeigt ihn mit bereits veränderten Fahrgastabteilen für die 2. und 3. Klasse.
Sammlung Günther Dietz

Nochmals 852 am Bahnsteig vor dem imposanten Schweriner Empfangsgebäude. *Sammlung Günther Dietz*

Einsatz und Verbleib

Der Verbrennungsmotor-Triebwagen wurde ab 13. Juli 1926 in München eingesetzt. Die RBD München bezeichnete den Wagen Mitte Mai 1928 noch als CD4vT. Bis zu diesem Zeitpunkt scheint er sich im Betrieb durchaus bewährt zu haben. Beanstandet wurden nur Ausfälle wegen Kompressorschadens vom 3. bis 7. November 1927 und Motorschadens vom 14. November 1927 bis 24. März 1928[533]. Ab Februar 1929 erfolgte der Einsatz beim Bw Schwerin. Hier wird er auch im September 1930 nachgewiesen, wo er den gesamten Monat im Betrieb stand. Ab September 1939 war der Triebwagen abgestellt, wurde dem RAW Wittenberge zum Umlackieren zugeführt und anschließend für Einsätze der Wehrmacht genutzt. Die RBD Schwerin hielt nachweislich ab 1941 fest, dass 852 für *„Sonderzwecke Wehrmacht an RBD Mainz abgegeben"* war[534].

Bei einem Luftangriff auf Krefeld in der Nacht vom 21. zum 22. Juni 1943 brannte der dort abgestellte 852 aus. Das RZA München musterte ihn daraufhin am 28. November 1944 aus.

Und noch eine Aufnahme aus seiner Schweriner Einsatzzeit. *Werkfoto Maybach, Sammlung Günther Dietz*

853 - 861 (BuC4dvT-27, BC4dvT-27/35, BC4vT-25a/30, CC4dvT-27, BC4vT-25/29)

Entstehungsgeschichte

Nach der auf die Seddiner Ausstellung folgenden Bestellung zweier Probefahrzeuge bei der EVA gab die Reichsbahn 1925 einen ersten Auftrag über vier Triebwagen an die EVA, der nach einer neuen, mit dem RZA abgestimmten Konstruktion ausgeführt wurde. Dabei wurde der Wagenkasten den damaligen Konstruktionsprinzipien im Reisezugwagenbau angeglichen. Im Beschaffungsprogramm 1927 folgte ein Auftrag über weitere fünf baugleiche Fahrzeuge (Zeichnung tl 12670). Zudem wurden zwei Wagen nach geänderter Übersichtszeichnung geliefert (Zeichnung tl 2760).

Nicht mehr nachvollziehbar ist die unterschiedliche Bezeichnung der Gattungen auf den Skizzenblättern, die auf andere Beschaffungsjahre der ersten Fahrzeuge hindeuten, als die überlieferten Aufnahmezettel (s. Kurz, 1988) ausweisen. Widersprüchlich sind auch die Inbetriebnahmedaten der RAW-Aufnahmezettel und die in den Nummernplänen genannten Ablieferungsdaten der ersten beiden Baulose, auch passen die Vertragsnummern und die Jahresangaben der Beschaffungsprogramme nicht recht zusammen. Ursprünglich wurden die ab 1927 unter den Nummern 853 - 861 geführten Triebwagen alle einheitlich unter der Gattung CD4vT-25f geführt. Nachfolgende Übersicht zeigt die bekannten Angaben.

Betriebsnummer bis 1927	100 Stg, 103 Stg	102 Stg, ?	? , ?	?	101, 102 Schw
Betriebsnummer ab 1927	853 - 854	855 - 856	857 - 858	859	860 - 861
Gattungsbezeichnungen	CD4vT-25f	CD4vT-25f	CD4vT-25f	CD4vT-25f	CD4vT-25f
	CC4dvT-25f	CC4dvT-25f	CC4dvT-25f	CC4dvT-25f	CC4dvT-25f
	BuC4dvT-27	BC4vT-25a/30	CC4dvT-27	CC4dvT-27	BC4vT-25/29
	BC4dvT-27/35				
Übersichtszeichnung	t^{l} 12670	t^{l} 12670	t^{l} 12670	t^{l} 12670	t^{l} 2760
Beschaffungsprogramm	1925	1925	1927	1927	1927
Vertrag	03.599/64.2041	03.599/64.2041	03.599/64.2041	64.32/169	64.32/169
Ablieferung	1926	1927	1929, 1928	1929	1927
Inbetriebnahme lt. RAW Aufnahmezettel	16.11.26,	?	15.05.27,	12.05.27	20.12.26,
	18.11.26 vorläufig		01.04.27		20.01.27

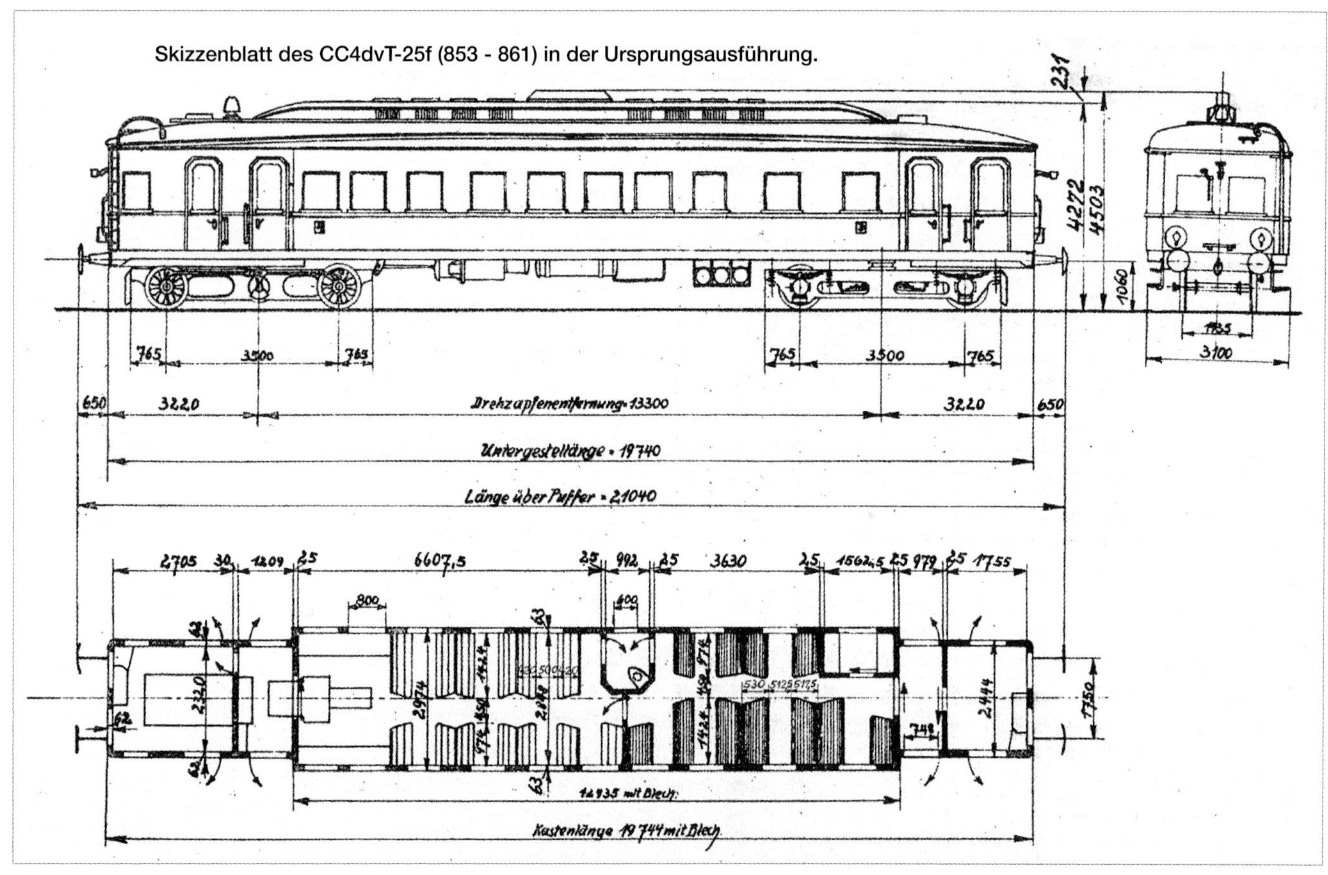

Skizzenblatt des CC4dvT-25f (853 - 861) in der Ursprungsausführung.

Die Wismarer Werkaufnahme zeigt den ersten, der in einer kleinen Serie gebauten EVA-Maybach-Triebwagen. Noch fehlen die Kuppelstangen am Triebdrehgestell. Als „101 Stuttgart" wurde er Ende 1926 von der DRG in Dienst gestellt.
Sammlung Günther Dietz (3)

Allen Fahrzeugen gemein war die einheitliche Ausführung von Wagenkasten und Antriebsanlage, wobei letztere ohne Änderungen von den beiden EVA-Probetriebwagen übernommen wurde.

Aufbau und Technik

Rahmen und Wagenkasten entsprachen in der genieteten Konstruktion weitgehend dem zweiten EVA-Maybach-Probewagen. Der Wagenkasten mit genietetem Profilgerippe und Bekleidungsblechen besaß nun 19744 mm Länge. Im Bereich des geringfügig längeren Vorbaus war auch hier der Führerstand mit Maschinen- und Gepäckraum untergebracht. Der Einstiegsbereich war mit 1181 mm etwas größer ausgeführt. Es folgte nach einer Trennwand mit Schiebetür das ursprüngliche Abteil 4. Klasse mit 40 Sitzplätzen auf Bretterbänken. Am Ende des Abteils war einseitig ein 992 mm langer Abort eingebaut. Nach Trennwand mit Drehtür folgte das Abteil 3. Klasse mit 31 Sitzplätzen in der Sitzteilung 2+3 auf Lattenbänken. Neben der Trennwand zum Einstiegsbereich war auf 1535 mm Länge ein kleiner Postraum abgeteilt. Über dem kürzeren Vorbau folgten ein Einstiegsraum mit 951,5 mm Länge und davon abgetrennt und mit einer abschließbaren Schiebetür der zweite Führerstand. Der Maschinen-/Gepäckraum besaß auf beiden Seiten nach außen aufschlagende Drehtüren, ebenso die Einstiegsräume. Der Fahrgastraum besaß herablassbare Fenster mit 800 mm Breite, das Fenster im Bereich des Aborts war 600 mm breit. Für die Belüftung von Fahrgast- und Maschinenraum waren sechs Luftsauger auf dem Dach angeordnet.

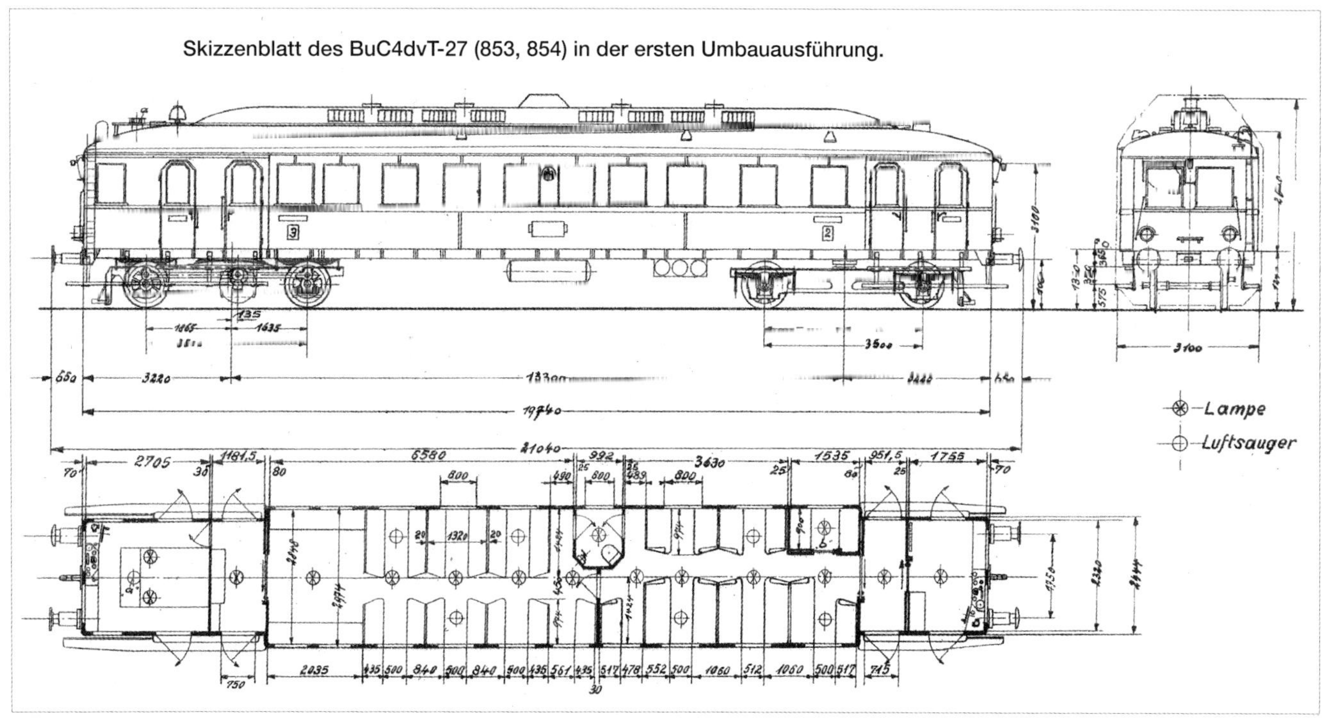

Skizzenblatt des BuC4dvT-27 (853, 854) in der ersten Umbauausführung.

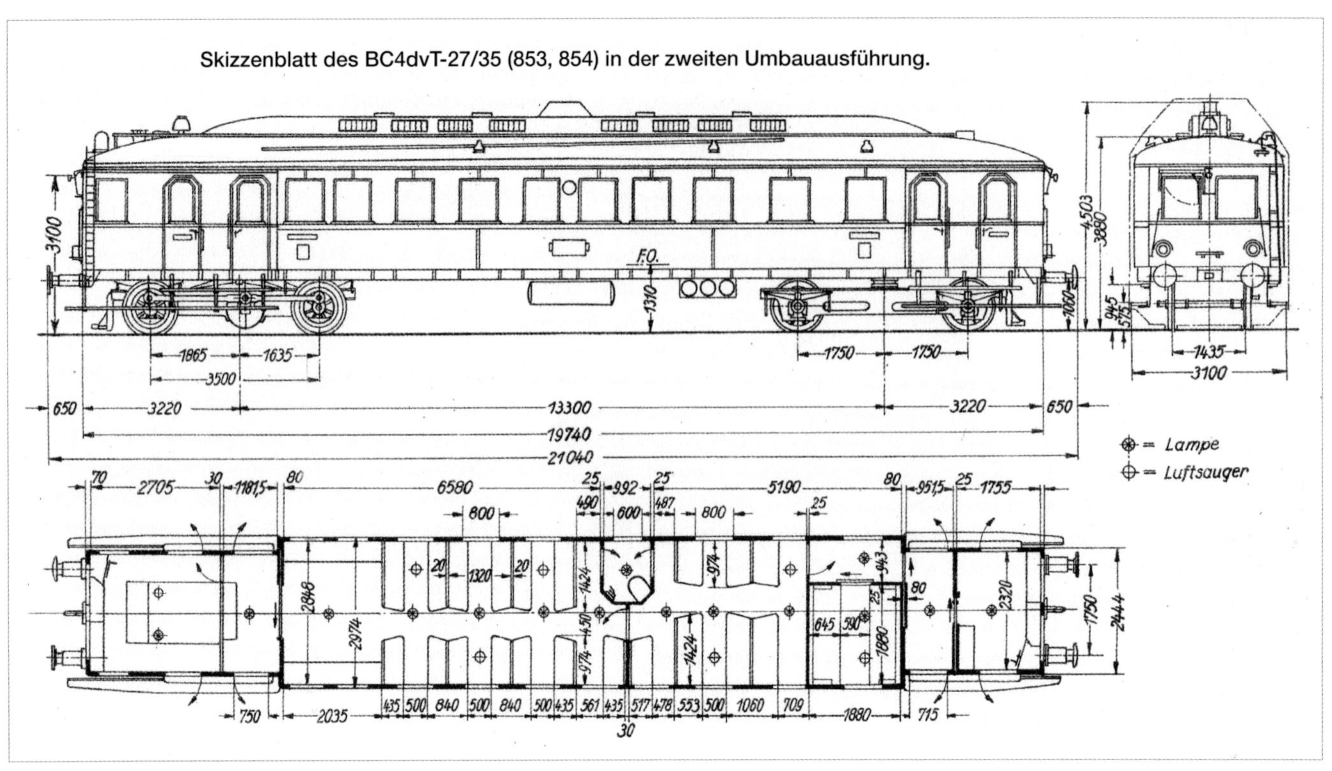

Skizzenblatt des BC4dvT-27/35 (853, 854) in der zweiten Umbauausführung.

Die Raumaufteilung der Fahrgastabteile wurde teils bereits kurz nach der Beschaffung geändert. Die Abfrage des RZA Berlin bei den Direktionen bezüglich des Schaffens von Polsterabteilen zeigte im April 1929 folgenden Stand[535]:

Nr.	Direktion	Sitzplätze 2. Kl.	Sitzplätze 3. Kl.	Bemerkung
853, 854, 857	Stuttgart	31	40	Flachpolster
855, 856	Elberfeld	-	71	kein Bedarf
858, 859, 856	Mainz	-	71	kein Bedarf
860, 861	Schwerin	12	55	Flachpolster

Einzig die RBD Elberfeld legte im Sommer 1929 einen Vorschlag zum Umbau des Wagens 855 vor, der im 3.-Klasse-Abteil nach Einziehen einer Trennwand und Auswechseln der Bestuhlung gegen gepolsterte Sitzbänke acht Sitzplätze 2. Klasse in der Sitzteilung 1+2 erhalten sollte[536]. Folgt man den Skizzenblättern der Reichsbahn, so wurde dieser Umbau 1930 an den Wagen 855 und 856 durchgeführt.

Die nachfolgende Tabelle gibt eine Übersicht über die vorgenommenen Umbauten am Fahrgastraum bis Mitte der 1930er-Jahre einschließlich der geänderten Gattungsbezeichnungen. Die RBD Schwerin beantragte im Mai 1935 den Ein-

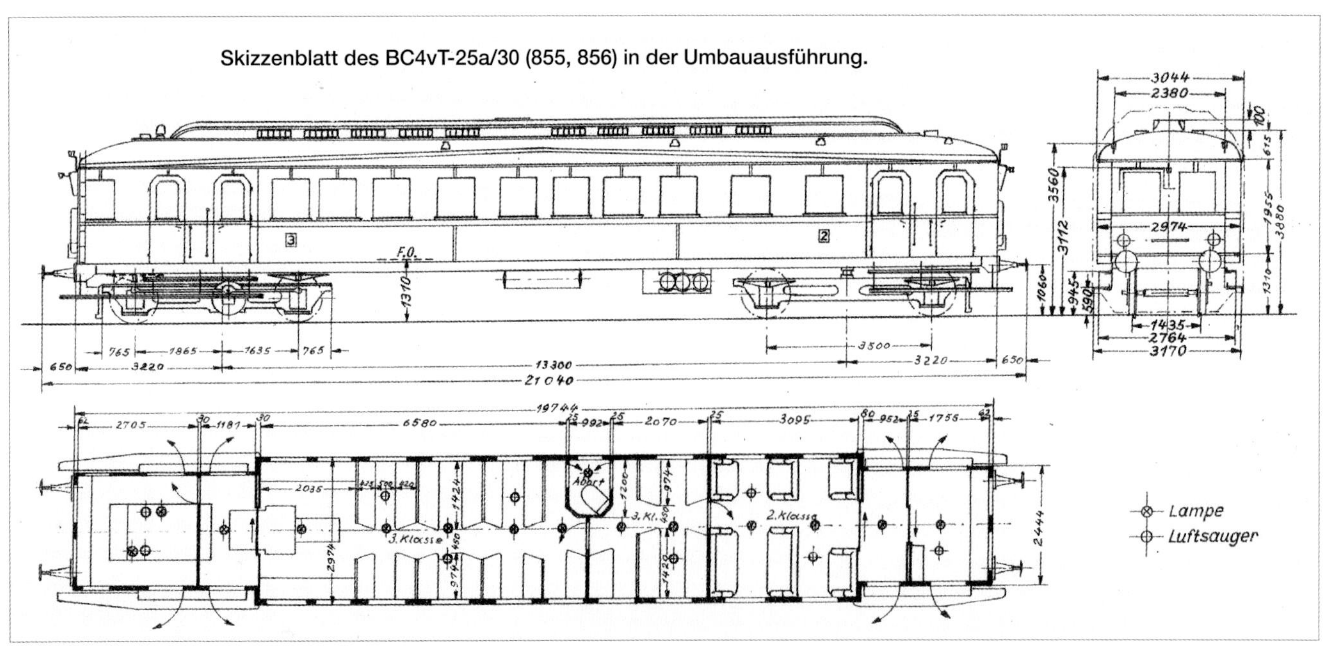

Skizzenblatt des BC4vT-25a/30 (855, 856) in der Umbauausführung.

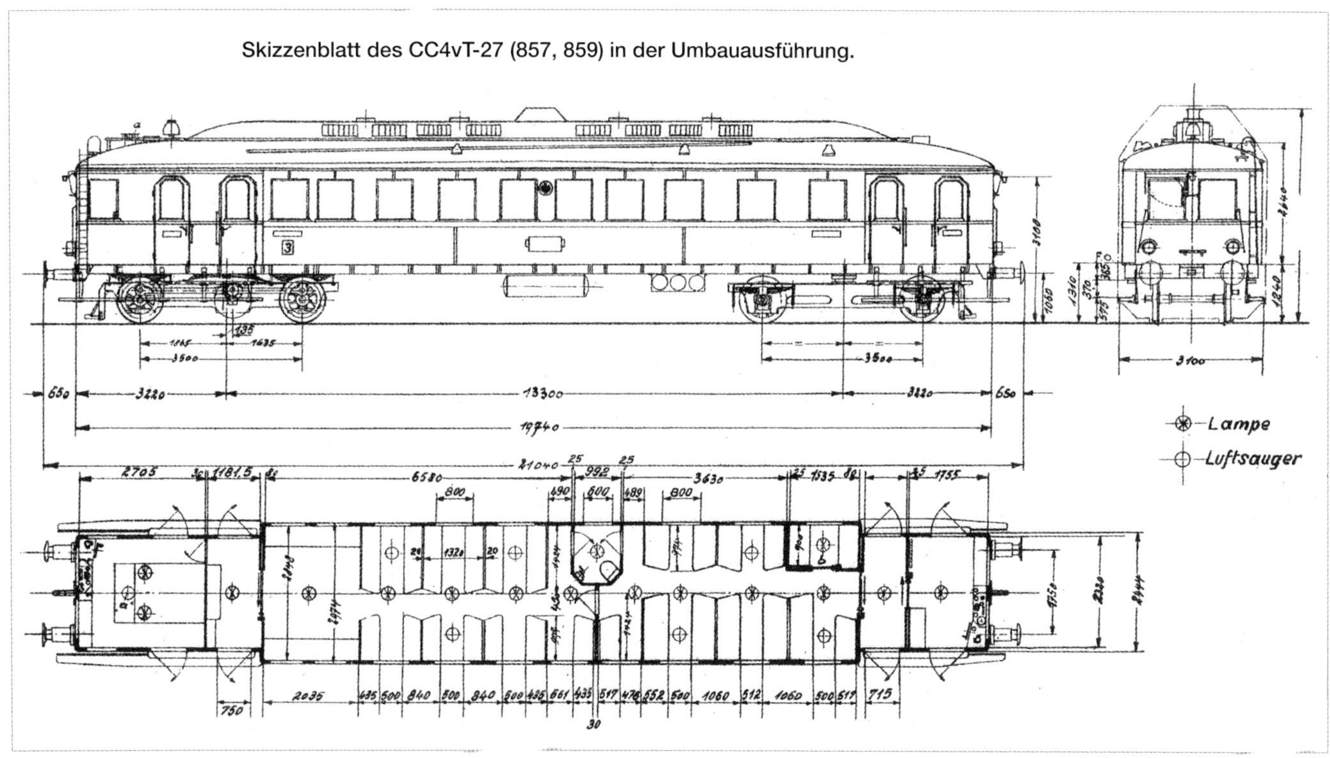

Skizzenblatt des CC4vT-27 (857, 859) in der Umbauausführung.

bau eines abgeschlossenen Abteils 2. Klasse sowie den Austausch der Bretterbänke der ehemaligen 4. Klasse durch Lattenbänke in den Abteilen der 3. Klasse[537-538]. Erst Anfang 1938 beantragte die RBD Mainz den Einbau von 2.-Klasse-Abteilen und den Austausch der Bretter- durch Lattenbänke für die Wagen 857 - 859. Aufgrund der bevorstehenden Zuteilung neuer VT wurde nur dem Austausch der Bänke für die 3. Klasse zugestimmt[539-540].

Nr.	Gattung	Sitzplätze		neue Gattung			Bemerkung
		2. Kl.	3. Kl.		2. Kl.	3. Kl.	
853	BuC4dvT-27	31 (Notpolster)	40	BC4dvT-27/35	6	57	Entfall Postabteil
854	BuC4dvT-27	31 (Notpolster)	40	BC4dvT-27/35	6	57	Entfall Postabteil
855	BC4vT-25a/30	8 (Polstersitze)	47	BC4dvT-27/35/41 (?)	14	49	lt. Aufnahmezettel RAW Dessau 1941
856	BC4vT-25a/30	8 (Polstersitze)	47	-	14	49	
857	CC4dvT-27	-	71	-	-	-	
858	CC4dvT-27	-	71	-	-	-	
859	CC4dvT-27	-	71	-	-	-	
860	BC4vT-25/29	12 (Notpolster)	55	-	-	-	
861	BC4vT-25/29	12 (Notpolster)	55	-	-	-	

Der „101 Stuttgart“ noch mit 3. und 4. Klasse im Einsatz, zwei preußische Personenwagen dienen als Beiwagen. *Sammlung Günther Dietz (4)*

Technische Daten		
Betriebsnummer		853-859 / 860-861
Gattung		siehe S. 185
Übersichtszeichnung		tl12670 Wismar / tl2760 Wismar
Radsatzanordnung		B'2'
Hersteller Wagenteil		Wismar
Motor		Maybach
Getriebe		Maybach
Höchstgeschwindigkeit	km/h	60
Länge über Puffer	mm	21040
ges. Radsatzabstand	mm	16915
Drehzapfenabstand	mm	13300
Radsatzabstand Drehgestell	mm	3500
Treibraddurchmesser	mm	1000
Laufraddurchmesser	mm	1000
Sitzplätze 2. Klasse		-
3. Klasse		71
Stehplätze		55
Plätze gesamt		126
Dienstmasse unbesetzt	t	39-44,4
besetzt	t	44,3-46,7
je Sitzplatz	kg	549-583
je lfd. m Wagenlänge	t	1,85-1,96
spez. Antriebsleistung	kW/t / PS/t	
gr. Radsatzlast	t	121,0-12,7
Steuersystem		mechanisch einzel
Motor Zahl / Bauart		1 / G4a
Masse	kg	1200
Zyl./Durchm./Hub	mm	6 / 140 / 180
Dauerleistung	PS	150
Drehzahl	min^{-1}	1300
Art u. System d. Leistungsübertragung		mechanisch
Getriebebauart		T1 alt
Zahl der Gänge		4
Motorsteuerung		mechanisch, Seilzug
Getriebesteuerung		mechanisch, Seilzug
Wendegetriebesteuerung		mechanisch, Seilzug
Kraftstoffvorrat	l	340
Heizung		Whz, Kühlwasser
Beleuchtung, Stromart, Spannung		el. = 24 V
Bremse		Kbr (Kl)

Die Bauart der Pressblechdrehgestelle entsprach dem zweiten Probewagen mit 3500 mm Achsstand. Die Achsen im Triebdrehgestell besaßen Gleit-, die im Laufdrehgestell Rollenlager. Die Maschinenanlage und deren Anordnung entsprachen ebenfalls dem zweiten Probewagen (s. dort). Die Leistung der Dieselmotoren der neun Triebwagen wurde durch konstruktive Veränderungen zunächst auf 165 PS (rd. 121,3 kW) gesteigert, während ab 1932 der G4b-Motor der Firma Maybach mit 175-PS-(rd. 128,7-kW)-Leistung eingebaut wurde. Zur Stromversorgung diente eine 24-V-Batterie mit 100 Ah Kapazität. Die Ladung der Batterie erfolgte durch eine Bosch-Lichtmaschine Typ S500/24.900 mit 500 W Leistung. Später wurden im Hinblick auf angehängte Beiwagen zwei Bosch-Lichtmaschinen mit je 750 W Leistung eingebaut und die Batteriekapazität auf 122 Ah erhöht.

Die Kühlanlage war auf dem Dach montiert und erinnerte an den klassischen Oberlichtaufbau von Reisezugwagen. Zu beiden Seiten eines durchlaufenden Kastenaufbaus waren je vier wasserseitig hintereinandergeschaltete Kühlelemente angeordnet. In der Mitte der Anlage befand sich ein Ausgleichsgefäß, in dem das gekühlte Wasser aus den beiden Kühlergruppen gesammelt wurde. Die Luft zum Kühlen trat durch mehrere, vom Wageninnern aus gemeinsam verstellbare Luftklappen in den Aufbau, durchströmte die Kühlzellen und konnte erwärmt nach oben abziehen. Allerdings war diese Kaminwirkung aufgrund der geringen Bauhöhe zu gering, auch reichte der eingefangene Fahrtwind zur Kühlung nicht aus. Dementsprechend wurden nachträglich vier kleine elektrisch angetriebene Lüfter eingebaut, die über einen zusätzlich an den Motor angebauten Generator gespeist wurden[541].

Für den vorgesehenen Kriegseinsatz wurden die Fahrzeuge ab Ende 1939 umgebaut. Sie erhielten eine kombinierte Kühlwasser-Ofenheizung, zudem wurde der Fahrgastraum aufgelöst und sogenannte Bunkerbetten (18 Stück) wurden eingebaut. Alle Fahrzeuge sollten im RAW Darmstadt einen schwarzgrauen Anstrich nach RAL Nr. 840 B2, Nr. 46 erhalten[542].

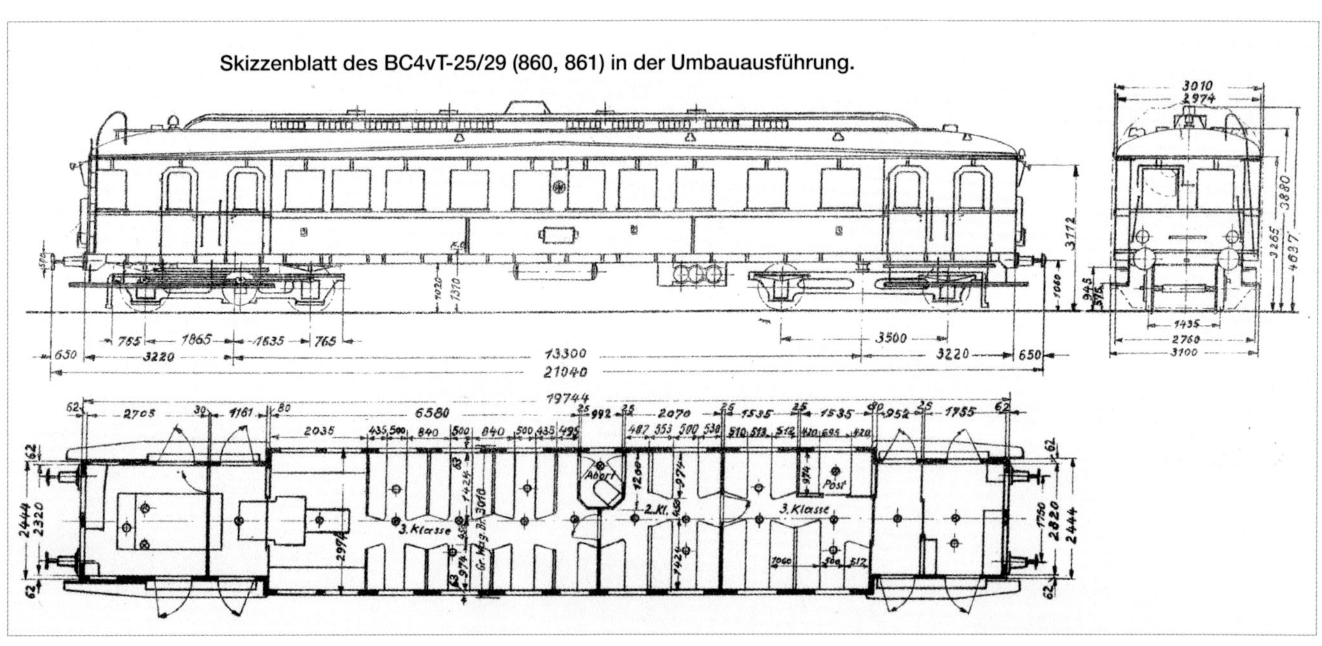

Skizzenblatt des BC4vT-25/29 (860, 861) in der Umbauausführung.

Die selbe Garnitur wie im Bild auf Seite 185 nach Umsetzen des Triebwagens an das andere Zugende. *Sammlung Günther Dietz (2)*

Einsätze und Verbleib

Nach der Abnahme wurden die Triebwagen ab 1926 laut den Aufnahmezetteln wie folgt zugeteilt: Stuttgart Hbf (100, 103 Stuttgart, später 853, 854), Schwerte (855, 856), Ulm (857), Mainz (858, 859), Waren/Müritz (101, 102 Schwerin, spätere 860, 861).

Einige wenige Einsatzdaten sind aus dem Dezember 1929 überliefert. Von den beiden in Schwerte stationierten Wagen 855 und 856 war nur 856 in Betrieb. Er legte in dem Monat 5308 km zurück, davon 5272 km mit Beiwagen, was einer täglichen Laufleistung von 171 km entsprach. Der Triebwagen 855 war für zwölf Tage im Bw Schwerte sowie 19 Tage im RAW Opladen in Ausbesserung[543]. Die Stuttgarter Wagen liefen nach Schorndorf, Weil der Stadt und Crailsheim, teilweise mit zwei zweiachsigen Mitteleinstieg-Doppelwagen (Ci-Wü18a) als Beiwagen. Die Mainzer Fahrzeuge liefen zwischen Darmstadt, Groß Gerau und Mainz, von Mainz über Alzey nach Mannheim oder Münster am Stein über Rüdesheim, Wiesbaden nach Mainz.

Die Schweriner Wagen liefen bis nach Rostock und Neustrelitz.

Die amtliche Verteilung der Fahrzeuge aus der RZA-Aufstellung vom September 1930 sowie den Nummernplänen für die Jahre 1933, 1934 und 1937 zeigt nebenstehende Tabelle.

Davon abweichend nennt das Betriebsbuch für 854 eine Beheimatung bis 13.3.1935 in Tübingen. Nach einem längeren RAW-Aufenthalt in Friedrichshafen kam er ab 19.12.1935 zum Bw Schwerin, von wo er zum 24.1.1936 an das Bw Waren weitergegeben wurde[544]. Das Bw Oberlahnstein erhielt 1938 noch den Triebwagen 857.

Nahezu alle Triebwagen dieser Bauart wurden ab 1939 an die Wehrmacht verliehen und vorher umgebaut. Eine erste Anforderung liegt vom 8. September 1939 für 853 (RBD Schwerin), 857 und 859 (RBD Mainz) vor[545], Weitere Fahrzeuge folgten in der Abgabe. Die RBD Schwerin hielt für 1941 die Abgabe für *„Sonderzwecke Wehrmacht an RBD Mainz"* der Wagen 853, 854, 855, 860 und 861 fest[546]. Im statistischen Jahresnachweis für 1942 war dann auch 856 mit aufgeführt[547].

Infolge des Kriegseinsatzes waren die meisten Wagen durch Kampfschäden gegen Kriegsende nicht mehr nutzbar. Im Ergebnis mussten 854, 855, 858, 860 und 861 bereits am

Betriebs-	1930		1933	1934		1937	
nummer	RBD	Bw	RBD	RBD	Bw	RBD	Bw
853	Stuttgart	St.-Rosenstein	Stuttgart	Schwerin	?	Schwerin	Waren
854	Stuttgart	St.-Rosenstein	Stuttgart	Schwerin	?	Schwerin	Waren
855	Wuppertal	Schwerte	Schwerin	Schwerin	Waren	Schwerin	Waren
856	Wuppertal	Schwerte	Mainz	Schwerin	Waren	Schwerin	Waren
857	Stuttgart	Ulm	Stuttgart	Mainz	--	Mainz	Mainz
858	Mainz	Mainz	Mainz	Mainz	--	Mainz	Oberlahnstein
859	Mainz	Mainz	Mainz	Mainz	--	Mainz	Oberlahnstein
860	Schwerin	Waren	Schwerin	Schwerin	Waren	Schwerin	Schwerin
861	Schwerin	Waren	Schwerin	Schwerin	Waren	Schwerin	Schwerin

Als „102 Stuttgart“ wurde der spätere 855 in Dienst gestellt. Den vom Bw Ulm betreuten Wagen zeigt das Bild von 1926 in Aulendorf zwischen Ulm und Friedrichshafen. *Sammlung Günther Dietz*

28. November 1944 ausgemustert werden. Kurz vor Kriegsende, am 11. April 1945, wurde noch 853 ausgemustert.

Von den verbliebenen Triebwagen wurde 859 bei der späteren DB 1947 zum VT 65 903 umgezeichnet. Um 1950 erhielt dieser einzige bei der DB verbliebene Triebwagen dieser Bauart einen GO56h-Dieselmotor mit 210 PS (rd. 154,4 kW) Leistung. Dabei wurde die Höchstgeschwindigkeit auf 80 km/h durch Einbau des T2a-Getriebes gesteigert. Eingesetzt war der nun als VT 62 904 bezeichnete Wagen zunächst vom Bw Friedrichshafen aus. Er kam Anfang der 1950er-Jahre zum Bw Braunschweig, lief nach Vorsfelde, Gifhorn, Lüneburg und Altenau im Harz und wurde im Juli 1957 abgestellt. Die Ausmusterung erfolgte im September 1957 nach einem Riss im Drehgestellrahmen.

Seitenansicht des Triebwagens „101 Stuttgart“ von Hermann Maey noch vor seiner Umnummerierung zum Wagen 855. *Sammlung Dirk Winkler*

Mitte der 1930er-Jahre hielt Hermann Maey in einer klassischen Typenansicht „858 Mainz“ fest. *Sammlung Günther Dietz*

Bei der Reichsbahn in der Sowjetischen Besatzungszone befanden sich scheinbar drei dieser Wagen nach Kriegsende. In der RBD Dresden wurden am 10.10.45 die Triebwagen 853, 856 und 857 erfasst[548]. Die TZA-Kartei hält für 856 und 857 zum 1.1.1946 als Standort das Bw Flöha fest (im Betriebspark), 856 wurde zum 1.1.1948 an das Bw Halle P abgegeben[549-550].

Für den schwer beschädigten 853 beantragte die Reichsbahn im Dezember 1948 die Ausmusterung, die im Januar 1949 durch die SMAD genehmigt wurde[551-552]. Das zwischen April 1949 bis Mai 1950 geführte Triebwagenverzeichnis führt hingegen 855 und 857 auf, die im Bw Halle und im RAW Dessau standen. Für 855 waren Ausbesserungsarbeiten bis Februar 1950 eingetragen, im Mai 1950 war er im Einsatz. 857 wurde als *„schwer beschädigt“* vermerkt, mit dem Hinweis: *„Ausbesserung vorerst nicht möglich“*[553]. 857 wurde Ende 1950 ausgemustert. Bei dem als 855 geführten Triebwagen muss es sich um einen Eintragungsfehler handeln; ge-

Nochmals „858 Mainz“, diesmal mit 140 187 als Beiwagen. *Foto: Hermann Maey. Sammlung Günther Dietz*

Nur wenige der EVA-Maybach-Triebwagen überstanden den Kriegseinsatz. Im Bereich der späteren DB fand sich 859, der 1947 zum VT 65 903 umgezeichnet wurde. Erst im Dezember 1951 nach Umbau auf einen 210-PS-Dieselmotor wurde er zu VT 62 904 umgezeichnet und vom Bw Friedrichshafen eingesetzt. *Foto: M. Riehle. Sammlung Günther Dietz*

„857 Mainz" als P 2623 bei Thiergarten an der Donau am 25. Juni 1934. *Foto: Carl Bellingrodt. Sammlung Günther Dietz*

In der SBZ waren drei Triebwagen dieser Bauart nach Kriegsende auffindbar, von denen nur 856 wieder in den Betriebsdienst zurückkam. Ab 1960 beim Bw Bitterfeld beheimatet, war er u.a auf der ehemaligen Delitzscher Kleinbahn im Einsatz. *Sammlung Dirk Winkler*

meint war vermutlich der 856. Er wurde Mitte September 1949 in der RBD Halle für Sonderdienste und als Reservewagen vorgehalten[554]. Nach seiner Beheimatung beim Bw Halle P war er bis 1960 beim Bw Bitterfeld eingesetzt. Er verkehrte mehrere Jahre auf den Strecken der ehemaligen Delitzscher Kleinbahn. Seine Ausmusterung wurde am 3.3.1961 zum ersten Mal beantragt, ein zweiter Antrag folgte am 8.6.1964 und wurde endgültig am 23.9.1968 genehmigt. Er sollte an das Verkehrsmuseum Dresden übergeben werden, doch im August 1968 teilte das VM Dresden mit, dass es kein Interesse an dem Fahrzeug habe und daher der Verschrottung zustimme[555].

Ab 1961 war 856 abgestellt. Eine Übergabe an das Verkehrsmuseum Dresden kam nicht zustande. *Sammlung Günther Dietz*

866 - 871 (BC4vT-27/29, BC4vT-27a/33, BuC4vT-27b, BuC4vT-27c)

Entstehungsgeschichte

Den ersten beiden Bauserien mit neuen EVA-Maybach-Triebwagen folgte im Beschaffungsprogramm 1927 eine weitere Serie mit sechs Wagen nach Zeichnung t^l 16894. Der wagenbauliche Teil blieb unverändert, allerdings erhielten die Wagen einen leistungsfähigeren Motor. Die ursprüngliche Konstruktion sah auch hier eine Unterteilung in ein Abteil 4. und ein Abteil 3. Klasse vor. Durch die Zeitumstände der Abschaffung der 4. Klasse mit dem Fahrplanwechsel am 7. Oktober 1928 wurde bei der dritten Bauserie eine finale Auslieferung als reine 3.-Klasse-Wagen mit 71 Sitzplätzen geplant. Nachstehende Tabelle zeigt die bekannten Daten.

Betriebsnummer ab 1927	866 - 867	868	869	870 - 871
Gattungsbezeichnungen	CC4vT-27	CC4vT-27	CC4vT-27	CC4vT-27
	C4dvT-27	C4vT -27a	BuC4vT-27b	C4vT-27c
	BC4vT-27/29	BC4vT-27a/33		
	BC4dvT-27/35			
Übersichtszeichnung	t^l 16894	t^l 16894	t^l 16894	t^l 16894
Beschaffungsprogramm	1927	1927	1927	1927
Vertrag	03.966/64.9082	03.966/64.9082	03.966/64.9082	03.966/64.9082
Ablieferung	1928	1928	1928	1928, 1927
Inbetriebnahme lt. RAW Aufnahmezettel	27.09.28	12.11.28	20.10.28	01.12.28, 01.11.28

An dieser Stelle soll erwähnt werden, daß die EVA Triebwagen dieser Bauart auch im Ausland verkaufen konnte. So beschaffte die dänische Mariagere-Fårup-Viborg Jernbane (MFVJ) 1927 zwei baugleiche Fahrzeuge, die sie als M 1 und M 2 führte[556]. Auch die Skagensbanen Frederikshavn – Skagen kaufte 1927 einen dieser EVA-Maybach-Triebwagen und setzte ihn als M1 ein. Der Wagen wurde erst 1968 außer Dienst gestellt und war 2010 noch als Museumsstück erhalten[557]. Drei baugleiche Triebwagen lieferte die EVA 1930 an die belgische Staatsbahn SNCB/NMBS, die sie als EVA 100 bis 102, später als Type 600 mit den Nummern 600.01 bis 600.03 führte. Sie waren in Merebelke in Flandern beheimatet. Nach Kriegsende wurden die beiden Wagen 600.01 und 03 im Juni 1946 ausgemustert. Der Triebwagen 600.02 wurde wieder instandgesetzt und in Haine-St-Pierre stationiert. Er wurde im März 1954 abgestellt[558]. Interessant ist in diesem Zusammenhang, dass noch ein weiterer EVA-Maybach-Triebwagen nach Dänemark ging, der als Kurzversion der hier beschriebenen Fahrzeuge anzusehen ist. Bei einer LüP von 17170 mm und ähnlich langen Vorbauten, wirkte der Wagen recht gedrungen[559].

Keine direkte EVA-Lieferung sondern eine Lizenzfertigung durch Kockums in Schweden waren drei weitere Fahrzeuge, die in ihrer Bauart nahezu identisch mit den deutschen EVA-Wagen waren. Kockums lieferte 1929 einen und 1930 weitere zwei Triebwagen für die Eisenbahn Varberg – Borås – Herrljunga. Augenscheinlichster Unterschied war die Ausführung der Fenster[560].

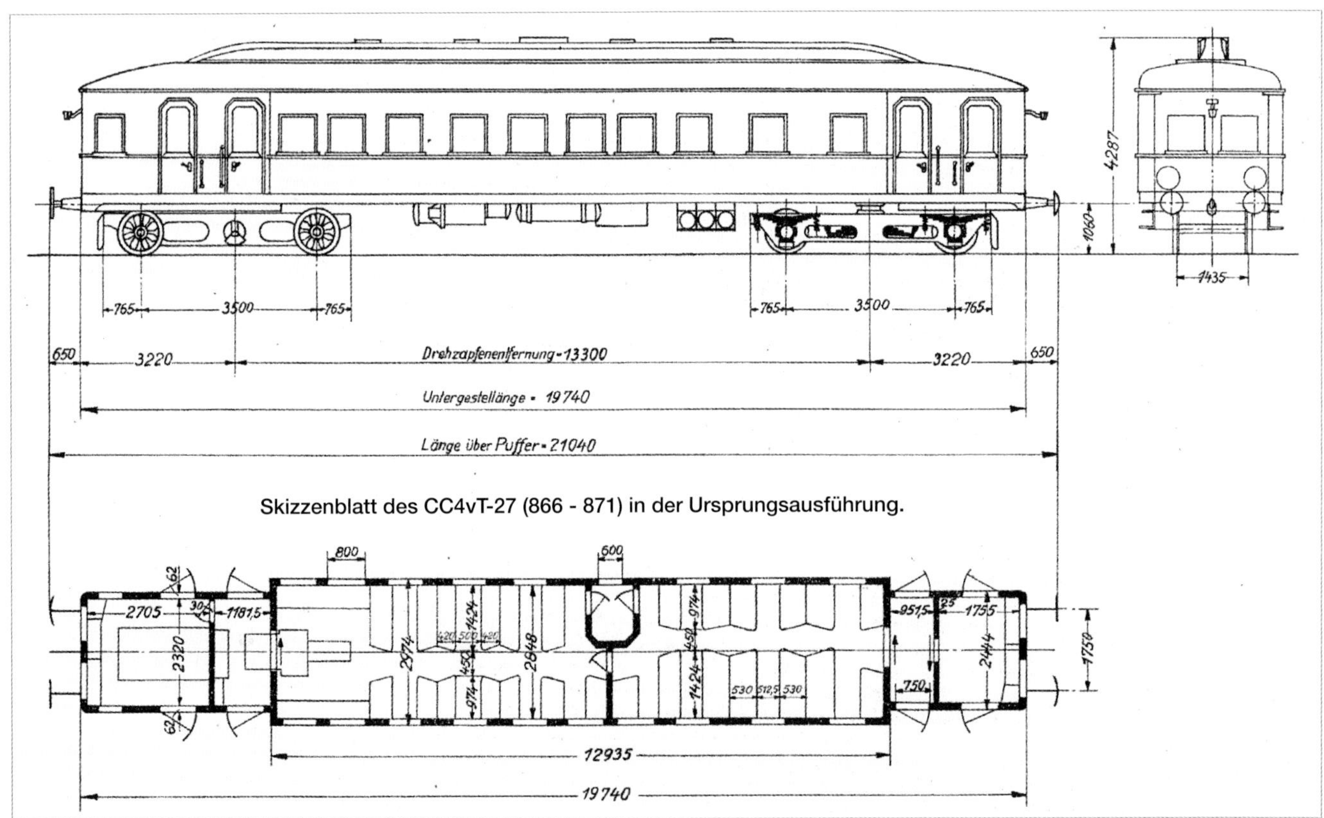

Skizzenblatt des CC4vT-27 (866 - 871) in der Ursprungsausführung.

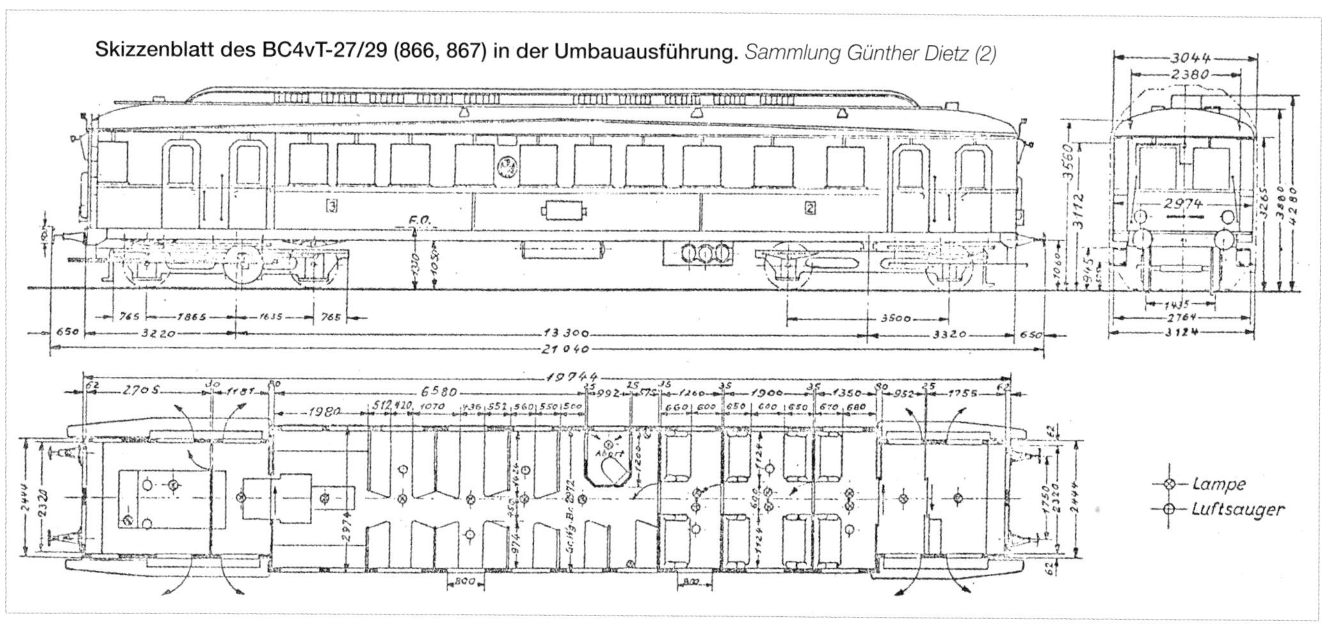

Skizzenblatt des BC4vT-27/29 (866, 867) in der Umbauausführung. *Sammlung Günther Dietz (2)*

Aufbau und Technik

Wagenkasten, Drehgestelle sowie die maschinelle und elektrische Ausrüstung entsprachen den ersten beiden Bauserien. Alle sechs Triebwagen erhielten Anfang der 1930er-Jahre die neuen, leistungsfähigeren 175-PS-Maybach-Dieselmotoren G4b (mit rd. 128,7 kW), das T1-Getriebe wurde in der bewährten Form belassen.

Im Bereich der Fahrgasträume unterschieden sich die Fahrzeuge von den vorangegangenen Bauserien dadurch, dass der kleine Postraum am Laufdrehgestellende nicht vorhanden war. Die Aufteilung der Abteile im Ursprungszustand lässt sich anhand von Fotos und der Skizzenblätter rekonstruieren. Generell war der Fahrgastraum in zwei Abteile 3. Klasse unterteilt, die im Bereich des Aborts durch eine Trennwand mit Drehtür getrennt waren. Das Abteil am Motorende der Wagen war zeitbedingt noch mit den Bretterbänken der ehemaligen 4. Klasse ausgerüstet, wobei neben dem Einstiegsbereich auf einer Länge von 2035 mm die Bänke längs angeordnet waren und Raum für Traglasten boten. Im anderen Abteil 3. Klasse waren Lattenbänke eingebaut. Insgesamt boten beide Abteile zusammen 71 Sitzplätze 3. Klasse.

Seit Anfang 1929 drängten die Direktionen auf einen Umbau der Fahrgasträume. Die RBD Osten stellte Anfang Februar 1929 den Antrag zum Einbau von Polstersitzen für die 2. Klasse[561]. Dementsprechend erarbeitete das RZA Berlin Entwürfe für den Umbau, die mit den Direktionen abgestimmt wurden[563]. Bis April 1929 waren in den Wagen 866, 867 Osten 16, 868 Schwerin zwölf und 869 Altona 31 Sitzplätze für die 2. Klasse ohne Änderung der Abteillängen und Sitzplatzzahlen durch Flachpolster geschaffen worden. Die Wagen 870 und 871 Mainz erhielten vorerst keine 2. Klasse[563]. Im Triebwagen 868 war im ehemaligen 3.-Klasse-Abteil ein Bereich von knapp 2,6 m Länge hinter dem Abort mit einer zusätzlichen Trennwand mit Drehtür abgeteilt worden. Bei den beiden 866 und 867 wurde in der zweiten Jahreshälfte 1929 auf Wunsch der RBD Osten der Grundriss der Abteile am Laufdrehgestellende komplett verändert, die Sitz-

Vertreter aus den im Beschaffungsprogramm 1927 gelieferten EVA-Maybach-Triebwagen ist „869 Kassel“. Die Aufnahme von 1929/30 zeigt ihn bereits nach Umbau der Fahrgasträume für die 2. und 3. Klasse.
Sammlung Dirk Winkler

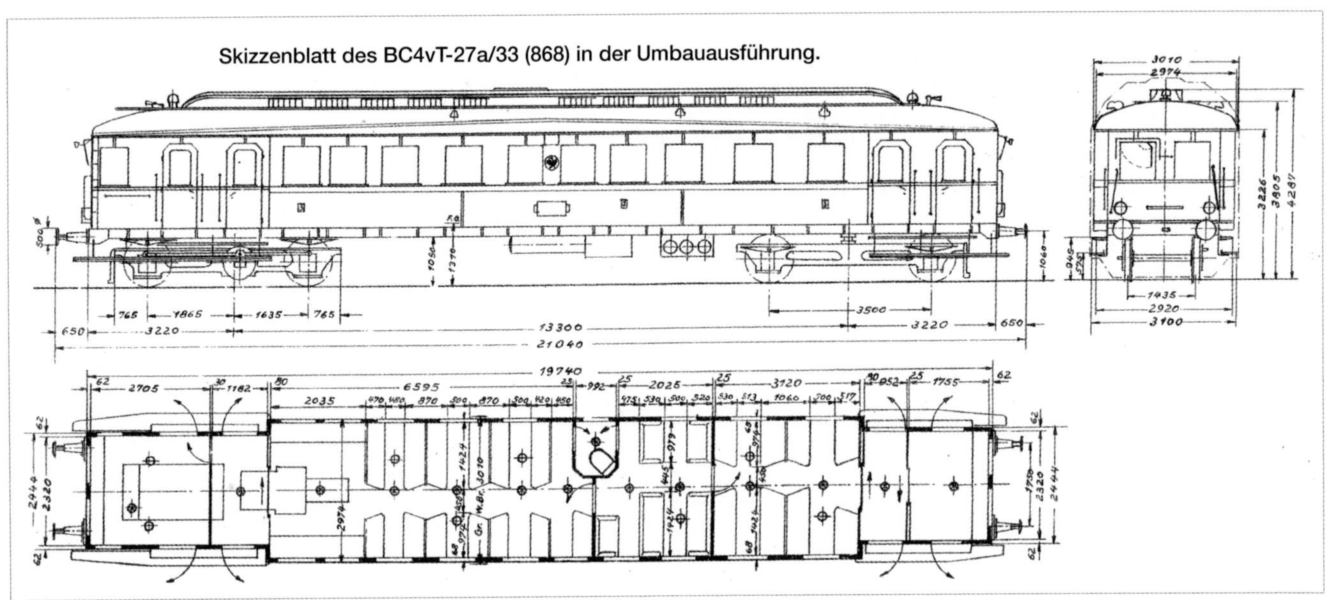
Skizzenblatt des BC4vT-27a/33 (868) in der Umbauausführung.

plätze 2. Klasse in der Sitzteilung 2+2 folgten unmittelbar dem Einstiegsraum[564]. Wann die Triebwagen 870 - 871 eine 2.-Klasse-Notpolsterung für zwölf Sitzplätze erhielten, ist nicht bekannt.

Die nachfolgende Tabelle gibt eine Übersicht über die Mitte der 1930er-Jahre vorhandene Sitzplatzverteilung. Anfang 1938 stellte die RBD Mainz den Antrag zum Einbau von 2.-Klasse-Abteilen und Austausch der Bretter- durch Lattenbänke für die Wagen 870 und 871. Genehmigt wurde nur der Austausch der Bänke für die 3. Klasse[565-566].

Nr.	Neue Gattung	Sitzplätze 3. Kl.	Sitzplätze 2. Kl.
866	BC4vT-27/29	37	16
867	BC4vT-27/29	37	16
868	BC4vT-27a/33	55	12
869	BuC4vT-27b	62	12
870	BuC4vT-27c	62	12
871	BuC4vT-27c	62	12

Für ihre vorgesehene Verwendung im Krieg erhielten die Fahrzeuge Anfang 1940 eine kombinierte Kühlwasser-Ofenheizung sowie Betten, zudem erhielten alle Wagen eine neue Lackierung in Wehrmachtsgrau.

Einsätze und Verbleib

Nach der Abnahme wurden die Triebwagen ab 1927 laut den Aufnahmezetteln wie folgt zugeteilt: Mainz (870, 871), Waren/Müritz (868), Frankfurt/O Pbf (866, 867) und Kassel (869). Auch hier liegen von einem Triebwagen Einsatzdaten aus dem Dezember 1929 vor.

Der 869 gehörte zu diesem Zeitpunkt zum Bw Husum und war an 23 Tagen im Einsatz mit 6934 km monatlicher Laufleistung, davon 6264 km mit Beiwagen. Damit lag seine tägliche Laufleistung im Durchschnitt bei 224 km[567]. Die beiden Frankfurter Wagen sollen nach Fürstenberg, Reppen, Küstrin und Landsberg gelaufen sein.

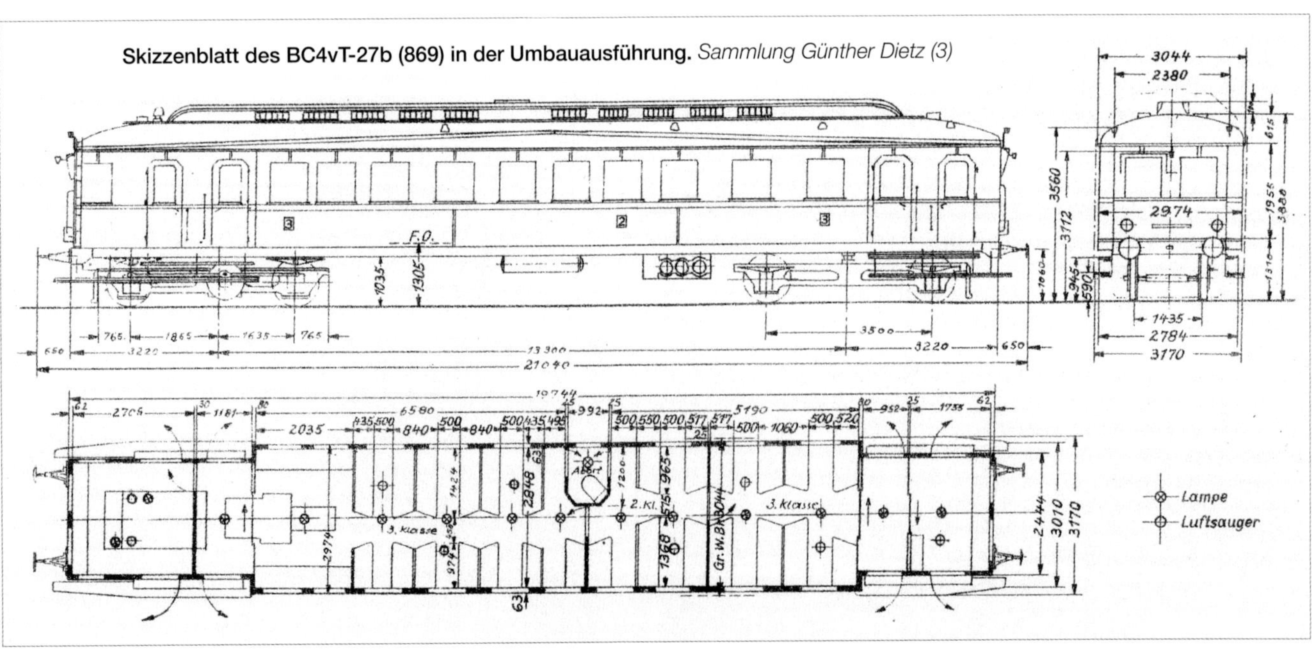

Skizzenblatt des BC4vT-27b (869) in der Umbauausführung. *Sammlung Günther Dietz (3)*

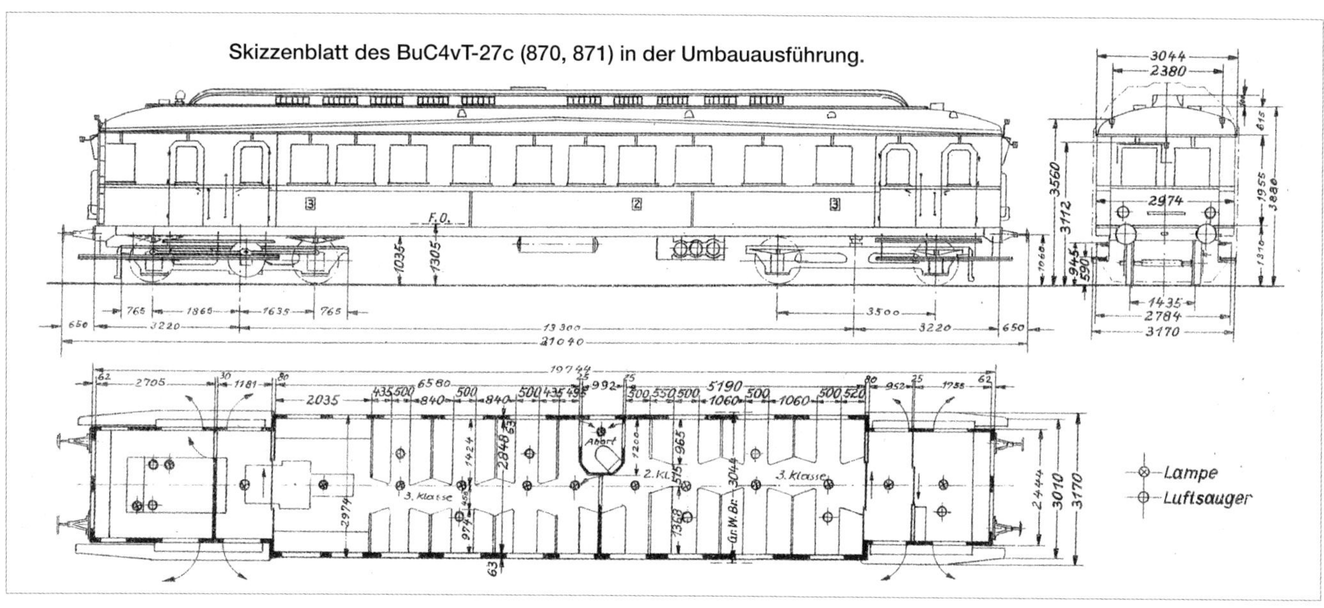

Skizzenblatt des BuC4vT-27c (870, 871) in der Umbauausführung.

Die amtliche Verteilung der Fahrzeuge aus der RZA-Aufstellung vom September 1930 sowie den Nummernplänen für die Jahre 1933, 1934 und 1937 zeigt nachfolgende Tabelle.

Betriebsnr.	1930		1933	1934		1937	
	RBD	Bw	RBD	RBD	Bw	RBD	Bw
866	Osten	Frankfurt (O)	Osten	Osten	Guben	Osten	Guben
867	Osten	Frankfurt (O)	Osten	Osten	Guben	Osten	Guben
868	Schwerin	Waren	Schwerin	Schwerin	Waren	Schwerin	Waren
869	Altona	Husum	Kassel	Schwerin	?	Schwerin	Waren
870	Mainz	Mainz	Mainz	Mainz	Mainz	Mainz	Oberlahnstein
871	Mainz	Mainz	Mainz	Mainz	Mainz	Mainz	Mainz

Auch der Mainzer 871 wechselte noch zum Bw Oberlahnstein. Das Betriebsbuch hält den 21.07.1938 fest. Hier blieb er bis zum Kriegseinsatz ab 25.04.1940.

Wie bei den Triebwagen der vorangegangenen Lieferserien wurden die Fahrzeuge der dritten Serie ab 1939 an die Wehrmacht verliehen. Die RBD Schwerin hielt 1941 für 868, 869 die Abgabe für *„Sonderzwecke Wehrmacht an RBD Mainz“* fest[568]. Der Kriegseinsatz hinterließ an den Fahrzeugen seine Spuren.

Einer der beiden für Dänemark gebauten EVA-Maybach-Triebwagen. *Frithiof Mörk, Sammlung Järnvägsmuseet (CCpdm)*

Auch die Belgischen Staatsbahnen beschafften drei EVA-Maybach-Triebwagen. *Sammlung Dirk Winkler*

Technische Daten

Betriebsnummer			(866 – 868) 869 - 871 s.o.
Übersichtszeichnung			tl16894 Wismar
Radsatzanordnung			B'2'
Hersteller	Wagenteil		Wismar
	Motor		Maybach
	Getriebe		Maybach
Höchstgeschwindigkeit		km/h	65
Länge über Puffer		mm	21040
ges. Radsatzabstand		mm	16915
Drehzapfenabstand		mm	13300
Radsatzabstand Drehgestell		mm	3500
Treibraddurchmesser		mm	1000
Laufraddurchmesser		mm	1000
Sitzplätze	2. Klasse		12
	3. Klasse		62
Stehplätze			44
Plätze gesamt			118
Dienstmasse	unbesetzt	t	41,4
	besetzt	t	50,3
	je Sitzplatz	kg	560
	je lfd. m Wagenlänge	t	1,96
spez. Antriebsleistung		kW/t / PS/t	2,65 / 3,5
gr. Radsatzlast		t	12,6
Steuersystem			mechanisch einzeln
Motor	Zahl / Bauart		1 / G4a
	Masse	kg	1200
	Zyl./Durchm./Hub	mm	6 / 140 / 180
	Dauerleistung	PS	150
	Drehzahl	min^{-1}	1300
Art u. System d. Leistungsübertragung			mechanisch
Getriebebauart			T1 alt
Zahl der Gänge			4
Motorsteuerung			mechanisch, Seilzug
Getriebesteuerung			pneumatisch
Wendegetriebesteuerung			mechanisch, Seilzug
Kraftstoffvorrat		l	340
Heizung			Whz, Kühlwasser
Beleuchtung, Stromart, Spannung			el. = 24 V
Bremse			Kbr (Klotz)

Beschuss- und Bombenschäden setzten den Fahrzeugen zu, eine unsachgemäße Behandlung sicherlich auch. Als Beispiel sei aus dem Betriebsbuch von 871 zitiert, in dem es zur Eintragung des RAW Dessau vom 18.7. - 20.9.1944 heißt: „*sämtliche durch Feindeinwirkung entstandenen Schäden beseitigt*"[569]. Aus der dritten Bauserie mussten allein fünf Wagen ausgemustert werden: 867 am 23. Oktober 1944, zum 28. November 1944 folgten 866, 868, 869, 870.

Der verbliebene 871 fand sich nach Kriegsende in der RBD Dresden wieder[570]. Er erhielt noch vom 2.11. bis 30.12. 1945 im RAW Dessau eine VT0-Ausbesserung. Anschließend wurde seine Zuteilung zum Bw Flöha vom 3.1. bis 23.1.1946 im Betriebsbuch vermerkt. Mitte August 1947 überstellte man den Triebwagen nach Zittau. Nachweise über einen dortigen Einsatz sind nicht in den Betriebsbögen eingetragen[571]. Im Triebwagenverzeichnis der SBZ ist von April 1949 bis Mai 1950 vermerkt, dass er wegen fehlender Ersatzteile nicht ausgebessert werden konnte[572]. Nach längerer Abstellzeit wurde er 1950 ausgemustert.

862 - 864 (CC4vT-29)

Entstehungsgeschichte

Auch die Dessauer Waggonfabrik wurde bei der Beschaffung erster Versuchsbauarten von Verbrennungs-Triebwagen durch die Reichsbahn bedacht. Das RZA Berlin bestellte 1925 mit Vertragsnummer 12.004/64.2015 in Dessau drei vierachsige Dieseltriebwagen, die mit Dieselmotoren der Gebr. Körting AG ausgerüstet werden sollten. Körting hatte ab 1912 Dieselmotoren für U-Boote der Kaiserlichen Marine entwickelt und besaß somit eine gewisse Erfahrung in diesem Bereich[573]. Die Sechszylinder-Dieselmotoren mit 90 PS von Körting kamen u.a. ab 1927 in Bussen der Firma Büssing (Typ VI GLn) zur Anwendung.

Die Dessauer Maschinenfabrik orientierte sich bei der Gestaltung des Wagenkastens an der Konstruktion für die ebenfalls hier in Auftrag gegebenen zwei elektrischen Triebwagen für die RBD Magdeburg (elT 501 und 502 Magdeburg, sp. ET 82 01 und 02).

Die drei Dieseltriebwagen wurden ab 1929 als reine 3.-Klasse-Wagen abgeliefert, obwohl ursprünglich eine Teilung in 3.- und 4.-Klasse-Abteile vorgesehen war. Unter der Gattung CC4vT-29 erhielten sie die Nummern 862 bis 864.

Aufbau und Technik

Fahrzeugrahmen und Wagenkasten in Ganzstahlbauweise bestanden aus vernieteten Stahlprofilen, die äußeren Bekleidungsbleche waren ebenfalls genietet. Im Gegensatz zu den Elektrotriebwagen war der Wagenkasten knapp 500 mm kürzer, die Wagenkastenbreite wurde beibehalten. Aufgrund der Wagenkastenlänge und der unter dem Rahmen zu befestigenden Maschinenanlagen erhielt er ein massives Sprengwerk aus vernieteten Winkelprofilen.

Die Führerstände an beiden Fahrzeugenden waren über nach außen aufschlagende, 750 mm breite Drehtüren zu betreten. Der jeweils nicht benutzte Führerstand diente als Gepäckraum. Der 1315 mm lange Einstiegsraum war ebenfalls über nach außen aufschlagende Drehtüren mit 750 mm Breite zugänglich. Eine Trennwand mit Schiebetüren teilte ihn vom Führerstand ab, die Trennwände zum Fahrgastraum besaßen Doppelschiebetüren. Der Fahrgastraum verfügte über zwei Abteile 3. Klasse mit der damals üblichen Bestuhlung in Sitzteilung 2+3 und 82 Sitzplätzen. Im kleineren Abteil befand sich ein Abort mit Leibstuhl. Die Metallrahmenfenster mit 800 mm Breite waren herablassbar; zur Entlüftung der Führerstände, der Einstiegsräume sowie der Fahrgasträume waren 16 Luftsauger der Bauart Wendler vorhanden. Zwei Wagen für die RBD Hannover wurden noch vor Inbetriebnahme umgebaut und erhielten ein 2.-Klasse-Abteil.

Die aus Blech genieteten Drehgestelle besaßen asymmetrisch im Rahmen platzierte, auf außen liegenden Blattfedern abgestützte Drehgestellwiegen. Der Drehgestellrahmen stützte sich über mehrlagige Blattfedern auf den in Fichtel&Sachs-Rollenlagern laufenden Radsätzen ab.

Die Triebwagen besaßen eine unter dem Fahrzeugrahmen angeordnete Doppelmaschinenanlage. Die Sechszylinder-Körting-Dieselmotoren leisteten jeweils 90 PS (rd. 66,2 kW) und arbeiteten mit Hochdruck-Einblasung und Zerstäubung des Kraftstoffes. Dieselmotoren und Soden-Getriebe waren in einem elastisch aufgehängten Maschinentragrahmen unter dem

Von den drei von der Dessauer Waggonfabrik gebauten Dieseltriebwagen 862 bis 864 sind kaum Fotos bekannt. Das Dessauer Werkfoto zeigt „863 Hannover" im Zustand vor seiner Auslieferung an die DRG mit 3. und 4. Wagenklasse. *Sammlung Günther Dietz*

Technische Daten

Betriebsnummer			862 - 864
Gattungsbezeichnung			C4vT-29, BC4vT-29
Übersichtszeichnung			F52/275-68.6316.1
Radsatzanordnung			(1A)'(A1)'
Hersteller	Wagenteil		Dessau
	Motor		Körting
	Getriebe		ZF Friedrichshafen
Höchstgeschwindigkeit		km/h	70
Länge über Puffer		mm	21420
ges. Radsatzabstand		mm	16700
Drehzapfenabstand		mm	13600
Radsatzabstand Drehgestell		mm	2900
Treibraddurchmesser		mm	1000
Laufraddurchmesser		mm	1000
Sitzplätze	3. Klasse		82
Dienstmasse	unbesetzt	t	47,0
	besetzt	t	52,4
	je Sitzplatz	kg	653
	je lfd. m Wagenlänge	t	2,19
spez. Antriebsleistung		kW/t / PS/t	2,8 / 3,8
gr. Radsatzlast		t	14,3
Steuersystem			mechanisch einzeln
Motor	Zahl / Bauart		2 / D2
	Masse	kg	640
	Zyl./Durchm./Hub	mm	6 / 130 / 180
	Dauerleistung	PS	2 x 90
	Drehzahl	min^{-1}	1200
Art u. System d. Leistungsübertragung			mechanisch
Getriebebauart			Soden
Zahl der Gänge			4
Motorsteuerung			pneumatisch
Getriebesteuerung			pneumatisch
Wendegetriebesteuerung			pneumatisch
Kraftstoffvorrat		l	920
Heizung			Whz, Kühlwasser
Beleuchtung, Stromart, Spannung			el. = 24 V
Bremse			Kbr (Klotz)

Hauptrahmen befestigt. Das Drehmoment wurde vom Motor über eine elastische Kupplung zum Schaltgetriebe übertragen und von dort über eine Gelenkwelle auf das Radsatzwendegetriebe und die jeweils im Drehgestell innenliegende Treibachse. Die auf dem Fahrzeugdach installierte Kühlanlage bestand aus 20 durch den Fahrtwind belüfteten Wabenkühlern, die in zwei Reihen auf dem Dach platziert waren und die erwärmte Luft nach oben über besondere Entlüftungsstutzen entweichen ließen.

Die Triebwagen hatten normale Zug- und Stoßvorrichtungen mit Hülsenpuffern, zwei Druckluftläutewerke sowie zwei elektrische Signallampen an jedem Fahrzeugende. Unter dem Fahrzeugrahmen waren Batterie sowie Druckluft- und Kraftstoffbehälter angebracht. Das Fahrzeug war mit einer beidseitig auf die Radsätze in den Drehgestellen wirkende Knorr-Druckluftbremse ausgerüstet. Als Feststellbremse war eine auf einen Radsatz wirkende Handspindelbremse vorhanden.

Einsatz und Verbleib

Bereits 1927 warb die Dessauer Waggonfabrik mit einem Bild des von ihr gebauten Dieseltriebwagens. Trotzdem verzögerte sich die Übernahme der Fahrzeuge durch die Reichsbahn um etliche Monate. Ein Aufnahmezettel des RAW Wittenberge weist für 862 als Lieferjahr 1928 aus. Für 864 ist als Inbetriebnahmedatum der 12.04.1928 überliefert. Anscheinend verzögerte sich die offizielle Übernahme der Fahrzeuge aufgrund von Mängeln, denn der Nummernplan von 1933 vermerkt 1929 als Lieferjahr. Dies bestätigt auch eine Aufstellung des RZA vom April 1929, in dem die Wagen als *„noch nicht geliefert“* vermerkt sind[574].

862 war der RBD Altona für das Bw Husum zugeteilt und lief im Dezember 1929 an neun Tagen 432 km, davon 92 km mit Anhänger. Aufgrund der hohen Zahl von Ausbesserungstagen (3 im RAW, 19 im Bw) waren dies am Tag 48 km[575]. Die beiden 863 und 864 gehörten zur RBD Hannover. Auf Wunsch der RBD Hannover hatten beide Wagen bis 1930 bereits ein Abteil 2. Klasse erhalten. Unter diesem Gesichtspunkt trat die RBD Altona im Oktober 1930 an das RZA heran und beantragte einen entsprechenden Umbau auch für 862[576]. Für den September 1930 sind 862 im Bw Husum und 863 im Bw Bremen nachgewiesen.

Ende Oktober 1930 war festgelegt worden, alle drei Wagen, wie die vierachsigen Benzol-Triebwagen der WUMAG, in die RBD Nürnberg zu überstellen[577]. Einem Bahndiensttelegramm der RBD Nürnberg vom Februar 1931 an die RBD Altona und Hannover ist zu entnehmen, dass die *„Triebwagen 862, 863 und 864“* in Nürnberg nicht in der Statistik nachgewiesen werden, bis die *„Ausbesserung im RAW beendet“* sei[578].

Der Grund für diese Aussage lag darin begründet, dass sich die Reichsbahn 1931 zum Umbau der drei Wagen entschlossen hatte. Andauernde Probleme im Einsatz, insbesondere mit den Körting-Dieselmotoren, führten dazu. Bis 1932 wurden die drei Dessauer Dieseltriebwagen auf Antrieb mit Benzolmotoren umgerüstet. Nach diesem Umbau wurden sie folgerichtig mit neuen Nummern versehen und als 763 bis 765 geführt.

865 (C4ivT Bay-28)

Entstehungsgeschichte

Die Kgl.-Bayerischen Staatseisenbahnen hatten 1905 und 1906 sieben vierachsige Dampftriebwagen bei MAN (Wagenkasten) und Maffei (Maschinenanlage) beschafft, die als Gattung MCCi unter den Nummern 14.501 - 14.507 geführt wurden[579-580]. Die Dampftriebwagen waren vor allem im Raum München eingesetzt. Trotz anfänglicher Bewährung führte der Einsatz mit angehängten Wagen zu einem hohen Verschleiß der Antriebsanlage. Bereits während des Ersten Weltkrieges waren die Fahrzeuge nur noch gelegentlich im Einsatz, bis sie schließlich Mitte der 1920er-Jahre gänzlich abgestellt wurden. Der relativ gute Zustand der Wagenkästen veranlasste die Gruppenverwaltung Bayern dazu, von 1924 bis 1926 vier MCCi bei BBC und der Waggonfabrik Fuchs in Heidelberg in die Elektrotriebwagen elT 701 - 704 (1932: elT 1101–1104; 1940: ET 85 01 - 04) umbauen zu lassen[581]. Aus dem verbliebenen MCCi 14.503 entstand 1927/28 bei der MAN in Nürnberg ein Dieseltriebwagen, mit dem eine von der MAN entwickelte Motor-Getriebe-Anordnung mit hydraulischer Getriebesteuerung erprobt werden sollte[582].

Aufbau und Technik

Der Wagenkasten des Dampftriebwagens wurde weitgehend in seinem ursprünglichen Zustand belassen. Das über dem Laufdrehgestell befindliche Gepäckabteil und der Traglastenraum wurden zu einem gegenüber dem eingezogenen Einstiegsraum offenen Abteil 3. Klasse mit insgesamt 20 Sitzplätzen umge-

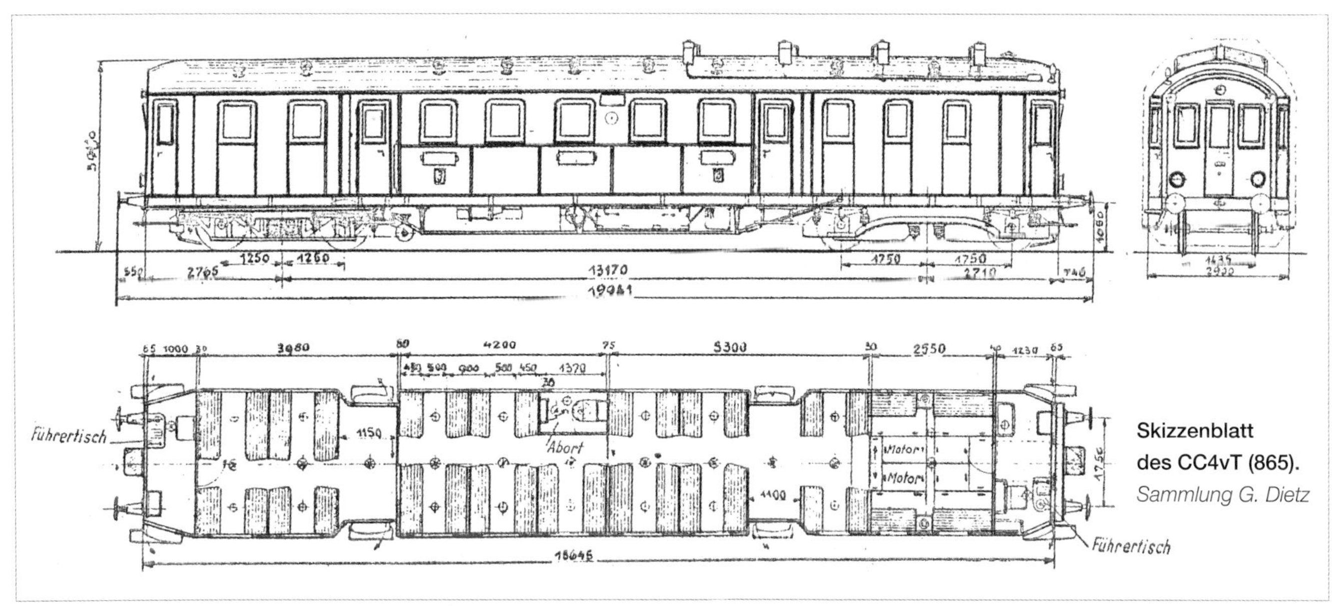

Skizzenblatt des CC4vT (865). *Sammlung G. Dietz*

„865 Nürnberg" vor dem hölzernen Triebwagenschuppen im Bw Nürnberg Hbf. *VM Nürnberg. Sammlung Dirk Winkler*

Die geöffnete Tür zum Führerstand gestattet einen Blick auf die beschränkten Platzverhältnisse für den Fahrzeugführer.

Führerpult und Anzeigeninstrumente im Führerstand.
MAN-Archiv im DB-Museum Nürnberg (2)

Technische Daten

Betriebsnummer bei DRB und DR			865
Gattungsbezeichnung			C4ivT
Radsatzanordnung			B'2'
Hersteller	Wagenteil		MAN
	Motor		MAN
	Getriebe		MAN
Höchstgeschwindigkeit		km/h	60
Länge über Puffer		mm	19941
ges. Radsatzabstand		mm	16170
Drehzapfenabstand		mm	13170
Radsatzabstand Drehgestell		mm	3500 / 2500
Treibraddurchmesser		mm	1000
Laufraddurchmesser		mm	1000
Sitzplätze	3. Klasse		84
Stehplätze			41
Plätze gesamt			125
Dienstmasse	unbesetzt	t	44,3
	besetzt	t	53,7
	je Sitzplatz	kg	525
	je lfd. m Wagenlänge	t	2,22
spez. Antriebsleistung		kW/t / PS/t	2,2 / 3,0
gr. Radsatzlast		t	13,4
Steuersystem			Einzel
Motor	Zahl / Bauart		2 / TW 6 V 11/18
	Masse	kg	840
	Zyl./Durchm./Hub	mm	6 / 115 / 180
	Dauerleistung	PS	2 x 68
	Drehzahl	min^{-1}	840
Art u. System d. Leistungsübertragung			mechanisch
Getriebebauart			MAN
Zahl der Gänge			3
Motorsteuerung			mechanisch
Getriebesteuerung			mechanisch / hydraulisch
Wendegetriebesteuerung			mechanisch / hydraulisch
Kraftstoffvorrat		l	300
Heizung			Whz
Beleuchtung, Stromart, Spannung			elektrisch
Bremse			Wsbr (Kl)

baut. Die Seitenwände wurden hierfür komplett verändert, die Gepäckraumtüren sowie das vorhandene schmale Fenster entfielen und wurden durch eine Seitenfront mit zwei Fenstern ersetzt.

Der mittlere Fahrgastraum mit den beiden Abteilen 3. Klasse sowie dem Abort blieb erhalten. Der Bereich des ehemaligen Antriebsraumes wurde soweit umgebaut, dass neben dem eingezogenen Einstiegsraum ein Abteil 3. Klasse mit acht Sitzplätzen eingerichtet werden konnte. Daran schloss sich der über dem Maschinendrehgestell befindliche Raum mit erhöhtem Fußboden an, der über seitliche Sitzbänke mit zehn Plätzen verfügte. Über Bodenklappen waren Zugangsmöglichkeiten zum Maschinendrehgestell geschaffen worden. Hieran schloss sich ein neu eingerichteter Führerstand mit 1230 mm Breite an.

Das Laufdrehgestell des Fahrzeugs blieb unverändert. Neu angefertigt wurde von der MAN das Maschinentriebdrehgestell, das die komplette Antriebsanlage aufnahm. Der Antrieb erfolgte durch zwei stehende kompressorlose Dieselmotoren

Der Triebwagen entstand durch Umbau aus dem bayerischen Dampftriebwagen MCCi 14.503. *Sammlung Günther Dietz*

der MAN mit 75 PS (rd. 55,2 kW) Höchstleistung bei 1200 U/min und rund 62,5 PS (rd. 46 kW) Dauerleistung. Die Motoren waren mit zu den Treibachsen parallel liegenden Kurbelwellen in einem gemeinsamen Motor- und Getriebegehäuse eingebaut.

Dieses Gehäuse lag zum einen mit abgefederten Rollenlagern auf einer Treibachse, zum anderen war es mit Schraubenfedern elastisch am mittleren Querträger des Drehgestells aufgehängt. Das Drehmoment des Motors wurde über zwei Vorgelegewellen für Vorwärts- und Rückwärtsgang (Wendegetriebe) und für drei Geschwindigkeitsstufen (Wechselgetriebe) übertragen. Die Ansteuerung aus dem Führerstand von Motor und Getriebe erfolgte mechanisch, im Getriebe hydraulisch. Zur Kühlung waren vier kleinere Dachkühler mit jeweils 15 m² an Kühlfläche vorhanden.

Die beiden Luftverdichter wurden jeweils vom Dieselmotor angetrieben. Die Batterie für die elektrische Beleuchtung und zum Anlassen der Dieselmotoren wurde von der am Laufdrehgestell angebauten Bosch-Lichtmaschine geladen. Der Fahrgastraum sowie die Signallampen wurden elektrisch beleuchtet und durch eine Bosch-Lichtmaschine am Motor gespeist. Für die Heizung des Fahrzeugs stand eine Warmwasser-Pumpenheizung zur Verfügung, die vom Motorkühlwasser gespeist wurde. Zusätzlich stand ein 75-Liter Ölofen zur Verfügung, der bei abgestelltem Fahrzeug genutzt wurde. Als Bremse war eine Druckluftbremse installiert[583].

Einsatz und Verbleib

Nach zahlreichen Probefahrten wurde der Triebwagen Ende Mai 1930 von der RBD Nürnberg übernommen. Er erhielt die Nummer 865 und wurde im Nürnberger Vorortverkehr eingesetzt. Dabei leistete er in den ersten sechs Monaten 25.000 km[584]. Da sich die Antriebsanordnung nicht bewährte, wurde der Triebwagen bereits im Sommer 1933 wieder ausgemustert[585].

Das Maschinendrehgestell des 865. Je Radsatz war ein quer eingebauter Dieselmotor mit Getriebe vorhanden.
MAN-Archiv im DB-Museum Nürnberg

872 - 874 (BC4ivT-30)

Entstehungsgeschichte

Nachdem Maybach dank stetiger Weiterentwicklung seiner Dieselmotoren seit 1927 den Entwurf für einen 300 PS (rd. 220,6 kW) leistenden Zwölfzylinder-Dieselmotor Mitte 1929 vorlegen konnte, nahm die Reichsbahn den Bau von vier leistungsfähigeren Verbrennungs-Triebwagen in ihr Beschaffungsprogramm für 1930 auf[586]. Die daraufhin vorgelegten Angebote der Waggonfabrik Wismar, der Maybach-Motorenbau GmbH und der Maffei-Schwartzkopff-Werke (MSW) bildeten die Grundlage für den Auftrag, den das RZA Berlin der Waggonfabrik Wismar für den Entwurf eines dieselelektrischen Eiltriebwagens erteilte. Die Beschaffung für immerhin drei *„Triebwagen zur Erprobung der Bauart zu Lasten des Geschäftsjahres 1930“* wurde Ende Dezember 1929 genehmigt[587-588]. Im Januar 1930 lagen erste Entwürfe vor, die weitgehend auf der Konstruktion der von der Waggonfabrik Wismar gelieferten Triebwagen 866 - 871 aufsetzten[589].

Das RZA Berlin erteilte der EVA in Wismar zum 13.5.1930 den Auftrag (03.966/24.4100) zum Bau der drei Fahrzeuge. Trotzdem wurden alle drei Fahrzeuge später dem Beschaffungsprogramm 1931 zugeordnet. Ein Widerspruch, der sich leider nicht mehr auflösen lässt.

Die drei Wagen waren als Versuchsfahrzeuge gedacht, mit denen die neuen Dieselmotoren sowie die elektrische Leistungsübertragungs- und Steueranlage der MSW erprobt werden sollte. Gedacht waren sie für den Eilzugbetrieb zwischen Frankfurt am Main und Wiesbaden[590]. Gleichzeitig wurde der Bau von drei Steuerwagen genehmigt[591].

Die nach Vertrag geforderten Liefertermine für die Fahrzeuge (31.1., 1.3., 31.3.1931) ließen sich nicht halten. Die Waggonfabrik Wismar war in Verzug mit dem Waggonbau, so dass die MSW erst später als geplant die elektrische Ausrüstung vornehmen konnte. Geplant war, dass Maybach erst im April 1931 die Motoren einbauen sollte, so dass mit der Lieferung eines ersten Wagens erst im Mai 1931 zu rechnen war[592]. Letztlich gelangten die drei Wagen erst Ende 1932 / Anfang 1933 zur Ablieferung.

Aufbau und Technik

Die Konstruktion des Wagenkastens folgte weitgehend der Ausführung der bereits von der EVA gelieferten vierachsigen Dieseltriebwagen. Abweichend davon war der Wagenkasten am Motorende nur geringfügig schmaler ausgeführt worden als der Wagenkasten im Bereich des Fahrgastraumes. Das andere Fahrzeugende war dagegen im Bereich des Einstiegsraums und des Führerstandes mit einer Breite von 2398 mm deutlich schmaler als der Fahrgastraumbereich. Über dem Maschinendrehgestell befand sich der Führerstand und Motorraum mit einer Länge von 3044,3 mm, der von einem Einstiegsraum von nur 1180 mm Länge und 2370 mm Breite gefolgt wurde. Der Einstiegsraum war vom Motorraum durch eine Trennwand mit einseitiger Drehtür und vom Fahrgastraum mit einer Trennwand mit Schiebetür abgeteilt. Es folgten zwei Abteile 3. Klasse (Raucher/Nichtraucher) mit insgesamt 56 Sitzplätzen in der Sitzteilung 2+3. Im Nichtraucherabteil befand sich ein 997 mm langer Abort mit Leibstuhl und Waschbecken. Es folgten zwei Abteile 2. Klasse mit 16 Sitzplätzen in der Sitzteilung 1+3 und Mittelgang. Daran schlossen sich ein Einstiegsraum sowie der zweite Führerstand an, der auch als Gepäckraum benutzt werden konnte. Der zweite Einstiegsraum war nur 955 mm lang, der Gepäckraum/Führerstand besaß eine Länge von 2174,5 mm. Motorraum und Einstiegsräume verfügten über nach außen aufschlagende einflüglige Drehtüren, der Gepäckraum besaß nach außen aufschlagende Drehtüren mit einem zusätzlichen schmalen zweiten Flügel. An den Stirnseiten hatten die Wagen mittige,

„873 Frankfurt“ zusammen mit dem Steuerwagen 31 505, dem späteren 145 001, vor der Ablieferung.
Foto: Erhard Born. Sammlung Günther Dietz

Das Werkfoto der Waggonfabrik Wismar zeigt vorn „872 Frankfurt", gefolgt von einem Steuerwagen, dem 873 sowie einem weiteren VS.
Sammlung Günther Dietz (2)

nach außen aufschlagende Übergangstüren mit Übergangsblech, am Triebdrehgestellende waren Scherengitter für den Übergang vorhanden. Die Heizung der Fahrgasträume sowie der Führerstände erfolgte über eine Kühlwasserumlaufheizung. Nur 872 hatte eine Warmwasserheizung mit Unterflur-Narag-Ofen erhalten.

Das in genieteter Blechbauweise ausgeführte Maschinendrehgestell wies einen Achsstand von 4100 mm auf. Dieselmotor und Generator waren in einen eigenen Rahmen eingebaut, der an drei Punkten elastisch im Drehgestell aufgehängt war. Die Drehgestellwiege mit Drehzapfen befand sich im Bereich über der Kupplung zwischen Motor und Generator und war über Blattfedern gegen den Drehgestellrahmen abgestützt. Das Drehgestell war über Blattfedern auf den Achsbuchsen und Schraubenfedern an den Blattfedergehängen abgefedert.

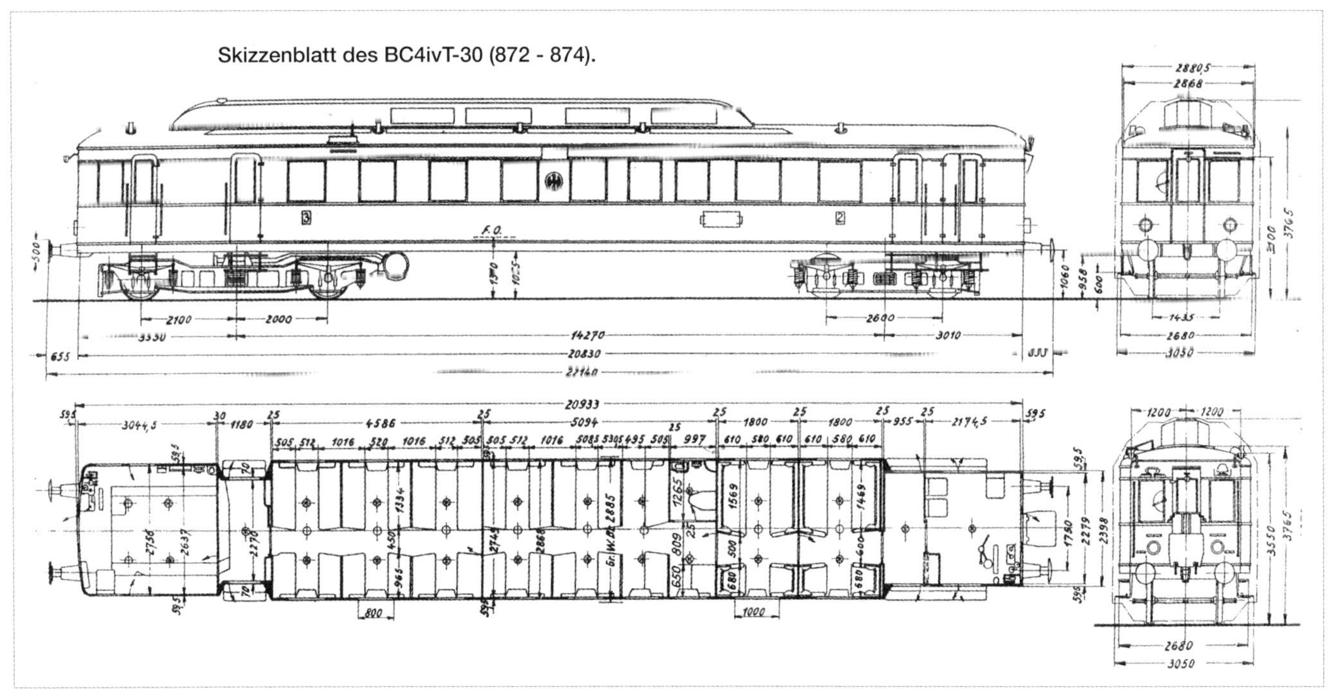

Skizzenblatt des BC4ivT-30 (872 - 874).

Das Triebdrehgestell mit 2600 mm Achsstand entsprach in der Bauweise dem preußischen Regeldrehgestell in genieteter Pressblechbauart mit querliegenden Wiegenfedern, Blattfedern über den Achsbuchsen und Schraubenfedern an den Blattfedergehängen. Im Triebdrehgestell waren zwei Tatzlager-Reihenschlussmotoren eingebaut, die über zwei Spiralfedern am Drehgestellrahmen abgestützt waren. Einseitig am Drehgestell war ein Sicherheitsapparat für die Sicherheitsfahrschaltung montiert, der von einer Achse über ein Schneckengetriebe und eine Teleskopwelle angetrieben wurde.

Der von Maybach neu entwickelte und gebaute Zwölfzylinder-Dieselmotor mit Konpressor vom Typ G 5 leistete 410 PS (rd. 301,6 kW) bei 1400 U/min. Der Kompressor lieferte Druckluft zum Einspritzen des Dieselkraftstoffs. Die Druckluft wurde in zwei mitgeführten 50-Liter-Stahlflaschen gespeichert und auch zum Anlassen des Motors genutzt. Eine Kreiselpumpe stand für den Kühlwasserumlauf zur Verfügung. Die Rückkühlung erfolgte auf dem Fahrzeugdach durch Kühlerelemente, wie sie auch bei den älteren EVA-Dieseltriebwagen (853 - 871) zum Einsatz gelangten. Der Generator war direkt an den Motor angeflanscht und hatte eine Dauerleistung von 300 kW. Als Steuerung kam die neu entwickelte Steuerung der MSW zum Einsatz.

Die Wagen besaßen eine Einkammerdruckluftbremse, Bauart Knorr, und eine Wurfhebelbremse. Die Zug- und Stoßeinrichtungen entsprachen der normalen Bauart der Reichsbahn. Für das Fahren mit Steuerwagen war an jeder Stirnwand eine 20-polige Steuerstromkupplung vorhanden.

Nachdem Maybach einen kompressorlosen 410-PS-Dieselmotor anbieten konnte, wurden die drei Versuchswagen 1935 umgebaut. Die alten G5-Dieselmotoren wurden gegen neue des Typs GO5 getauscht, Kompressor und Druckluftflaschen konnten entfallen, da die neuen Motoren über den Hauptgenerator gestartet wurden. Zudem baute die AEG die elektrische Ausrüstung um (Die MSW waren 1932 in Liquidation gegangen und teilweise von der AEG übernommen worden). Dabei wurde u.a. die Batterie verstärkt[593-594].

Vorgesehen war nach 1938 der Tausch der Maybach-Dieselmotoren gegen stärkere Klöckner-Humboldt-Deutz-Dieselmotoren mit 450 PS (rd. 330,9 kW) Leistung. Der Einbau ist nur bei 872 nachweisbar.

Technische Daten

Betriebsnummer			872 - 874	872 - 874
Gattungsbezeichnung			BC4ivT-30	BC4ivT-30
Übersichtszeichnung			tl19777h	tl19777h
Radsatzanordnung			2'Bo	2'Bo
Hersteller	Wagenteil		Wismar	Wismar
	Motor		Maybach	Maybach
	el. Ausrüstung		MSW	MSW
Höchstgeschwindigkeit		km/h	90	100
Länge über Puffer		mm	22130	22140
ges. Radsatzabstand		mm	17670	
Drehzapfenabstand		mm	14270	14270
Radsatzabstand Drehgestell		mm	4100 / 2600	4100 / 2600
Treibraddurchmesser		mm	1000	1000
Laufraddurchmesser		mm	850	850
Sitzplätze	2. Klasse		16	16
	3. Klasse		56	56
Stehplätze			44	44
Plätze gesamt			116	116
Dienstmasse	unbesetzt	t	52	55,3
	besetzt	t	57,4	60,7
	je Sitzplatz	kg	722	768
	je lfd. m Wagenlänge	t	2,35	2,50
spez. Antriebsleistung		kW/t / PS/t	5,8 / 7,9	5,5 / 7,4
Steuersystem			elektrisch MSW	elektrisch RZM
Motor	Zahl / Bauart		1 / G 5	1 / GO 5
	Masse	kg	1800	2030
	Zyl./Durchm./Hub	mm	12 / 150 / 200	12 / 150 / 200
	Dauerleistung	PS	410	410
	Drehzahl	min^{-1}	1400	1400
Art u. System d. Leistungsübertragung			elektrisch	elektrisch
Traktionsgenerator Bauart			BGL 15617	BGL 15617
	Stundenstrom	A / V	600 / 445	600 / 445
	Dauerstrom	A / V	530 / 515	530 / 515
	Leistung	kW	270	270
Hilfsgenerator	Bauart		M 7410	M 7410
	Dauerleistung	kW	14	14
Fahrmotor	Zahl / Bauart		2 / NB 65	2 / NB 65
	Std.-/Dauerleistung	kW	130 / 100	130 / 100
Kraftstoffvorrat		l	960	960
Heizung			Whz	Whz
Beleuchtung, Stromart, Spannung			el., = 110 V	el., = 110 V
Bremse			Kbr	Kbr

Einsatz und Verbleib

Nach ersten Probefahrten zwischen Friedrichshafen und Geislingen wurden auch Probefahrten bei Frankfurt (M) unternommen. Anschließend ging der erste gelieferte Wagen am 14.4.1932 wieder zu Maybach nach Friedrichshafen. Schäden an dem neuen Dieselmotor zwangen Maybach zur Nachbesserung[595].

Nach ihrer Abnahme (12.3, 27.8.1932, 30.1.1933) wurden die drei Wagen sowie die zugehörigen Steuerwagen wie vorgesehen dem Bw Frankfurt (Main) Hbf zugeteilt. Hier fuhren sie vornehmlich auf der Strecke Frankfurt am Main – Wiesbaden. Mit Kriegsbeginn kam auch für diese Dieseltriebwagen die Abstellung. Über einen Einsatz für Wehrmachtsdienststellen ist nichts bekannt. Für 872 ist überliefert, dass er noch kurz vor Kriegsende als Plankammer-Wagen hergerichtet wurde. Hierfür weilte er vom 15.2. bis 5.3.1945 im RAW Friedrichshafen, wo seine Inneneinrichtung, Motor, Generator und Batterien ausgebaut wurden und er einen wehrmachtsgrauen Anstrich erhielt[596].

Keiner der drei Wagen erscheint nach dem Krieg in Zähllisten der westlichen Besatzungszonen. Erst am 1. Oktober 1949 wurde durch die HVB eine Aufhebung der Ausmusterung von 872 und 874 verfügt[597]. Beide Wagen wurden vom

„872 Frankfurt“ und der zugehörige Steuerwagen 31 505 während einer Vorführ- und Probefahrt. *Foto: Hermann Maey. Sammlung Dirk Winkler*

In selber Garnitur vor dem Stellwerk Darmstadt Hauptbahnhof. *Foto: Carl Bellingrodt. Sammlung Günther Dietz*

Die beiden im Gebiet der westlichen Besatzungszonen vorhandenen Fahrzeuge 872 und 874 wurden zwar zu VT 92 501 und 502 umgezeichnet, jedoch nicht wieder in Betrieb genommen. VT 92 501 wurde bereits 1949 ausgemustert und als Versuchsträger zum dieselhydraulischen Schlepptriebwagen umgebaut. Das Bild zeigt ihn im August 1978 als 692 501-0 zusammen mit 901 408-5 in Hamburg-Altona. *Sammlung Dirk Winkler*

RZA München zu VT 92 501 und 502 umgezeichnet. Die Umzeichnung ist im Plan vom September 1947 handschriftlich ergänzt mit dem Hinweis „*Versuchs-VT*". Der VT 92 501 wurde 1949 ausgemustert und der MAN in Nürnberg zum Umbau in einen Erprobungsträger für neue Dieselfahrzeuge zur Verfügung gestellt. Der Umbau zum dieselhydraulischen Schlepptriebwagen erfolgte bis 1951 (MAN 140522/1951). Der ebenfalls für einen Umbau vorgesehene 874 wurde 1951 ausgemustert und zum Messwagen 3 der Abteilung für Bremsen beim BZA Minden umgebaut (neue Nr.: Hannover 5076)[598].

Der ebenfalls für einen Umbau als Versuchsträger vorgesehene 874 wurde 1951 ausgemustert. Als Messwagen 3 der Abteilung für Bremsen beim BZA Minden lief er als „5076 Hannover". *Foto: Joachim Claus. Sammlung Günther Dietz*

Kurz vor seiner Ablieferung entstand das Werkbild des zweiten Gütertriebwagens der DRG. Der als „10 002 Dresden“ bezeichnete Wagen erhielt eine Nummer aus dem Nummernschema für Güterwagen. Beheimatet wurde er in Aachen.
Werkfoto Waggonfabrik Wismar. Sammlung Günther Dietz (2)

10 001 - 003 (GG trieb-30)

Entstehungsgeschichte

Im Bemühen, in Konkurrenz zum rapide wachsenden Güterkraftverkehr ein adäquates Angebot erzielen zu können, entstanden ab 1927 Überlegungen im RZA Berlin, den Stückgutverkehr mit Triebwagen abzuwickeln. Die Planungen sahen vor, die langen Rangier- und Kuppelzeiten in den bedienten Bahnhöfen durch einen gezielten Transport der Stückgüter ohne Umladen zu vermeiden. Die Reichsbahn wollte dafür neu entwickelte Gepäcktriebwagen zum Einsatz bringen, in denen die Sortierung des Stückguts nach Empfangsorten bereits während der Fahrt erfolgen konnte. Die Diskussion über die richtige Gestaltung der Triebwagen, wie auch die einsetzende wirtschaftliche Depression verzögerten die Realisierung. Auf Anregung der RBD Köln wurden als Ersatz 1928 beschleunigte Nahgüterzüge aus zwei bis drei umgebauten Gepäck- oder Güterzuggepäck- und gedeckten Güterwagen mit Bespannung durch Personenzug-Schlepptenderlokomotiven (u.a. Gattungen P6 und P8) geschaffen.

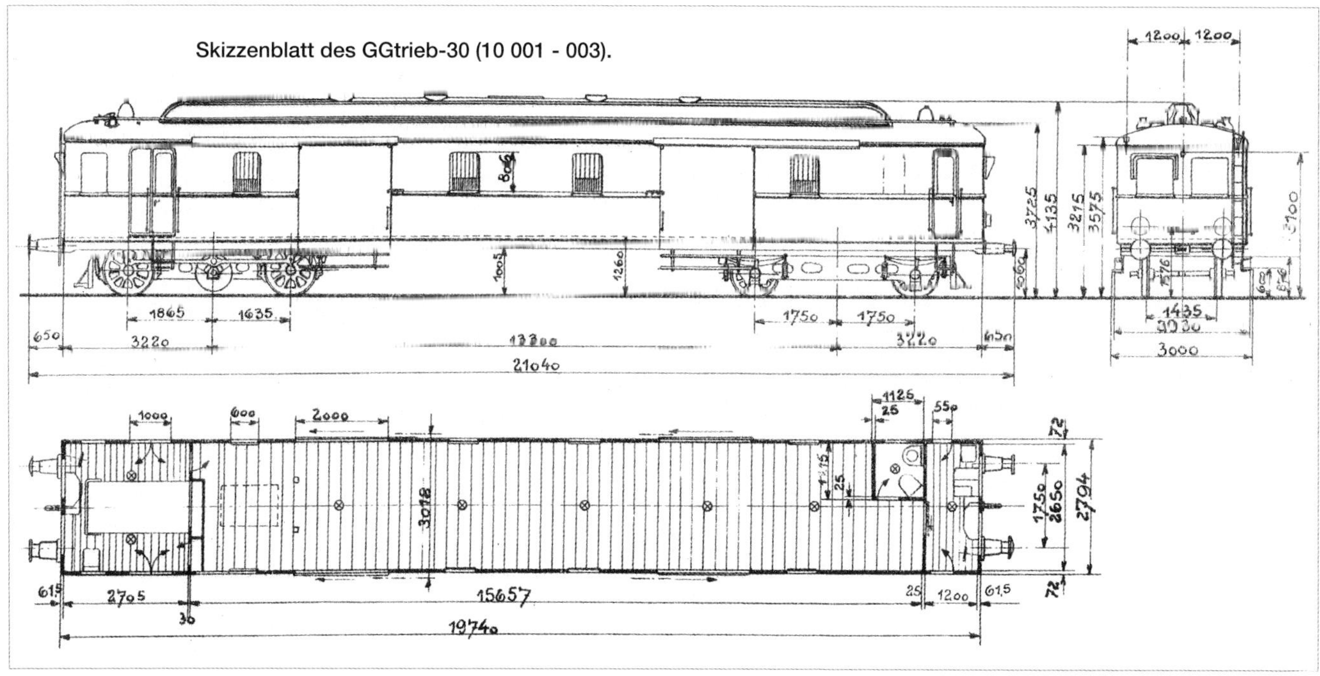

Skizzenblatt des GGtrieb-30 (10 001 - 003).

Dieser neue Stückgutverkehr wurde in den ersten Jahren als *„Ersatz-Gütertriebwagen (Leig)“* bezeichnet[598].

Trotz der Verzögerungen förderte das RZA Berlin die Entwurfsarbeiten für die neuen Gütertriebwagen. Im Sommer 1929 sahen die Planungen vor, zwei zweiachsige und zwei Güterdoppeltriebwagen zur Erprobung der Bauart zu beschaffen. In der laufenden Diskussion wurden die Pläne auf 14 zweiachsige Gütertriebwagen geändert[600]. In der weiteren Konkretisierung des Beschaffungsprogrammes für 1930 und unter Beachtung der inzwischen prekären Finanzlage wurden letztlich drei vierachsige Gütertriebwagen genehmigt[601]. Die Beschaffung von Güter-Doppeltriebwagen *„wäre für den ersten Versuch zu teuer ausgefallen“*[602]. Geplant war, den Stückgutverkehr in der RBD Köln auf den Strecken Jülich – Mönchen-Gladbach, Neuss – Köln-Gereon, Mönchen-Gladbach – Köln-Gereon, Jülich – Aachen Nord und Neuss – Cleve damit zu bedienen[603].

Für die vierachsigen Fahrzeuge hatte das RZA Berlin 1929 bei den Waggonbaufirmen nach Entwürfen mit Motoren von 300 PS Leistung gefragt. Eingereicht wurden, soweit bekannt, Entwürfe von der Maschinenfabrik Esslingen[6004-605] sowie von der EVA in Wismar, die zusammen mit Maybach anbot. Der Auftrag über den Bau der drei vierachsigen Gütertriebwagen wurde dann an die EVA Wismar vergeben. Die Fahrzeuge wurden am 5. und 6. November 1930 geliefert und unter der Gattungsbezeichnung L4vT-30 als Güterwagen dem Gattungsbezirk Dresden mit den Nummern 10 001 - 10 003 zugeordnet. Eine weitere Beschaffung dieser Bauart unterblieb. Das Resümee der Reichsbahn: *„Erhebliche Ersparnisse gegenüber dem Lokomotivbetrieb sind hier erst dann zu erzielen, wenn es gelingt, die Gütertriebwagen billiger zu beschaffen, was bei größerer Stückzahl möglich ist, und wenn keine überschüssigen Lokomotiven mehr zur Verfügung stehen“*[606].

Aufbau und Technik

Die drei Gütertriebwagen entsprachen grundsätzlich mit weitgehend gleichen Hauptabmessungen und identischer maschineller Ausrüstung den EVA-Maybach-Triebwagen 853 - 861 und 866 - 871. Allerdings war der Wagenkasten im Bereich der Vorbauten nicht schmaler ausgeführt.

Rahmen und Wagenkastenrohbau bestanden aus vernieteten Walzprofilen, der Wagenkasten war mit 2 mm starken Blechen verkleidet. Im Bereich der zwei Meter breiten Schiebetüren waren die Säulen verstärkt. Die äußeren Langträger waren durch kastenförmige Drehgestellträger, den Bremszylinderträger sowie die Pufferträger verbunden. Über dem Maschinentriebdrehgestell waren ein 2705 mm langer Führerstand und Maschinenraum angeordnet, der mit einer Trennwand vom eigentlichen Laderaum abgeteilt war. Der Laderaum mit 15 657 mm Länge und 2 650 mm Breite hatte eine Ladefläche von 38 m² und konnte eine Zuladung von 15 t aufnehmen. Am anderen Fahrzeugende befand sich im Laderaum ein Abort mit Leibstuhl, es folgte hinter einer Trennwand mit Schiebetür der zweite Führerstand. Der größere Führerstand mit Maschinenraum besaß auf jeder Seite eine doppelflüglige Drehtür, der kurze Führerstand eine einfache Drehtür von 550 mm Breite. Der Laderaum verfügte auf jeder Seite über zwei 2000 mm breite Schiebetüren. Alle Drehtüren schlugen nach innen auf. Die Führerräume hatten eine Kühlwasserheizung, der Laderaum konnte durch Heizrohre mit 40 mm Durchmesser erwärmt werden.

Ähnlich wie bei den vierachsigen EVA-Maybach-Triebwagen erhielten die Wagen zunächst die 150 PS (rd. 110,3 kW) leistenden Dieselmotoren vom Typ G4a. Durch Änderungen an den Motoren wurde 1932 die Leistung der Motoren auf 165 PS (rd. 121,3 kW) bei einer höheren Nenndrehzahl erhöht. Ab 1935/1936 wurden die Motoren durch den Maybach-G4b-Dieselmotor mit 175 PS (rd. 128,7 kW) Leistung ersetzt. Die Motorkühlanlage auf dem Wagendach entsprach den EVA-Maybach-Triebwagen. Eine Bosch-Lichtmaschine mit 500 W sowie eine Varta-Batterie mit 74 Ah Kapazität versorgten das 24-Volt-Netz der Triebwagen.

Die Wagen waren mit 650 mm langen Hülsenpuffern sowie Schraubenkupplungen mit Sicherheitskupplungen ausgerüstet und besaßen Druckluftläutewerke und Typhone. Die Knorr-Druckluftbremse wirke doppelseitig auf alle Achsen der Drehgestelle.

Technische Daten

Betriebsnummer			10 001 - 10 003
Gattungsbezeichnung			GGtrieb-30
Übersichtszeichnung			tl 19354a Wismar
Radsatzanordnung			B'2'
Hersteller	Wagenteil		Wismar
	Motor		Maybach
	Getriebe		Maybach
Höchstgeschwindigkeit		km/h	65
Länge über Puffer		mm	21040
ges. Radsatzabstand		mm	16915
Drehzapfenabstand		mm	13300
Radsatzabstand Drehgestell		mm	3500
Treibraddurchmesser		mm	1000
Laufraddurchmesser		mm	1000
Ladefläche		m²	38
Lademasse		t	15
Dienstmasse	unbesetzt	t	39
	besetzt	t	54
	je lfd. m Wagenlänge	t	1,59
spez. Antriebsleistung		kW/t / PS/t	2,8 / 3,8
gr. Radsatzlast		t	13,5
Steuersystem			Einzel
Motor	Zahl / Bauart		1 G4a
	Masse	kg	1200
	Zyl./Durchm./Hub	mm	6 / 140 /180
	Dauerleistung	PS	150
	Drehzahl	min-1	1300
Art u. System d. Leistungsübertragung			Mechanisch
Getriebebauart			T1
Zahl der Gänge			4
Motorsteuerung			Seilzug
Getriebesteuerung			Seilzug
Wendegetriebesteuerung			Seilzug
Kraftstoffvorrat		l	340
Heizung			Kühlwasser
Beleuchtung, Stromart, Spannung			El = 24 V
Bremse			Kbr (Kl)

Mitte der 1930er-Jahre waren die EVA-Maybach-Gütertriebwagen, ähnlich wie die im Leig-Verkehr eingesetzten Güterwagen, mit werbewirksamen Beschriftungen versehen worden. „10 001 Dresden" hier 1937 im Ahrtal. *Foto: Carl Bellingrodt. Sammlung Günther Dietz*

Bei Ablieferung waren die Wagenkästen entsprechend der Farbgebung für geschlossene Güterwagen rotbraun gestrichen, Fahrgestell und Drehgestelle waren schwarz und das Dach mit Aufbauten aluminiumfarbig lackiert. Erst ab 1932 wurden die Wagenkästen mit einem dunkelgrünen Anstrich versehen. Die Gütertriebwagen trugen oberhalb der Brüstungsleiste einen über die gesamte Längsseite angeordneten Schriftzug „*Stückgut-Schnell-Verkehr*", der später durch einen unterhalb der Brüstungsleiste zwischen den Ladetüren angeordneten kürzeren Schriftzug „*Stückgut-Schnellverkehr*" ersetzt wurde.

Nach dem Krieg konnte durch Austausch der Getriebe der Bauart T1 gegen T2-Getriebe die Geschwindigkeit auf 80 km/h erhöht werden. In den Jahren 1952 bis 1954 wurden die Maschinenanlagen völlig umgebaut, was sicher auch dadurch begünstigt wurde, dass noch genügend Maschinenanlagen im Krieg zerstörter Triebwagen aus der Nummernreihe 137 036 - 054 und 137 121 - 135 vorhanden waren. Statt des Maybach-G4b-Dieselmotors wurde der kompressorlose GO5h-Dieselmotor mit 210 PS (rd. 154,4 kW) Leistung eingebaut. Dabei erhielten die Triebwagen ein Getriebe der Bauart T2a mit Umschaltbremse und einen elektrischen Anlasser. Auch die Druckluftversorgung musste beim Umbau geändert werden, indem ein vom Getriebe angetriebener Knorr-Luftverdichter V70/150 eingebaut wurde. Die 24-Volt-Anlage wurde von einer Batterie mit 74 Ah Kapazität gespeist. Die Batterie wurde von einer 500-W-Bosch-Lichtmaschine geladen. Weitere Bauartänderungen waren:

- Einbau von Sicherheitsglasscheiben im Führerstand
- Einbau von Druckluftscheibenwischern
- Einbau der RZM-Sicherheitsfahrschaltung
- Verlegung der Signalstützösen
- Einbau der Kühlwasser-Ofenheizung
- Versuchsweiser Einbau eines neuen Dieselmotors mit Leichtmetallkolben 1932 in 10002

Einsatz und Verbleib

Von den „*Maybach-Gütertriebwagen*" sollten zwei in der RBD Köln und einer in der RBD Münster eingesetzt werden[607]. Die am 6. November 1930 abgelieferten Triebwagen wurden dann in Aachen (10001 und 10002) und Osnabrück (10003) beheimatet. Während der 10 001 am 19. Mai 1937 nach Kreuzberg/Ahr kam, ging 10 002 am 5. Juni 1937 nach Oberhausen Hbf. Zwei Jahre später wechselte 10 001 am 5. August 1939 nach Osnabrück.

Mit der Einstellung des Einsatzes von Verbrennungs-Triebwagen kurz vor Kriegsbeginn wurden 10003 ab 2. September 1939 und 10002 am 2. Oktober 1939 betriebsfähig abgestellt. Trotz vorgesehener Verwendung für die Wehrmacht blieben die Fahrzeuge während des Zweiten Weltkrieges vorerst abgestellt. Ab Sommer 1943 wurde 10003 als „*mobile Fahrkartenausgabe*" genutzt[608].

Werbewirksames Foto des Gütertriebwagens 10 001 im Aachener Hauptbahnhof vom Frühjahr 1932.
Werkfoto Maybach. Sammlung Dirk Winkler

Alle drei Fahrzeuge befanden sich nach Kriegsende in den westlichen Besatzungszonen. Im Jahr 1947 wurden 10002 und 10003 zu VT 69 900 und 69 901 umgezeichnet, 10001 folgte erst 1948 als VT 69 902. Ab 30. September 1946 war der VT 10 001 und ab 29. September 1946 der VT 10 003 beim Bw Hamburg-Altona stationiert. Am 3. Mai 1947 waren die beiden Wagen wieder in Osnabrück beheimatet. Alle drei Wagen blieben bis zur z-Stellung am 27. Dezember 1960 bzw. für den VT 69 902 am 28. Mai 1961 in Osnabrück. Nach vorhandenen Angaben erreichten:

- 10002 bis 2. Mai 1947 1.194.455 km
- VT 69 902 bis 4. Januar 1957 1.119.772 km
- VT 69 901 bis 31. März 1957 1.194.455 km Laufleistung.

Die Ausmusterung erfolgte

- für VT 69 900 am 27.12.60
- für VT 69 901 am 25.05.61
- für VT 69 902 am 18.07.62.

Alle drei EVA-Maybach-Gütertriebwagen kamen zur DB und waren bis Ende der 1950er-, Anfang der 1960er-Jahre im Betriebseinsatz. Als letzter von ihnen schied der zum VT 69 902 umgezeichnete 10 001 aus. Am 16. Mai 1961 stand er in Kirchweyhe noch im Dienst. *Foto: Joachim Claus. Sammlung Günther Dietz*

Als Bahnhofswagen 4 fristete der ausgemusterte VT 69 901 (ex 10 003) seine letzten Jahre im Bw Osnabrück. Die Aufnahme entstand im Oktober 1965. *Foto: Dr. Rolf Löttgers*

Abkürzungen und Erläuterungen

Abkürzungen (soweit nicht im Text erläutert)

Bw	Bahnbetriebswerk
Bww	Bahnbetriebswagenwerk
DRG	Deutsche Reichsbahn-Gesellschaft (bis 1937)
DRB	Deutsche Reichsbahn (ab 1937)
DR	Deutsche Reichsbahn in der Sowjetischen Besatzungszone (SBZ) und DDR
DR-West	Deutsche Reichsbahn im vereinigten Wirtschaftsgebiet (westliche Besatzungszonen)
DB	Deutsche Bundesbahn (ab 7.9.1949)
HV	Reichsbahn-Hauptverwaltung
HW	Hauptwerkstatt
RAW	Reichsbahnausbesserungswerk
RVM	Reichs-Verkehrsministerium
RZA	Reichsbahn-Zentralamt

Abkürzungen der Heimatorte/Bw/Bww in den Beheimatungstabellen

Al	Allenstein
Agm	Angermünde
Ahb	Berlin Anhalter Bf
Asch	Aschersleben
Bas	Basdorf
Bg	Bregenz
Bh	Barth
Bil	Bielefeld
Bkb	Blankenburg (Harz)
Blu	Bludenz
Bn	Brandenburg (Havel)
Bn-A	Brandenburg (Havel)-Altstadt
Bod	Bodenbach
Br	Breslau Hbf
BrgHbf / BwgH (1925)	Braunschweig Hbf
BrgVbf	Braunschweig Nord
BrmH / BrmHbf (1925)	Bremen
Bt	Bitterfeld
Btu	Böhmisch-Trübau
Btz / Bz (1925)	Bautzen
Bz	Buchholz (Harburg/Nordheide)
Ch	Chemnitz
Ch-Hi	Chemnitz-Hilbersdorf
Da	Bochum-Dahlhausen
Da	Darmstadt Hbf
Df	Dortmunderfeld
Dob	Dortmund Bbf
Dr-P	Dresden-Pieschen
Du	Dessau
E	Eger
Ebw	Eberswalde
Eln	Eilsleben (b Magdeburg)
Er	Erfurt P
Erk	Erkner
Esn Hbf	Essen Hbf
Fak	Falkenberg (Elster)
Fal	Falkenstein (Vogtland)
Fda / Fd (1925)	Fulda
Ffm 1	Frankfurt (Main) 1
Ffm G	Frankfurt (Main)-Griesheim
Fkp / Fko	Frankfurt (Oder) Pbf
Fl	Flöha
Fl / Flw (1925)	Flensburg
Fo	Forst (Niederlausitz)
Frw	Bad Freienwalde
Fs	Friedrichshafen
G	Güstrow
Ga	Berlin-Grünau
Gau	Glogau
Gd	Berlin-Grunewald
Gm	Gmünd (Waldviertel)
Go	Gotha
Gö	Görlitz
Gr	Gerstungen
Gsr	Berlin-Gesundbrunnen
Gt / Gst (1925)	Güsten

Gu	Guben
Hab / Hlb (1925)	Halberstadt
Hbg-Alt / Alt (1925)	Hamburg-Altona
Hg	Heidelberg
Hgbf Hz / Hn Hgbf (1925)	Hannover Hainholz
Hg-Eck	Hagen-Eckesey
Hgn	Hagenow Land
Hld	Haldensleben
HlP / HL 2 (1925)	Halle (Saale) P
Hm	Homburg (Saar)
Hof	Hof
Hw	Hoyerswerda
In	Ingolstadt
Jdf	Jädickendorf
Jer	Jerichow
Jg	Jägerndorf
K Pbf	Karlsruhe Pbf
Kam	Kamenz (Sachsen)
Kbf	Köln Bbf
Kbg	Königsberg (Pr)
Kg / Krg (1925)	Kreuzberg (Ahr)
Kh	Berlin-Karlshorst
Kn	Kempten (Allgäu)
Kn / Köth (1925)	Köthen (Anhalt)
Kobm	Koblenz-Mosel
Krf / Krf Hbf (1925)	Krefeld
Kst	Darmstadt-Kranichstein
Kw	Kirchweyhe
L	Leipzig Hbf West
La / Lan (1925)	Landau (Pfalz)
Lbg	Lüneburg
Lbu	Lundenburg
Lc	Luckau
Leb	Berlin Lehrter Bf
Lö	Löbau (Sachsen)
Lp	Böhmisch Leipa
Lu	Ludwigshafen (Rhein)
Luk	Lukow
Mf / Mdf (1925)	Mühldorf (Oberbayern)
Mü Hbf / Mü1 (1925)	München West
N I /Nü (1925)	Nürnberg West
N II / Nür (1925)	Nürnberg Hbf
Nms	Neumünster
Nr	Neuruppin
Ns / Nei (1925)	Neisse
Odg H	Oldenburg
Odg V	Oldenburg Vbf
Oe / Oef (1925)	Oebisfelde
Of	Offenburg
Op	Oppeln
Opl	Opladen
Osch (1925)	Oschersleben (Bode)
Ott	Ottbergen
Pa	Passau
Pl	Prenzlau
Pla	Plattling
Pt	St. Pölten Hbf
Rch	Reichenbach (Vogtland)
Rchg	Reichenberg (Böhmen)
Reg	Regensburg
Rgb	Berlin-Rummelsburg
Rhn P	Rheine P [Pbf]
Sch	Schwandorf
Sd	Stargard (Pommern)
Sed	Seddin
Snf	Senftenberg (Niederlausitz)
Srd	Stralsund
Srp	Straupitz
Stb	Berlin Stettiner Bahnhof
Std	Stadlau
Stl	Stendal
Stn Hbf	Stettin Hbf
Stp	Stolp (Pommern)
Str	Straubing
Sw	Schwerin (Mecklenburg)
Sw / Swl (1925)	Salzwedel
Ta	Treysa
Te	Tetschen
Tem	Templin
Tep	Teplitz-Schönau
Tri	Trier
Ub	Ulm Hbf
Vh	Villach Hbf
Wb / Wn (1925)	Lutherstadt Wittenberg, vorm. Wittenberg (Prov. Sachs)
We	Weiden (Oberpfalz)
Wer Wt	Wernigerode-Westerntor
Witt	Wittenberge
Wmr	Weimar
Wn	Waren (Müritz)
Wt-St / Efd-St (1925)	Wuppertal-Steinbeck, vormals Elberfeld-Steinbeck
Zi	Zittau

Erläuterungen zu den Tabellen

1. Gattungsbezeichnung

B = Abteil 2. Klasse
C = Abteil 3. Klasse
D = Abteil 4. Klasse (bis 1928)
Pw = Gepäckraum
Post = Postraum
WR = Speiseraum oder Speisewagen
4 = Angabe der Radsatzzahl bei mehr als zwei Radsätzen
i = Wagen mit Durchgang und offenen Übergangsbrücken
ü = Wagen mit Durchgang und Übergang mit Faltenbälgen
tr = Traglastabteil
k = Küche
vT / VT = Verbrennungsmotortriebwagen
vB / VB = Beiwagen zu Verbrennungsmotortriebwagen
vS / VS = Steuerwagen zu Verbrennungsmotortriebwagen
M = Maschinenwagen zu Triebwagenzug
-xy = Konstruktionsjahr od. Beschaffungsprogramm (sowie Kleinbuchstaben zur weiteren Unterscheidung)

2. Achsanordnung

A = eine Treibachse
(A1) = ein Drehgestell mit einer Treib- und einer Laufachse
B' = zwei miteinander gekuppelte, in einem Drehgestell angeordnete Treibachsen
Bo' = zwei nicht miteinander gekuppelte, in einem Drehgestell angeordnete Treibachsen
1 = eine Laufachse
2' = zwei Laufachsen in einem Drehgestell

3. Lieferfirmen und deren Abkürzungen
a) Wagenteil und zum Teil Maschinenanlage

Busch = Waggon- und Maschinenfabrik AG, vorm. Busch, Bautzen
Danzig = Waggonfabrik Danzig
Dessau = Dessauer Waggonfabrik AG, Dessau
Düwag = Düsseldorfer Waggonfabrik AG, Düsseldorf
DWK = Deutsche Werke Kiel AG, Kiel
Esslingen = Maschinenfabrik Esslingen AG
Fuchs = H. Fuchs, Waggonfabrik AG, Heidelberg
LHB-Köln = LHB, Werk Köln, vorm. P. Herbrand und Co., Köln-Ehrenfeld
LHW = Linke-Hofmann Werke AG, Breslau (firmierten zeitweilig als LHB = Linke-Hofmann-Busch-Werke, Breslau und Bautzen)
Lindner = Gottried Lindner AG, Ammendorf bei Halle
MAN = Maschinenfabrik Augsburg-Nürnberg AG
Niesky = Waggonfabrik Christoph und Unmack AG, Niesky
O&K = Orenstein & Koppel AG, Berlin-Spandau
Rathgeber = Waggonfabrik Josef Rathgeber AG, München
Steinfurt = Waggonfabrik L. Steinfurt AG, Königsberg / Pr.
Talbot = Waggonfabrik August Talbot, Aachen
Uerdingen = Waggonfabrik Uerdingen AG, Krefeld-Uerdingen
Wegmann = Waggonfabrik Gebr. Wegmann AG, Kassel
Werdau = Sächsische Waggonfabrik AG, Werdau
Westwaggon = Vereinigte Westdeutsche Waggonfabriken, Köln-Deutz
Wismar = Triebwagen- und Waggonfabrik Wismar
WUMAG = Waggon- und Maschinenbau AG, Görlitz

b) Motor

Büssing = H. Büssing AG, Automobilwerke Braunschweig
Daimler-B. = Daimler-Benz AG, Stuttgart-Untertürkheim
Deutz = Humboldt-Deutz-Motoren AG, Köln-Deutz
Ford = Ford-Werke AG, Köln
Henschel = Henschel u. Sohn, Lokomotivfabrik G.m.b.H., Kassel
Körting = Gebr. Körting AG, Hannover
Maybach = Maybach Motorenbau G.m.b.H., Friedrichshafen
MWM = Motorenwerke Mannheim
NAG = Nationale Automobil-Gesellschaft, Berlin-Oberschöneweide
Vomag = Vogtländische Maschinenbau AG, Plauen/V.

c) Getriebe

AEG = Allgemeine Elektrizitätsgesellschaft, Berlin
DGG = Deutsche Getriebe GmbH (DGG), Hannover, später Berlin
Maybach = Maybach Motorenbau GmbH, Friedrichshafen
Mylius = Mylius-Getriebe der DGG
NAG = Nationale Automobil-Gesellschaft, Berlin-Oberschöneweide
TAG = Triebwagenbau AG, Kiel (1926 bis 1937)
Trilok = Trilok-Getriebe der Firma Klein, Schanzlin und Becker, Frankenthal
Voith = J. M. Voith Maschinenfabrik, Heidenheim/Brenz
ZF = Zahnradfabrik AG, Friedrichshafen

d) elektrische Leistungsübertragung bzw. elektrische Ausrüstung

AEG = Allgemeine Elektrizitätsgesellschaft, Berlin
BBC = Brown, Boveri & Cie, Mannheim-Käfertal
Becker = Becker Elektrobahnen, Berlin
MSW = Maffei-Schwartzkopff-Werke GmbH, Wildau bei Berlin
SSW = Siemens-Schuckert-Werke AG, Berlin-Siemensstadt
Wasseg = Liefergemeinschaft von AEG und SSW

4. Dienstmasse

Dienstmasse unbesetzt = Leermasse + volle Betriebsvorräte + Personal 150 kg
Dienstmasse besetzt = Dienstmasse unbesetzt + Sitzplatzzahl x 75 kg (Stehplätze und Gepäckraumfläche in m² x 300 kg konnten mangels bekannter genauer Angaben nicht berücksichtigt werden.)
Dienstmasse unbesetzt = Dienstmasse unbesetzt / Sitzplatzzahl (einschl. Klapp- oder Notsitze)
Dienstmasse je lfd. Meter Wagenlänge = Dienstmasse unbesetzt / Länge über Puffer/Kupplung

5. Spezifische Antriebsleistung

errechnet aus: Antriebsleistung in kW (PS) / Dienstmasse unbesetzt

6. Größte Achslast

Die größte Achslast wurde für Bei- und Steuerwagen aus der Dienstmasse unbesetzt + der Sitzplatzzahl ohne Berücksichtigung der Stehplätze und Gepäck- oder Postraumgrundfläche errechnet

7. Steuersystem

Einzelsteuerung = aufgrund mechanischer Steuerung durch Seilzug oder Gestänge nur Steuerung einer (der eigenen) Maschinenanlage möglich (Ausnahme bilden z.B. VT 812/13 bis 818/19 mit mechanischer Gestängeübertragung zum hinteren Triebwagen oder VT 877; hier war Steuerung der gesamten Einheit möglich)

Einfachsteuerung = nur Steuerung einer (der eigenen) Maschinenanlage vom Führerstand des Trieb- oder Steuerwagens möglich, mit zusätzlicher Angabe der Bauart (BBC oder RZM)

Mehrfachsteuerung = Steuerung einer oder mehrerer Anlagen vom Führerstand eines Trieb- oder Steuerwagens möglich, mit zusätzlicher Angabe der Bauart (BBC oder RZM und Ausführungsart 1934 oder 1936)

8. Art und System der Leistungsübertragung

a) mech. = mechanisch
b) el. = elektrische Leistungsübertagung mit folgenden Systemen der Leistungssteuerung:
MSW-Leonhard, Gebus, AEG-Lemp, BBC-Leistungswächtersteuerung, BBC-Servo-Feldreglersteuerung, RZM
c) hydr. = hydraulisch mit folgenden Bauarten:
W/W = Wandler/Wandler (oder W/W/W für Drei-Wandlergetriebe)
W/K = Wandler/Kupplung
W/K/K = Wandler/Kupplung/Kupplung
d) hydromech.= hydromechanische Leistungsübertragung (vierstufiges mechanisches Getriebe mit vorgeschaltetem Wandler)

9. Steuerung von Motor, Getriebe und Wendegetriebe

a) Motorsteuerung

Druckluft = Motorsteuerung über Druckminderventil und Membranschalter
Seilzug = mechanische Motorsteuerung durch Seilzug oder Bowdenzug
Gestänge = mechanische Motorsteuerung durch Gestänge
el. = elektrische Motorsteuerung durch elektrischen Verstellmotor oder Magnetschalter (BBC)
el.-magn. = Motorsteuerung durch elektromagnetisches Verstellgerät
el.-pn. = Motorsteuerung durch elektro-pneumatisches Verstellgerät

b) Getriebesteuerung

Seilzug = mechanische Getriebesteuerung durch Seil- oder Bowdenzug
Gestänge = mechanische Getriebesteuerung durch Gestänge
Druckluft = direkte Getriebesteuerung mit Druckluft
el.-pn.-magn. = indirekte Getriebesteuerung mit Druckluft über Magnetventile
Drucköl = direkte Getriebesteuerung mit Drucköl

Bei hydraulischen Getrieben erfolgte anfangs die Steuerung der Getriebekreisläufe geschwindigkeitsabhängig vom Führerstand aus mit Druckluft oder auf elektropneumatischem Wege und später selbsttätig vom Getriebe aus. Beim mechanischen Mylius-Getriebe erfolgte die Gangvorwahl vom Führerstand aus mit Seilzug und die eigentliche Gangschaltung nach Betätigung der Hauptkupplung mit Druckluft.

c) Wendegetriebe-Steuerung

Analog zu Getriebesteuerung
Beim Güterschlepptriebwagen 10 004 und 10 005 erfolgte die Wendegetriebesteuerung durch ein elektromagnetisch gesteuertes Ventil mittels Öldrucks.

10. Zur Art der Beleuchtung

el. = elektrisch
= = Gleichstrom
24 V = Höhe der Beleuchtungsspannung

11. Bauart der Bremse und Bremskraftübertragung

Kbr = Knorrbremse ohne Schnellbremswirkung
Ksbr = Knorrschnellbremse
Kpbr = schnellwirkende Knorrbremse
Kzpbr = Knorr-Zweikammerbremse
Kkpbr = Kunze-Knorrbremse für Personenzüge
Ksbr (EVB) = Knorrschnellbremse mit Steuerventil EVB
Wsbr = Westinghouse-Schnellbremse
Hikpbr = Hildebrand-Knorrbremse für Personenzüge
Hikpt = Hildebrand-Knorrbremse für Personenzüge mit Triebwagensteuerventil (leichter Bauart)
Hikssbr = Hildebrand-Knorrbremse für besonders schnellfahrende Fahrzeuge
Z = Zusatzbremse
el. = elektrische Bremssteuerung
Klotz = Klotzbremse
Trommel = Trommelbremse
Scheiben = Scheibenbremse
Mg = Magnetschienenbremse

Quellenverzeichnis

Verwendete Abkürzungen im Quellenverzeichnis:

BA / BArch	Bundesarchiv
EB	Elektrische Bahnen
EKB	Elektrische Kraftbetriebe und Bahnen, hervorgegangen aus: EB
EK	Eisenbahn Kurier
EM	eisenbahn magazin
GA	Glasers Annalen
LABln	Landesarchiv Berlin
LM	Lok Magazin
Organ	Organ für die Fortschritte des Eisenbahnwesens
SaWi	Sammlung Winkler
SaKu	Sammlung Kubitzki
VAN	Verkehrsmuseum Nürnberg, Archiv; neu: DB-Museum, Dokumentationsstelle
VtW	Verkehrstechnische Woche
VT	Verkehrstechnik
ZVDEV	Zeitung des Vereins Deutscher Eisenbahn-Verwaltungen
ZVDI	Zeitschrift des Vereins Deutscher Ingenieure

1 Sass, Friedrich: Geschichte des Deutschen Verbrennungsmotorenbaues: Von 1860 bis 1918. Berlin / Heidelberg. 1962
2 Sass: a.a.O., S. 153
3 Messerschmidt, W.: Aus der Pionierzeit der Motorlokomotive – Daimler, Benz und Diesel im Lokomotivbau – Lomonossoff in Esslingen. LM (19??), H. 24, S. 36
4 Gottschalk, Bernd; Otto Nübel: Verbrennungs-Motoren und Schienenverkehr. Internationales Verkehrswesen. 37 (1985), S. 330
5 Sass: a.a.O., S. 168
6 Die erste Deutsche Gasbahn. Zeitung des Vereins Deutscher Eisenbahn-Verwaltungen. 34 (1894), S. 856/857
7 Kramer: Motorlokomotiven. ZVDI. 50 (1906), S. 515
8 Gottschalk, Bernd; Otto Nübel: Verbrennungs-Motoren und Schienenverkehr. Internationales Verkehrswesen. 37 (1985), S. 330
9 Willhaus, Werner: Kittel-Dampftriebwagen. Freiburg. 2008, S.68-72
10 Löttgers, Rolf: Ein VT zum Schießen. MIBA. (2012). H. 12, S. 24-25
11 Anwendung eines Motorwagens, System Daimler, zur Ausführung von Personenfahrten. Zeitung des Vereins Deutscher Eisenbahn-Verwaltungen. 34 (1894), S. 15
12 Fischer: Die Daimler'schen Benzin-Motorwagen auf den königlich württembergischen Staatseisenbahnen. ZVDEV. 38 (1898), S. 100
13 Gottschalk, Bernd; Otto Nübel: Verbrennungs-Motoren und Schienenverkehr. Internationales Verkehrswesen. 37 (1985), S. 330
14 Spitzer, Karl; Dr. Viktor Krakauer: Motorwagen und Lokomotiven. Wien. 1907
15 Guillery, Carl: Handbuch über Triebwagen für Eisenbahnen. München, Berlin, 1908
16 Die Verwaltung der öffentlichen Arbeiten in Preußen 1900 bis 1910: Bericht ... von Minister der öffentlichen Arbeiten. Berlin 1911, S. 61
17 Fischl, Fr. X.: Ein neuer dieselmechanischer Triebwagen der Regentalbahn. Verkehrstechnik 22 (1941), S. 87
18 Benzinelektrischer Motorwagen für Eisenbahnbetrieb. Dinglers Polytechnisches Journal. 90 (1909), Bd. 324, S. 416
19 Russo, M.: Benzinelektrischer Triebwagen der Ostdeutschen Eisenbahngesellschaft. EKB. 7 (1909), S. 253
20 Elektromotor-Triebwagen mit eigener Kraftquelle. Schweizerische Bauzeitung. 68 (1910), S. 108
21 Meyers Lexikon. Leipzig 1925., Spalten 682/683
22 Deutschlands Städtebau – WISMAR. Berlin Halensee, 1927, S. 70-72
23 Draeger, Winfried: Die Triebwagen auf der Seddiner Ausstellung. Organ 80 (1925), S. 39
24 Wetzler: Die Eisenbahnfahrzeuge auf der Deutschen Verkehrsausstellung München 1925. Organ 81 (1926), S. 88
25 Versuche mit Motortriebwagen. ZVDI. 70 (1926), S. 1034
26 Ebel: Die neuen Verbrennungs-Triebwagen der Deutschen Reichsbahn-Gesellschaft und ihre Versuchsergebnisse. Organ 81 (1926), S. 19
27 Ebel: Die neuen Verbrennungs-Triebwagen der Deutschen Reichsbahn-Gesellschaft und ihre Versuchsergebnisse. Organ. 81 (1926), S. 19
28 Fuchs: Der Schnelltriebwagen der Deutschen Reichsbahn-Gesellschaft. Die Reichsbahn. 9 (1933), S. 7
29 Fuchs. Friedrich: Die Entwicklung des Triebwagens bei der Deutschen Reichsbahn-Gesellschaft. Organ. 88 (1933), S. 45
30 Versuche mit Motortriebwagen. ZVDI 70 (1926), S. 1034
31 Friedrich, K.: Dieseltriebwagen mit quergestellten Motoren. Organ. 86 (1931), S. 176
32 Verzeichnis der Beamten des oberen Dienstes bei der Deutschen Reichsbahn 1921/22. Berlin, 1921 sowie Verzeichnis der oberen Reichsbahnbeamten 1929. Berlin, 1929
33 Deutsche Reichsbahn-Gesellschaft. Hauptverwaltung. 30.73a Feh 15. Betrifft: Beschaffung neuer Fahrzeuge für die Deutsche Reichsbahn-Gesellschaft zu Lasten des Geschäftsjahres 1929. Berlin W 8, den 6. April 1929. BArch. Rep. R5-7198
34 Abschrift für Herrn Ref. 31. Deutsche Reichsbahn-Gesellschaft Hauptverwaltung 31/74a Fktp 49. Berlin W 8, den 21. Dezember 1929 - sowie - [Reichsbahn-Hauptverwaltung] Betrifft: Beschaffung von diesel-elektrischen Triebwagen zu Lasten des Geschäftsjahres 1930.
35 Breuer, Max: Neuere Triebwagen mit Verbrennungsmotoren. ZVDI. 76 (1932), S. 73
36 Deutsche Reichsbahn-Gesellschaft. Hauptverwaltung. Abteilungen III und VII. Vorschläge zum Fahrzeug-Beschaffungsprogramm für 1930. Berlin, im Juni 1929. Anlage 1: Übersicht über die für das Beschaffungsjahr vorgesehenen Fahrzeuge. BArch. Rep. R5-7198
37 Abschrift für Herrn Ref. 31. 31/74a Fel. Berlin, den. 8. August 1929. … für 1930 zur Beschaffung vorgesehen… . BArch. Rep. R5-7198
38 Breuer, M.: Neuere Triebwagen mit Verbrennungsmotoren. ZVDEV. 72 (1932), S. 73
39 Mitt. 132: Geschäftsanweisung für die Reichsbahn-Zentralämter ...Anlage zu §2, Abs. B) 2. Die Reichsbahn. 6 (1930), S. 1229
40 Breuer, M.: Neuere Triebwagen mit Verbrennungsmotoren. ZVDEV. 72 (1932), S. 73
41 Breuer, M.: Neuere Triebwagen mit Verbrennungsmotoren. ZVDEV. 72 (1932), S. 153
42 Norden: Die neuen Reichsbahn-Triebwagen mit Verbrennungsmotoren. Organ. 87 (1932), S. 401
43 Wohllebe: Reichsbahntriebwagen mit Verbrennungsmotoren. VtW. 27 (1933), S. 330
44 Wohllebe: Reichsbahntriebwagen mit Verbrennungsmotoren. VtW. 27 (1933), S. 330
45 Breuer, M.: Neuere Triebwagen mit Verbrennungsmotoren. ZVDEV. 72 (1932), S. 73
46 Fuchs: Neuere Triebwagen mit Verbrennungsmotoren. Die Reichsbahn. 8 (1932), S. 6
47 Fuchs. Friedrich: Die Entwicklung des Triebwagens bei der Deutschen Reichsbahn-Gesellschaft. Organ. 88 (1933), S. 45
48 Pogany, Alexander: Schienenautobus. Organ 81 (1926), S. 23
49 Les autorails De Dion-Bouton. Chemin de Fer regionaux et urbains 30 (1987), H. 199, S. 7-10
50 Breuer, M.: Neuere Triebwagen mit Verbrennungsmotoren. ZVDEV. 72 (1932), S. 73
51 Triebwagen mit eigener Kraftquelle für die Reichsbahn. ZVDI. 78 (1934), S.1202
52 Breuer, M.: Triebwagen für den Schnellverkehr mit eigener Kraftquelle. Organ. 90 (1935), S. 295
53 Triebwagen mit eigener Kraftquelle für die Reichsbahn. ZVDI. 78 (1934), S.1202
54 Graßl, R.: Zweiachsige Triebwagen für den Nahverkehr. Organ. 90 (1935), S. 298
55 Deutsche Reichsbahn-Gesellschaft. Drucksache Nr. 7.. Zur außerordentlichen Sitzung des Verwaltungsrats am 29. Mai 1934. BArch Bln. Rep. R5-7007
56 Deutsche Reichsbahn-Gesellschaft. Gekürzte Drucksache Nr. 795. Zur außerordentlichen Sitzung des Verwaltungsrates am 29. Mai 1934. Umstellung des Reisezugdienstes auf Triebwagen mit eigener Kraftquelle. BArch Bln. Rep. R5-7636
57 Stroebe: Fortschritte im Triebwagenbau bei der Deutschen Reichsbahn. VtW. 29 (1935), S. 197
58 Verzeichnis der oberen Reichsbahnbeamten 1935. Berlin, 1935
59 Lauscher, Stefan: Das Diesellok-Programm 1935 der Deutschen Reichsbahn. Lok Report. (1987), H. 1, S. 5; H. 2, S. 11
60 Wechmann, Wilhelm: Der elektrische Zugbetrieb der Deutschen Reichsbahn im Jahre 1934. EB. 11 (1935), S. 35
61 Stroebe: Entwicklung und künftige Gestaltung der Verbrennungs-Triebwagen der Deutschen Reichsbahn. GA (1937), S. 116
62 Der Leiter der Abteilung III. Berlin, den 25. August 1936. BArch, Rep. R5-7636
63 Verzeichnis der oberen Reichsbahnbeamten 1938. Berlin, 1938
64 Die Deutsche Reichsbahn im Geschäftsjahr 1937. Die Reichsbahn. (1938), S. 26
65 Stroebe; Hüttebräucker: Neuere Entwicklung der Verbrennungs-Triebwagen bei der Deutschen Reichsbahn. GA (1939), S. 147 / 179
66 Übersicht I, Bedarfsprogramm für neue Fahrzeuge für die 4 Jahre 1940 bis 1943 getrennt nach Fahrzeuggattungen und Stückzahlen. BArch, Rep. R5-22370, SaWi

[67] Reichsbahn-Zentralamt München. Besprechung am 28.6.1938 im Reichsbahn-Zentralamt München über den Bauzustand und die Ablieferung der Verbrennungs-Trieb-, Steuer- und Beiwagen der Fahrzeugbeschaffungsprogramme bis einschl. 1938. BArch Berlin, Rep. R5-22478, pag. 293 - 297

[68] Hensler, Ulrich: Die Stahlkontingentierung im Dritten Reich. Stuttgart, 2008

[69] Deutsche Reichsbahn. Eisenbahnabteilung des Reichsverkehrsministeriums. 30 Feb 98. Betr Anmeldung zur Beschaffung neuer Fahrzeuge für das Jahr 1939. Berlin W8, den 10. Januar 1938. BArch Berlin, Rep. R5-2290

[70] Der Direktor der Abt E III. Betr Sofortprogramm 1939. Berlin, den 28. Januar 1938. BArch Berlin, Rep. R5-2123

[71] DRB 21 Bbzp 252. Berlin, den 29. Januar 1938. BArch Berlin, Rep. R5-2123

[72] 30 Fev 63. Übersicht über das Fahrzeugprogramm 1939 … Berlin, den 22. April 1938. BArch Berlin, Rep. R5-2123

[73] Deutsche Reichsbahn. Eisenbahnabteilung des Reichsverkehrsministeriums. 30 Feb 100. Betr Anmeldung zu Beschaffung neuer Fahrzeuge für das Jahr 1940. Berlin W 8, den 17. Januar 1939. BArch. Rep. R5-22270, Teil 2

[74] DRB. 21 Bbsp 297. Vermerk. Berlin, den 25. Januar 1939. BArch Berlin, Rep. R5-2123

[75] zu 30 Fef 71. Übersicht I Fahrzeugprogramm für das Jahr 1940. Berlin, den 22. April 1938. BArch Berlin, Rep. R5-2123

[76] Verzeichnis der oberen Reichsbahnbeamten 1939. Berlin, 1939

[77] Deutsche Reichsbahn. Eisenbahnabteilung des Reichsverkehrsministeriums. 30 Fewav 301. Betr Festlegung desjenigen Teiles der noch unerledigten Aufträge auf Wagen aller Art, aus den Beschaffungsprogrammen bis einschließlich 1939 Zusatz, der zuende geführt werden soll. Berlin W 8, den 17. Oktober. 1939. BArch Berlin, Rep. R5-2123

[78] Geschäftsbericht der Deutschen Reichsbahn über das Geschäftsjahr 1939. Berlin, 1940, S. 10

[79] Reichsverkehrsministerium 33 Fktv 977. Betr.: Reisezüge zu Weihnachten Einsatz von Verbrennungs-Triebwagen. Berlin W 8, den 25. November 1939. LABln. A Rep. 080 Nr. 4050

[80] [Aktenvermerk] Reichsbahndirektion Berlin. 23 M 12 Fktv 74. Berlin, den 4. Dez. 1939. LABln. A Rep. 080 Nr. 4050

[81] Der Direktor der Abt E III. Betr Einsatz von Dieseltriebwagen im Weihnachtsverkehr. Berlin, den 9. November 1939. BArch Berlin, Rep. R5-22116, pag. 87

[82] DRB 33 Fktv 977. Betr Reisezüge zu Weihnachten; Einsatz von Verbrennungs-Triebwagen. Berlin, den 16. November 1939. BArch Berlin, Rep. R5-22116, pag. 92

[83] Reichsbahndirektion Berlin. 23 M 12 Fktv 76. Betr.: Winterschäden im Triebwagenbetrieb. Berlin, den 25. April 1940. LABln. A Rep. 080 Nr. 4050

[84] Fktv. Praktische Erfahrungen seit Kriegsbeginn aus dem Geschäftsbereich des Referats 33. Berlin, den 29. März 1940. BA Potsdam, Außenstelle Coswig. Rep. 2270 (eingesehen 1991)

[85] Praktische Erfahrungen seit Kriegsbeginn aus dem Geschäftsbereich des Referats 33. Berlin, den 29. September 1939. BA Potsdam, Außenstelle Coswig. Rep. 2270 (eingesehen 1991)

[86] Drechsler, F.; B. Köppel: Treibgasantrieb im Verbrennungs-Triebwagen. Organ. 95 (1940), H. 3, S. 54-59

[87] Fktv. Praktische Erfahrungen seit Kriegsbeginn aus dem Geschäftsbereich des Referats 33. Berlin, den 29. März 1940. BA Potsdam, Außenstelle Coswig. Rep. 2270 (eingesehen 1991)

[88] Reichsverkehrsministerium. 33 Fktv 990. Betr.: Umstellung der Vergasertriebwagen auf Flüssiggas. Berlin W 8, den 30. März 1940. LABln. A Rep. 080 Nr. 4050

[89] Neubauer, Gerhard: Heimische Treibstoffe für Verbrennungs-Triebwagen. MTZ (1942), S. 458

[90] Übersicht I, Bedarfsprogramm für neue Fahrzeuge für die 4 Jahre 1940 bis 1943 getrennt nach Fahrzeuggattungen und Stückzahlen. BArch. Rep. R5-22370

[91] Steuerwagen, die in D-Züge eingestellt werden können und 650 PS Verbrennungs-Triebwagen. Berlin, den 27. Februar 1942. BArch. Rep. R5-22270, Teil 1, Pag. 86, 87

[92] DRB. 30 Fev 103. Übersicht I zum Fahrzeugprogramm 1941 (Stand 10. Oktober 1941). Berlin, den 21. Oktober 1941. BArch Berlin, Rep. R5-2123

[93] Abschrift. DRG. 30 Fef 112. Betr Zehnjahrplan der Fahrzeugbeschaffung. Berlin, den Januar 1942. BArch Berlin, Rep. R5-2123

[94] Reichsbahn-Zentralamt München. Pr/44 hl Fktvsü. Betr Einheitliche Gestaltung der Trieb- und Steuerwagen für Hauptbahnen. 12.12.41. BArch. Rep. R5-22270, Teil 1, Pag. 70-72

[95] Entwurf 4achs. diesel-elektr. Triebwagen 650 PS. Zeichnung Sk507c. BArch. Rep. R5-22270, Teil 1, Pag. 84

[96] Steuerwagen, die in D-Züge eingestellt werden können und 650 PS Verbrennungs-Triebwagen. Berlin, den 27. Februar 1942. BArch. Rep. R5-22270, Teil 1, Pag. 86, 87

[97] Praktische Erfahrungen seit Kriegsbeginn aus dem Geschäftsbereich des Referats 33. Berlin, den 29. September 1939. BA Potsdam, Außenstelle Coswig. Rep. 2270 (eingesehen 1991)

[98] Praktische Erfahrungen seit Kriegsbeginn aus dem Geschäftsbereich des Referats 33. Berlin, den 29. September 1939. BA Potsdam, Außenstelle Coswig. Rep. 2270 (eingesehen 1991)

[99] Praktische Erfahrungen seit Kriegsbeginn aus dem Geschäftsbereich des Referats 33. Berlin, den 29. September 1939. BA Potsdam, Außenstelle Coswig. Rep. 2270 (eingesehen 1991)

[100] Praktische Erfahrungen seit Kriegsbeginn aus dem Geschäftsbereich des Referats 33. Berlin, den 29. September 1939. BA Potsdam, Außenstelle Coswig. Rep. 2270 (eingesehen 1991)

[101] Reichsverkehrsministerium. 33 Bbt 264. Betr.: Reichsbahnausbesserungswerk. Unterhaltung von vierachsigen 175 PS- und 210 PS-Dieseltriebwagen. Berlin W8, den 31. August 1939. LABln. A Rep. 080 Nr. 4050

[102] Fktv. Praktische Erfahrungen seit Kriegsbeginn aus dem Geschäftsbereich des Referats 33. Berlin, den 29. März 1940. BA Potsdam, Außenstelle Coswig. Rep. 2270 (eingesehen 1991)

[103] [Bestandsübersicht Monate April - Juli 1944 über Triebwagen der Deutschen Reichsbahn, ohne besetzte Gebiete]. BA Potsdam, Außenstelle Coswig.

[104] Merkbuch für die Fahrzeuge der Reichsbahn. III. Elektrische Lokomotiven und Triebwagen aller Antriebsarten. Ausgabe 1932

[105] Merkbuch für die Fahrzeuge der Reichsbahn. III. Elektrische Lokomotiven. Elektrische Trieb-, Steuer- und Beiwagen. Ausgabe 1941

[106] Deppmeyer (1982): a.a.O., S. 206

[107] Deutsche Reichsbahn. Plan für die Durchnummerung der Personen- und Gepäckwagen. Genehmigt mit Verfügung der Hauptverwaltung vom 27.3.1930 - 30 Fen 14. Berlin, im Februar 1930. VAN

[108] Deppmeyer (1982): a.a.O., S. 31

[109] Reichsbahn-Zentralamt für Maschinenbau. 2332 Fktv. Betr Nummern für Verbrennungs-Triebwagen. 1. Oktober 1932. BArch Berlin, Rep. R5-21929

[110] Elsners Taschenbuch für den Reichsbahn-Kraftverkehr. 1937, Berlin [o.J.], S. 130

[111] Nummernplan der DR-Wagen Stand 1955, Gesamtübersicht. BArch Berlin, Rep. DM1 1537

[112] Deutsche Reichsbahn. Generaldirektion. IV 41 Btpra. Umzeichnungsplan für die von den nichtreichsbahneignen Eisenbahnen des öffentlichen Verkehrs in der sowjetischen Besatzungszone übernommenen Trieb-, Bei- und Steuerwagen. Normal- und Schmalspur. Aufgestellt: Berlin, den 24. Dezember 1949. SaWi

[113] Reichsbahn-Zentralamt München. 3710 Bbta. Betrifft: Umnummerung der VT-Wagen. München, den 17.10.1947. VAN

[114] Umnummerungsplan der Verbrennungs-Triebwagen. RZA München Dez 37 September 1947. VAN

[115] Breuer, M.: Neuere Triebwagen mit Verbrennungsmotoren. ZVDEV. 72 (1932), S. 73

[116] Wiens: Entwicklung neuzeitlicher Eisenbahnpersonenwagen bei der Deutschen Reichsbahn. Organ 87 (1932), S: 21

[117] Stieler, C.: Wirtschaftliche und praktische Gesichtspunkte bei der Neufertigung und Instandsetzung von Wagen. Organ 91 (1936), S. 233

[118] Maurer: Schweißgerechte Konstruktion im Fahrzeugbau. Organ 91 (1936), S. 237

[119] Boden, Friedrich: Schweißen beim Neubau von Personenwagen der Deutschen Reichsbahn. Organ 91 (1936), S. 241

[120] Taschinger, Otto: Entwicklung und gegenwärtiger Stand im Bau geschweißter Trieb-, Steuer- und Beiwagen. Organ 92 (1937), S. 249

[121] Taschinger, Otto: Die Grundlagen des Leichtbaus von Eisenbahnwagen. Organ 94 (1939), S. 1

[122] Wiens: Personenwagen in Leichtbauart. Organ 95 (1940), S. 237

[123] Taschinger, Otto: Leichtbau-D-Zugwagen nach dem Entwurf des Reichsbahnzentralamts München. Organ 95 (1940), S. 273

[124] Maurer, Georg: Anbrüche an Trieb-, Steuer- und Beiwagen und ihre Auswertung für geschweißte Konstruktionen. Organ 95 (1940), S. 167

[125] Taschinger, Otto: Festigkeits- und Zerstörungsversuche an Wagenkästen. Organ 94 (1939), S. 385

[126] Reichsbahn-Zentralamt München. 26 h 1. Besprechung am 18.1.1939 im RZA München über die Verteilung und den Stand der konstruktiven Arbeiten bei den Wagenbauanstalten. München, den 19.1.1939. BArch Berlin, Rep. R5-22270, pag. 48 - 49

[127] Kreis, Ludwig: I. Verbrennungs-Triebwagen, A. Entwicklung des Wagenbauteils. in: Elsners Taschen-Jahrbuch für den Reichsbahn-Kraftverkehr. 1942/43. Berlin [o. J.], hier S. 75 - 93

[128] Wiens, G.: Neuerungen im Personenwagenbau unter besonderer Berücksichtigung der Verbesserungen der Reisebequemlichkeit. VtW 29 (1935), S. 173

[129] Boden, Fr.: Neuerungen im Personenwagenbau der Deutschen Reichsbahn. ZVDI 79 (1935), S. 1467

[130] Taschinger, Otto: Werkstoffprobleme für nichtstragende Bauteile von Trieb, Steuer- und Beiwagen. Organ 95 (1940), S. 367, 383

[131] Grospietsch, Karl: Heizungen für Verbrennungs-Triebwagen und ihre Beiwagen. Organ 92 (1937), S. 59

[132] Mölbert, Friedrich; Hans Schmitt: Neue Warmwasserheizung in den Triebwagen der Deutschen Reichsbahn unter besonderer Berücksichtigung der Leichtmetallbauweise. Organ 96 (1941), S. 28
[133] Lange, Richard: Entwicklung der Anordnung des Triebwagenantriebs zur arteigenen Maschinenanlage. MTZ (1940), S. 202
[134] Wiens: Entwicklung neuzeitlicher Eisenbahnpersonenwagen bei der Deutschen Reichsbahn. Organ 87 (1932), S: 21
[135] vgl.: Deppmeyer (1982). a.a.O., S. 28
[136] Deppmeyer (1988). a.a.O., S. 29
[137] Taschinger, Otto: Festigkeitsversuche mit geschweißten Drehgestellen. ZVDI 83 (1939), S. 1297
[138] Kreis, Ludwig: I. Verbrennungs-Triebwagen, A. Entwicklung des Wagenbauteils. in: Elsners Taschen-Jahrbuch für den Reichsbahn-Kraftverkehr. 1942/43. Berlin [o. J.], S. 37
[139] Deppmeyer (1988). a.a.O., S. 29-32, S. 214-228
[140] Taschinger, Otto: Festigkeitsversuche mit geschweißten Drehgestellen. ZVDI 83 (1939), S. 1297
[141] Kreis, Ludwig: I. Verbrennungs-Triebwagen, A. Entwicklung des Wagenbauteils. in: Elsners Taschen-Jahrbuch für den Reichsbahn-Kraftverkehr. 1942/43. Berlin [o. J.], S. 37
[142] Kreis, Ludwig: I. Verbrennungs-Triebwagen, A. Entwicklung des Wagenbauteils. in: Elsners Taschen-Jahrbuch für den Reichsbahn-Kraftverkehr. 1942/43. Berlin [o. J.], S. 37
[143] Stroebe: Entwicklung des Triebwagens vom Standpunkt der baulichen Durchbildung und besondere Untersuchungen über die Übertragungsarten und die Bremsung. Monatsschrift der Internationalen Eisenbahn-Kongreß-Vereinigung, Brüssel. (1937), Aprilheft, S. 73.
[144] Fuchs: Der Schnelltriebwagen der Deutschen Reichsbahn-Gesellschaft. Die Reichsbahn (1933), S. 7
[145] Deppmeyer (1988): a.a.O, S. 32 - 35
[146] Röbling: Die (Scheiben-) Bremse des dieselhydraulischen Aussichtstriebwagens der Deutschen Reichsbahn. Organ 93 (1938), S. 197
[147] Steiner; Bodmer: Versuche mit elektromagnetischen Schienenbremsen im Vollbahnbetrieb. EB (1933), S. 125
[148] Reckel: Die Magnetschienenbremse an den Schnelltriebwagen der Deutschen Reichsbahn. GA (1935), 2. Hb., S. 98
[149] siehe hierzu: BArch Berlin, Rep. R5-22046 (bzgl. Michelmotor) und R5-2288 (bzgl. Hesselmannmotoren)
[150] Viertakt-Dieselmotoren mit Aufladung durch Auspuffturbinen. Schweizerische Bauzeitung 89 (1927), S. 321
[151] Leistungsversuche an einem Dieselmotor mit Büchischer Aufladung. Schweizerische Bauzeitung 91 (1929), S. 153
[152] Schmitt, Erich: Die Entwicklung der Aufladung für Dieselmotoren der Triebwagen. MTZ (1940), S. 153
[153] Henze, Kurt: Dieselmotoren mit liegenden Zylindern für Triebwagen. ZVDI 81 (1937), S. 565
[154] Buschmann, Heinrich: Triebwagenmotoren. MTZ (1940), S. 139
[155] Scheiber, Herbert: Kraftübertragung bei Motorschienenfahrzeugen. DET 2 (1954), S. 404, 441
[156] Judtmann, Otto: Motorzugförderung auf Schienen. Wien, 1938
[157] Brand, August: Die Kraftübertragungsanlagen für Verbrennungs-Triebwagen. MTZ (1940), S. 156
[158] Kunicki, Heinz: Kraftübertragungsanlagen der Dieseltriebfahrzeuge. Berlin, 2., überarb. Aufl. 1965
[159] Elsners Taschen-Jahrbuch für den Reichsbahn-Kraftverkehr. Berlin, 1939, S. 84
[160] Breuer, M.: Die Rückkühlung und Wärmeregelung des Kühlwassers der Dieselmotoren. GA (1937), 2. Hb., S. 17
[161] Hegenbarth, Franz: Die Anordnung der Kühler an Verbrennungs-Triebwagen. Organ 97 (1942), S. 380
[162] Deppmeyer (1982): a.a.O., S. 30 - 31
[163] Deutsche Reichsbahn. DV 984, Dienstvorschrift für die Erhaltung der Wagen in den Reichsbahn-Ausbesserungswerken, Teilheft 8: Anstrich und Anschriften. Anlagen, gültig ab 1. Oktober 1935
[164] Deutsche Reichsbahn. DV 984, Dienstvorschrift für die Erhaltung der Wagen in den Reichbahn-Ausbesserungswerken. Teilheft 8: Anstriche und Anschriften. Anlagen, gültig vom 1. Februar 1941 an.
[165] Reichsverkehrsministerium. 33 Bbt 264. Betr.: Anstrich von vierachsigen 175-PS- und 210-PS-Dieseltriebwagen. Berlin W8, den 6. September 1939. LABln. A Rep. 080 Nr. 4050
[166] http://histor.ws/bmwr12/resta-06e.php?n=x840B aufgerufen 24.01.2013
[167] Deutsche Reichsbahn. Eisenbahnabteilung des Reichsverkehrsministeriums. 30 Fkwg 813. Aktenvermerk über die Besprechung am 3. Januar 1945 über Tarnung der Reichsbahn-Fahrzeuge. Berlin W8, den 6. Januar 1945. BArch Berlin / Sa. Dietz
[168] Deutsche Reichsbahn. Eisenbahnabteilung des Reichsverkehrsministeriums. 30 Fkwg 813. Betr Tarnung der Reichsbahnfahrzeuge. Berlin W8, den 30. Dezember 1944. BArch Berlin / Sa. Dietz
[169] Elsners Taschenbuch für den Reichsbahn-Kraftverkehr. 1938, Berlin [o.J], S. 340 - 350
[170] Schönherr, Hans: Die Ausbesserung von Verbrennungs-Triebwagen im Reichsbahn-Ausbesserungswerk Wittenberge. Organ 87 (1932), S. 263
[171] Deutsche Reichsbahn. W 03. Werkstatistik. Verzeichnis der Ausbesserungswerke. Geschäftsjahr 1939. SaWI
[172] Kaiß, Kurt: Das Eisenbahn-Ausbesserungswerk Opladen. Band 1: 1903–1945. Leichlingen, 2006
[173] Fischer: Die Daimler'schen Benzin-Motorwagen auf den königlich württembergischen Staatseisenbahnen. ZVDEV. 38 (1898), S. 100
[174] Gottschalk, Bernd; Otto Nübel: Verbrennungs-Motoren und Schienenverkehr. Internationales Verkehrswesen. 37 (1985), S. 330
[175] Willhaus: a.a.O, S. 75
[176] Willhaus: a.a.O, S. 75, 83
[177] Fischer: Die Daimler'schen Benzin-Motorwagen auf den königlich württembergischen Staatseisenbahnen. ZVDEV. 38 (1898), S. 100
[178] Willhaus: a.a.O, S. 75
[179] Motorwagen der württembergischen Staatsbahnen. Die Lokomotive. 3 (1906), S. 46
[180] Triebwagen der württembergischen Staatsbahnen. Die Lokomotive. 4 (1907), S. 97
[181] Triebwagen der württembergischen Staatsbahnen. Die Lokomotive. 5 (1908), S. 36
[182] Willhaus, Werner: Kittel-Dampftriebwagen. Freiburg. 2008, S. 75/76
[183] Pfitzner, W.: Automobil-Eisenbahnwagen mit Benzin-Betrieb. Dinglers Polytechnisches Journal. 85 (1901), Bd. 319, S. 309-313
[184] Willhaus: a.a.O, S. 80-82
[185] Willhaus: a.a.O, S. 76
[186] Guillery, Carl: Handbuch über Triebwagen für Eisenbahnen. München, Berlin, 1908, S. 174
[187] Willhaus: a.a.O, S. 98
[188] Willhaus: a.a.O, S. 83
[189] Fischer, D.: Die Eisenbahnkraftwagen der Daimler-Motorengesellschaft in Cannstatt. Zeitung des Vereins Deutscher Eisenbahnverwaltungen (ZVDEV). 43 (1903), S. 702/703
[190] Pfitzner, W.: Automobil-Eisenbahnwagen mit Benzin-Betrieb. Dinglers Polytechnisches Journal. 85 (1901), Bd. 319, S. 309-313
[191] Fischer, D.: Die Eisenbahnkraftwagen der Daimler-Motorengesellschaft in Cannstatt. Zeitung des Vereins Deutscher Eisenbahnverwaltungen (ZVDEV). 43 (1903), S. 702/703
[192] Willhaus: a.a.O, S. 80-82
[193] Willhaus: a.a.O, S. 80, 83
[194] Pfitzner, W.: Automobil-Eisenbahnwagen mit Benzin-Betrieb. Dinglers Polytechnisches Journal. 85 (1901), Bd. 319, S. 309-313
[195] Guillery, Carl: Handbuch über Triebwagen für Eisenbahnen. München, Berlin, 1908, S. 174
[196] Willhaus: a.a.O, S. 81
[197] Motorwagen der württembergischen Staatsbahnen. Die Lokomotive. 3 (1906), S. 46
[198] Triebwagen der württembergischen Staatsbahnen. Die Lokomotive. 4 (1907), S. 97
[199] Triebwagen der württembergischen Staatsbahnen. Die Lokomotive. 5 (1908), S. 36
[200] Triebwagen der württembergischen Staatsbahnen. Die Lokomotive. 6 (1909), S. 95
[201] Triebwagen der württembergischen Staatsbahnen. Die Lokomotive. 7 (1910), S. 238
[202] Krizko, Jaromir: Benzinelektrische Selbstfahrer im Eisenbahnbetrieb. Zeitschr. d. Österr. Ingenieur- und Architekten-Vereins. 58 (1906), S. 346
[203] Denkschrift über die Verwendung von Triebwagen bei den badischen Staatsbahnen. Die Lokomotive. 10 (1913), S. 190
[204] Denkschrift, die Verwendung von Triebwagen und leichten Zügen auf den bad. Staatseisenbahnen. LarchBaWü. Rep. 231 Nr. 9663
[205] Die Fahrzeuge der Württembergischen Staatsbahnen 1912/13. Die Lokomotive. 12 (1915), S. 20
[206] Willhaus: a.a.O, S. 98
[207] Willhaus: a.a.O, S. 105
[208] Willhaus: a.a.O, S. 83
[209] Spitzer, Karl; Dr. Viktor Krakauer: Motorwagen und Lokomotiven. Wien. 1907, S. 27
[210] Motorwagen auf der sächsischen Staatsbahn. Der Motorwagen. 6 (1903), H. 5, S. 93
[211] Motorwagen bei den sächsischen Staatsbahnen. Zeitung des Vereins Deutscher Eisenbahnverwaltungen (ZVDEV). 43 (1903), S. 205
[212] Spitzer, Karl; Dr. Viktor Krakauer: Motorwagen und Lokomotiven. Wien. 1907, S. 27
[213] Guillery, Carl: Handbuch über Triebwagen für Eisenbahnen. München, Berlin, 1908, S. 174
[214] Die sächsischen St. B. im Jahre 1908. Die Lokomotive. 7 (1910), S. 24
[215] Die kgl. sächsischen St.-B. im Jahre 1912. Die Lokomotive. 11 (1914), S. 284

216 Weisbrod, Manfred: Sachsen-Report. Band 6. Tender- und Schmalspurlokomotiven, Triebwagen und Sonderbauarten, Fürstenfeldbruck. 1998, S. 98-104
217 Wechmann, W.; W. Usbeck: Der benzolelektrische Triebwagen der Preußischen Eisenbahnverwaltung. EKB. 7 (1909), S. 241
218 Zander, Peter: Erster Verbrennungs-Triebwagen der K.P.E.V. 1908. me. 39 (1990), Heft 4, S. 16
219 Wechmann, W.; W. Usbeck: Der benzolelektrische Triebwagen der Preußischen Eisenbahnverwaltung. EKB. 7 (1909), S. 241
220 Zander, Peter: Erster Verbrennungs-Triebwagen der K.P.E.V. 1908. me. 39 (1990), Heft 4, S. 16
221 Zander, Peter: Erster Verbrennungs-Triebwagen der K.P.E.V. 1908. me. 39 (1990), Heft 4, S. 16
222 Wechmann, W.; W. Usbeck: Der benzolelektrische Triebwagen der Preußischen Eisenbahnverwaltung. EKB. 7 (1909), S. 241
223 Zander, Peter: Erster Verbrennungs-Triebwagen der K.P.E.V. 1908. me. 39 (1990), Heft 4, S. 16
224 Das Eisenbahnwesen der Gegenwart. Band 1. Berlin, 1911, S. 188
225 Weyand: Die Triebwagen im Dienste der preußisch-hessischen Staatseisenbahnen. EKB. 11 (1913), S. 249
226 Wechmann, Wilhelm: Der elektrische Zugbetrieb der Deutschen Reichsbahn. Berlin, 1924 – darin: Heinemann: Unterhaltung der Fahrleitungen. S. 162/163
227 Benzolelektrische Triebwagen. GA. (1913), 2. Halbband, S. 142
228 Wechmann, W.: Neuere benzolelektrische Triebwagen. EKB. 10 (1912), S. 621
229 Weese: Benzolelektrische Triebwagen. VtW. 7 (1912), S. 25
230 Benzolelektrische Triebwagen. GA. (1913), 2. Halbband, S. 142
231 Weese: Benzolelektrische Triebwagen. VtW. 7 (1912), S. 25; S. 45; S. 109
232 Heller, A.: Benzolelektrische Eisenbahn-Motorwagen. ZVDI. 56 (1912), S. 660
233 Weese: Benzolelektrische Triebwagen. VtW. 7 (1912), S. 45; S. 109
234 Heller, A.: Benzolelektrische Eisenbahn-Motorwagen. ZVDI. 56 (1912), S. 660
235 Heller, A.: Benzolelektrische Eisenbahn-Motorwagen. ZVDI. 56 (1912), S. 660
236 Wagenknecht: Über Triebwagenverkehr auf der preußischen Staatseisenbahn mit besonderer Berücksichtigung der benzol-elektrischen Triebwagen. Prometheus 23 (1912), S. 465
237 Weese: Benzolelektrische Triebwagen. VtW. 7 (1912), S. 109; S. 129
238 Weese: Benzolelektrische Triebwagen. VtW. 7 (1912), S. 25
239 Weese: Benzolelektrische Triebwagen. VtW. 7 (1912), S. 25
240 Wechmann, W. Neuere benzolelektrische Triebwagen. EKB. 10 (1912), S. 621
241 Neue benzol-elektrische Triebwagen für die preußischen Staatseisenbahnen. ZVDEV. 61 (1911), S. 1262
242 Einer der neuen benzolelektrischen Triebwagen. Dinglers Polytechnisches Journal. 93 (1912), S. 46
243 Benzolelektrische Triebwagen. GA. (1913), S. 142
244 Fleck: Das Verkehrswesen auf der internationalen Industrie- und Gewerbe-Ausstellung in Turin 1911. VtW. 6 (1912), S. 621
245 Weese: Benzolelektrische Triebwagen. VtW. 7 (1912), S. 25
246 Wechmann, W. Neuere benzolelektrische Triebwagen. EKB. 10 (1912), S. 621
247 Weyand: Die Triebwagen im Dienst der preußisch-hessischen Staatseisenbahnen. EKB. 11 (1913), S. 249
248 Guillery, Carl: Handbuch über Triebwagen für Eisenbahnen. Ergänzungsheft. München. 1919, S. 60/61
249 Merkbuch für die Fahrzeuge der Preußisch-Hessischen Staatseisenbahnverwaltung. Ausgabe 1915. Berlin, 1915; S. 76/77
250 Reichsverkehrsministerium. Zweigstelle Preußen-Hessen. Beschaffung, Bestand, Verwendung und Unterhaltung der Fahrzeuge der ehemals preußisch-hessischen Staatseisenbahnverwaltung nach dem Stand vom April 1920. S. 55, 58. BArch. Rep. R5 - 7198
251 Geschäftsbericht der Deutschen Reichsbahn-Gesellschaft. Berlin. 1922
252 Theurich, Wolfgang: Unterrichtswagen der DRG aus Görlitz. EK. (2010), H. 6, S. 50
253 Abschriften der polnischen Eisenbahnverwaltung wurden übergeben und mit dem neuen Eigentumsmerkmal P.K.P. versehen. Übergabetag: 10. Juli 1922. SaKu
254 Jerczynski, Michal: Wagon motorowy ESCix 00 011. Swiat kolei. (1999), H. 9, S. 18
255 Löffler, Peter: Die Eisenbahn in Oldenburg. Freiburg, 1999, S. 389
256 Wechmann, W.: Neuere benzolelektrische Triebwagen. EKB. 10 (1912), S. 621
257 Benzolelektrische Triebwagen. AEG-Mitteilungen. 13 (1917), S. 35
258 Theurich, Wolfgang: Unterrichtswagen der DRG aus Görlitz. EK. (2010), H. 6, S. 50
259 Benzolelektrische Triebwagen. AEG-Mitteilungen. 13 (1917), S. 35
260 Die Großherzoglich Oldenburgischen Staatseisenbahnen. Oldenburg. 1917, S. 137/138
261 Das Eisenbahnwesen der Gegenwart. Band 1. Berlin, 1911, S. 188
262 Dietl, Gustav: Die AEG und die Entwicklung der elektrischen Bahnen. AEG-Mitteilung 13 (1911), No. 8, S. 1
263 Die Großherzoglich Oldenburgischen Staatseisenbahnen. Oldenburg. 1917, S. 137/138
264 Wechmann, W.: Neuere benzolelektrische Triebwagen. EKB. 10 (1912), S.621
265 Die Großherzoglich Oldenburgischen Staatseisenbahnen. Oldenburg. 1917, S. 137/138
266 Theurich, Wolfgang: Unterrichtswagen der DRG aus Görlitz. EK. (2010), H. 6, S. 50
267 Merkbuch für die Fahrzeuge der Preußisch-Hessischen Staatseisenbahnverwaltung. Ausgabe 1915. Berlin, 1915
268 Guillery, Carl: Handbuch über Triebwagen für Eisenbahnen. Ergänzungsheft. München. 1919, S. 46 - 55
269 Weese: Benzolelektrische Triebwagen. VtW. 7 (1912), S. 25
270 Neue benzol-elektrische Eisenbahnmotorwagen der Königlich Preußischen Eisenbahnverwaltung. ZVDI. 58 (1914), S. 764
271 Merkbuch für die Fahrzeuge der Preußisch-Hessischen Staatseisenbahnverwaltung. Ausgabe 1915. Neudruck 1919. Berlin, 1919; S. 79
272 Bäzold, Dieter; Dr. Rolf Löttgers; Dr. Günther Scheingraber; Manfred Weisbrod: Preußen-Report, Band No. 9, Fürstenfeldbruck 1996, S. 50/51
273 Neue benzol-elektrische Eisenbahnmotorwagen der Königlich Preußischen Eisenbahnverwaltung. ZVDI. 58 (1914), S. 764
274 Preußen-Report 9, a.a.O., S. 50/51
275 Fotos in der Sammlung Dirk Winkler
276 Reichsverkehrsministerium. Zweigstelle Preußen-Hessen. Beschaffung, Bestand, Verwendung und Unterhaltung der Fahrzeuge der ehemals preußisch-hessischen Staatseisenbahnverwaltung nach dem Stand vom April 1920. S. 55, 58. BArch. Rep. R5 - 7198
277 Geschäftsbericht der Deutschen Reichsbahn-Gesellschaft. Berlin. 1922
278 Anlage 2 zu E.F.III.37. Nr. 1360. Nachweisung der infolge des Krieges in Verlust geratenen Triebwagen. [1922]. SaKu
279 Merkbuch für die Fahrzeuge der Preußisch-Hessischen Staatseisenbahnverwaltung. Ausgabe 1915. Berlin, 1915
280 Guillery, Carl: Handbuch über Triebwagen für Eisenbahnen. Ergänzungsheft. München. 1919, S. 46 - 55
281 Weese: Benzolelektrische Triebwagen. VtW. 7 (1912), S. 25
282 Guillery, Carl: Handbuch über Triebwagen für Eisenbahnen. Ergänzungsheft. München. 1919, S. 65
283 Weese: Benzolelektrische Triebwagen. VtW. 7 (1912), S. 25
284 Guillery, Carl: Handbuch über Triebwagen für Eisenbahnen. Ergänzungsheft. München. 1919, S. 46 - 58
285 Bäzold, Dieter; Dr. Rolf Löttgers; Dr. Günther Scheingraber; Manfred Weisbrod: Preußen-Report, Band No. 9, Fürstenfeldbruck 1996, S. 50/51
286 Merkbuch für die Fahrzeuge der Preußisch-Hessischen Staatseisenbahnverwaltung. Ausgabe 1915. Neudruck 1919. Berlin, 1919; S. 79
287 Anger: Das deutsche Eisenbahnwesen in der Baltischen Ausstellung Malmö 1914. ZVDI (1915), S. 233
288 Eisenbahndirektion 1) T108 schreibe: An den Herrn Minister der öffentlichen Arbeiten… Berlin, den 23. August 1919. LArch Berlin, A Rep. 080 Nr. 1060
289 K.E.Direct. Berlin. G.Nr. V.7195. Betrifft: Einrichtung eines elektrischen Triebwagenverkehrs auf der Wannseebahn. Berlin, den 7. September 1918. LABln. Rep. A 080 Nr. 1060
290 Der Minister der öffentlichen Arbeiten. VI.64.D.13782. Berlin W66, den 10. November 1918. LABln. Rep. A 080 Nr. 1060
291 [Briefentwurf] 25a.V.9282/18./120. Betrifft: Benzol-Triebwagen. Berlin, den 4. Juli 1919. LABln. Rep. A 080 Nr. 1060
292 Eisenbahndirektion. 25a.Va.35/19. Betrifft: Benzol-Triebwagen. Berlin, den 23. August 1919. LABln. Rep. A 080 Nr. 1060
293 [mehrere Bahndiensttelegramme vom 19., 23., 24. Oktober 1919] LABln. Rep. A 080 Nr. 1060
294 Einige neue benzolelektrische Triebwagen. VT. 36 (1919), S. 85
295 Eisenbahndirektion. 25a.Va.35/19/T.120. Betrifft: Benzol-Triebwagen V.T. 17 und V.T. 10. Berlin, den 23. August 1919. LABln. Rep. A 080 Nr. 1060
296 Eröffnung eines Personen- und Güterbetriebes auf der Alstertalbahn. Staatsarchiv Hamburg. Rep. 374-10_B XXVI c 21
297 Tetzlaff: Das Lentz-Getriebe und seine Anwendung in elektrischen Vollbahnfahrzeugen. In – Wechmann, Wilhelm (Hrsg.): Der elektrische Zugbetrieb der Deutschen Reichsbahn. Berlin, 1924, S. 230 ff.
298 Preußen-Report 9, a.a.O., S. 50/51
299 Preußen-Report 9, a.a.O., S. 50/51
300 Löttgers, Rolf: Umbau-Turmtriebwagen der Deutschen Reichsbahn. LM (1993), H. 3/4, S. 90
301 Borbe, Thomas; Peter Glanert: Elektrische Triebwagen in Mitteldeutschland. Fürstenfeldbruck, Essen, 2015, S. 14, 15
302 Die Entwicklung der Bergmann-Werke. Bergmann-Mitteilungen. 1 (1923), S. 3
303 Ein Rundgang durch die Fabriken der Bergmann Elektricitäts-Werke Aktiengesellschaft Berlin. Berlin, 1912, 36
304 Linker, A.: Bemerkenswertes aus dem maschinen- und elektrotechnischen Gebiet auf der Weltausstellung in Brüssel 1910. Dinglers Polytechnisches Journal. 92 (1911), S. 299

[305] Schwickart: Die Eisenbahn-Technik auf der Brüsseler Weltausstellung. VtW. 5 (1910/11), S. 961

[306] Merkbuch für die Fahrzeuge der Preußisch-Hessischen Staatseisenbahnverwaltung. Ausgabe 1915. Neudruck 1919. Berlin, 1919; S. 79

[307] Linker, A.: Bemerkenswertes aus dem maschinen- und elektrotechnischen Gebiet auf der Weltausstellung in Brüssel 1910. Dinglers Polytechnisches Journal. 92 (1911), S. 299

[308] Bucher, A.: Das Eisenbahnwesen auf der Weltausstellung in Brüssel 1910. Dinglers Polytechnisches Journal. 92 (1911), S. 393

[309] Linker, A.: Bemerkenswertes aus dem maschinen- und elektrotechnischen Gebiet auf der Weltausstellung in Brüssel 1910. Dinglers Polytechnisches Journal. 92 (1911), S. 299

[310] Merkbuch für die Fahrzeuge der Preußisch-Hessischen Staatseisenbahnverwaltung. Ausgabe 1915. Berlin, 1915

[311] Merkbuch für die Fahrzeuge der Preußisch-Hessischen Staatseisenbahnverwaltung. Ausgabe 1915. Neudruck 1919. Berlin, 1919; S. 79

[312] Bäzold, Dieter; Rolf Löttgers; Günther Scheingraber; Manfred Weisbrod: Preußen Report, Band 9, Zahnrad und Schmalspurlokomotiven, Triebwagen. Fürstenfeldbruck. 1996, S. 54

[313] Zeuner, Hanno: Die dieselelektrischen Triebwagen für die Kgl. Sächs. Staatseisenbahnen. EKB. 13 (1915), S. 302

[314] Diesel-elektrische Triebwagen der Sächsischen Staatsbahnen. EKB. 12 (1914), S. 361

[315] Merkbuch für die Fahrzeuge der Preußisch-Hessischen Staatseisenbahnverwaltung. Ausgabe 1915. Berlin, 1915

[316] Zeuner: Triebwagen. a.a.O, S. 302, 309, 321

[317] Elektromotor-Triebwagen mit eigener Kraftquelle. Schweizerische Bauzeitung. 68 (1916), S. 26

[318] Guillery, Carl: Handbuch über Triebwagen für Eisenbahnen. Ergänzungsheft. München. 1919, S. 65/68

[319] Triebwagen mit Dieselmaschinen und elektrischer Uebertragung. ZVDI. 58 (1914), S. 981

[320] Diesel-elektrische Triebwagen der Sächsischen Staatsbahnen. EKB. 12 (1914), S. 361

[321] Diesel-elektrische Eisenbahnmotorwagen. Schweizerische Bauzeitung. 63 (1914), S. 339

[322] Zeuner: Triebwagen. a.a.O, S. 302

[323] Zeuner: Triebwagen. a.a.O, S. 321

[324] Diesel-elektrische Triebwagen der Sächsischen Staatsbahnen. EKB. 12 (1914), S. 361

[325] Röll, Freiherr von: Enzyklopädie des Eisenbahnwesens, Band 9. Berlin, Wien. 1921, S. 366-371

[326] Heisterbergk: Die Sächsischen Staatseisenbahnen im Rechnungsjahr 1919. Verkehrstechnik. (1922), S. 7

[327] The Sulzer Diesel-Electrical Rail Car. The Engineer. 67 (1922), pp. 696

[328] Müller, Siegfried: Einzelgänger in Sachsen. Eisenbahn Magazin. (1997), H. 1, S. 20

[329] Guillery, Carl: Handbuch über Triebwagen für Eisenbahnen. Ergänzungsheft. München. 1919, S. 65/68

[330] Merkbuch für die Fahrzeuge der Preußisch-Hessischen Staatseisenbahnverwaltung. Ausgabe 1915. Berlin, 1915

[331] Merkbuch für die Fahrzeuge der Preußisch-Hessischen Staatseisenbahnverwaltung. Ausgabe 1915. Neudruck 1919. 3. Auflage, Berlin, im März 1919

[332] Reichsverkehrsministerium. Zweigstelle Preußen-Hessen. Beschaffung, Bestand, Verwendung und Unterhaltung der Fahrzeuge der ehemals preußisch-hessischen Staatseisenbahnverwaltung nach dem Stand vom April 1920. S. 59. BArch. Rep. R5 - 7198

[333] Theurich, Wolfgang: Unterrichtswagen der DRG aus Görlitz. EK. (2010), H. 6, S. 50

[334] Umnummerungsplan [1932] C und C 3, 2) Länderwagen, Jahrgang 1911 bis 1917 = 8754 Stück, S. 629. VAN

[335] Umnummerungsplan [1932] Ci und C3i, 2.) Länderwagen, Jahrgang 1911 bis 1923 = 3886 Stück, S. 261, 262. VAN

[336] Bothe, Dietrich: Die preußischen Verwandten. Eisenbahngeschichte (2016), H. , S. 11

[337] [Skizzenheft] BArch, Rep R5-7610, Teil 2, pag. 302

[338] Bothe, Dietrich: Die preußischen Verwandten. Eisenbahngeschichte (2016), H. , S. 11

[339] Fiebig, Günther: Die dreiteiligen Akkumulator-Triebzüge 569/0569/570 bis 577/0577/578 der DRG. Der Modelleisenbahner (1978), S. 187

[340] Suhr, Christian: Mit dem Omnibus bergauf. Brilon. 1998, S. 13-16

[341] Einrichtung staatlicher Motorwagenlinien im Königreich Sachsen. ZVDI. 57 (1913), S. 76

[342] Staatliche Motoromnibusverbindungen im Königreich Sachsen. ZVDI. 58 (1914), S. 516

[343] Suhr: a.a.O., S. 95-96, 99-100

[344] Runge, Dana; Petra Hamann; Thomas Giesel (Hrsg.): Emil Hermann Nacke, Sachsens erster Automobilbauer. Dresden. 2007, S. 76-78

[345] Weisbrod, Manfred: Sachsen-Report. Band 6. Tender- und Schmalspurlokomotiven, Triebwagen und Sonderbauarten, Fürstenfeldbruck. 1998, S. 104

[346] Suhr: a.a.O., S. 99-100

[347] Merkbuch für die Fahrzeuge der Reichsbahn. III. Elektrische Lokomotiven und Triebwagen aller Antriebsarten. Ausgabe 1932

[348] Merkbuch für die Schienenfahrzeuge der Deutschen Bundesbahn, DV 939, III. Brennkraftfahrzeuge einschl. zugehöriger Steuer- und Beiwagen. Ausgabe 1952

[349] Anlage zum Bericht des RZA – Fktv 3532 – vom 4.4.1929. BArch Berlin, Rep. R5-22521

[350] Triebwagen mit Verbrennungsmotoren September 1930. BArch Berlin, Rep. R5-22522

[351] Zusammenstellung der Triebwagen mit Verbrennungsmotoren (Nummernplan). Stand am 1. Juni 1933. BArch Berlin, Rep. R5-12597

[352] Plan für die Nummerung und Verteilung der Triebwagen mit Verbrennungsmotoren und der zugehörigen Steuer- u. Beiwagen. Aufgestellt im November 1934. BArch Berlin, Rep. R5-12598

[353] Deutsche Reichsbahn. Plan für die Nummerung und Verteilung der Triebwagen mit Verbrennungsmotoren und der Dampftriebwagen. Aufgestellt: Reichsbahn-Zentralamt München, im Januar 1937. [einschl. handschriftlicher Nachträge bis Ende 1939] . VAN

[354] Reichsbahn-Zentralamt München. 3214 Bbta. Zusammenstellung der im Betrieb befindlichen VT-Wagen. München, den 14.01.1941. Sa. Kurz

[355] Kurz, Heinz R.: Triebwagen der Deutschen Reichsbahn. Die Baureihen VT 133 bis VT 137. Freiburg, 2013

[356] Reichsbahn-Zentralamt. Fktv 3532. Betr Herrichtung von Polsterabteilen in Verbrennungs-Triebwagen. 10. Juni 1929. BArch Berlin, Rep. R5-22521

[357] Anlage zum Bericht des RZA – Fktv 3532 – vom 4.4.1929. BArch Berlin, Rep. R5-22521

[358] [RZA München] Flaschenbedarf bei Flüssiggasbetrieb der VT. [undatiert, vmtl. April 1940] LABln. A Rep. 080 Nr. 4050

[359] Vogler, Heiko; Olaf Wanka: 1926: Triebwagenversuche in der RBD Dresden. EK 48 (2013), H. 1, S. 63

[360] Löttgers, Rolf: Die Benzol-Triebwagen der Allgemeinen Elektricitäts-Gesellschaft (AEG/NAG) 1907 – 1928. in: Jahrbuch für Eisenbahngeschichte. Band 16, 1984, S. 57

[361] Czygan, Franz: Die Eisenbahn in Wort und Bild. Zweiter Band. Nordhausen, 1928, S. 902-904

[362] [Deutsche Reichsbahn-Gesellschaft] Beschreibung und Bedienungsvorschrift für die zweiachsigen Benzol-Triebwagen 705 – 708. [ohne Jahr]

[363] Reichsbahn-Zentralamt. Fktv 3532. Betr Herrichtung von Polsterabteilen in Verbrennungs-Triebwagen. 10. Juni 1929. BArch Berlin, Rep. R5-22521

[364] Anlage zum Bericht des RZA – Fktv 3532 – vom 4.4.1929. BArch Berlin, Rep. R5-22521

[365] Reichsbahn-Zentralamt München. 28/Bmktr 3/Bbta. Betreff: Instandsetzung des Verbrennungs-Triebwagens Nr 705. 25.10.1938. BArch Berlin, Rep. R5-22546, pag. 130

[366] [RZA München] Flaschenbedarf bei Flüssiggasbetrieb der VT. [undatiert, vmtl. April 1940] LABln. A Rep. 080 Nr. 4050

[367] Reichsbahndirektion Nürnberg. Statistischer Nachweis St 10b über den Bestand an Triebwagen am 31. Dez. 1940. SaWi / VAN

[368] Wirtschaftlichkeitskontrolle der Triebwagen mit eigener Kraftquelle. Die Reichsbahn 6 (1930), S. 679

[369] Reichsbahndirektion Breslau. 21 M 10 Bbtm 60. Betreff: Ausmusterung des V.T. 705. 6.7.1937. BArch Berlin, Rep. R5-22546, pag. 121

[370] DRB. 33 Fktv 738. Berlin, Juli 1937. BArch Berlin, Rep. R5-22546, pag. 124

[371] Deutsche Reichsbahn Eisenbahnabteilung des Reichsverkehrsministeriums. 33 Fktv 738. Betr Ausmusterung eines Verbrennungs-Triebwagens. Berlin W 8, den 13. August 1937. BArch Berlin, Rep. R5-22546, pag. 126

[372] Reichsbahn-Zentralamt München. 28/Bmktr 2/Bbta. Betreff: Instandsetzung des Verbrennungs-Triebwagens Nr. 705. 25.10.1938. BArch Berlin, Rep. R5-22546, pag. 130

[373] Reichsbahndirektion Nürnberg. 21 21H2 Fktv 100. Betreff: Instandsetzung des VT 705. 3. Mai 1939. BArch Berlin, Rep. R5-22546, pag. 132

[374] DRB. 33 Fktv 980. Betr Werkstätten, Ausmusterung eines VT-Wagens. Berlin, den 16. Dezember 1939. BArch Berlin, Rep. R5-22546, pag. 134

[375] Betriebsbuchauszug VT 706. VAN, Akte 725.75

[376] Reichsbahndirektion Nürnberg. Statistischer Nachweis St 10b über den Bestand an Triebwagen am 31. Dez. 1941. SaWi / VAN

[377] Reichsbahndirektion Nürnberg. Statistischer Nachweis St 10b über den Bestand an Triebwagen am 31. Dez. 1942. SaWi / VAN

[378] Reichsbahndirektion Nürnberg. Statistischer Nachweis St 10b über den Bestand an Triebwagen am 31. Dezember 1943. SaWi / VAN

[379] Reichsbahndirektion Nürnberg. Statistischer Nachweis St 10b über den Bestand an Triebwagen am 31. März 1944. SaWi / VAN
[380] Verzeichnis von Triebwagen im RBD Bezirk [Nürnberg]. Stand am 15.7.45. VAN
[381] RBD Nürnberg. Dez. 23. Verzeichnis der Motorschienenfahrzeuge. Stand vom 1. XI. 48. VAN
[382] Betriebsbuchauszug VT 706 (86 901). VAN / SaWi
[383] Schütte, Ingrid und Werner: Die Niederweserbahn. Lübbecke 1984, S. 113
[384] Czygan, Franz: Die Eisenbahn in Wort und Bild. Zweiter Band. Nordhausen, 1928, S. 905-906
[385] Reichsbahn-Zentralamt für Maschinenbau. R 30 Qbvk 11. Betr: Wasserstoffmotor. Berlin, den 3. August 1934. BArch Berlin, Rep. R5- 22561, pag. 70
[386] Reichsbahn-Zentralamt für Maschinenbau. R 30 Qbvk 11. Betrifft: Wasserstoff-Motor. Berlin, den 3. September 1934. BArch Berlin, Rep. R5- 22561, pag. 81
[387] Reichsbahn-Zentralamt für Maschinenbau. R 01/30 Qbvk 11. Betr: Wasserstoffmotoren. 2. Februar 1935. BArch Berlin, Rep. R5- 22561, pag. 123 - 133
[388] [RZA München] Flaschenbedarf bei Flüssiggasbetrieb der VT. [undatiert, vmtl. April 1940] LABln. A Rep. 080 Nr. 4050
[389] Löttgers, Rolf: Die Benzol-Triebwagen der Allgemeinen Elektricitäts-Gesellschaft (AEG/NAG) 1907 – 1928. in: Jahrbuch für Eisenbahngeschichte. Band 16, 1984, S. 57
[390] Reichsbahn-Zentralamt für Maschinenbau. 2432 Futvg. Betr Verbrennungs-Triebwagen 709-712 Oldenburg. 25. September 1933. BArch Berlin, Rep. R5-7952, pag. 301, 302
[391] Reichsbahn-Zentralamt für Maschinenbau. 2432 Futvg. Betr Verbrennungs-Triebwagen 709 - 712 Oldenburg. 21. Oktober 1933. BArch Berlin, Rep. R5-7952, pag. 305, 305
[392] DRG. Reichsbahndirektion Altona. 65 W 6 Fktv/W30. Betr: Werkstätten. Einbau eines Büssing-Motors in einen zweiachsigen Verbrennungs-Triebwagen der Rbd Oldenburg. Altona, den 26.11.1934. BArch Berlin, Rep. R5-7952, pag. 312
[393] An RZA München. Betr. Umbau der Verbrennungs-Triebwagen 709 bis 712. BArch Berlin, Rep. R5-7952, pag. 319, 320
[394] Reichsbahn-Zentralamt München. 24h Fktvm 709-712. Betreff: Umbau der VT 709, 711 und 712. 25.3.35. BArch Berlin, Rep. R5-7952, pag. 321
[395] Reichsbahn-Zentralamt für Maschinenbau. R 30 Qbvk 24. Betr Wasserstoffmotor. 3. Oktober 1934. BArch Berlin, Rep. R5- 22561, pag. 82
[396] Reichsbahn-Zentralamt für Maschinenbau. R 01 Qbvk 11. Betr Fahrzeugmotorbetrieb mit Wasserstoff. 17. Dezember 1934. BArch Berlin, Rep. R5- 22561, pag. 88
[397] Reichsbahn-Zentralamt für Maschinenbau. R 01/30 Qbvk 11. Betr: Wasserstoffmotoren. 2. Februar 1935. BArch Berlin, Rep. R5- 22561, pag. 123 - 133
[398] Löttgers, Rolf: Die Benzol-Triebwagen der Allgemeinen Elektricitäts-Gesellschaft (AEG/NAG) 1907 – 1928. in: Jahrbuch für Eisenbahngeschichte. Band 16, 1984, S. 59
[399] Löttgers, Rolf: Die Benzol-Triebwagen der Allgemeinen Elektricitäts-Gesellschaft (AEG/NAG) 1907 – 1928. in: Jahrbuch für Eisenbahngeschichte. Band 16, 1984, S. 59
[400] RBD Sw. 21 M 6 Fuv. Betr: Ausmusterung von Verbrennungs-Triebwagen. Sw, d. 31.8.49
[401] Die Eisenbahnfahrzeuge auf der Deutschen Verkehrsausstellung München 1925. Organ 81 (1926), S. 91, 92
[402] Czygan, Franz: Die Eisenbahn in Wort und Bild. Zweiter Band. Nordhausen, 1928, S. 899-902
[403] Triebwagen. Eisenbahn-Rundschau 2 (1925), S. 173
[404] Die Eisenbahnfahrzeuge auf der Deutschen Verkehrsausstellung München 1925. Organ 81 (1926), S. 91, 92
[405] Reichsbahn-Zentralamt. Fktv 3532. Betr Herrichtung von Polsterabteilen in Verbrennungs-Triebwagen. 10. Juni 1929. BArch Berlin, Rep. R5-22521
[406] Anlage zum Bericht des RZA – Fktv 3532 – vom 4.4.1929. BArch Berlin, Rep. R5-22521
[407] [RZA München] Flaschenbedarf bei Flüssiggasbetrieb der VT. [undatiert, vmtl. April 1940] LABln. A Rep. 080 Nr. 4050
[408] Wirtschaftlichkeitskontrolle der Triebwagen mit eigener Kraftquelle. Die Reichsbahn 6 (1930), S. 679
[409] Löttgers, Rolf: Die Benzol-Triebwagen der Allgemeinen Elektricitäts-Gesellschaft (AEG/NAG) 1907 – 1928. in: Jahrbuch für Eisenbahngeschichte. Band 16, 1984, S. 59
[410] Löttgers, Rolf: Die Benzol-Triebwagen der Allgemeinen Elektricitäts-Gesellschaft (AEG/NAG) 1907 – 1928. in: Jahrbuch für Eisenbahngeschichte. Band 16, 1984, S. 59
[411] Lokkartei. Archiv des MfV, Akten-Nr. 1027, 1028
[412] Fromm, Günter: Der Eisenbahnknoten Ebeleben. Bad Langensalza. 1994, S. 60
[413] Janke, Werner: Der Eisenbahn-Öltriebwagen. Leipzig, 1926, S. 76
[414] Bäumer, Wolfram. Angebot der Triebwagen DEBG 201 und 202. Die Museums-Eisenbahn. (2002), H. 3, S. 36
[415] Janke, Werner: Der Eisenbahn-Öltriebwagen. Leipzig, 1926, S. 53, 76
[416] Benzol-Triebwagen der Gothaer Waggonfabrik zu Gotha. GA. (1925), S. 204
[417] Bäumer, Wolfram. Angebot der Triebwagen DEBG 201 und 202. Die Museums-Eisenbahn. (2002), H. 3, S. 36
[418] Benzol-Triebwagen der Gothaer Waggonfabrik zu Gotha. GA. (1925), S. 204
[419] Bäumer, Wolfram. Angebot der Triebwagen DEBG 201 und 202. Die Museums-Eisenbahn. (2002), H. 3, S. 36
[420] Merkbuch für die Fahrzeuge der Reichsbahn. III. Elektrische Lokomotiven und Triebwagen aller Antriebsarten. Berlin, 1932, S. 71, 140
[421] Wetzler: Die Eisenbahnfahrzeuge auf der Deutschen Verkehrsausstellung München 1925. Organ 81 (1926), S. 71
[422] Bäumer, Wolfram. Angebot der Triebwagen DEBG 201 und 202. Die Museums-Eisenbahn. (2002), H. 3, S. 36
[423] Löttgers, Rolf: Umbau-Turmtriebwagen der Deutschen Reichsbahn. LM (1993), H. 3/4, S. 90
[424] Czygan, Franz: Die Eisenbahn in Wort und Bild. Zweiter Band. Nordhausen, 1928, S. 897-899
[425] Ebel: Die neuen Verbrennungs-Triebwagen der Deutschen Reichsbahn-Gesellschaft und ihre Versuchsergebnisse. Organ 81 (1926), S. 55
[426] Naske, Gottfried: Neuere Öltriebwagen. ZVDI 72 (1928), S. 1605
[427] Anlage zum Bericht des RZA – Fktv 3532 – vom 4.4.1929. BArch Berlin, Rep. R5-22521
[428] Reichsbahn-Zentralamt. Betr Einbau neuer Getriebe in die v T 751 und 752 Altona. 24.4.1930. BArch Berlin, Rep. R5-22522
[429] Elsners Taschenbuch für den Reichsbahn-Kraftverkehr. 1937, Berlin [o.J], S. 160
[430] [RZA München] Flaschenbedarf bei Flüssiggasbetrieb der VT. [undatiert, vmtl. April 1940] LABln. A Rep. 080 Nr. 4050
[431] Ebel: Die neuen Verbrennungs-Triebwagen der Deutschen Reichsbahn-Gesellschaft und ihre Versuchsergebnisse. Organ 81 (1926), S. 55
[432] Wirtschaftlichkeitskontrolle der Triebwagen mit eigener Kraftquelle. Die Reichsbahn 6 (1930), S. 679
[433] Reichsbahn-Zentralamt. Betr Wiederaufbau des abgebrannten Verbrennunsgtriebwagens 753 Stettin. 24.10.1930. BArch Berlin, Rep. R5-22512 1 von 2, pag. 131, 132
[434] [Schreiben] Berlin, den 4. November 1930. BArch Berlin, Rep. R5-22512 1 von 2, pag. 139
[435] Reichsbahndirektion Stettin. 21 M 11 Füs-T. Betrifft: Fahrzeugbestand am 31. Dezember 1935. Statistischer Nachweis 11 b. Stettin, den 27. Dezember 1935. SaWi
[436] Löttgers, Rolf: DWK-Benzoler für DRG und MFWE – Fünf Typen vom Typ V. MIBA (2000), H. 9, S. 85
[437] Anlage zum Bericht des RZA – Fktv 3532 – vom 4.4.1929. BArch Berlin, Rep. R5-22521
[438] [RZA München] Flaschenbedarf bei Flüssiggasbetrieb der VT. [undatiert, vmtl. April 1940] LABln. A Rep. 080 Nr. 4050
[439] Theurich, Wolfgang: 150 Jahre Waggonbau in Görlitz. Freiburg 1999, S. 259
[440] Probefahrt mit dem Wumag-Oeltriebwagen. GA (1926), 1. Hb., S. 113
[441] Betriebsbuch Triebwagen 801. BArch Berlin, Rep. R4304-523
[442] Bohlmann, Dieter-Theodor: Die schweren WUMAG-Triebwagen 757 bis 762 der Deutschen Reichsbahn Gesellschaft. Gifhorn 1985, S. 11
[443] Nolde: Die neuen Verbrennungs-Triebwagen der Deutschen Reichsbahn-Gesellschaft und ihre Versuche. Organ 82 (1927), S. 213 + Tafel 25, 26
[444] Anlage zum Bericht des RZA – Fktv 3532 – vom 4.4.1929. BArch Berlin, Rep. R5-22521
[445] Reichsbahn Zentralamt München. 3214 Bbta. Zusammenstellung der im Betrieb befindlichen VT Wagen. München, den 14.01.1941. SaKu
[446] Nolde: Die neuen Verbrennungs-Triebwagen der Deutschen Reichsbahn-Gesellschaft und ihre Versuche. Organ 82 (1927), S. 213 + Tafel 25, 26
[447] Nolde: Die neuen Verbrennungs-Triebwagen der Deutschen Reichsbahn-Gesellschaft und ihre Versuche. Organ 82 (1927), S. 213 + Tafel 25, 26
[448] Anlage 1 zum Bericht Fktv 24 v 25.8.30. BArch Berlin, Rep. R5-22522
[449] Friedrich, K.: Erfahrungen mit Triebwagen im Bezirk der Reichsbahndirektion Nürnberg. Die Reichsbahn 9 (1933), S. 805
[450] Reichsbahndirektion Nürnberg. Übersicht über den Bestand an Lokomotiven und Triebwagen am 31. Juli 1930 / 31. August 1930 / 31. Oktober 1931 / 31. Dezember 1931 / 31. März 1932. VAN
[451] Friedrich, K.: Erfahrungen mit Triebwagen im Bezirk der Reichsbahndirektion Nürnberg. Die Reichsbahn 9 (1933), S. 922
[452] Verzeichnis von Triebwagen im RBD Bezirk [Nürnberg]. Stand am 15.7.45. VAN
[453] [Reichsbahndirektion Nürnberg] Liste aller Diesel-Benzin und elektr. Triebwagen. Stand: 20.7.46. VAN
[454] RBD Nürnberg. Dez. 23. Verzeichnis der Motorschienenfahrzeuge. Stand vom 1. XI. 48. VAN
[455] Betriebsbuchauszug VT 762. VAN, Akten Nr. 725/30
[456] Anlage zum Bericht des RZA – Fktv 3532 – vom 4.4.1929. BArch Berlin, Rep. R5-22521

[457] Friedrich, K.: Erfahrungen mit Triebwagen im Bezirk der Reichsbahndirektion Nürnberg. Die Reichsbahn 9 (1933), S. 895

[458] [RZA München] Flaschenbedarf bei Flüssiggasbetrieb der VT. [undatiert, vmtl. April 1940] LABln. A Rep. 080 Nr. 4050

[459] Fktv 37. Auszug aus dem Bericht des ROB Hildebrand der Reichsbahndirektion Breslau v. 23.1.1929. BArch Berlin, Rep. R5-22132, pag. 2 - 3

[460] Wirtschaftlichkeitskontrolle der Triebwagen mit eigener Kraftquelle. Die Reichsbahn 6 (1930), S. 679

[461] Friedrich, K.: Erfahrungen mit Triebwagen im Bezirk der Reichsbahndirektion Nürnberg. Die Reichsbahn 9 (1933), S. 895

[462] Reichsbahndirektion Nürnberg. Übersicht über den Bestand an Lokomotiven und Triebwagen am 31. Juli 1930 / 31. August 1930 / 31. Oktober 1931 / 31. Dezember 1931 / 31. März 1932. VAN

[463] Friedrich, K.: Erfahrungen mit Triebwagen im Bezirk der Reichsbahndirektion Nürnberg. Die Reichsbahn 9 (1933), S. 922

[464] Verzeichnis von Triebwagen im RBD Bezirk [Nürnberg]. Stand am 15.7.45. VAN

[465] [Reichsbahndirektion Nürnberg] Liste aller Diesel-Benzin und elektr. Triebwagen. Stand: 20.7.46. VAN

[466] RBD Nürnberg. Dez. 23. Verzeichnis der Motorschienenfahrzeuge. Stand vom 1. XI. 48. VAN

[467] Reichsbahndirektion Oldenburg. 7 M Bbt 6. Betrifft: Verteilung der Triebwagen mit eigener Kraftquelle auf die Reichsbahn-Ausbesserungswerke. 30.9.1932. BArch Berlin, Rep. R5-22858

[468] Reichsbahndirektion Stettin. 21 M 11 Füs-T. Betrifft: Fahrzeugbestand am 31. Dezember 1935. Statistischer Nachweis 11 b. Stettin, den 27. Dezember 1935. SaWi

[469] Wolff, Gerd; Hans-Dieter Menges: Deutsche Klein- und Privatbahnen. Band 3: Württemberg. Freiburg 1995, S. 130

[470] Riehemann, Dieter: Güter- und Schlepptriebwagen bei deutschen Kleinbahnen und Schmalspurbahnen. Gifhorn 2005, S. 30

[471] http://www.uef-dampf.de/-lokalbahn/pages/fahrzeuge/t11.html eingesehen am 09.02.2017

[472] http://neu.halle-hettstedter-eisenbahn.de/?page_id=40 eingesehen am 09.02.2017

[473] Elsners Taschenbuch für den Reichsbahn-Kraftverkehr. 1937, Berlin [o.J], S. 164

[474] Vogler, Heiko; Olaf Wanka: 1926: Triebwagenversuche in der RBD Osten. EK 48 (2013), H. 1, S. 63

[475] Eisenbahn Geschichte Nr. 18 Okt./Nov 2006. Verlag DGEG Medien, S. 12

[476] Löttgers, Rolf: Die Triebwagen der Deutschen Werke Kiel. Lübbecke 1988, S. 137

[477] Nolde: Eine neue Triebwagenbauart mit kompressorlosem Dieselmotor und ihre Versuchsergebnisse. Organ 93 (1928), S. 109

[478] Elsners Taschenbuch für den Reichsbahn-Kraftverkehr. 1937, Berlin [o.J], S. 155, 156

[479] Deutsche Reichsbahn-Gesellschaft. Hauptverwaltung. 31/74a Fktv 259. Vermerk. Berlin W 8, den 23. Juni 1933. BArch Berlin, Rep. R5-22365, pag. 268 - 270

[480] Elsners Taschenbuch für den Reichsbahn-Kraftverkehr. 1937, Berlin [o.J], S. 143, 144

[481] Reichsbahn-Zentralamt München. 24 Fktv. Betreff: Maschinentragrahmen an den VT 801-804 sowie 812/13, 814/15 und 818/19. 10.6.36. BArch Berlin, Rep. R5-22478, pag. 87

[482] Reichsbahn-Zentralamt München. 2516 Fktvm 801 – 818/19. Betreff: Erneuerung von Maschinentragrahmen bei den VT-Wagen 801 - 818/19. 8. Dezember 1937. BArch Berlin, Rep. R5-22478, pag. 93

[483] Nolde: Eine neue Triebwagenbauart mit kompressorlosem Dieselmotor und ihre Versuchsergebnisse. Organ 93 (1928), S. 109

[484] Reichsbahndirektion Magdeburg. II 25 Fktv 10 (Tm 14). Betr.: Frostschäden bei Verbrennungs-Triebwagen. 30. April 1928. BArch Berlin, Rep. R5-22512, pag. 85

[485] Reichsbahndirektion Schwerin. 21 M8 Füs. Betr: Jahresnachweis St 11a und 11b – Bestand an Dampflok, Kleinlok und Triebwagen. Schwerin, den 7. Januar 42. SaWi

[486] Reichsbahndirektion Schwerin. 21. M 8. Füs. Betr: Jahresnachweis St 11 a und 11 b. Schwerin, den 9. Januar 1943. SaWi

[487] Löttgers, Rolf: Die WEGmänner T 03 und T 04. MIBA. (2012), H. 10, S. 74

[488] Lokkartei. Archiv des MfV, Akten-Nr. 1027, 1028

[489] Verzeichnis der in der sowjetischen Besatzungszone vorhandenen Verbrennungs-Triebwagen. Archiv MfV. Rep. M-1 525 / SaWi

[490] Betriebsfähige Verbrennungs-Triebwagen. Stand vom 19. September 1949. SaWi

[491] Diesel-Triebwagen. ME-Mitteilung (1927), Nr. 2, S. 2-8. BArch. Rep R5-7212

[492] Czygan, Franz: Die Eisenbahn in Wort und Bild. Zweiter Band. Nordhausen, 1928, S. 908-911

[493] Löttgers, Rolf: Umbau-Turmtriebwagen der Deutschen Reichsbahn. LM (1993), H. 3/4, S. 90

[494] Reichsbahn-Zentralamt. Fktv 3532. Betr Herrichtung von Polsterabteilen in Verbrennungs-Triebwagen. 10. Juni 1929. BArch Berlin, Rep. R5-22521

[495] Reichsbahndirektion Frankfurt (M). 21.Futv.1219. 16. Mai 1928. BArch Berlin, Rep. R5-22512 1 von 2, pag. 79

[496] Reichsbahn-Zentralamt für Maschinenbau. 30 Futv 2432/1. Betr: Verbrennungs-Triebwagen (Verbesserung des „Soden“-Getriebes). 28. Mai 1931. BArch Berlin, Rep. R5-22132, pag. 56, 57

[497] Vermerk der Reichskanzlei vom 14.9.33. BArch Berlin, Rep. R 43 I/1040, pag. 196

[498] Sawodny, Wolfgang: Die Panzerzüge des Deutschen Reiches 1904-1945. Freiburg. 2006, S. 69-71

[499] Rödiger, W.: Die akkumulator-elektrischen Fahrzeuge der Deutschen Reichsbahn. GA (1939), S. 7

[500] Lenz, Herbert: Kinetische Erfassung des lichten Raumes bei der Deutschen Bahn AH. Eisenbahningenieur. 57 (2006), H. 4, S. 30

[501] Polnik, Axel: Dienstfahrzeuge (1), Miba-Report, Nürnberg, 2000, S. 16

[502] Sawodny, Wolfgang: Die Panzerzüge des Deutschen Reiches 1904-1945. Freiburg. 2006, S. 166

[503] Sawodny: a.a.O., S. 286

[504] Sawodny: a.a.O., S. 166

[505] Anlage 2 zum Eintrag v. 30.9.41. General der Schnellen Truppen beim Ob.d.H. Stabsoffizier der Eisenbahn – Panzerzüge. Abschlußbericht der Reise vom 30.9. – 4.10.41 nach Königsberg, Dünaburg und Riga. H.Qu.O.K.H., den 6. Okt. 1941. Zentralarchiv des Verteidigungsministeriums der Sowjetunion (CAMO). Bestand 500 Findbuch 12451 Akte 444. (http://wwii.germandocsinrussia.org/de/nodes/1249#page/432/mode/inspect/zoom/5)

[506] Sawodny, Wolfgang: Die Panzerzüge des Deutschen Reiches 1904-1945. Freiburg. 2006, S. 166 u. ff.

[507] Horn, Alfred: Motortriebwagen in Österreich. Wien, 1984, S. 128

[508] Anlage zum Bericht des RZA – Fktv 3532 – vom 4.4.1929. BArch Berlin, Rep. R5-22521

[509] Reichsbahn-Zentralamt. Fktv 3532. Betr Herrichtung von Polsterabteilen in Verbrennungs-Triebwagen. 10. Juni 1929. BArch Berlin, Rep. R5-22521

[510] Reichsbahn-Zentralamt München. 24 Fktv. Betreff: Maschinentragrahmen an den VT 801-804 sowie 812/13, 814/15 und 818/19. 10.6.36. BArch Berlin, Rep. R5-22478, pag. 87

[511] Reichsbahn-Zentralamt München. 2516 Fktvm 801. 818/19. Betreff: Erneuerung von Maschinentragrahmen bei den VT 801 - 818/19. 20.5.37. BArch Berlin, Rep. R5-22478, pag. 92

[512] Reichsbahn-Zentralamt München. 2516 Fktvm 801 – 818/19. Betreff: Erneuerung von Maschinentragrahmen bei den VT-Wagen 801 - 818/19. 8. Dezember 1937. BArch Berlin, Rep. R5-22478, pag. 93

[513] Reichsbahn-Zentralamt München. 2516 Fktvm 801-818/19. Betreff: Erneuerung von Maschinentragrahmen bei den VT 801-804, 812/13, 814/15 und 818/19. 28.7.1938. BArch Berlin, Rep. R5-22478, pag. 96

[514] Verzeichnis von Triebwagen im RBD Bezirk [Nürnberg]. Stand am 15.7.45. VAN

[515] [Reichsbahndirektion Nürnberg] Liste aller Diesel-Benzin und elektr. Triebwagen. Stand: 20.7.46. VAN

[516] Reichsbahndirektion Nürnberg. Verzeichnis der Triebwagen im RBD Bezirk. Stand am 31.8.1947. VAN

[517] RBD Nürnberg. Dez. 23. Verzeichnis der Motorschienenfahrzeuge … Stand vom 1.XI.48. VAN

[518] Neuer-Austro-Daimler-Schnelltriebwagen. Die Lokomotive 30 (1933), S. 85

[519] Elsners Taschenbuch für den Reichsbahn-Kraftverkehr. 1937, Berlin [o.J], S. 156

[520] Löttgers, Rolf: Die Benzol-Triebwagen der Allgemeinen Elektricitäts-Gesellschaft (AEG/NAG) 1907 – 1928. in: Jahrbuch für Eisenbahngeschichte. Band 16, 1984, S. 59

[521] Kurz (1988): a.a.O., S. 106

[522] Reichsbahndirektion Stuttgart. 24. Blf 13. Bba. Betreff: Einbau einer Zwischenwand in den Triebwagen Stuttgart 851. 3. August 1933. BArch Berlin, Rep. R5-21843

[523] Reichsbahndirektion Schwerin. 21. M5. Fkt. Betreff Bauartänderungen an Triebwagen. 15. Mai 1935. BArch Berlin, Rep. R5-22058, pag. 10

[524] DRG HV. 30 Fkvt 542. Vermerk. Berlin, den 28. Oktober 1935. BArch Berlin, Rep. R5-22058, pag. 10

[525] Der Rohöl-Motor-Triebwagen EVA-Maybach. VtW 18 (1924), S. 506

[526] Ein moderner Eisenbahntriebwagen für hohe Leistung. VT 6 (1925), S. 272

[527] Czygan, Franz: Die Eisenbahn in Wort und Bild. Zweiter Band. Nordhausen, 1928, S. 911-913

[528] Ebel: Die neuen Verbrennungs-Triebwagen der Deutschen Reichsbahn-Gesellschaft und ihre Versuchsergebnisse. Organ 81 (1926), S. 19

[529] Reichsbahndirektion Schwerin. 21 M8 Füs. Betr: Jahresnachweis St 11a und 11b – Bestand an Dampflok, Kleinlok und Triebwagen. Schwerin, den 7. Januar 42. SaWi

[530] Kubinszky, Mihaly: Ungarische Lokomotiven und Triebwagen. Basel 1975, S. 221-223

[531] Anlage zum Bericht des RZA – Fktv3532 –vom 4.4.1929. BArch Berlin, Rep. R5-22521

[532] Reichsbahn-Zentralamt. Fktv 3532. Betr Herrichtung von Polsterabteilen in Verbrennungs-Triebwagen. 10. Juni 1929. BArch Berlin, Rep. R5-22521

[533] Deutsche Reichsbahn-Gesellschaft. Gruppenverwaltung Bayern. 17/Futv. Betrifft: Frostschäden bei Verbrennungs-Triebwagen. München 2 NW, den 16. Mai 1928. BArch Berlin, Rep. R5-22512 1 von 2, pag. 94
[534] Reichsbahndirektion Schwerin. 21 M8 Füs. Betr: Jahresnachweis St 11a und 11b – Bestand an Dampflok, Kleinlok und Triebwagen. Schwerin, den 7. Januar 42. SaWi
[535] Anlage zum Bericht des RZA – Fktv 3532 – vom 4.4.1929. BArch Berlin, Rep. R5-22521
[536] Reichsbahn-Zentralamt. Fktv 3532. Betr Herrichtung von Polsterabteilen in Verbrennungs-Triebwagen. 10. Juni 1929. BArch Berlin, Rep. R5-22521
[537] Reichsbahndirektion Schwerin. 21. M5. Fkt. Betreff Bauartänderungen an Triebwagen. 15. Mai 1935. BArch Berlin, Rep. R5-22058, pag. 10
[538] DRG HV. 30 Fkvt 542. Vermerk. Berlin, den 28. Oktober 1935. BArch Berlin, Rep. R5-22058, pag. 10
[539] Reichsbahndirektion Mainz. 21 M Bbta. Betr Umbau der 3.Klasse-Abteile, sowie Einbau von 2. Klasse in die VT 175 PS VT May.mech. Mainz, den 11. Februar 1938. BArch Berlin, Rep. R5-22478, pag. 58
[540] DRB. 30 Fktv 801. Betr. Werkstätten. VT-Wagen 857 bis 859, 870 und 871. Berlin, den 4. Juli 1938. BArch Berlin, Rep. R5-22478, pag. 61
[541] Breuer, M.: Die Rückkühlung und Wärmeregelung des Kühlwassers der Dieseltriebwagen. GA (1937), 2. Halbband, S. 17
[542] Deutsche Reichsbahn … 33 Bbt 264. Betr Anstrich von vierachsigen 175 PS- und 210 PS-Dieseltriebwagen. Berlin W 8, den 6. September 1939. LArch Bln, A Rep. 080 Nr. 4050
[543] Wirtschaftlichkeitskontrolle der Triebwagen mit eigener Kraftquelle. Die Reichsbahn 6 (1930), S. 679
[544] Betriebsbuchauszug VT 854. SaKu
[545] Eisenbahnabteilung des Reichsverkehrsministeriums. 33 Bbt 267. Telegrammbrief. Betr 175 PS – und 210 PS dieselmechanische Triebwagen. Berlin W8, den 8. September 1939. LArch Berlin, A Rep. 080 Nr. 4050
[546] Reichsbahndirektion Schwerin. 21 M8 Füs. Betr: Jahresnachweis St 11a und 11b – Bestand an Dampflok, Kleinlok und Triebwagen. Schwerin, den 7. Januar 42. SaWi
[547] Reichsbahndirektion Schwerin. 21. M 8. Füs. Betr: Jahresnachweis St 11a und 11b. Schwerin, den 9. Januar 1943. SaWi
[548] Lokomotiv-Zählliste RBD Dresden vom 10.10.1945. SaWi
[549] Lokkartei. Archiv des MfV, Akten-Nr. 1027, 1028
[550] Betriebsbuchauszug VT 871. SaWi
[551] Bahndienstfernschreiben Nr. 126 vom 22.12.1948. Zentrales Verwaltungsarchiv des MfV der DDR, Akte Nr. M-1 25. SaWi
[552] Deutsche Wirtschaftskommission in der Sowjetischen Besatzungszone. Hauptverwaltung Verkehr. Generaldirektion Reichsbahn. O/E III.31 Fuv 38. Betrifft: Ausmusterung von Verbrennungs-Triebwagen., Berlin, den 15. Januar 1949. Zentrales Verwaltungsarchiv des MfV der DDR, Akte Nr. M-1 25. SaWi
[553] Verzeichnis der in der sowjetischen Besatzungszone vorhandenen Verbrennungs-Triebwagen. Archiv MfV. Rep. M-1 525 / SaWi
[554] Betriebsfähige Verbrennungs-Triebwagen. Stand vom 19. September 1949. SaWi
[555] Raw Dessau: Ausmusterungsprotokoll-Nr. 5. Dessau, den 8.6.64. SaKu
[556] http://www.jernbanen.dk/pbane_main.php?s=153&g=m eingesehen am 21.02.2017
[557] http://styckler.blogspot.de/2014/05/rullende-materiel-ved-skagensbanen.html eingesehen am 21.02.2017
[558] Delie, Max: B Autorails / B Motorrijtuigen. Brussel, 1990, S. 13, 15, 21, 50/51
[559] http://www.jernbanen.dk/motor_solo.php?s=138&lokid=350 eingesehen am 21.02.2017
[560] Nordenheim, Hjalmar: Utvecklingen av Järnvägarnas Rullande Materiel under Senare År. Teknisk Tidskrift. Mekanik (1931), S. 85
[561] Reichsbahndirektion Osten. 21 M 8 Fkwt. Betreff: Herrichtung von Polsterabteilen in Verbrennungs-Triebwagen. 2.2.29. BArch Berlin, Rep. R5-22521
[562] Reichsbahn-Zentralamt. Betr Herrichtung von Polsterabteilen in Eva-Maybach-Dieseltriebwagen. Fktvud-3532. 18.März 1929. BArch Berlin, Rep. R5-22521
[563] Anlage zum Bericht des RZA – Fktv 3532 – vom 4.4.1929. BArch Berlin, Rep. R5-22521
[564] Reichsbahn-Zentralamt. Fktv 3532. Betr Herrichtung von Polsterabteilen in Verbrennungs-Triebwagen. 10. Juni 1929. BArch Berlin, Rep. R5-22521
[565] Reichsbahndirektion Mainz. 21 M Bbta. Betr Umbau der 3.Klasse-Abteile, sowie Einbau von 2. Klasse in die VT 175 PS VT May.mech. Mainz, den 11. Februar 1938. BArch Berlin, Rep. R5-22478, pag. 58
[566] DRB. 30 Fktv 801. Betr. Werkstätten. VT-Wagen 857 bis 859, 870 und 871. Berlin, den 4. Juli 1938. BArch Berlin, Rep. R5-22478, pag. 61
[567] Wirtschaftlichkeitskontrolle der Triebwagen mit eigener Kraftquelle. Die Reichsbahn 6 (1930), S. 679
[568] Reichsbahndirektion Schwerin. 21 M8 Füs. Betr: Jahresnachweis St 11a und 11b – Bestand an Dampflok, Kleinlok und Triebwagen. Schwerin, den 7. Januar 42. SaWi
[569] Betriebsbuchauszug VT 871. SaWi
[570] Lokomotiv-Zählliste RBD Dresden vom 10.10.1945. SaWi
[571] Betriebsbuchauszug VT 871. SaWi
[572] Verzeichnis der in der sowjetischen Besatzungszone vorhandenen Verbrennungs-Triebwagen. Archiv MfV. Rep. M-1 525 / SaWi
[573] Sass, Friedrich: Geschichte des Deutschen Verbrennungsmotorenbaues. Berlin, Heidelberg, 1962, S. 625
[574] Anlage zum Bericht des RZA – Fktv 3532 – vom 4.4.1929. BArch Berlin, Rep. R5-22521
[575] Wirtschaftlichkeitskontrolle der Triebwagen mit eigener Kraftquelle. Die Reichsbahn 6 (1930), S. 679
[576] Reichsbahn-Zentralamt. Betr Verbrennungs-Triebwagen 862 Altona. 10.10.1930. BArch Berlin, Rep. R5-22522
[577] [handschriftliche Notiz] D.R.G. 31 Fktv 84. Berlin, den 30/10.1930. BArch Berlin, Rep. R5-22522
[578] Deutsche Reichsbahn. – Bayer. Netz. Bahndienst=Telegramm. An RBD Altona, Hannover … Nürnberg, den 4. II. 1931. VAN
[579] Steffan, J.: Die Lokomotiven auf der Ausstellung zu Mailand. 11. Vierachsiger Hauptbahnmotorwagen der bayerischen Staatseisenbahnen, Gattung MCCi, Nr. 14.507. Die Lokomotive. 3 (1906), S. 142
[580] Dampfmotorwagen der bayerischen Staatseisenbahnen, Gattung MCCi, Nr. 14.507. Die Lokomotive. 4 (1907), S. 41
[581] Oertel, W.: Die neuen Triebwagen für die bayerischen Strecken der Deutschen Reichsbahn-Gesellschaft. EB. 3 (1927), S. 162
[582] Friedirch, K.: Dieseltriebwagen mit quergestellten Motoren. Organ 86 (1931), S. 176
[583] Friedirch, K.: Dieseltriebwagen mit quergestellten Motoren. Organ 86 (1931), S. 176
[584] Friedirch, K.: Dieseltriebwagen mit quergestellten Motoren. Organ 86 (1931), S. 176
[585] Friedrich: Dr. K.: Erfahrungen mit Triebwagen im Bezirk der Reichsbahndirektion Nürnberg. Die Reichsbahn 9 (1939), S. 895
[586] Deutsche Reichsbahn-Gesellschaft Hauptverwaltung. Abteilungen III und VII. Vorschläge zum Fahrzeug-Beschaffungsprogramm für 1930. BArch Berlin, Rep. R5-7198
[587] Abschrift für Herrn Ref. 31. Deutsche Reichsbahn-Gesellschaft Hauptverwaltung 31/74a Fktp 49. Berlin W 8, den 21. Dezember 1929 - sowie - [Reichsbahn-Hauptverwaltung] Betrifft: Beschaffung von diesel-elektrischen Triebwagen zu Lasten des Geschäftsjahres 1930. BArch Berlin, Rep. R5-7198
[588] DRG/HV 31/74a Fktv 49 [Betr.: Beschaffung von dieselektrischen Triebwagen zu Lasten des Geschäftsjahres 1930]. Berlin, den 21. Dezember 1929. BArch Berlin, Rep. R5-22570 1 von 2, pag. 22
[589] Reichsbahn-Zentralamt. Fktv 2432. Betr Dieselelektrische Triebwagen. 9.1.30. BArch Berlin, Rep. R5-22570 1 von 2, pag. 25
[590] Elsners Taschenbuch für den Reichsbahn-Kraftverkehr. 1937, Berlin [o.J], S. 172-174
[591] D.R.G. H.V. 30.Fkhe 36. Betrifft: Dieselelektrische Triebwagen. Berlin, den 24. Mai 1930. BArch Berlin, Rep. R5-22570, pag. 61
[592] Reichsbahn-Zentralamt für Maschinenbau. Fetv 2432. Betr Dieselelektrische Triebwagen für Frankfurt a/Main (Stand der Arbeiten). 15.1.1931. BArche Berlin, Rep. R5-22570, pag. 97
[593] Hille, K.; K. Norden: Der 410 PS dieselelektrische Triebwagen der Deutschen Reichsbahn. Organ 88 (1933), S. 55
[594] Elsners Taschenbuch für den Reichsbahn-Kraftverkehr 1937. Berlin [o.J.], S. 172-174
[595] Reichsbahn-Zentralamt für Maschinenbau. 2432 Fktvhl. Betr Dieselelektrische 410 PS Triebwagen für Frankfurt (M). 27. April 1932. BArche Berlin, Rep. R5-22570, pag. 107
[596] Betriebsbuch VT 872. Verkehrsarchiv Nürnberg / SaWi
[597] Eisenbahndirektion Nürnberg. Statistischer Nachweis St 11b über den Bestand an Triebwagen Geschäftsjahr 1949. Nürnberg, den 27. Januar 1950. VAN
[598] Polnik, Axel: Dienstfahrzeuge (1), Miba-Report, Nürnberg, 2000, S. 76
[599] Mitteilung Nr. 1013. Amtsblatt der RBD Berlin. (1929). Stk. 95 vom 19.11.1929
[600] Deutsche Reichsbahn-Gesellschaft. Hauptverwaltung. Abteilungen III und VII. Vorschläge zum Fahrzeug-Beschaffungsprogramm für 1930. Berlin, im Juni 1929. Anlage 1: Übersicht über die für das Beschaffungsjahr vorgesehenen Fahrzeuge. BArch. Rep. R5-7198
[601] Abschrift für Herrn Ref. 31. 31/74a Fel. Berlin, den 8. August 1929. … für 1930 zur Beschaffung vorgesehen… . BArch. Rep. R5-7198
[602] Breuer, M.: Neuere Triebwagen mit Verbrennungsmotoren. ZVDEV. 72 (1932), S. 73
[603] Motrovagnsdrift vid Tyska Riksbanorna. Teknisk Tidskrift 60 (1930), S. 105
[604] Diesel-Triebwagen. Waggon- und Lokomotivbau 13 (1930), S. 134 und 149
[605] [Firmenprospekt] Diesel Triebwagen. Maschinenfabrik Esslingen. Stuttgart, o.J., S. 23
[606] Breuer, M.: Neuere Triebwagen mit Verbrennungsmotoren. ZVDEV. 72 (1932), S. 73
[607] Deutsche Reichsbahn-Gesellschaft. Hauptverwaltung. 23.Bbtg 1. Betrifft: Gütertriebwagen. Berlin W8, den 1. September 1930. BArch Berlin, Rep. R5-22521
[608] Reichsbahndirektion Münster. 22 M 22 Fkwd. Betrifft: Herrichtung eines Gütertriebwagens als fahrbare Fahrkartenausgabe. 21. Juli 1943. BArch. Rep. R5-22270, Teil 2, pag. 389-392
[609] Census of Rolling Stock Normal Gauge. As at 23/3.1947 at 12 hours. RBD Nü. Bahnbetriebswerk Nürnberg Hbf. VAN